FAMOUS PUZZLES of Great Mathematicians

수학사에서 유명한 수학자의 퍼즐

Miodrag S. Petković 지음
김인수 옮김

Puzzle

KYOWOOSA 教友社

머리말

수학은 너무 진지하기 때문에 즐길 내용이 있으면 놓쳐선 안 된다.

Blaise Pascal

수학 퍼즐과 게임은 인류가 수학문제를 생각하기 시작할 때부터 있었다. 수학사에는 퍼즐이나 게임, 레크리에이션문제들이 수학의 새로운 분야 탄생에 계기가 되고 더 깊은 연구의 불꽃을 당긴 사례가 가득하다. 처음에는 재미삼아 냈던 문제가 나중에 수학의 중요한 개념으로 발전한 경우가 수없이 많다. 그래프 이론, 기하학, 최적화 이론, 조합론, 수론, …, 단지 일부만 열거해도 이 정도다.

동기는 기분전환이나 레크리에이션이었지만 결과가 의도하지 않은 수학적 이론으로 드러나기도 하고 수학적 논리를 강화하는 것이기도 했다. 실제로, 버트런드 러셀(1872-1970)은 "논리적 이론은 퍼즐로 그 역량을 검증할 수 있고, 논리에 대해 사고할 때 가능한 많은 퍼즐로 정신을 채우는 것이 유익한 전략인데, 물리학에서 실험이 하는 것과 똑같은 역할을 이들이 하기 때문이다"라고 말한 적이 있다.

수학 퍼즐과 게임의 인기가 오래 가는 것은 아마도 기분전환이나, 도전하는 주제에 대해 통달하고 싶은 욕망, 또는 지적 능력의 간단한 테스트 요구를 만족 시켜주기 때문일 것이다. 똑 같이 중요하게, 수학적 재미는 아마추어 수학자와 전문 수학자 모두에게 충분한 경기장을 마련한다. 고대부터 현재까지 수학자들이 언제나 퍼즐에 흥미를 가지고 즐거워했다는 사실에서 창의적 자극과 미적 이해가 서로 밀접하게 얽힌 것이라는 생각을 확신하게 된다. 카스너와 뉴멘은 『과거와 현재의 취미Pastimes of past and present times』 (The World of Mathematics, 4권(James Newman 편), Dover, Mineola 2000)에서 " … 토론의 주제로 퍼즐과 역설보다 더 적절한 지적 활동은 없다. 퍼즐은 어떤 의미로는 수학의 다른 어떤 단순한 분야보다 나으며, 항상 젊고 오염되지 않은 탐구 정신을 반영한다. 퍼즐은 수학자들이 어린아이와 다름없이 놀고 꿈꾸고 경이롭게 생각하는 것들로 이루어져 있다. 왜냐하면 그것들은 수학자들이 살고 있는 세상의 일과 환경으로 이루어졌기 때문이다"라고 했다.

나는 독자들이 뛰어난 수학자들과 더욱 가까이 접할 수 있도록, 그들의 업적에서 127개의 문제를 선정하였다. 여기에 관련된 또 다른 50개 문제를 첨가하였다. 이들 수학적 기분전환 대부분은 수론, 그래프 이론, 그리고 확률론에서 근원을 찾을 수 있다. 다른 것들은 조합론과 체스문제, 그리고 기하나 산술 퍼즐에 근거를 두기도 한다. 아르키메데스, 카르다노, 케플러, 파스칼, 호이겐스, 뉴턴, 오일러, 가우스 해밀턴, 케일리, 실베스터에서 폰 노이만, 바나흐, 에르되스 등에 이르기까지 뛰어난 수학자들이 모두 레크리에이션수학을 기본 구조로 사용하여 빛나는 아이디어, 유머를 곁들인 방법론적 접근, 그리고 완벽하게 천재적인 수학적 사고에 대하여 의견을 나누었다.

이 책에서는 또한 리틀우드, 폰 노이만, 바나흐, 에르되스, 콕세터 같은 현대의 과학자와 수학자, 노벨상 수상 물리학자 디락, 유명한 수리물리학자 펜로즈, 뛰어난 수학자이자 퍼즐 제작자 콘웨이, 그리고 컴퓨터 과학자이자 수학자인 크누트 같은 사람들이 생각해서 알려진 어렵지만 재미있는 퍼즐도 알아본다.

나는 다양한 독자들이 접할 수 있도록 의도적으로 고급수학이 필요하지 않는 문제들을 선정하였다. 간단히 연필과 종이만 있으면 된다. 필요한 건 인내심과 지구력인데, 이것은 훌륭하고 세심한 수학적 연구를 하는데 필요한 것과 같은 것이다. 초보적 수학을 사용하도록 문제를 제한했기 때문에 더 높은 수학적 지식이 필요한 똑같이 유명한 다른 문제나, 고등학교 수준에서 보통 다루지 않는 수학의 분야에서 익숙한 문제들을 생략할 수밖에 없었다. 그렇기는 하지만, 나는 어떤 문제들을 해결하기 위해 초보적이지만 비표준적인 기법을 적용하는 데 몇 가지 예외를 두었다. 독자를 돕기 위해, 나는 이 책 부록 4개에 개요를 제시했는데, 문제를 풀면서 즐기는 독자의 즐거움과 비교할 때, 이보다 더 추가적인 지식을 갖추는데 필요한 시간과 노력은 무시할 만하다고 생각했기 때문이다.

이런 종류의 책을 저술할 때 대부분의 저자는 몇 가지 점에서 선택에 제한을 두게 된다. 내가 문제를 선정하면서 가장 자주 접한 딜레마가 이 것이다. 무엇이 하나의 과제를 레크리에이션적이냐 아니냐로 결정하는가? 앞서 말한 대로, 수세기가 지나는 동안 거의 모든 수학문제들은(물론, 측정하고 헤아리는 실생활 문제들을 세외하고) 주로 지적 즐거움과 격려를 위해 존재했다. 그래서 최종적으로 주어진 문제의 레크리에이션성을 결정하는 것은 임의적인 구분과 인위적 경계를 포함하게 된다. 시간이 흐르면서 상당수의 레크리에이션 수학문제들이 수학에서 완전히 새로운 분야가 발전하는데 필수적인 역할을 하였다. 나아가, 과학 학술지들이 흔히 레크리에이션 수학문제를 규정하는 특성과 똑같은 특징을 갖는 문제를 그들의 연구 주제로 택한다. 이 책에 실린 문제를 풀어가면서 즐거움을 느낀 독자라면, 나는 그의 선택이 만족스럽다고 생각한다.

비록 몇 개의 문제는 오늘날의 아마추어 수학자에게 사소하게 보일 수도 있지만, 수 세기 전에는 이들 대부분이 풀기가 쉽지 않았었다는 것을 상기해야 한다. 그런 문제들이 수학적 연구에 역사적 통찰을 제공함과 동시에 역사적 맥락에도 주의를 갖게 한다.

이 책은 주로 레크리에이션처럼 즐기기 위해(그리고 단지 우연히 일반 독자에게 수학의 흥미로운 분야를 소개하기 위해) 썼기 때문에, 수학의 정확성을 무너뜨림이 없이, 수학적으로 상세한 내용이나, 정의, 증명을 엄밀하게 다루지 않았다. 대략 65개의 흥미로운 문제 가운데, 별표(*)한 것들은 독자들에게 연습문제로 남겼다.

나는 몇 가지 예에서 다양한 출처로부터 정확한 인용을 제시하는 것에 어려움이 있다는 것을 알았다. 그러나 이런 작은 불편이 책의 가치를 떨어뜨리지는 않을 것으로 믿는다.

마지막으로, 책 내용 전개에 대해 몇 가지 말하면, 목차에는 과제 제목과 저자 이름을 괄호 안에 제시하였다. 이 책에 과제가 나오는 수학자의 이름은 뒤에 부록E: 전기에서 굵은 글자로 나타내고, 약력을 연대순으로 수록하였다. 이 책 내용에 나오는 퍼즐의 저자 이름 뒤에는 괄호로 그의 약력이 나오는 쪽수를 표시하였다. 나아가, 과제를 소개할 때 일상적이고 레크리에이션적인 이 책의 특성을 강조하기 위해 종종 재미있는 일화들을 포함하였다.

감사의 말

이 책을 저술하면서, 가족, 친구, 편집자로부터 큰 지원을 받았다. 특히 나의 아내이자 동료인 Ljiljana Petković, 그리고 큰 아들 Ivan에게 원고를 정리하는 동안의 조언과, 그리고 끝없는 지지와 사랑에 대하여 따뜻한 감사를 보낸다.

가장 먼저, 눈길을 사로잡는 그림을 그린 작은 아들 Vladimir Petković에게 감사한다. 대단히 재능 있는 컴퓨터 화가이며 디자이너인 Vladimir는 미학적으로 매력 있고 수학적으로도 멋진 창의적인 컴퓨터 작품을 제작했을 뿐 아니라, 이 책에서 다룬 몇 가지 복잡한 문제를 해결하기도 했다.

나는 20여년 간 독일의 프라이부르크, 올덴부르크, 키일, 영국의 런던, 프랑스의 스트라스부르그(루이파스퇴르 대학교), 일본의 쓰쿠바, 미니에폴리스, 미네소타, 콜럼비아 대학교, 비엔나, 오스트리아, 세르비아 노비사드의 수학과, 세르비아 베오그라드의 수학연구소의 도서관에서 개인적으로 수집한 자료를 활용했다. 도서관 직원들에게 감사드린다.

또한 친애하는 친구 Martyn Durrant박사와 Biljana Misic-Ilic교수에게도 감사드리고 싶은데, 그들은 양이 많은 원고를 읽고 언어와 형식에 개선점을 일러 주었다.

미국수학회 출판부의 Sergei Gelfand에게 조언과 제안, 그리고 격려에 많은 감사를 드리고, 유명한 수학자의 사진과 귀중한 그림들을 구해

주느라 어려운 수고를 많이 해준 미국수학회 논문집 〈Proceedings of the American Mathematical Society〉의 부편집장 Christine M. Thivierge 와, 원고를 처음부터 끝까지 읽고 많은 곳을 정정해준 제작 편집장 Luann Cole에게도 감사드린다. 또한 익명의 심사위원들에게도 감사를 드리는데, 그들의 제언과 논평으로 책의 내용이 많이 개선되었다.

나는 특히 원고를 다시 쓰고 편집해서 출판할 수 있도록 도와준 Margaret Alice Hanson의 각별한 조력과 수고에 감사드린다.

Miodrag S. Petković
University of Niš, Serbia
2009년 2월

역자 머리말

강에서 헤엄치는 거북이 등에 새겨진 무늬의 비밀, 말 17마리를 세 아들에게 유산으로 남기면서 특별한 비율로 나누라는 수수께끼 같은 유언, 늑대, 염소, 양배추와 함께 작은 나룻배로 강을 건너야 하는 농부, 임금님께 공을 세운 상으로 밀알 한 톨에서 시작하여 일 년 동안 날마다 배로 늘려 달라는 신하, 난파선에서 선원과 밀수범을 함께 세워놓고 선원만 골라 구명보트에 태우려고 하는 선장, … 이처럼 아주 오랜 옛날부터 전해오는 이야기들과, 그리고 게임을 하다가 도중에 중지하게 되자 판돈을 어떻게 처리할까 고심하는 도박사, …. 주변에서 가끔 들을 수 있는 이런 문제들은 흥미롭기도 하고 신비하게 느껴지기도 한다.

그런데 이런 문제들을 해결하려면 수학적 지식을 활용하여야 한다. 그리고 해결하는데 필요한 수학적 지식은 기초적인 것도 있지만 어떤 때는 매우 높은 수준이라야 하는 경우도 있다.

고대부터 유명한 수학자들도 이런 레크리에이션 수학 문제에 관심을 가졌다. 주로 기분전환이나 오락으로 생각한 경우가 많았지만, 때로는 예상하지 못한 수학적 이론으로 발전하기도 해서 이런 오락 수학문제가 수학에서 새로운 분야가 발전하는데 중요한 역할을 하기도 했다.

이 책에는 고대부터 현대에 이르기까지 역사적으로 위대한 수학자들을 중심으로 많은 사람들의 관심을 끌었던 유명한 수학 퍼즐과 흥미로우면서도 기초적인 레크리에이션 수학 문제들을 모아 놓았다.

그리고 중고등학교 학생이나 아마추어 수학자들이 쉽게 다가갈 수 있고, 수학의 다양한 분야를 둘러볼 수 있도록 문제들도 분야별로 고루 적절하게 선정하여 놓았다. 독자는 이 책에서 흔히 들어 보았던 귀에 익은 문제 뿐 아니라 흥미를 촉발하는 새로운 오락 수학문제들을 많이 마주치면서 지적 즐거움을 만끽하고 수학을 새롭게 이해하여 수학적 사고와 열정을 높이게 될 것이다.

특히 함께 실린 방대한 참고 문헌은 퍼즐 문제의 역사적 배경과 함께 보다 관심 있는 독자에게 깊이 있는 연구를 위한 자료와 탐구안내를 제공해 줄 것이며, 문제와 관련된 위대한 수학자들의 간략한 전기는 그대로 세계 수학사의 흐름을 개괄할 수 있는 자료가 될 것이다.

이 책의 저자 Miodrag Petković는 세르비아에서 태어난 수학자이자 컴퓨터학자로서 1991년부터 세르비아의 니스 대학교(University of Nis) 전자공학과에 수학교수로 재직하고 있다. 그는 컴퓨터 과학으로 학사학위를 하고 수학으로 박사학위를 하였다. 독일과 프랑스에서 교환교수로 연구도 하였고, 미국, 영국, 오스트리아, 불가리아, 일본 등지를 연구차 방문하기도 하였다. 수학 대중화를 위하여 여러 저서를 내었고 체스에도 많은 관심이 있다고 한다.

레크리에이션 수학은 아마추어 수학자나 전문 수학자 모두 자유롭게 다룰 수 있다. 고대부터 현대까지 위대한 수학자들은 창의성과 심미적 사고는 밀접하다고 생각하고 항상 퍼즐과 수학적 오락에 흥미를 가졌던 것이다. 위대한 수학자는 모두 레크리에이션 수학을 근간으로 반짝이는 아이디어나, 접근 방법, 기발한 발상을 서로 주고받았다는 사실을 이 책에서 확인할 수 있다.

이 책에 나오는 대부분의 문제는 수론, 그래프 이론, 최적화이론, 확률론에서 왔다. 그 밖에 조합론, 체스 문제, 그리고 기하와 산술 퍼즐도 있다. 즐길 뿐 아니라 여러 가지 흥미로운 수학적 주제를 소개하고자 하는 것이 이 책의 의도다. 이 책의 많은 스토리와 유명한 퍼즐이 학생들을 격려하고 즐겁게 하며 수학에 대한 열정을 심어주기를 바라면서 수학교사들의 수학수업준비에도 활용될 수 있기를 희망한다.

덧붙여 이 책을 출판한 곳이 미국수학회(American Mathematical Society)임도 눈여겨 볼만하다. 책에 실린 방대한 참고자료가 문제의 근원과 함께 학구적 호기심을 끌어올려 아카데믹한 분위기마저 자아낸다.

끝으로 수학을 더 알고 싶어 하고 좋아하려는 사람들에게 매우 적절하다고 생각되는 이 책을 번역할 수 있도록 지원해 준 교우사 오판근사장님과 편집부, 그리고 이 번역판이 나올 수 있도록 수고해 주신 여러분께 깊이 감사드리고, 혹 수정되지 못한 이 책의 오류는 모두 역자의 부족과 부주의함에 기인한 것이기에 널리 양해를 구한다.

▌차 례▌

第5장 타일링과 쌓기 문제 · 143

第6장 물리 문제 · 181

第7장 조합 문제 · 205

제 1 장

레크리에이션 수학

레크리에이션 문제는 작가가 키워서가 아니라 문제 자체의 매력이 우리의 호기심을 끌었기에 살아남아 있다.

Vera Sanford

수학사에서 유명한 수학자들의 퍼즐을 살펴보기 전에, 개략적으로 레크리에이션 수학 문제의 역사를 살펴보기로 하자. 자세한 것은 참고문헌 [6], [118], [133, 4권], [153, 6장], [167, 2권]을 보라. 샌포드에 따르면 [153, 6장], 레크리에이션 수학은 대상의 조작에 의존하는 것과 계산에 의존하는 것으로 나눌 수 있다.

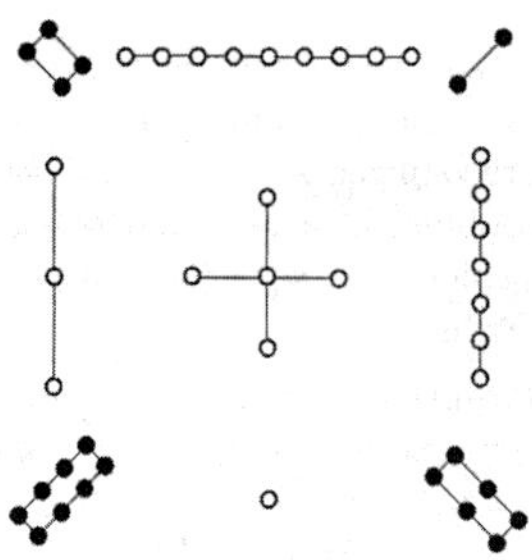

4	9	2
3	5	7
8	1	6

[그림 1.1] 가장 오래 된 마방진 - 낙서

전자의 예로 가장 오래 전 알려진 것이 위 그림의 마방진이다. 기원 전 2200년 경 중국 수학자들이 낙서洛書라고 불렀던 마방진은 하夏나라 우왕禹王 때부터 알려졌다([61, 제2장], [167, 제1권 28쪽] 참조). 중국 설화書經[27]에는 우왕이 황하에서 헤엄치는 신귀神龜의 등에 새겨진 낙서를 보고 마방진을 알아냈다고 한다. 왼쪽 그림이 낙서인데, 1부터 9까지의 수가 짝수는 검은, 홀수는 흰 매듭으로 줄에 연결되어 배열되어 있다.

기원 전 1650년경의 린드(혹은 아메스) 파피루스1)를 보면 고대 이집트인은 수학 문제의 기본을 퍼즐에 두고 있다. 이런 문제는 일상생활과는 연관이 없으므로, 지적 즐거움을 얻는 것이 주목적이었을 것이다. 오래된 예의 하나가, "내가 세인트 이브로 갈 때"라는 이름의 동

---

1) 1858년 이집트의 룩소르에서 이 파피루스를 획득한 스코틀랜드의 골동품 수집가이자 이집트학자인 Alexander Henry Rhind(1833~1863)의 이름을 따랐다.

요다([153]을 보라):

> "일곱 채의 집에, 집마다 고양이가 일곱 마리 있고,
> 고양이는 각기 일곱 마리의 쥐를 잡았네.
> 쥐는 각기 일곱 개의 이삭을 먹었는데,
> 이삭 하나로 곡식 7홉을 만들 수 있다네.
> 모두 얼마인가?"

고대 그리스인도 순전히 즐기는 것이 목적인 문제 만들기를 좋아했다. 아르키메데스는 우리에게 익숙한 이름인데, 그의 **소 문제**가 47쪽부터 50쪽에 나와 있다. 이것은 수론에서 가장 유명한 문제 가운데 하나인데, 1965년 컴퓨터로 해결할 때까지 완전한 해답이 알려지지 않았다.

고대 로마 시인 베르길리우스(B.C.70-19)가 쓴 『아이네이드』에는 페니키아의 디도 공주의 전설이 있다. 조국의 폭압에서 도망쳐 북 아프리카의 해안에 도달한 디도 공주는 그 곳을 지배하는 군주에게 단지 황소 한 마리의 가죽으로 둘러쌀 정도의 땅만 달라고 간청하였다. 영리한 디도 공주는 황소 가죽을 매우 가늘게 잘라 가죽 끈을 만들어 넓은 땅을 둘러싼 후 그곳에 카르타고를 세웠다. 오늘날 주어진 둘레 안에서 최대의 넓이를 구하는 문제를 고전적 **등주문제**라고 한다. 디도의 문제는 17세기가 지난 뒤 변분법이라는 수학의 새 분야의 첫 문제였던 것이다. 이 책에는 디도문제에 대한 슈타이너의 멋진 해가 나와 있다.

고대의 또 다른 문제는 원 위에 사람들을 줄지어 세워놓고 돌아가면서 k번째 사람을 제거하는 문제이다. 살아남는 사람은 주어진 조건을 만족하는 사람이다. 370년 경 밀라노의 암브로스Ambrose의 저서에 처음 나오는 이 문제는 요세푸스Josephus 문제라고 알려졌는데, 뒤에 유럽 책만이 아니라, 아라비아나 일본 책에서도 찾아볼 수 있다. 요세푸스 문제는 때와 곳에 따라 약간씩 다른 내용으로 나타나는데, 생존

자와 희생자가 어떤 때는 선원과 밀수범, 어떤 때는 기독교도와 투르크인, 게으른뱅이와 학자, 선인과 악인 등이 되었다. 이 퍼즐은 오일러, 테이트, 월프, 그라함, 크누트 등 많은 뛰어난 과학자들의 주의를 끌었다.

유럽이 암흑기에서 벗어나자, 예술과 과학에 대한 흥미가 되살아났다. 18세기 영국에서 수학자이며 신학자인 요크의 앨퀸이 쓴 책에는 늑대 한 마리, 염소 한 마리, 양배추 한 묶음을 가지고 나룻배로 강을 건너는 사람 문제가 있다. 이 책 291-293쪽에 있는 풀이를 보면 그래프 이론을 이용하여 어떻게 정확히 풀어내는지 알 수 있다. 특정한 조건 아래서 강 건너기 문제는 중세 유럽에서 매우 인기 있었다. 앨퀸, 타르탈리아, 트렌찬트, 로이레콘이 이런 퍼즐을 연구했다. 이 문제와 같은 유형으로 세 쌍이 보트로 강을 건너는 문제가 있는데, 보트에는 한 번에 두 사람 이하만 타야 한다. 문제는 남편들의 질투 때문에 복잡해진다. 남편들은 자기 아내가 다른 남자와 단둘이 있는 것을 허락하지 않는다.

4세기 후, 1202년에 출판된 피보나치의 『산반서Liber Abaci』 제 3절에 수학 퍼즐이 나온다. 이 중세 수학자의 유명한 **토끼 문제**로부터 그의 이름이 붙은 수열이 탄생했다. 이 수열 1, 1, 2, 3, 5, 8, 13, 21, 34, ⋯을 피보나치 수열 혹은 피보나치 수라고 부른다(12-13쪽을 보라).

또 다른 중세 수학자 이븐 칼리칸ibn Khallikan(1211-1282)은 8×8장기판에 놓인 밀알 수를 계산하는 문제를 내 놓았다. 밀알은 첫째 사각형에는 1알, 둘째 사각형에는 2알, 셋째에는 4알, 넷째에는 8알, 이와 같이 앞에 있는 사각형 보다 두 배의 밀알을 놓아야 한다. 이 밀알은 모두 $2^{64}-1=18,446,744,073,709,551,615$개나 된다. 이븐 칼리칸은 이 문제를 인도의 쉬르함 왕의 이야기로 하였다. 재상 시사 벤 다히르가 장기를 발명하자 왕은 그에게 상을 주겠노라 하였더니, 재상 시사는 장기판의 각 사각형에 밀알을 놓는데 뒤 사각형에 놓인 밀알

이 앞 사각형에 놓인 밀알의 두 배가 되게 밀알을 달라고 하였다. 당시 왕은 시사의 요구를 들어줄 수 없었을 것이다. 사실, 그 밀알의 수는 전세계 밀의 연간 생산량을 훨씬 넘는 엄청난 양이다. 넓은 의미로, 이븐 칼리칸의 문제는 가장 오래된 장기 문제의 하나였다.

이븐 칼리칸의 밀알 문제는 등비수열에 관한 표준적인 예로, 뒤에 피보나치, 파치올리, 클라비우스, 타르탈리아도 다루었다. 이러한 레크리에이션 수학에는 등차수열도 사용한다. 가장 도전적인 문제중 하나가 부테오의 저서 『로지스티카』(Lyons, 1559, 1560)에 나온다.

> "높이가 60브라치아인 포플러 나무 꼭대기에 쥐가 있고, 나무 밑 땅바닥에 고양이가 있다. 쥐는 낮에 1/2 브라치아(고대 이탈리아 길이 단위) 내려왔다가 밤에는 1/6브라치아 올라간다. 고양이는 낮에 1 브라치아 올라갔다가 밤에 1/4브라치아 내려온다. 나무는 낮에 고양이와 쥐 사이 부분이 1/4브라치아 자라고 밤에는 1/8브라치아 줄어든다. 고양이가 쥐한테 이르기까지 며칠 걸릴까? 그동안 나무는 얼마나 자라고, 고양이는 얼마나 올라갔을까?"

거의 같은 시기에 부테오는 순열과 조합에 관한 일반적인 법칙을 자랑스럽게 제시하였을 뿐 아니라, 나아가 그림 1.2에서 보는 것과 같이 움직이는 원통들로 결합 자물쇠를 제작하였다.

[그림 1.2] 부테오의 결합 자물쇠(1559)

1512년에 구아리니Guarini는 3×3체스판의 네 코너에 두 흑나이트와 두 백나이트가 그림과 같이 있을 때, 가장 작은 회수의 이동으로 위치를 맞바꾸는 문제를 제안하였다. 그래프 이론을 이용하는 이 문제의 풀이는 이 책 331-332쪽에 나와 있다. 사람들은 중세부터 르네상스를 거쳐 오늘 날까지 체스 문제에 흥미를 가지고 계속 도전하고 있다.

3차 방정식의 근을 구하는 공식을 구하려던 이탈리아의 수학자 타르탈리아(1500-1557)와 카르다노(1501-1576)는 수학을 연구하면서 틈나는 대로 레크리에이션문제나 게임문제도 연구했다. 타르탈리아는 저서 『일반론』(1556)에서 여러 가지 흥미 있는 과제를 제시했는데, 그 가운데 무게 문제, 17마리의 말 분배 문제, 와인과 물 문제, 강 건너기 문제를 이 책 24, 28, 30, 208쪽에서 소개한다.

카르다노는 그 시대에 가장 유명한 과학자 중 한 사람이었고 많은 분야에서 발명을 하였다. 오늘날 후륜구동차에서 기어박스를 뒤차축에 연결하는 연결 조인트를 그의 이름을 따라 카르단 샤프트라고 부르고 있다면 믿겠는가? 카르다노는 일찍이 그의 저서 『불가사의』(1550)에서 흔히 **중국인의 고리 문제**라고 부르는 게임을 소개했다. 이 문제는 여러 개의 고리가 달린 막대를 사용하는 것인데 오늘날에도 흥미로운 문제로 남아 있다. 이 문제의 풀이는 1930년대에 공학자 그레이가 도입한 이항 오류정정부호와 밀접한 관련이 있다. 중국인의 고리 문제는 1883년 루카스(1842-1891)가 고안한 **하노이 탑**과 닮은 점이 있는데, 이 문제도 이 책에서 다룬다.

[그림 1.3]

많은 학자들이 바셰(1581-1638)가 저술한 『유쾌한 문제집』을 수학 퍼즐에 관한 첫 서적으로 꼽는다. 17세기 이전에 만들어진 이름 있는 퍼즐이나 호기심을 끄는 문제들은 바셰의 멋진 이 책에 있다. 바셰는 이 책에 자신의 “매력적인” 문제에다, 요크의 앨퀸, 파치올리, 타르탈리아, 카르다노 등의 퍼즐과 아시아의 퍼즐들을 첨가했다. 바셰의 책은 1612년에 첫 판이 출판되었고 이어 제 2판이 1624년에 출판 되었는데, 후세의 레크리에이션 수학 연구에 많은 자극을 주었을 것이다.

레크리에이션 수학에 관한 저술을 남긴 다른 중요한 사람으로는 에텐이라는 이름으로 출판한 예수회 학자 로이레셩(1591-1670)과 오자남(1640-1717)이 있다. 『수학 레크리에이션』, 또는 『쓸모 있고 기분전환도 되는 고대와 근대 현인들의 멋진 문제집』라고도 불린 에텐의 저서는 1624년 프랑스어로 출판되어 1633년에는 영어로도 번역되었다. 역학 퍼즐, 정수역학 실험, 광학에 관한 수학문제들이 엇갈려 편집되었는데, 바셰의 저서에서 가져온 문제들이 주를 이루고 있다.

세계에서 가장 훌륭한 수학자 중 한 사람으로서 깊이 있고 정확한 탐구로 새로운 수학의 기초를 세우고 발전시킨 오일러(1707-1783)도 가끔 수학 퍼즐과 게임을 연구하였다. **쾨니히스베르그의 일곱 개다리 문제**에 대한 오일러의 연구는 그래프 이론의 시작이었다. **서른여섯 장교 문제**와 오일러와 후세 수학자들이 논의한 직교 라틴 방진(또는 오일러 방진)으로부터 조합론에서 중요한 연구가 이루어졌다. 상호 직교 방진 구성에 관한 오일러의 추측은 오일러 자신이 문제를 제기한지 거의 200녀이 지나 해결되었다. 이 문제와 그가 검토한 체스판 문제 **나이트의 회로**가 이 책 226쪽과 311쪽에 있다. 나이트가 돌아오는 경로는 모든 정사각형을 연이어 지나가되 한 번 씩만 지나서 마지막에 처음 시작한 정사각형으로 오는 것이다. 이 문제는 6세기 인도까지 거슬러 올라가는 역사가 긴 유명한 문제이다. 그림 1.4에서 보듯 로제가 제시한 반쪽판 해답(1840)은 놀랄 만큼 매력적인 디자인이다.

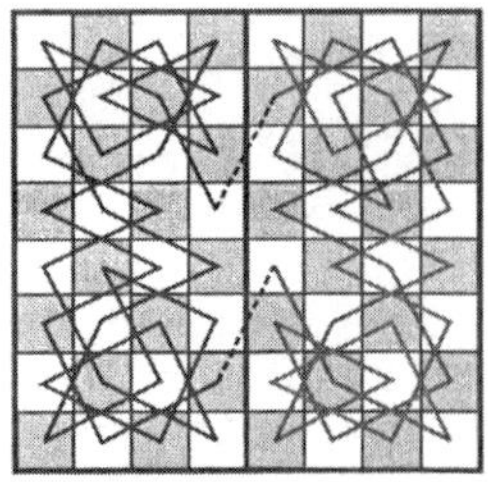

[그림 1.4]

1850년에 나우크는 또 다른 고전 체스문제 **8퀸 문제**를 제시했는데, 이것은 체스판에 퀸 8개를 어느 두 퀸도 서로 공격하지 않도록 배열하는 방법을 구하는 문제이다. 가우스가 불완전하긴 하지만 처음 시도에서 이 문제의 해를 제시하였다. 이 책 324-329쪽에서 **8퀸 문제**를 더 자세하게 소개하였다. 같은 해에, 커크만(1806-1895)은 이 책 228-231쪽에 있는 **여학생 문제**를 내 놓았다. 케일리, 실베스터 같은 여러 뛰어난 수학자들이 이런 조합문제나 관련 문제들을 다루었다. 이런 문제 가운데는 현재까지도 해결되지 않은 채, 이를 주제로 조합론적 디자인 이론에 관한 중요한 논문이 계속 나오고 있다.

1857년에 아일랜드의 유명한 수학자 해밀턴(1788-1856)이 **이코시안 게임**을 생각해냈는데, 이것은 정십이면체의 모서리를 따라 정십이면체의 모든 꼭지점을 한 번씩만 지나가는 길을 찾는 문제이다. 오일러의 **쾨니히스베르그의 다리 문제**와 마찬가지로 해밀턴의 게임도 그래프 이론과 관련이 있다. 이 과제는 현대 용어로, 특정한 그래프에서 해밀턴 회로가 되는데, 그래프 이론에서만이 아니라 수학 전체에서 가장 중요한 미해결문제 가운데 하나이다. 해밀턴 회로는, 주어진 거리에서 지도 위의 장소 사이를 움직이는 최적의 경로를 찾는 유명한 **판매원 이동 문제**와 밀접하게 연관된다.

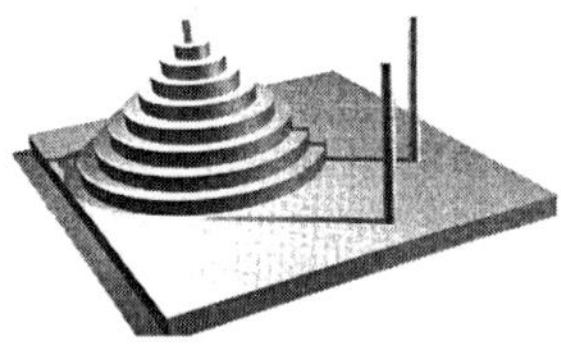

[그림 1.5]

수론에서 잘 알려진 프랑스의 수학자 루카스도 레크리에이션 수학에 괄목할 만한 공헌을 했는데, 그 중에는 이미 앞에서 말한 **하노이**

탑, 이 책 235-239쪽을 포함하여 여러 재미있는 퍼즐들이 있다. 1892-94년에 출판된 루카스의 『레크리에이션 수학』 4권은 1892년 출판된 볼의 『수학적 레크리에이션과 문제』와 함께 레크리에이션 수학에 있어 고전 문헌이 되었다.

레크리에이션 수학의 논의에서 로이드(1841-1911)와 두데니(1857-1931)를 빼놓을 수 없는데, 이 두 사람은 수학 문제를 창의적으로 변형하는 것으로 유명하다. 로이드와 두데니가 제시했던 수많은 게임과 퍼즐들은 지금도 처음 나왔을 때처럼 인기 있다. 로이드의 기발한 장난감-퍼즐인 '15퍼즐' (또는 'Jeu de Taquin'이라고도 알려졌음)은 오늘날도 인기 있다. '15퍼즐'은 16개의 작은 정사각형으로 나누어진 정사각형인데 (아래 그림), 15개의 작은 정사각형 블록에는 1부터 15까지의 숫자가 적혀 있다. 비어 있는 한 칸을 이용하여 작은 정사각형 블록들을 움직여 주어진 배열에서 원하는 배열(이를 테면, 1부터 15까지)로 정리하는 것이 과제이다. 수년이 지난 1878년, 이 장난감-퍼즐은 나오면서 전 세계 사람들을 사로잡았다. 사람들은 식당에서, 공장에서, 집에서, 거리에서, 궁전에서, 심지어 국회의사당에서도 이 퍼즐을 풀었다(참고문헌 133, 4권 2430쪽 보라).

수학 대중화와 레크리에이션 수학에서 20세기에 가장 위대한 사람은 아마 가드너(1914-2010)일 것이다. 그는 〈사이언티픽 아메리칸〉지에 칼럼 〈수학적 게임〉를 25년 동안 연재했고, 유명한 수학자들이 제안하거나 해결한 흥미로운 문제들을 수없이 출판했다.

제2장

산술 문제

셈이 없고 무서운 장면만 있으면 생명은 어떻게 되겠는가? Sydney Smith

사랑의 산수에는, 하나 더하기 하나는 모두요, 둘에서 하나 빼면 아무 것도 없다.
Mignon McLaughlin

우리는 초등학교에서 "3R" 즉, 기본기능 교육프로그램인 읽기reading, 쓰기writing, 셈하기arithmetic와 처음 마주치게 된다. 10까지 세기 시작해서, 100까지 더하고, 그리고 점차 더하기, 빼기, 곱하기, 나누기, 그리고 나중에는 제곱근 구하기, 배수끼리 셈하기, 인수분해, 지수 계산을 사용하며 연산 능력을 키워나간다. 이것이 산술인데, 수학의 가장 오랜 분야로 위와 같은 연산의 기본적인 성질들로 되어 있다.

산술 계산은 우리 주위 모든 곳에서 거의 모든 사람들이 사용하고 있다. 간단한 생활 계산에서부터 사업적 계산과 과학적 연구에 이르기까지 거의 모든 전문적 업무를 수행하는데 필수적이다. 산술의 영어단어 arithmetic의 철자 기억법이 "a rat in the house may eat the ice cream"이라는 인터넷 사이트를 본 적이 있다.

전적으로 산술 계산으로 해답을 얻을 수 있는 재미있는 퍼즐문제들이 고대부터 현대까지 있다. 쓸 만한 수학 기호가 없었기에 당시에는 어려웠던 퍼즐 문제들이 대수식이 발전되면서 그 신비로움을 잃었다. 근래 산술 계산 퍼즐은 종종 트릭이나 오해를 일으키는 진술로 관련성을 숨기기도 한다. 그 가운데에는 주어진 정보로는 해결할 수 없기에 재미있는 것도 있다. 예가 하나 있다: "사흘동안 독수리 세 마리가 토끼 세 마리를 사냥한다면, 몇 마리의 독수리가 100일 동안 토끼 100마리를 사냥하겠는가?" 이 문제는 잘 알려진 문제인데, 얼른 보기에는 문제없이 보이지만, 실제로 정확한 답을 얻으려면 정보가 더 필요하다.

이 장에 나오는 퍼즐 문제 대부분은 디오판토스, 요크의 앨퀸, 마하비라, 피보나치, 바셰, 타르탈리아, 레코드, 비에트 같은 중세 수학자들의 것이다. 이런 선택을 한 이유는 두 가지인데, 첫째 고전 산술과 고등산술(다른 저자들이 정수론이라고 부르는) 문제가 각각 정수론과 산술 두 장으로 분리된 것이고, 둘째, 대수적 방법과 알고리즘이 개발된 후 현대 수학자들은 초보적 산술문제 보다는 새로운 이론 분야를 다루고 있기 때문이다. 물론 예외가 있는데, 그 중 하나로 위대한 수학자 뉴턴을 이 장에 포함했다.

알렉산드리아의 디오판토스(약 200년-약 284년)(→ 359쪽)

• 디오판토스의 나이

디오판토스Diophantus는 수학에 대한 공헌이 그의 생애보다 더 잘 알려져 있다(Katz [113, pp.173-183]). 자세한 내용은 500년 경 메트로도루스가 편집한 『그리스 명시선집』의 퍼즐모음에 있는데, 거기에 다음과 같은 퍼즐이 있다[37].

문제 2.1 디오판토스는 일생의 $\frac{1}{6}$을 소년으로 보내고, 그 후 $\frac{1}{7}$을 더 산 뒤 결혼해서, $\frac{1}{12}$ 후에 수염을 길렀으며, 5년 후에 아들을 낳았다. 아들은 아버지 나이의 반을 살고 죽었는데, 아들이 죽은 지 4년 후에 아버지가 죽었다.

이 문제로 디오판토스가 몇 년을 살았는지 또 언제 무엇을 했는지 알 수 있다. 다오판토스가 산 햇수를 x라고 하면, 위 문제로부터 방정식

$$\frac{x}{6}+\frac{x}{7}+\frac{x}{12}+5+\frac{x}{2}+4=x$$

얻고 이로부터 $x=84$를 얻는다. 그러므로 디오판토스는 33살에 결혼하고, 42살로 죽은 아들이 하나 있는데, 아들은 자신이 84세로 죽기 4년 앞서 죽었다.

이 문제는 오늘 날 초등학교 학생 대부분이 쉽게 풀 수 있다. 그렇

지만, 옛날에는 이런 문제가 말로만 표현되고 좋은 기호를 사용하지 못했기 때문에 제시하기도 힘들고 풀기도 어려웠다. 훨씬 후에도 비슷한 문제가 제시되었다. 영국의 유명한 수학자 드 모르간은 그의 나이를 묻자, "나는 x^2 년에 x 살입니다."라고 대답했다. 드 모르간은 1806년에 태어났으므로, 이차방정식 $x^2 = 1806 + x$ 의 양수 해 $x = 43$ 이 드 모르간의 나이였다.

마하비라(약 800-약 870년)(→ 360쪽)

마하비라Mahavira는 초등 수학, 조합론, 1차 부정방정식의 정수해 등에 관한 책을 쓴 9세기 인도의 수학자이다. 이 책에는 Well의 책 [186]에 있는 문제 3개가 있다(아래와 3장, 6장).

- **화살의 수**

문제 2.2* 화살은 가느다란 원통형이고 단면이 원이므로, 다발로 묶을 때 육각형으로 묶는다. 화살통에 화살이 한 묶음 있는데, 이 묶음 둘레에 있는 화살이 18개이다. 화살통에 있는 화살의 개수를 구하라.

피보나치(1170년-1250년)(→ 361쪽)

레오나르도 피사노Leonardo Pisano는 지금은 별명인 피보나치Fibonacci나, 때로는 비골로Bigollo가 더 잘 알려졌는데, "쓸모없는 아이" 또는 "여행자"라는 뜻이라고 한다. 실제로 그는 북아프리카 외교관이었던 아버지와 함께 멀리 여행을 다녔다. 많은 여행을 하면서 피보나치는 수많은

수학문제해법을 알게 되었고, 특히 중국, 인도, 그리고 이슬람 세계에 이미 알려졌던 인도 아라바아 숫자를 처음 알게 되었다. 그는 0에서 9까지인 이 기호를 사용하는 것이 로마숫자보다 훨씬 편리하다는 것을 알아차렸다.

피사로 돌아온 뒤, 피보나치는 1202년에 출판된 명저 『산반서Liber Abaci』 등 여러 저서를 저술하였다. 『산반서』는 실질적인 자료들이 풍부하고 많은 문제가 분류되어 있어서 적어도 3세기 동안 유럽의 수학 연구에 가장 큰 영향을 주었다. 특히 위치 기수체계와 새로운 수 표기(당시 유럽에서 사용하던 로마숫자대신 인도 아라비아 숫자)를 도입하였다.

• 토끼가 몇 마리?

피보나치의 유명한 저서 『산반서』 3절 문제에는 오늘날 그의 이름을 널리 알린 피보나치 수와 피보나치 수열이 나온다.

문제 2.3 한 남자가 토끼 한 쌍을 사왔다. 토끼 한 쌍은 매달 토끼 한 쌍을 낳고 새로 태어난 토끼 한 쌍은 두 달 후부터 새끼 한 쌍씩을 낳는다고 한다. 일 년 후 토끼는 모두 몇 쌍이 되겠는가?

그림 2.1에 피보나치 문제의 풀이가 있다. 위에서부터 해당하는 달까지 검은 점의 수가 토끼 쌍의 합이다. 이 수는 수열 1, 1, 2, 3, 5, 8, 13, ⋯이 된다. 이 수열에 나오는 수는 언제나 앞에 있는 두 수의 합이라는 것을 알 수 있다. 그래서 그 다음 수는 21, 34, 55, 89, 144, 233, ⋯이고, 그래서 일 년 후에 토끼는 모두 233쌍이다.

19세기 중반 프랑스 수학자 루카스(1843-1891)는 이 수열을 "피보나치 수열"이라고 불렀다. 피보나치 수열 1, 2, 3, 5, 8, 13, ⋯을 피보나치의 『산반서』가 나오기 전에 고팔라와 헤마찬드라 같은 인도 수학자들이 거론한 사실은 흥미롭다.

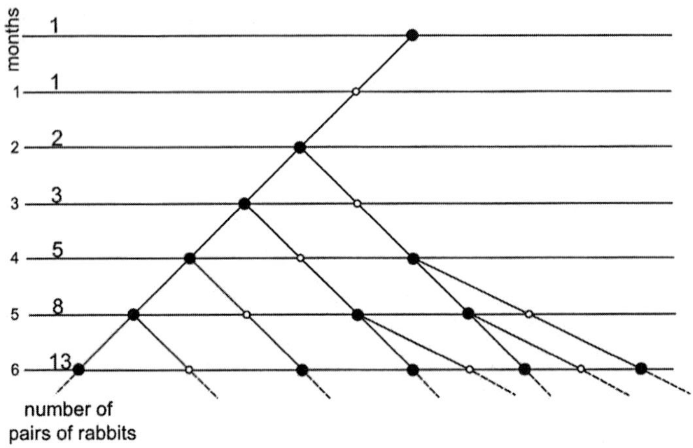

[그림 2.1] 피보나치 토끼문제의 그래프 해법

말했듯이, 피보나치 수열은 점화관계

$$F_n = F_{n-1} + F_{n+2}, \quad n \geq 3$$

을 만족한다. 제 n항은 ($F_1 = F_2 = 1$일 때)

$$F_n = \frac{1}{\sqrt{5}}\left[\left(\frac{1+\sqrt{5}}{2}\right)^n - \left(\frac{1-\sqrt{5}}{2}\right)^n\right]$$

이다(부록 D의 D.6을 보라).

계산기나 컴퓨터를 사용하면, 제 n항을 쉽게 계산할 수 있다. $|(1-\sqrt{5})/2|$이므로 둘째 항 $((1-\sqrt{5})/2)^n/\sqrt{5}$은 무시할 수 있고, 첫째 항 $((1+\sqrt{5})/2)^n/\sqrt{5}$을 계산하여 가장 가까운 정수를 잡으면 F_n의 정확한 정수 값을 구할 수 있다. 곧,

$$F_n = \left\lfloor \frac{1}{\sqrt{5}}\left(\left(\frac{1+\sqrt{5}}{2}\right)^n + \frac{1}{2}\right)\right\rfloor.$$

여기서 $\lfloor x \rfloor$는 x보다 작거나 같은 가장 큰 정수를 나타낸다. 예를 들어, $n = 20$일 때

$$\frac{1}{\sqrt{5}}\left(\left(\frac{1+\sqrt{5}}{2}\right)^{20}+\frac{1}{2}\right)= 6,765.5000295$$

이므로 $F_{20} = 6,765$이다.

피보나치 수열은 여러 가지 흥미롭고 놀라운 성질을 가지고 있다. 〈계간 피보나치Fibonacci Quarterly〉는 1963년부터 발간된 수학 저널로 피보나치 수열에 관한 수학 연구물을 다루고 있다. 이 수열이 나타나는 현상은 매우 다양하여 최적화 이론이나 알고리즘 분석 같은 여러 분야에서 나타난다. 또한 물리, 화학, 생물, 건축 심지어 시가와 음악에서도 나타난다. 댄 브라운Dan Brown의 인기 소설 『다 빈치 코드』에는 피보나치 수열의 첫 8항을 섞어 놓은 13, 3, 2, 21, 1, 1, 8, 5가 나온다.

피보나치 수열은 많은 수학자의 주의를 끄는 흥미 있는 문제들을 제기했다. 다음은 잘 알려진 기하문제 역설이다. 독자에게는 누군가 답을 말해 줄 것이다.

문제 2.4* 보통의 8×8 장기판을 그림 2.2(a)와 같이 4조각으로(사다리꼴 2개와 삼각형 2개) 자른다. 이 4조각을 그림 2.2(b)와 같이 직사각형 형태로 한데 모으면 작은 정사각형 65개를 가진 5×13 직사각형을 얻는다(정사각형이 하나 늘었다). 그렇다면 64=65란 말인가?! 비슷하게, 13×13 장기판을 4조각으로 나누고 조각들을

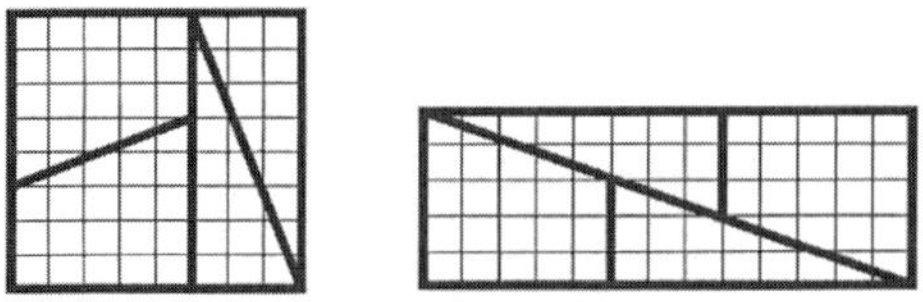

a) b)

[그림 2.2] 체스판 역설 : 64 = 65!?

다시 조립하면, 작은 정사각형 168개를 가진 8×21 직사각형을 얻는다(정사각형이 하나 줄었다. 그림 2.3). 이 경우에는 169=168이다?! 이 역설을 설명하여라.

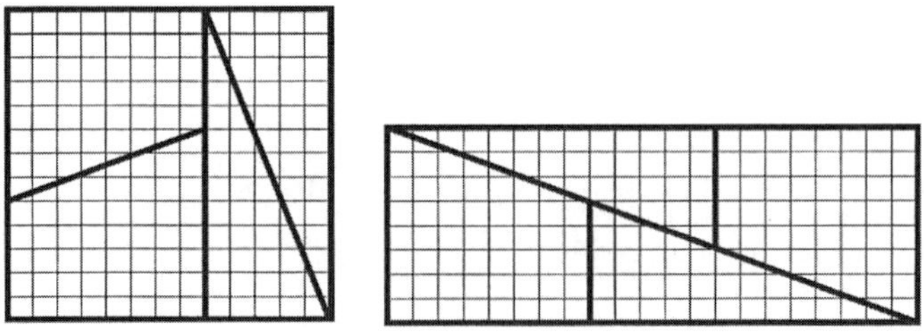

a) b)

[그림 2.3] 체스판 역설 : 169 − 168!?

처음 역설 “64=65”는 여러 문헌에서 찾아볼 수 있다([88], [138]). 윌리엄 후퍼가 쓴 『Rational Recreations』(1774)에 맨 처음 나왔던 것 같다. 이 역설에 대한 논의는 뒤에 『수학과 물리 학술지』(라이프치히, 1808)에 실려 있다.

[그림 2.4] 투르쿠(핀란드)에 있는 굴뚝 위의 피보나치 숫자

이탈리아의 미술가 마리오 메르츠(1925~)는 오랫동안 피보나치 숫자에 사로 잡혀 있었다. 1994년 그는 투르쿠(핀란드)에 있는 발전소 굴뚝을 환경 예술 작품으로 꾸미면서 네온싸인으로 피보나치 숫자를 디자인했다(그림 2.4).

또 다른 예에서는 피보나치 숫자가 평면도형 작도에도 응용된다.

문제 2.5* 변의 길이가 피보나치 숫자 1, 1, 2, 3, 5, 8, 13, 21인 작은 정사각형을 사용하여 빈틈없는 직사각형을 만들어라.

• 제곱수 문제

프레데릭 2세의 수행원이었던 팔레르모의 마스터 존은 그의 『정사각형의 책』에서 피보나치에게 다음 문제를 제시했다.

문제 2.6 어떤 제곱수에 5를 더하거나 빼도 제곱수가 되는 수를 구하여라.

마스터 존의 문제는 연립방정식 $x^2+5=y^2$, $x^2-5=z^2$의 정수해를 구하는 것이다. 피보나치는 훨씬 일반적인 문제를 풀었는데 거기서 그가 합동수라고 부르는 다음 형태를 가진 수 n을 도입하였다.

$$a+b\text{가 짝수이면}\quad ab(a+b)(a-b)$$
$$a+b\text{가 홀수이면}\quad 4ab(a+b)(a-b)$$

그는 합동수는 항상 24로 나눌 수 있고

$$x^2+n=y^2,\quad x^2-n=z^2$$

의 정수해는 n이 합동수일 때만 구할 수 있음을 보였다. 마스터 존의 문제는 $n=5$일 때인데, 5는 합동수가 아니므로, 정수해는 없다. 그렇지만, 유리수 해는 있다. $720 = 12^2 \cdot 5$은 합동수($a = 5,\ b = 4$)이고, 그리고 $41^2 + 720 = 49^2$이고 $41^2 - 720 = 31^2$이므로 12^2으로 나누면 유리수 해

$$x = \frac{41}{12},\quad y = \frac{49}{12},\quad z = \frac{31}{12}$$

를 얻는다.

• 돈 더미

문제 2.7* A, B, C 세 사람이 돈을 한 무더기로 쌓아 놓았는데, 각자 몫이 $\frac{1}{2}$, $\frac{1}{3}$, $\frac{1}{6}$이었다. 이들은 각자 무더기에서 돈이 없어질 때까지 돈을 가져갔다. 그런 다음 A는 자기가 가져간 돈의 $\frac{1}{2}$을, B는 $\frac{1}{3}$을, C는 $\frac{1}{6}$을 반환했다. 반환한 돈을 셋이 똑같이 분배하니 그들이 각자 처음 가졌던 금액이 되었다. 처음 돈 무더기에는 얼마가 있었는가?

양휘(약 1238–약 1298)(→ 361쪽)

13세기 중국의 수학자 양휘楊輝는 작은 관직에 있었다. 양휘는 파스칼의 삼각형을 처음 제시한 인물로 잘 알려져 있는데, 또 다른 중국 수학자 가헌賈憲의 연구와 자신의 연구를 기초로 한 것이다. 양휘는 두 권의 책을 1261년과 1275년에 저술하였는데, 여기에는 분수와 제곱근, 세제곱근의 계산, 그리고 고대 중국의 수학교육에 관한 가장 오래된 기록이 나온다.

• **마방진**

양휘의 두 번째 저서 『양휘산법』(1275)에는 아래 마방진이 나온다([186]보라).

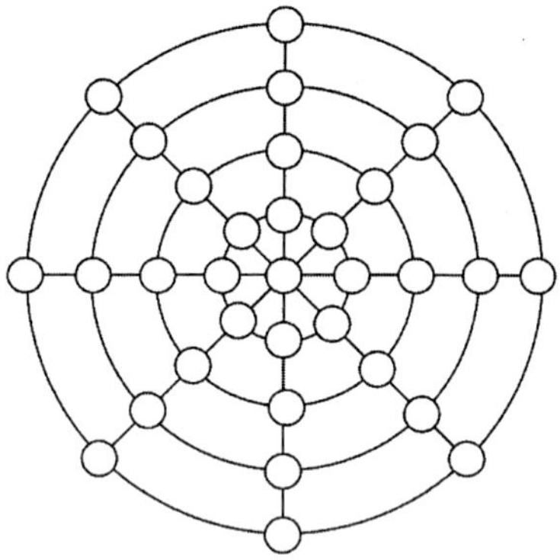

[그림 2.5] 마방진

문제 2.8* 그림에서 중심을 포함한 각 원 위의 숫자의 합과 각 지름 위의 숫자의 합이 서로 같도록 그림의 작은 원 안에 1부터 33까지 숫자를 써넣어라.

바셰(1581–1638)(→ 364쪽)

머리말에서 말했듯이, 프랑스의 수학자, 철학자, 시인이며 과학 아카데미 회원인 끌로드 가스파르 바셰Claude Gaspar Badset는 수학적 퍼즐과 비결에 관한 저서를 처음 출판했다. 그의 저서 『유쾌한 문제집』(1612)에는 수학적 퍼즐, 산술 비법, 레크리에이션 문제들이 많이 수록되어 있다.

• **정수 변 삼각형**

헤론 삼각형은 변의 길이와 넓이가 유리수인 삼각형이다. 세 변의 길이와 넓이에 그 최소공배수를 곱하면 변의 길이와 넓이가 정수인 헤론 삼각형을 얻는다. 다음은 끌로드 바셰가 생각한 문제다.

문제 2.9 넓이가 24인 변의 길이가 정수인 삼각형을 구하라.

풀이 변의 길이가 a, b, c인 삼각형의 넓이는, 헤론의 공식을 이용하면

$$A=\sqrt{s(s-a)(s-b)(s-c)}, \quad s=\frac{1}{2}(a+b+c).$$

이므로 양변을 제곱하면

$$A^2=\frac{1}{16}(a+b+c)(b+c-a)(a+c-b)(a+b-c)$$

즉

$$16A^2=2a^2b^2+2b^2c^2+2c^2a^2-a^4-b^4-c^4.$$

이것을 정리하면

$$(4A)^2+(b^2+c^2-a^2)^2=(2bc)^2. \tag{2.1}$$

이 식은 $x^2+y^2=z^2$ 형식이므로, 이 문제는 피타고라스 삼각형, 즉 변의 길이가 정수인 직각삼각형과 연결된다. 여기서 세 수 (x, y, z)를 **피타고라스 세 수**Pythagorean Triples라고 부른다. (3, 4, 5)와 (5, 12, 13)은 우리에게 익숙한 피타고라스 세 수다.

정수론에 의하면, 피타고라스 세 수는 무한히 많이 있다. (x, y, z)가 어떤 피타고라스 세 수라면, 모든 자연수 k에 대하여 세 수 (kx, ky, kz)가 피타고라스 세 수임은 분명하다. m과 n이 $(m>n)$ 자연수일 때, 피타고라스 세 수는 다음 식

$$x=m^2-n^2, \quad y=2mn, \quad z=m^2+n^2 \tag{2.2}$$

으로 생성할 수 있다.

식 (2.2)를 염두에 두고, 처음 식 (2.1)로 돌아가서

$$4A=k(m^2-n^2),$$

$$b^2+c^2-a^2=\pm k\cdot 2mn, \quad 2bc=k(m^2+n^2)$$

특히,

$$4A = 96 = k(m^2 - n^2) = k \cdot (m-n) \cdot (m+n).$$

96은 다음과 같이 세 수의 곱으로 나타낼 수 있다.

$$\begin{aligned} 96 &= \underline{1 \cdot 1 \cdot 96} = 1 \cdot 2 \cdot 48 = \underline{1 \cdot 3 \cdot 32} = 1 \cdot 4 \cdot 24 \\ &= 1 \cdot 6 \cdot 16 = 1 \cdot 8 \cdot 12 = 2 \cdot 2 \cdot 24 = \underline{2 \cdot 3 \cdot 16} \\ &= 2 \cdot 4 \cdot 12 = 3 \cdot 4 \cdot 8 = 4 \cdot 4 \cdot 6. \end{aligned}$$

이 때 처음 숫자는 k를 나타낸다. 그리고 밑줄 친 세 수는 $m-n$과 $m+n$이 함께 짝수나 홀수가 아니므로 제외한다. 이렇게 해서 다음 세 수 (k, m, n) $(m > n)$들을 얻는다.

$$(1, 25, 23),\ (1, 14, 10),\ (1, 11, 5),\ (1, 10, 2)$$
$$(2, 13, 11),\ (2, 8, 4),\ (3, 6, 2),\ (4, 5, 1).$$

$\dfrac{k(m^2+n^2)}{2} = b \cdot c$이므로 (b, c)를 구하고 a는 식

$$a = \sqrt{b^2 + c^2 \pm 2kmn}$$

에서 a가 정수인 경우만 택한다. 이와 같이 하면 세 수 (2, 8, 4)와 (4, 5, 1)만 정수 변이고, 넓이가 24인 구하려는 헤론 삼각형은 (6, 8, 10)과 (4, 13, 15)이다.

카르미카엘 [35]은 헤론 삼각형에 대한 완전한 정수해를 매개변수를 사용하여 제시하였다.

$$a = n(m^2 + k^2)$$
$$b = m(n^2 + k^2)$$
$$c = (m+n)(mn - k^2)$$
$$A = kmn(m+n)(mn - k^2)$$

여기서 m, n, k는 $\gcd(m, nk) = 1$, $mn > k^2 > n^2n/(2m+n)$, $m \ge n \ge 1$을 만족하는 정수이다. 이 공식으로 주어진 넓이 A^*에 대하여 적어도 $A = t^2A^*$, t는 정수, 인 헤론 삼각형을 구할 수 있다. 구하는 변의 길이는 $(a/t, b/t, c/t)$이다. 예를 들어, $A^* = 24$가 주어지면 매개변수 공식에서 삼각형 (6, 8, 10)이 바로 나오지만, 다른 해 (4, 13, 15)는 바로 나오지 않는다. 그러나 이

해는

$$A = 864 = 36 \cdot 24 = 6^2 \cdot A^*,\ t = 6$$

에 들어 있다. 그러므로 넓이가 24인 처음 삼각형은 (24/6, 78/6, 90/6) = (4, 13, 15)이다.

웰스는 [186]에서 직각삼각형 (5, 12, 13)과 (9, 12, 15)을 결합하여 삼각형 (4, 13, 15)를 구하는 방법을 말하고 있다. 변 12를 공통으로 맞대어 두 삼각형을 함께 놓고 겹치면(그림 2.6), 이 때 생긴 둔각삼각형 (4, 13, 15)(굵은 선)의 넓이가 54−30=24이다.

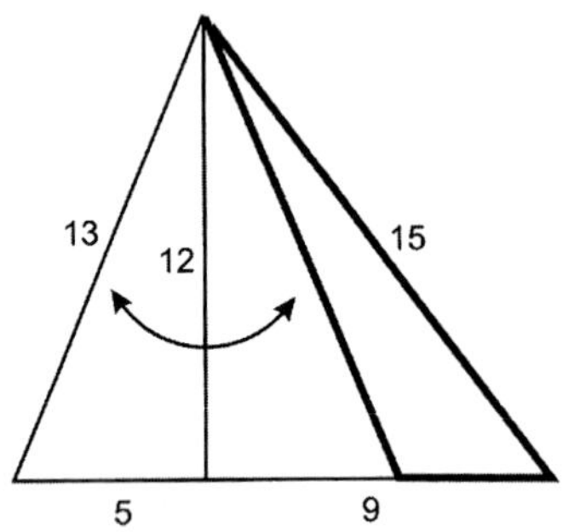

[그림 2.6] 변의 길이가 정수인 둔각삼각형

피보나치(1170–1250) (→ 361쪽)

타르탈리아(1500–1557) (→ 362쪽)

바세(1581–1638) (→ 364쪽)

• 무게 문제

바세의 평판 좋은 저서 『유쾌한 문제집』에는 자신이 쓴 많은 문제들이 있는데 이 고전적인 무게 문제도 있다.

문제 2.10 1kg부터 40kg까지 모든 무게를 재는 데 필요한 최소의 추의 수를 결정하여라.

바셰는 두 가지 다른 경우에 대하여 각각의 해법을 제시했다. (i) 무게가 저울의 한 쪽 접시에만 놓이는 경우, (ii) 무게가 저울의 두 접시 중 아무 쪽이나 한 쪽에 놓이는 경우. 바셰 외에 피보나치와 타르탈리아도 (i)의 변형된 경우를 1, 2, 4, 8, 16, 32kg의 추로 해결하였다고 한다. (ii)의 경우에 바셰는 1, 3, 9, 27 kg의 추로 해결할 수 있다는 것을 알았다. 다른 제한이 없다고 하면, 이 해들이 필요한 최소의 추의 수이다.

그러면 어떻게 해서 위의 해가 얻어졌는지 알아보자. Q를 40 이하인 임의의 정수라고 하고, $t_1, t_2, \cdots, t_n$를 필요한 추라고 하자. 먼저 (i)의 경우. 추 $t_1, t_2, \cdots, t_n$은 등식

$$Q = a_1 t_1 + a_2 t_2 + \cdots + a_n t_n \tag{2.3}$$

이 모든 $Q = 1, 2, \cdots, 40$에 대하여 성립하여야 하고, 계수 a_k, $k = 1, 2, \cdots, 40$는 추 t_k가 저울접시에 놓이면 1, 그렇지 않으면 0이다.

식 (2.3)은 수를 이진법으로 나타내는 것과 같다. 실제로,

$$t_1 = 2^0 = 1,\ t_2 = 2^1 = 2,\quad t^3 = 2^2 = 4,\ \cdots,\ t_n = 2^{n-1}$$

라고 하면,

$$Q = a_n 2^{n-1} + \cdots + a_3 2^2 + a_2 2^1 + a_1 2^0$$
$$(a_k \in \{0,1\},\ k = 1, \cdots, n\ ) \tag{2.4}$$

이 된다. (2.4)를 사용하여 나타낼 수 있는 가장 큰 수는

$$Q = 1 \cdots 111_2 = 2^{n-1} + 2^{n-2} + \cdots + 2^2 + 2^1 + 2^0 = 2^n - 1$$

이므로, $n = 6$이라 하면, $111111_2 = 2^6 - 1 = 63 > 40$이고, 따라서

추 6개가 문제의 조건에 맞는 답이다. 그러므로 1, 2, 4, 8, 16, 32kg의 추가 필요하고 이것이면 충분하다. 다른 해는 없다.

이진법의 기원은 중세까지 거슬러 올라가 피보나치 시대보다 몇 세기 전이라고 할 수 있지만, 이를 처음 연구한 사람은 독일의 위대한 수학자이며, 철학자, 정치가, 신학자, 물리학자, 변호사이자 언어학자인 라이프니츠이다. 그는 이진법을 철학적으로 다루었다. 벤틀리는 『정수에 대한 책』[16]에서 "그(라이프니츠)는 우주와 세상의 모순, 가부, 남녀, 빛과 암흑, 옳고 그름과 같은 점멸의 성질을 이진법을 통해서 훨씬 명쾌하게 표현할 수 있다고 생각했다"고 했다. 이것이 철학자 라이프니츠가 디지털 컴퓨터의 작동이 이진법에 기초 한다는 것을 알고 사고 속에서 계산기에 대한 개념에 접근했다는 것을 의미할까? 모든 분야에서 전문가였던 그는 맨 처음 컴퓨터 학자이고 정보 이론가였다. 1671년에 라이프니츠는 기본적인 사칙연산을 수행할 수 있는 계산기를 발명했다.

바셰 문제의 경우(ii)의 풀이로 돌아오자. 바셰는 경우 (i)과 똑같은 아이디어를 사용하여 $Q \in 1, \cdots, 40$를

$$Q = b_1 t_1 + b_2 t_2 + \cdots + b_m t_m \tag{2.5}$$

으로 나타내었다. 여기서 계수 $b_1, b_2, \cdots, b_m$는 다음 값을 갖는다.

$b_k = -1$: 추 t_k가 무게를 재려는 물체와 같은 접시에 놓일 때

$b_k = 0$: 추 t_k가 어느 쪽 접시에도 놓이지 않을 때

$b_k = 1$: 추 t_k가 무게를 재려는 물체가 놓이지 않은 접시에 놓일 때.

값 -1을 수체계의 한 숫자로 생각하면, 식 (2.5)는 밑이 3인 삼진법으로 생각할 수 있다. 그러므로 추 $t_1 = 3^0,\ t_2 = 3^1 = 3,\ t_3 = 3^2 = 9$ 등으로 택하고, 먼저 정수 Q를 십진법에서 삼진법으로 변환한다. 즉

$$Q = b_m 3^{m-1} + \cdots + b_3 3^2 + b_2 3^1 + b_1 3^0 = (b_m \cdots b_3 b_2 b_1)_3 \tag{2.6}$$

여기서 $b_k \in \{-1,0,1\}$ 이고, 식 (2.6)에서 가장 큰 정수는

$$Q = 1 \cdots 111_3 = 3^{m-1} + \cdots + 3^2 + 3^1 + 3^0 = \frac{3^m - 1}{2}$$

이다. $m = 4$ 라고 하면, $1111_3 = (3^4 - 1)/2 = 40$ 이므로 추 1, 3, 9, 27kg의 4개가 문제의 조건을 만족한다.

예를 들어, 경우 (ii)에서 Q= 23 kg인 물체의 무게를 잰다면,

$$Q = 23 = 1 \cdot 27 + (-1) \cdot 3 + (-1) \cdot 1$$

와 같이 십진법으로 나타낸 수 23을 (2.6)의 형태로 변환한다. 식의 우변에 따라 1kg과 3kg의 추는 물체와 함께 접시에 놓고 27kg의 추는 다른 쪽 접시에 놓으면 된다.

『수학 계간지Quarterly Journal of Mathematics (1886, 제 21권)』에서 영국의 수학자 맥마혼은 1에서부터 n까지 모든 무게를 잴 수 있는 정수 추의 모든 세트를 결정하였다. 이 문제를 해결하기 위하여 그는 오일러가 발견한 생성 함수법을 적용하였다. 이런 식으로 맥마혼은 바셰의 무게 문제를 일반화 하였다. 게다가, 바셰의 방법으로는 모든 해를 구하지 못한 것을 그가 완성했다. 맥마혼은 8개의 해를 구했다.

$$\{1_{40}\},\ \{1,3_{13}\},\ \{1_4,9_4\}\ ,\{1,3,9_4\},\{1_{13},27\},$$
$$\{1,3_4,27\},\ \{1_4,9,27\},\ \ \{1,3,9,27\}$$

w_k는 $w$kg 추가 k개 필요함을 나타낸다. 예를 들어, $\{1_4,9_4\}$는 1kg 추가 4개, 9kg 추가 4개 필요하다. 위의 풀이 중 마지막 것이 바셰의 풀이에 해당된다. 그의 풀이가 추의 개수가 최소로서 모든 추가 서로 다른 유일한 해이다. 볼과 콕세터 [150]와 크레이치크 [118]는 바셰의 무게 문제에서 세부적인 것을 다루었다.

타르탈리아(1500–1557) (→ 362쪽)

타르탈리아Niccolo Tartaglia가 13세 소년이었을 때, 프랑스가 고향 브레시아에 침략하여 주민들을 무참히 살해하였다. 타르탈리아는 거의 죽을 정도로 피해를 당했다. 어떻게 해서 살아 남았지만, 말을 하는데 영구히 장애를 입어서 말더듬이라는 의미의 "타르탈리아"란 별명을 갖게 되었다. 그는 가난하여 제대로 교육을 받을 수 없었다. 고통스럽고 힘든 어린 시절을 보냈지만, 타르탈리아는 후에 가장 영향력 있는 16세기 이탈리아의 수학자 가운데 한 사람이 되었고, 오늘 날 3차 방정식의 해법인 카르다노-타르탈리아 공식이라고 하는 그의 공식으로 잘 알려져 있다. 이 공식에 대한 우선권 문제는 타르탈리아와 카르다노 사이에 쓰라린 논쟁을 야기했다. 사실, 페로와 타르탈리아는 독자적으로 3차 방정식 해법을 발견했지만, 카르다노가 그것을 그의 저서 『위대한 술법』에 실었다. 그는 이 발견이 전적으로 페로와 타르탈리아에 의한 것이라고 하였지만, 이 공식은 대부분 카르다노의 이름으로 기억되었다.

타르탈리아의 책 『다양한 문제와 발명Quesiti ey Inventioni Diverse』(1546)와 『일반론General Trattato』(1556)에는, 당시에는 도전적이고 진지하게 생각 했지만 오늘날에는 레크리에이션적이라고 보는 여러 문제들이 있다. 그 가운데 두 문제를 제시하고, 다른 두 문제, 무게 문제와 부부 강 건너기는 24쪽과 208쪽에서 다룬다.

- **말 17마리 분배하기**

문제 2.11 어떤 사람이 죽으면서 세 아들에게 말 17마리를 $\frac{1}{2} : \frac{1}{3} : \frac{1}{9}$의 비율로 나누어 가지라고 유언했다. 세 아들은 아버지의 유언대로 할 수 있을까?

분수계산을 간단히 하기 위해 타르탈리아는 말 한 마리를 빌렸다.

18:2=9, 18:3=6, 18:9=2이므로 세 아들은 9마리, 6마리, 2 마리, 합해서 17마리를 받는다. 이렇게 분배한 후 빌린 말을 주인에게 돌려주면 문제는 해결된다.

일반적인 경우, n 마리의 말을 세 형제에게 $\frac{1}{a}:\frac{1}{b}:\frac{1}{c}$의 비율로 분배할 때 언제 이런 짜맞추기 방법을 실행할 수 있을까? n, a, b, c에 7가지 가능한 경우가 있다.

$$(7,\ 2,\ 4,\ 8),\ (11,\ 2,\ 4,\ 6),\ (11,\ 2,\ 3,\ 12),\ (17,\ 2,\ 3,\ 9)$$
$$(19,\ 2,\ 4,\ 5),\ (23,\ 2,\ 3,\ 8),\ (41,\ 2,\ 3,\ 7)$$

실제로, 디오판토스 방정식1)

$$\frac{1}{a}+\frac{1}{b}+\frac{1}{c}=\frac{n}{n+1}$$

의 정수해는 이 수 뿐이다.

위의 문제와 관련하여 많이 알려진 레크리에이션 수학 문헌에는 형제에게 17마리의 말을 나누어 주는 또 다른 문제를 찾아 볼 수 있다. 여기서는 형제들이 말을 $\frac{1}{2}:\frac{1}{3}:\frac{1}{9}$의 비율로 나누지 않고, 첫째가 전체의 1/2, 둘째가 1/3, 막내가 1/9을 갖기로 한다. 그렇게 분배하는 것이 불가능하기 때문에 형제들은 이웃에서 1마리 빌릴 생각을 해낸다. 그렇게 해서 18마리에 대하여 각자 해당하는 만큼 9마리, 6마리, 2마리씩, 합해서 17마리를 분배한 후, 빌린 말은 이웃에게 돌려주고, 분배문제를 "똑똑하게" 해결했다고 매우 흡족해 했다.

그러나, 그들의 똑똑하게 조작한 결과는 문제의 뜻에 맞는 해결일까? 사실, 아니다. 분배가 적절하게 이루어진 것도 아니고, 가능하지도 않다. 실제로, $\frac{1}{2}+\frac{1}{3}+\frac{1}{9}=\frac{17}{18}<1$이기 때문에 어떻게 나누어

---

1) 디오판토스 방정식은 정수해만 구하는 부정방정식이다. 이와 같은 방정식을 연구한 디오판토스(3세기)의 이름을 따라 그렇게 부른다.

도 나머지가 남는다. $9 > \frac{17}{2}$, $6 > \frac{17}{3}$, $2 > \frac{17}{9}$이므로, 말을 빌린 덕에 모두가 더 받았다.

- **와인과 물**

문제 2.12* 부정직한 하인이 와인 한 통(바렐)에서 3파인트를 빼내고 같은 양의 물을 채웠다. 그는 도둑질을 두 번이나 반복해서 모두 9파인트를 빼내고 대신 물을 채웠다. 이렇게 도둑질을 해대자 통에 남은 와인은 묽어져서 농도가 처음의 반이 되었다. 처음 통에는 와인이 얼마나 있었는가?

레코드(1510–1558)(→ 363쪽)

레코드Robert Recorde는 16세기 가장 영향력 있는 영어교재를 저술한 사람 중 하나로 물리학자, 수학자, 천문학자였다. 그는 『지혜의 숫돌』(1557)에서 등호 '='를 도입했다.[2] 그는 에드워드 4세와 여왕 메리 아래에서 의사로 일하고, 뒤에 아일랜드에서 마인즈와 머니즈의 감사관이 되었지만, 알 수 없는 일로 체포되어 1558년 감옥에서 사망하였다. 다음 문제는 그의 책 『지혜의 숫돌』에 있다.

- **손에 있는 동전**

문제 2.13* 한 사람이 양손에 동전 8개를 가지고 있다. 왼손에 있는 동전 수에 그 수의 제곱과 세제곱을 더하고, 오른 손에 있는 동전에도 똑 같이 그렇게 한다. 이렇게 해서 얻은 두 수를 합하면 194이다. 각각의 손에 동전이 몇 개씩 있는가?

---

2) 카츠Katz는 레코드가 "'-와 같다-'는 말을 지루하게 되풀이하지 않기 위해 종종 사용하던 길이가 같은 평행선 한 쌍을 즉, =을 사용하기로 한다. 왜냐하면 이보다 같은 것은 없기 때문에."라고 설명했다고 함.

비에트(1540–1603)(→ 363쪽)

프랑스의 위대한 수학자 비에트Francois Viete는 직업적인 수학자가 아니었다. 페르마, 케일리, 실베스터처럼, 비에트도 법을 공부한 법률가로, 브르타뉴 고등법원 판사를 하고 후에 왕의 자문위원까지 하였다. 그는 여가에만 수학을 연구하였지만, 기하, 수론, 대수, 삼각법에 중요한 공헌을 하였다. 게다가 그는 암호해독에 특출하였다. 스페인이 프랑스 왕위를 차지하려 일으킨 전쟁 동안 스페인 군대의 복잡한 암호를 재빨리 해독해 냈다. 비에트가 해독한 암호가 전쟁 결과에 크게 영향을 주었기에, 스페인은 그가 악마와 결탁했다고 비난했다.

• 두 정육면체의 모서리

문제 2.14* 두 정육면체의 모서리 길이의 차가 6이고, 부피의 차가 504일 때, 두 정육면체의 모서리 길이를 구하여라.

중고등학교에서 이차방정식을 풀 때, 잘 알려진 비에트의 법칙이 있다.

a와 b가 이차방정식 $x^2+\alpha x+\beta=0$의 근이면,

$$(x-a)(x-b)=x^2-(a+b)x+ab,$$

곧

$$\alpha=-(a+b),\ \beta=ab.$$

다음 "일반화"를 확인해 보기 바란다.

문제 2.15* 다음을 계산하여라.

$$(x-a)(x-b)\cdots(x-z)$$

뉴턴(1642-1727)(→ 366쪽)

영국의 유태계 수학자이자 물리학자인 뉴턴Isaac Newton은 역사상 가장 위대한 수학자이며 과학자 가운데 한 사람이라고 인정한다. 업적에서 단지 두 사람만 그와 비교할 수 있다. 고대 그리스의 아르키메데스와 독일의 수학자 가우스다. 그들의 과학적 천재성이 결합하여 수학과 과학의 여러 분야에서 혁명적인 진보를 초래하였고, 다양한 방향으로 발전을 촉진했다.

뉴턴의 생애와 수학과 과학에서 기념비적인 업적에 관한 문헌이 방대하기에 잘 알려진 이야기는 여기서 생략한다. 그가 연금술과 신학에 대해서 강박감에 사로잡혔었다는 것은 거의 알려지지 않았다. 실제로 수학연구에서 보다 실험실에서 시간을 더 보냈다는 것은 믿기 어렵다. 웨스트민스터 사원에 묻힐 때, 그의 신체에서 고농도 수은이 검출되었는데 연금술 실험의 결과일 가능성이 가장 컸다([16, p.125] 참조).

뉴턴은 상냥하거나 겸손한 사람은 아니어서, 오만하고 까다로운 행동은 잘 알려져 있다. 그럼에도 불구하고 다음과 같은 겸손함을 풍기는 유명한 언행이 전해진다. "내가 다른 사람보다 멀리 볼 수 있었다면, 그것은 내가 거인들의 어깨 위에 있었기 때문이었네."[3)]

뉴턴의 저서 『보편산술』[4)]은 많은 공헌도 했지만, 여러 초보적인 문제도 포함하고 있다. 이 장에서는 동물에 관한 문제 하나를 제시하고, 다른 문제는 11장에 제시하기로 한다. 동물에 관해 말한다면, 뉴턴과 고양이에 관한 이야기를 하는 게 적절할 것 같다. 흔히 "고양이 문"을 뉴턴이 발명했다고 한다. 이 일화는 위대한 수학자의 멍한 버릇

3) 나는 MIT 교수 아벨슨Harold Abelson의 다음 재담도 좋아한다. "내가 다른 사람들만큼 멀리 보지 않았다면, 그것은 거인들이 내 어깨 위에 있었기 때문이네!"

4) 라틴어판이 1707년에 나왔고 1720년에 Universal Arithmetick으로 번역판이 나왔다(John Machin 편집).

을 보여준다. 뉴턴이 고양이 두 마리를 길렀다. 작은 고양이 한 마리와 큰 고양이 한 마리. 그는 고양이가 연구를 방해하지 않고 마음대로 드나들 수 있도록 하려고 고양이를 위해 문 두 개를 만들었다. 작은 고양이에게는 작은 문을, 큰 고양이에게는 큰 문을. 그가 이 일을 더 깊이 생각했더라면, 분명히 적당한 크기의 문 하나면 두 고양이 모두에 충분하다는 것을 알았을 것이다.

- **들판의 짐승**

뉴턴이 어렵고 도전적인 문제를 해결해 현대 수학의 기초를 세웠지만, 동시에 이런 문제들은 레크리에이션 수학 문제도 된다. 다음 문제는 뉴턴의 『보편산술』에 있다.

문제 2.16 4주 동안 소 12마리가 $3\frac{1}{3}$에이커 풀밭의 풀을 뜯어 먹고, 9주 동안에는 소 21마리가 10에이커 풀밭 풀을 뜯어 먹는다. 풀이 일정한 속도로 자란다고 하고, 18주 동안에 24에이커의 풀을 뜯어 먹이는 데 소가 몇 마리 필요하겠는가?

폴리아가 『수학적 발견』에서 일반해를 제시했다([142, I권], p.162).

α - 사용하는 풀밭의 에이커 당 목초 양

β - 1주 동안 소 1마리가 뜯어 먹는 풀 양

γ - 1주 동안 1에이커에 자라는 풀 양

a_1, a_2, a - 소의 수

m_1, m_2, m -에이커 수

t_1, t_2, t- 주의 수

문제의 조건에 따라 연립방정식을 세우면,

$$m_1(\alpha+t_1\gamma)=a_1t_1\beta,$$

$$m_2(\alpha + t_2\gamma) = a_2 t_2 \beta$$
$$m(\alpha + t\gamma) = at\beta,$$

여기서 α, $\frac{\alpha}{\beta}$, $\frac{\gamma}{\beta}$는 미지수이다. 연립방정식을 풀면

$$a = \frac{m[m_1 a_2 t_2(t - t_1) - m_2 a_2 t_1(t - t_2)]}{m_1 m_2 t(t_2 - t_1)}.$$

처음 뉴턴 문제의 수치를 대입하면, $a = 36$을 얻는다. 그러므로 소 36마리가 18주 동안 풀밭 24에이커의 풀을 뜯어 먹는다.

위 문제에는 변수들이 많다. 다음 세 문제는 문헌에 자주 나오는 것으로, 처음 문제는 되리의 책에 있다.

문제 2.17* 다음 x부터 z''까지 9개의 양 사이에는 어떤 관계가 있는가?

x마리 소가 y개 풀밭을 z일 동안 뜯어 먹고,
x'마리 소가 y'개 풀밭을 z'일 동안 뜯어 먹고,
x''마리 소가 y''개 풀밭을 z''일 동안 뜯어 먹는다.

다음 문제는 뉴턴 문제의 변형이다.

문제 2.18* 한 무리의 양떼가 매일 풀밭에서 풀을 뜯어 먹는다. 그 풀밭은 양이 10마리면 20일 동안 먹일 수 있다. 양의 수가 3배이면 그 풀밭으로 4일 동안 먹일 수 있다. 풀이 자라는 속도가 매일 일정하다면, 이 풀밭으로 25마리의 양을 며칠 동안 먹일 수 있을까?

다음 문제는 잘 아는 가축 문제이다.

문제 2.19* 소 한 마리, 염소 한 마리, 거위 한 마리가 풀밭에서 풀을 뜯고 있다. 소는 염소와 거위가 함께 뜯어 먹는 것과 같은 양의

풀을 먹는다. 소와 염소는 함께 45일이면 풀밭의 풀을 모두 먹을 수 있고, 소와 거위는 함께 60일, 염소와 거위는 함께 90일이면 다 뜯어먹을 수 있다. 소, 염소, 거위 모두 함께 뜯는다면 풀밭의 풀을 다 뜯어 먹는데 며칠 걸릴까? 풀은 매일 일정한 속도로 자란다.

요크의 앨퀸(735–804)(→ 360쪽)

영국의 학자로서 수학자이며 성직자인 앨퀸Alcuin of York은 샤를마뉴 황제의 조정에서 일생을 보냈다. 그는 53개의 재미있는 문제와 수수께끼를 모아 책을 썼다. 앨퀸이 아우구스부르그 수도원에서 사망한지 2세기 뒤에 유럽에서 맨 먼저 나온 것으로 알려진 수학적 논리와 퍼즐 모음집인 『정신에 활력을 주는 문제들』에 그의 문제들이 실렸는데, 많은 문제들이 오늘날까지 전해지고 있다.

- **모병**

문제 2.20 전쟁을 준비하면서, 강대국의 왕이 신하에게 30개 고을에서 병사를 모으도록 명령하였다. 그런데 왕은 신하에게 각 고을을 방문하면서 그 때까지 모집한 병사의 수와 같은 수의 병사를 방문한 고을에서 모집하도록 했다. 신하는 첫 번째 고을에 혼자 가고, 두 번째 고을에는 병사 한 명을 데리고 가고, …. 이렇게 하면 신하가 모집할 병사는 모두 몇 명일까?

신하를 포함해서 세지 않는다고 하면, 신하는 첫 번째 고을에 아무도 데리고 가지 않으니까, 그 곳에서 병사를 모집하지 못할 것이다. 두 번째 고을에서도 첫 번째 고을에서와 같을 것이고, 계속 그와 같이 되면 끝까지 한 사람도 모집할 수 없다! 그러므로 신하는 자신을 첫 번째 병사로 포함해야 한다. 그러면 한 고을씩 떠날 때마다 (신하를 포함해서) 병사의 수는 2, 4, 8, ⋯ 이고, 30번 째 고을을 떠날 때는 기하급수의 합이 된다.

$$1(\text{신하})+1+2+2^2+\cdots+2^{29}=1+\frac{2^{30}-1}{2-1}+2^{30}$$
$$=1{,}073{,}741{,}824$$

병사의 수에서 신하의 수를 뺀 값이 루카스의 **하노이 탑** 문제에서 고리 30개를 옮기는 횟수와 같다는 사실에 주목하자(p.196).

2장 문제 풀이

2.2 한 묶음의 화살 수를 알려면, 급수 $1+1\cdot 6+2\cdot 6+3\cdot 6+\cdots+k\cdot 6+\cdots$ 에서 필요한 만큼 합을 구하면 된다(그림2.8). 묶음에서 볼 수 있는 화살이 18개이므로, 18이 나오는 항까지 더하면 된다. 그러므로 $1+6+12+18=37$

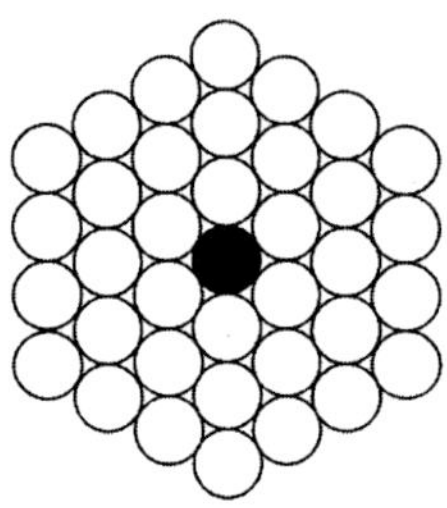

[그림 2.8]

2.4 이 역설을 설명하기 전에, 피보나치 수에 관한 가장 아름다운 공식인 카시니의 등식을 소개한다.

$$F_{n+1}F_{n-1} - F_n^2 = (-1)^n \qquad (n > 0)$$

이 식을 1680년 프랑스의 천문학자이며 수학자인 카시니가 언급하였다.[5)] 이 공식은 수학적 귀납법을 사용하여 증명할 수 있다.

자를 때 나오는 수 5, 8, 13, 21은 피보나치 수 $F_5 = 5$, $F_6 = 8$, $F_7 = 13$, $F_8 = 21$임에 주의하자. 첫 번째 예에서는 $13 \times 5 - 8 \times 8 = 1$이고, 두 번째 예에서는 $21 \times 8 - 13 \times 13 = -1$이다. 일반적으로, 피보나치 수 F_{n-1}, F_n, F_{n+1}을 사용하여 정사각형 $F_n \times F_n$을 닮게 작도하여 네 조각으로 나누고 다시 합쳐 직사각형 $F_{n+1} \times F_{n-1}$을 만들 수 있다. 이 때 카시니의 등식에 의하면, 정사각형 하나가 생기거나(n이 짝수), 부족하다(n이 홀수).

이것을 8×8장기판을 예로 설명해보자. 직사각형 5×13의 대각선을 따라 있는 네 조각의 변이대각선과 일치하지 않는다는 사실에서 역설이 생긴다. 이 대각선은 직선이 아니라 작은 마름모꼴로서 예각이

$$\arctan\frac{2}{3} - \arctan\frac{3}{8} = \arctan\frac{1}{46} \approx 1\frac{1}{4}^\circ$$

이다. 이렇게 작은 각은 세밀히 그려야만 구분할 수 있다. 해석기하나 삼각함수를 사용하면, "숨겨진" 마름모꼴 넓이가 장기판의 작은 정사각형 넓이와 같음을 증명할 수 있다.

2.5 그림 2.9에 답이 있다.

더 큰 "피보나치 직사각형"를 계속해서 작도해 나갈 수 있다. 다음과 같은 도발적 문제는 자연스럽다: 이 과정에서 정사각형이 나올까(당연한 경우인 1을 제외하고)? 콘([38])이 1964년 변이 1, 1, 2, 3, 5, 8, 13, 21, 34, 55, 89, 144로 된 이 성질을 갖는 정사각형이 유일하게 존재함을 증명하였다.

5) [88, p.292]에 의하면, 케플러는 1608년에 이미 이 공식을 알고 있었다.

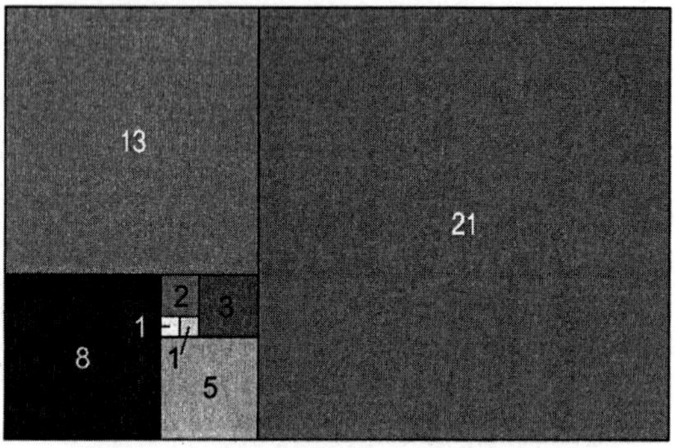

[그림 2.9] 피보나치 직사각형

2.7 처음 돈의 합을 s라 하고 각자가 반환한 돈의 합을 x라고 하자. 세 사람이 돈을 받기 전에 가진 돈은 각각 $s/2-x$, $s/3-x$, $s/6-x$이다. 이 돈은 그들이 처음 가져간 돈의 1/2, 1/3, 1/6을 반환한 후에 가진 돈의 합계이므로 처음 가져간 돈은 다음과 같다.

$$\text{A:}\quad 2(s/2-x),\quad \text{B:}\ \frac{3}{2}(s/3-x),\quad \text{C:}\ \frac{6}{5}(s/6-x).$$

이 셋을 합하면 s이므로,

$$2(s/2-x)+\frac{3}{2}(s/3-x)+\frac{6}{5}(s/6-x)=s,$$

이것은 부정방정식 $7s=47x$이다. 피보나치는 $s=47$, $x=7$로 했다. 그러므로 처음 무더기에서 가져간 돈은 33, 13, 1이다.
처음 무더기에 있던 돈의 합계가, 옮기는 돈을 모두 정수로 나타내면,

$$s=47\cdot 6d=282d,\quad d=1,2,\cdots,$$

으로 되는 것을 보일 수 있고, 따라서 이 성질을 갖는 가장 작은 금액은 $s=282$이다.

2.8 [그림 2.10]에 풀이가 있다(니담[131]을 보라).

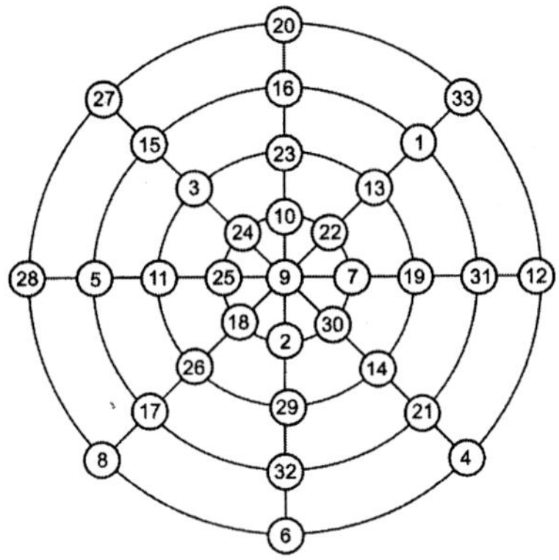

[그림 2.10] 마방진 배열-풀이

2.12 통에 와인이 원래 x파인트 있었다고 하자. 한 번 빼내고 채운 뒤, 와인의 양과 농도는 $a_1 = x-3$과 $s_1 = a_1/x = (x-3)/x$이다. 두 번째 빼낸 와인의 양은 $3s_1 = 3(x-3)/x$이고 통에 있는 와인의 양은

$$a_2 = x-3-3(x-3)/x$$

이다; 농도는

$$s_2 = a_2/x = (x-3-3(x-3)/x)/x.$$

세 번째 빼낸 뒤, 빼낸 와인은

$$3s_2 = \frac{3(x-3-3(x-3)/x)}{x}$$

이고, 통에 있는 와인의 양과 농도는 각각

$$a_3 = \frac{3(x-3-3(x-3)/x)}{x} = \frac{(x-3)^3}{x^2},$$

$$s_3 = \frac{a_3}{x} = \frac{(x-3)^3}{x^3}.$$

통에 남은 와인의 농도가 $s_3 = 1/2$이므로, 마지막 식에서

$$2(x-3)^3=x^3,\quad (1-3/x)^3=1/2.$$

그러므로

$$x=\frac{3\cdot 2^{1/3}}{2^{1/3}-1}\approx 14.54 \text{ 파인트}$$

2.13 손에 든 동전의 수를 x와 y라고 하자. 그러면

$$x+y+x^2+y^2+x^3+y^3=194,$$

$$(x+y)+(x+y)^2-2xy+(x+y)^3-3xy(x+y)=194.$$

$x+y=8$, $xy=t$라고 놓으면, 마지막 방정식은

$$8+8^2+8^3-2t-24t=194$$

이므로,

$$t=xy=15.$$

$y=8-x$를 대입하여 이차방정식 $x^2-8x+15=0$을 풀면 근이 3과 5이므로 $x=3$이면 $y=5$이다. 그러므로 구하는 동전의 수는 3과 5.

2.14 주어진 정육면체의 변을 x와 y라고 하자. 그러면

$$x-y=6,\quad x^3-y^3=504$$

이고,

$$x^3-y^3=(x-y)(x^2+xy+y^2)=(x-y)[(x-y)^2+3xy]=504$$

이므로, $x-y=6$과 $xy=t$를 대입하면

$$6(36+3t)=504,$$

이로부터 $t=16$. 연립방정식

$$x-y=6,\quad xy=16$$

을 풀면 $x=8$, $y=2$.

2.15 까다로운 이 문제의 풀이는 매우 간단하다(번쩍이는 영감을 가졌다면). 곱

$$P=(x-a)(x-b)\cdots(x-z)$$

의 24번째 인수는$(x-x)$ $(=0)$이므로 $P=0$.

2.17 되리의 책에서처럼, 각 풀밭에 있는 처음 풀의 양을 M, 날마다 각 풀밭에서 자라는 양을 m, 날마다 소 한 마리가 뜯어 먹는 양을 Q라고 하자. 그러면 다음 연립 일차 동차 방정식을 얻는다.

$$\begin{aligned} &yM+yzm-zxQ=0\\ &y'M+y'z'm-z'x'Q=0 \quad (2.9)\\ &y''M+y''z''m-z''x''Q=0 \end{aligned}$$

연립 일차 방정식 이론의 기본 성질 하나를 기억하자: 전부가 0은 아닌 n개의 미지수(이 문제에서는 m, n, Q)로 된 n개의 일차 동차 방정식의 행렬식은 0이다. 그러므로 연립 방정식 (2.9)에 대하여

$$\begin{vmatrix} y & yz & -zx \\ y' & y'z' & -z'x' \\ y'' & y''z'' & -z''x'' \end{vmatrix}=0$$

양변에 -1을 곱하면 구하는 식을 얻는다.

$$\begin{vmatrix} y & yz & zx \\ y' & y'z' & z'x' \\ y'' & y''z'' & z''x'' \end{vmatrix}=0$$

2.18 이 문제는 연립방정식 (2.7)에서 $a=25$, 구하는 일수를 t로 놓으면 쉽게 풀 수 있다. 여기서는 다소 더 짧은 다른 풀이를 제시한다. 풀밭에 있는 풀의 총량을 A라고 하고, 매일 자라는 풀의 양을 B라고 하자. 그러면

$$A+20(\text{일})\cdot B=20(\text{일})\cdot 10(\text{마리}),$$

$$A+4(\text{일})\cdot B=4(\text{일})\cdot 30(\text{마리})$$

이다. 연립방정식

$$A+20B=200, \quad A+4B=120$$

으로부터 $A=100$, $B=5$.
이 풀밭으로 양 25마리를 먹일 수 있는 일수를 x라고 하자. 앞에서와 같이 방정식

$$A+x(\text{일})\cdot B=x(\text{일})\cdot 10(\text{마리})$$

즉,

$$100+5x=25x$$

으로부터 $x=5$이다. 그러므로 이 풀밭으로 양 25마리를 5일 동안 먹일 수 있다.

2.19* 소 한 마리, 염소 한 마리, 거위 한 마리가 풀밭에서 풀을 뜯고 있다. 소는 염소와 거위가 함께 뜯어 먹는 것과 같은 양의 풀을 먹는다. 소와 염소는 함께 45일이면 풀밭의 풀을 모두 먹을 수 있고, 소와 거위는 함께 60일, 염소와 거위는 함께 90일이면 다 뜯어먹을 수 있다. 소, 염소, 거위 모두 함께 뜯는다면 풀밭의 풀을 다 뜯어 먹는데 며칠 걸릴까? 풀은 매일 일정한 속도로 자란다.

2.19 소는 염소와 거위가 함께 먹는 양과 같은 양의 풀을 뜯어 먹으므로, 풀이 일정한 속도로 자란다고 할 때 소와 염소가 45일이면 풀밭 풀을 모두 뜯어 먹으면 염소 두 마리와 거위 한 마리는 그 동안 같은 양의 풀을 먹는다. 이 기간은 염소와 거위가 풀을 다 먹는데 걸리는 기간(90일)의 반이다. 그러므로 거위가 90일 동안 풀이 자란 만큼만 먹는다고 하면 그 동안 염소 한 마리는 풀밭의 나머지 풀을 다 먹는다고 할 수 있다. 그러므로 잘 생각해보면, 하루에 소는 풀밭에 처음 나있는 풀의 1/60을 먹고 염소는 1/90을 먹는다는 것을 알 수 있다. 따라서 소와 염소는 함께 하루에 처음 나있는 풀의

$$\frac{1}{60}+\frac{1}{90}=\frac{1}{36}$$

을 먹는다. 그러므로 소와 영소는 36일 동안 풀밭의 풀을 모두 먹고 거위는 그동안 자란 풀만 먹는다. 답: 소, 염소, 거위는 풀밭의 (날마다 일정하게 자라는)풀을 전부 먹는데 36일 걸린다.

제3장

수론 문제

수학은 과학의 여왕이고, 수론은 수학의 여왕이다. Carl Friedrich Gauss

왜 수는 아름다울까? 이것은 마치 왜 베토벤 교향곡 9번이 아름다울까라고 묻는 것과 같다. 수가 아름답지 않다면, 아름다운 것은 하나도 없다. Paul Erdös

수론은 정수의 성질을 연구하는 수학에서 광대하고 매우 매력 있는 분야다. 문명이 시작될 때부터 수는 사람들을 유혹했다. 유클리드(B.C. 300년경)는 소수가 무한히 많음을 증명하였고, 초기 피타고라스 학파 사람들은 우애수(220, 284)를 알고 있었다. 오늘날 소수와 소인수 분해, 디오판토스 방정식과 여러 함수(예로, 리만 제타 함수)들은 수론에서 매우 중요한 영역을 차지하고 있다.

수론은 심오하고 교묘하고 아름다운 정리로 가득하다. 몇 가지 결과들은 간단하고 공식도 이해할 만하지만 성질은 당혹스럽다. 예를 들어, "2보다 큰 짝수는 모두 두 소수의 합으로 나타낼 수 있다"는 골드바흐 추측(1742년에 나옴)은 매우 간단하게 말할 수 있지만, 지금까지 증명되지 않았다. 수론에는 증명이 매우 어렵고 극도로 모호한 경우가 흔하다. 이런 이유로 수론에는 마술적 매력과 고갈되지 않는 풍부함이 있다고 할 수 있다.

수론에서는 수학의 어느 분야보다 함정에 빠지기 쉽고 이름난 수학자조차 잘못된 가정을 할 수 있다. 1637년에 제기된 페르마의 마지막 정리("n이 2보다 큰 정수일 때, $a^n + b^n = c^n$을 만족하는 0이 아닌 정수 a, b, c는 존재하지 않는다")는 357년이 지나 해결되었고 그 사이 잘못된 "증명"도 많았다.

컴퓨터 시대가 열리자, 프로그래머들은 수론의 문제를 해결하고 이 분야의 다양한 의문점을 찾아내면서 자신들의 기술과 프로그램의 질, 그리고 디지털 컴퓨터의 성능을 검증하여 왔다. 디지털 컴퓨서를 구성할 때 소수 생성이 최고의 테스트인데 왜냐하면 대규모 계산으로 디자인이 다른 문제를 빠르게 지적해 낼 수 있기 때문이다.

전문 수학자나 아마추어 수학자에게 수론만큼 인기 있는 영역은 없다. 가장 큰 이유는 긴 예비 교육이 없어도 가능하기 때문이다. 수론은 또 앞서가는 수학자들도 좋아한다. 독일의 수학자 크로네커 Leopold Kronecker(1823-1891)는 "수론학자는 로터스이터스[1])와 같다. 맛을 보면 절대 포기하지 않는다." 로터스이터스는 호머의 서사시 오디세이에 나오는 신화적 사람이다. 그들은 항상 로터스열매를 먹으면서 외부 세계를 망각하고, 영원히 로터스랜드에 살기만을 바라며 게으름에 만족하고 산다. "신이 정수를 만들고, 나머지는 모두 인간의 업적이다"라고 말한 크로네커도 그랬다.

이 장에서는 수론에서 보석 같은 레크리에이션 수학 몇 개를 제시하겠다. 소 문제에서 시작된 디오판토스 타입의 문제들을 흔히 볼 수 있는데 이것이 아르키메데스로부터 비롯된 가장 유명하고 오래된 고대의 수론 문제다. 아르키메데스는 소를 생각했고, 디락은 원숭이와 선원을, 라마누잔은 집을, 바스카라는 전장의 병사를, 실베스터와 프로베니우스는 우표와 동전을, 오일러는 말과 황소를 생각했다.

아르키메데스(B.C. 280년–220년)(→ 359쪽)

서문에서 말했듯, 옛날에는 수학연구의 주 목적이, 세거나 측정하는 것 말고는 지적 즐거움을 얻거나 사고를 전환하기 위한 것이었다. 역사상 가장 위대한 수학자 가운데 한 사람인 아르키메데스는 주로 실생활 문제나 기하문제에 매달렸는데, 이런 문제 가운데는 오늘날 레크리에이션 문제라고 할 만한 것들이 있었다. 아르키메데스의 업적은 Heath [100], Dijksterhuis [52], Stein [169]의 책에서 볼 수 있다.

사실, 몇 가지 고대 이야기는 아르키메데스가 로마의 장군 마르켈루스의 포위에 대항하여 조국 시라큐스의 방어를 도왔다는 전설이다.

---

1) 역주: lotus-eaters란 그리스어 Lotophagi로 '연을 먹는 사람들'의 뜻인데, 그리스 신화에서 오디세우스가 lotus eater's land에 상륙한 후 부하들과 lotus 열매를 먹고 환각상태에 빠져 고향에 돌아갈 것을 잊어버린 이야기에서 로터스이터스 섬에서 사는 인종을 가리키는 말로 쾌락주의자, 몽상가라는 말을 뜻함.

[그림 3.1] 투석기-아르키메데스의 방어무기

전설에 의하면, 아르키메데스는 이동 장대를 만들어 무거운 돌과 끓는 기름을 성벽에 접근하는 적 군함 위에 떨어뜨리고 , 거리를 조절하는 투석기와 다른 방어무기들을 만들었다[2].

고대와 중세의 이런 문제는 레크리에이션 수학이라고 할 수 있으므로, 이 책에서 다루기로 하고 아르키메데스의 유명한 문제부터 시작하자.

[그림 3.2] 아르키메데스의 스크루, 지금도 여러 곳에서 사용되고 있다.

---

2) 또 다른 전설에는 아르키메데스가 적 함선을 불지르기 위해 포물면 모양을 한 거대한 "화공 유리 거울"을 만들었다고 한다. 앞의 전설은 사실일지 몰라도 뒤의 것은 거짓일 것 같다. 물리학자와 수학자에 의하면 통경(초점을 지나 축에 수직인 직선)의 길이가 포물선의 방정식 $y^2 = px$에서 매개변수 p와 같다고 한다. 포물선 $y^2 = px$의 초점이 $(p/4, 0)$이므로, 적 함선이 성벽에서 50m 거리에 바로 아르키메데스의 거울 초점에 있으면($p/4 = 50m$), 거울의 직경은 (즉, 통경의 길이) $p = 200$미터가 되어야 하므로 이것은 불가능하다.

고대 그리스인들은 도형을 닮은 형상수에도 관심이 깊었다. 피타고라스학파 학자들은 연속되는 홀수의 합이 정사각형이 되어(그림 3.3(a), $S_n = 1+3+\cdots+2n-1 = n^2$이 성립하는 것을 알았다. 삼각수는 1, 3, 6, 10, …인 수들인데, 1부터 n까지 자연수를 합하면 얻어진다(그림 3.3 (b)). 그러므로 n번째 삼각수는

$$T_n = 1+2+\cdots+n = \frac{n(n+1)}{2}$$

이다.

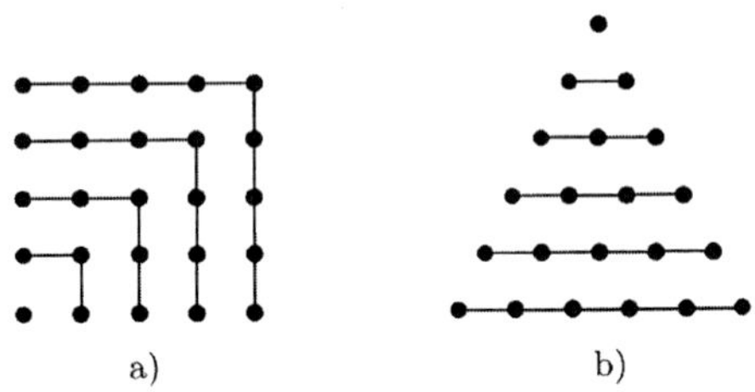

[그림 3.3] 사각수와 삼각수

삼각수이면서 동시에 사각수인 수는 무한히 많이 있다(문제 3.2). 이런 수가 라마누잔의 문제 3.11과 밀접한 관계가 있다는 것은 놀라운 사실이다.

연속하는 삼각수의 합 P_n은 사면체수

$$P_1 = 1,\ P_2 = 4,\ P_3 = 10,\ P_4 = 20,\ \cdots,\ P_n = \frac{1}{6}n(n+1)(n+2)$$

인데, 평면에서 3차원으로 변형한 것이다(크기가 같은 공으로 피라미드를 쌓았을 때 공의 수). 1은 제외하고 사각수이면서 사면체수인 수가 있을까? 다시 말하면, 1보다 큰 자연수로서 $S_n = P_m$인 n과 m이 있을까? 1878년 메일은 세 수만이 사면체수이면서 완전 제곱수라는 것, 즉 $(n,m) = \{(1,1),(2,2),(140,48)\}$임을 증명했다.

밑면이 정사각형이고 옆면이 정삼각형인 사면 피라미드는 피라미드 수

$$Q_1 = 1, 5, 14, 30, \cdots, \ Q_m = \frac{1}{6}m(m+1)(2m+1)$$

이다. 사각수이고 피라미드 수인 수가 있을까? 이것이 소위 **포탄 문제** cannonball problem로서 답은 예스 이지만, 1918년에 왓슨이 구한 디오판토스 방정식 $S_n = Q_m$의 유일한 해 $n = 70$, $m = 24$뿐이다[3]. 이에 대한 증명은 어려우므로 생략한다.

이 장의 처음 문제는 아르키메데스로부터 비롯된 것으로 생각되는데 사각수와 삼각수를 포함하고 있다.

• 소 문제

1773년 레싱은 볼펜뷔텔 도서관에서 아르키메데스의 것으로 추정되는 22구절로 된 그리스 시를 하나 발견했다. 이 시는 지금은 소 문제라고 부르는 문제인데 고대 디오판토스 방정식 가운데 가장 잘 알려진 것이다.

문제 3.1 태양신이 흰색, 검은색, 점박이, 갈색의 수소를 각각 W, X, Y, Z마리 가지고 있고, 암소도 흰색, 검은색, 점박이, 갈색을 각각 w, x, y, z마리 가지고 있다. 이들은 다음 9개의 방정식

$$W = \left(\frac{1}{2} + \frac{1}{3}\right)X + Z$$

$$X = \left(\frac{1}{4} + \frac{1}{5}\right)Y + Z$$

$$Y = \left(\frac{1}{6} + \frac{1}{7}\right)W + Z$$

---

3) 정사각 피라미드 문제, Messenger of Mathematics 48(1918), 1–22.

$$w=\left(\frac{1}{3}+\frac{1}{4}\right)(X+x)$$

$$x=\left(\frac{1}{4}+\frac{1}{5}\right)(Y+y)$$

$$y=\left(\frac{1}{5+}\frac{1}{6}\right)(Z+z)$$

$$z=\left(\frac{1}{6}+\frac{1}{7}\right)(W+w)$$

$$W+X=\text{사각수}$$

$$Y+Z=\text{삼각수}$$

을 만족할 때, 전체 소의 수

$$T=W+X+Y+Z+w+x+y+z$$

를 구하여라.

다소 지루하지만 기초적인 계산으로 위 연립방정식을 펠 방정식

$$u^2-4,729,494v^2=1$$

으로 바꾼 다음(부록 A를 보라), 이를 연분수를 이용하여 풀면

$$u=109,931,986,732,829,734,979,866,232,821,433,543,901,088,049$$

$$v=50,549,485,234,315,033,074,477,819,735,540,408,986,340$$

을 얻고, 이로부터 처음 문제의 해를 얻는데, 가장 작은 값이 206,545 자리의 수이다. 앰더(1880)가 처음으로 가장 작은 해의 자리 수의 합을 구했으나 해를 얻지는 못했다. 1889년, 토목기사였던 벨은 친구 둘이와 힐스보로 수학 클럽(일리노이)을 만들고 칠전팔기의 의지로 계산을 시작했다. 4년이 지나, 좌변 32개, 우변 12개의 206,531 자리 수를 계산하고 206,545 자리 수로 된 해를 구했다.

가장 최근의 해는 1965년에 윌리엄스, 저맨, 그리고 잔케가 발표했다. 그들은 이 계산에서 큰 수를 메모리하고 이진법을 십진법으로 변

환하는데 특별한 프로시저와 IBM 7040과 IBM 1620 컴퓨터를 사용했다. 7시간 49분 동안 계산하여 A4 용지 42매에 인쇄된 206,545 자리 수를 얻은 것이다. 이 해를 적으면

$$77602714 \cdots 237983357 \cdots 55081800$$

인데, 여기서 여섯 개의 점 하나하나는 생략한 34,420개 숫자를 의미한다. 1980년에 넬슨이 크레이1 수퍼 컴퓨터로, 훨씬 간단해진 계산으로, 이 결과를 확인하였다[132].

아르키메데스의 저작권에 대한 레싱과 네셀만, 루스 볼 등 사이의 분쟁을 보자. 그들 중 일부는 엄청나게 큰 수인 해는 의미가 없다고 했다. 크누트(사이언스 194, 1976)에 의하면 우주에 있는 모든 양성자와 중성자가 대략 10^{125}개로 "천문학적 수"이지만, 사실 126자리 수에 불과하다. 앞의 해 206, 545 자리 수와 비교해 보라. 바일러는 지구에서 은하수까지 거리를 지름으로 하는 구에 조그만 미생물들을 가득 채운다 해도 그 수는 작은 수라고 했다. 한편, 아르키메데스 연구로 유명한 덴마크의 하이베르그나 일부 수학자는 위 문제가 아르키메데스의 업적이라고 생각한다.

소 문제에 대한 더 자세한 내용은 렌스트라의 최근 책에 있다[123]. 그는 소문제에 대한 모든 해를 제시했다.

$$w = 300, 426, 607, 914, 281, 713, 365 \cdot \sqrt{609} + 84, 129, 507, 677, 858, 393, 258 \cdot \sqrt{7,766},$$

$$k_m = \frac{(w^{4,658 \cdot m} - w^{-4,658 \cdot m})^2}{368,238,304} \quad (m = 1,\ 2,\ 3,\ \cdots)$$

m번째 해	수소	암소	소 전체
흰색	10,366,482 · k_m	7,206,360 · k_m	17,572,842 · k_m
검은색	7,460,514 · k_m	4,893,246 · k_m	12,353,760 · k_m
점박이	7,358,060 · k_m	3,515,820 · k_m	10,873,880 · k_m
갈색	4,149,387 · k_m	5,439,213 · k_m	9,588,600 · k_m
모든 색	29,334,443 · k_m	21,054,639 · k_m	50,389,082 · k_m

아르키메데스는 이 결과에 놀라겠지만, 오늘날 소 문제는 문제의 펠 방정식을 푸는데 PC로 1초도 걸리지 않을 만큼 누워서 떡먹기다.

끝으로 소 문제의 해결가능성에 대하여 논문집 〈Historia Mathmetica〉에 실린 흥미로운 토론을 얘기하겠다. 불분명하게 번역된 그리스 교본이 논쟁을 일으켰다. 즉, 쉬라이버는 알려진 "해"가 문제에서 조건 하나(색깔마다 수소가 암소보다 훨씬 많아야 한다)를 만족하지 않는다고 주장했다. 그에 따르면, 갈색 소가 이 조건을 만족하지 않는다는 것이다. 워터하우스는 수학적 조건은 수학적 용어로 명료하게 제시되지만, 그리스 교본은 일부는 수학적으로 무관한 단지 양식화된 시의 형식이라며 이를 반박했다. 어쨌든, 이 글을 시작할 때 제시한 과제는 수학적으로 매우 분명하고 정확한 것으로 해를 가지고 있다[4].

문제 3.2* 사각수이면서 삼각수인 수를 모두 생성하는 공식을 만들어라.

힌트 대응하는 펠 방정식과 부록A의 공식을 이용하라.

알렉산드리아의 디오판토스(200–284년경)(→ 359쪽)

디오판토스가『산학Arithmetica』13권(6권은 그리스어로, 다른 4권은 중세 아라비아어 번역본으로 남아 있음)을 저술한 것은 3세기다. 여기에는 대수 방정식의 수치 해와 함께 130개의 산술 문제가 수록되어 있다. 다음 두 문제는 이 책에 있는 것이다.

- **제곱수의 분할**

문제 3.3 주어진 제곱수를 두 제곱수의 합으로 나타내어라.

---

4) 오늘날에도 많은 수학자들이 이 책에 제시한 소 문제가 아르키메데스 이후 수세기가 지난 뒤에 형성된 것이라고 생각한다. 그들은 당시 수학자들이 이 문제를 매우 어렵게 생각했을 것이라고 추정한다.

풀이 이것은 부정방정식인데 디오판토스는 제곱수가 되는 해를 이차 다항식으로 나타냈다. 주어진 유리수가 b일 때, x와 y를 방정식 $x^2+y^2=b^2$의 유리수 해라고 하자. 디오판토스는 유리수 해를 얻기 위해 $y=ax-b$라고 놓았다. 여기서 a는 임의의 유리수이다[5].

$$b^2-x^2=a^2x^2-2abx+b^2$$
$$2abx=(a^2+1)x^2$$
$$x=\frac{2ab}{a^2+1}.$$

이 공식이 해를 생성한다. 디오판토스의 책에서 $b=4$이면, $a=2$일 때 $x=16/5$, $y=12/5$:

$$\left(\frac{16}{5}\right)^2+\left(\frac{12}{5}\right)^2=\frac{400}{25}=16.$$

디오판토스의 『산학』은 그리스 수학에서 대수에 관한 가장 뛰어난 저술이란 점과 함께 프랑스의 이름 난 수학자 페르마가 적어 놓은 메모로 더욱 유명하다. 페르마는 메모에서 세 제곱수를 두 세 제곱수의 합으로 나타내는 것, 일반적으로 n제곱수를 두 n제곱수의 합으로 나타내는 것($n>2$)이 불가능하다고 했다. 그는 『산학』 1621년 판의 여백에 "나는 이 명제에 대한 놀라운 증명을 알지만 적어 놓기엔 여백이 너무 좁다."라고 써 놓았다. 이 메모는 페르마의 사후 발견되었다. 오늘 날에는 페르마가 실제로 이 정리의 정확한 증명을 하지 않았을 것으로 추정한다. 『정수에 대한 책』의 저자 벤틀리는 "오늘날 페르마를 기억하는 것은 그가 적어놓지 않았기 때문이다."라고 했다.

---

5) 디오판토스가 시대에는 음수나 0이 알려지지 않았으므로 그가 이와 같은 식을 사용한 것은 아니다.

• **와인 문제**

문제 3.4* 어떤 사람이 두 종류의 와인을 샀다. 상급와인에는 리터 당 8드라크마(그리스 화폐), 보통 와인에는 리터 당 5 드라크마를 지불했다. 그가 모두 지불한 돈은 자연수의 제곱과 같고, 거기에 63을 더하면 리터로 나타낸 와인 총량의 제곱과 같다. 와인의 양은 종류별로 얼마인가?

이븐 코라(826–901)(→ 360쪽)

유클리드 『원론』, 아폴로니우스, 아르키메데스, 톨레미, 테오도시우스 등을 번역한 것으로 유명한 아라비아의 과학자 타비트 이븐 코라Tabit ibn Qorra는 기초 대수학, 원추곡선과 천문학에 관한 저술 뿐 아니라, 마방진이나 우애수 같은 흥미 있는 주제도 다루었다.

• **우애수**

우애수는 그리스 수학자들이 발견한 것이라고 한다. 자신의 진약수의 합이 상대방 수와 서로 같은 두 수를 **우애수**라고 한다. 피타고라스가 220과 284 한 쌍을 발견했다. 실제로 220의 진약수 1, 2, 4, 5, 10, 11, 20, 22, 44, 55, 110을 합하면 284이고, 284의 진약수 1, 2, 4, 71, 142를 합하면 220이다. 2000여 년 동안 알려진 우애수는 이 한 쌍뿐이었기에, 두 수가 갖는 독특한 성질로 이 숫자를 적은 부적을 몸에 지닌 사람 사이에는 완전한 우정이 보장된다는 미신이 생겼다.

피타고라스는 우정에 대한 토론을 하며 우애수 (220, 284)를 제시하고, 친구란 "220과 284와 같이 또 다른 자기인 사람"이라고 했다. 바일러에 의하면, 11세기 아랍에서 엘 마드쉬리티가 실험을 했는데, 우애수 (220, 284)의 애정적 효능을 시험하기 위해 한 사람에게 특별히 제작한 케이크 220개를 먹게 하고, 동시에 자신은 284개를 먹었다. 불행히, 엘 마드쉬리티는 실험결과에 대해 발표하지 않았다.

[그림 3.4] 우애수 220과 284

9세기 타비트 이븐 코라가 다음 문제를 풀 때까지 이 분야에 진보가 없었다.

문제 3.5 우애수를 생성하는 단일 매개변수 공식을 제시하여라.

이븐 코라는 연구한 결과, 다음 정리를 증명하였다.

이븐 코라의 정리

$n > 1$에 대하여, $q_n = 3 \cdot 2^n - 1$, $r_n = 9 \cdot 2^{2n-1} - 1$이라 하자. 만일 세 수 q_{n-1}, q_n, r_n이 소수이면, $A = 2^n q_{n-1} q_n$와 $B = 2^n r_n$은 우애수이다.

우애수를 만드는 코라의 방법은 페르마(1636)와 데카르트(1638)가 다시 발견하였다. 가장 간단한 $n=2$일 때 $q_1=5$, $q_2=11$, $r_2=71$이고, 그리스인들도 알았던 우애수 (220,284)가 나온다. 이런 공식이 있음에도 불구하고, 새로운 우애수는 또 다른 이슬람 수학자 카말 알딘 알파리시Kamal al-Din al-Farisi(1320년경 사망)가 두 번째 우애수 (17,296, 18,416)를 발표할 때까지 발견되지 않았다. 3세기 후 프랑스의 위대한 수학자 페르마가 같은 우애수를 재발견하였다. 이 수는 코라의 공식에서 $n=4$일 때 나온다. 코라의 공식으로 만든 다음 우애수는 $n=7$일 때의 (9,363,584, 9,437,056)이다.

우애수를 체계적으로 연구하고 나서, 오일러(1747)는 우애수 30쌍을 제시하고 뒤에 이를 64쌍(이중 두 개는 나중에 아닌 것으로 확인됨)으로 늘렸다. 오일러는 우애수를 생성하는 규칙을 다음과 같이 제시했다(Dickson[51]):

세수

$$p=2^m(2^{n-m}+1)-1,$$
$$q=2^n(2^{n-m}+1)-1,$$
$$r=2^{n+m}(2^{n-m}+1)^2-1$$

이 $1\le m\le n-1$을 만족하는 양의 정수 m에 대하여 모두 소수이면, 두 수 2^npq와 2^nr는 한 쌍의 우애수이다.

오일러의 규칙은 이븐 코라 공식을 일반화한 것이다($m=n-1$인 경우). 오일러의 규칙을 만족하는 처음 몇 개 $(m,n)=(1,2)$, $(3,4)$, $(6,7)$, $\cdots$에서 이븐 코라의 공식으로 얻은 것과 같은 우애수 (220, 284), (17,296, 18,416), (9,363,584, 9,437,056)를 얻는다. 1972년에 보르호가 또 다른 더욱 강력한 생성 공식을 발견하였다[22].

신기하게도, 1866년까지 상대적으로 작은 우애수인 (1,184, 1,210)

가 앞서 제시한 목록에나 다른 목록에 제시되지 않았다. 이 우애수는 이탈리아의 16세 소년 파가니니Niccolo Paganini(작곡자이며 바이올리스트인 파가니니와는 다른 사람이다)가 1866년에 발견했다. 이 예가 다른 많은 예와 함께 이븐 코라나 오일러, 보르호의 공식이 모든 우애수를 생성하는 것이 아니란 걸 증명한다.

최근에는 강력한 컴퓨터 덕분에 엄청나게 많은 우애수가 알려 졌다. 예를 들어, 10^{10}보다 작은 우애수가 1,427쌍이 있고, 3.06×10^{11} 보다 작은 우애수는 5,001쌍 있다. 포머런스는 n이 충분히 크면

$$[\text{우애수} \leq n\ ] < n\exp(-[\ln n]^{1/3})$$

임을 증명하였다[140]. 2005년 코바야시, 폴락, 포머런스는 이보다 개선된 결과를 내놓았고[116], 조블링은 그때 까지 알려진 가장 큰 우애수인 각기 24073자리 수인 우애수를 찾아냈다.

문제 3.6* 오일러의 규칙을 이용하여 4번째 우애수를 구하여라.

바스카라(1114–1185)(→ 361쪽)

바스카라Bhāskara(또는 인도에서 알려진 것으로 Bhaskaracharya(바스카라 선생님))는 12세기 인도에서 가장 위대한 수학자이자 천문학자였다. 그는 그의 위대한 선배 브라마굽타가 했듯이 우제인에서 천문을 관측했다. 바스카라의 저술은 주로 산술, 대수, 측량, 천문에 관한 것이다. 그는 반세기 전에 브라마굽타가 일부 해결한 어려운 과제인 0을 포함한 기본 산술을 말끔히 정리하려고 했다. 실제로 브라마굽타는 0으로 나누는 것을 이해할 수 없었다. 바스카라는, 말하자면 $7:0$이 무한대라고, 틀린 답을 주장 했다.[6] 어떤 수를 0으로 나누면

6) 오늘날 무한대는 ∞로 나타내는데 어떤 사람은 "누운 8자"라고 한다. 이 기호는 영국의 수학자 월리스가 1655년에 소개하였다.

부정否定이 된다. 바스카라가 애석하다고 할 수 있지만, 이를 무한대라고 주장하는 현대 교과서도 있다.

바스카라의 저서 릴라바티Lilavati("사랑스러운" 또는 "아름다운"이란 뜻을 가진 여인 이름)는 그 시대에 가장 영향력 있는 책 가운데 하나로 평가 받는다. 실제로 인도 산술에 관한 우리 지식의 많은 부분이 이 책에서 나온 것이다.

바스카라의 저서 릴라바티에 관련된 로맨틱한 신화가 있다. 피지의 저서(1587)에 나오는 이야기이다.

> 페르시아의 악바르 황제의 고문 점성술사가 바스카라의 딸 릴라바티가 절대 혼인을 못할 것이라 예언하였다. 그러나 바스카라는 천문학자이자 점성술사였으므로 자기 딸이 결혼 할 수 있는 행운의 순간이 있음을 알고 그 날자와 시각을 예측하였다. 그 날 그는 물을 담은 그릇에 컵을 띄워 물시계를 만들었다. 컵 바닥에 조그만 구멍을 내고 물이 스며들어 그 시간이 되면 컵이 가라앉도록 했다. 시간이 다가 올 무렵, 호기심 많은 릴라바티가 물이 차면서 가라앉는 컵을 바라보는데, 머리 수건에서 진주 하나가 물시계로 떨어졌다. 진주는 컵에 뚫린 구멍을 막아 물이 스며드는 속도를 늦추었다. 그래서 시간이 지나도 컵은 가라앉지 않았다. 행운의 시각을 놓쳐버린 릴라바티는 결혼 못하는 운명이 되었다. 불행한 딸을 위로하기 위해 바스카라는 책을 쓰기로 약속했다, "너의 이름으로 책을 써서 이 세상이 끝나는 날까지 지속하게 하겠다, 좋은 이름을 지닌 여인은 다시 생을 얻어 영원히 살게 될 터이니."

• 병사의 수는?

문제 3.7 사령관은 제외하고, 각 부대의 병사 수가 어떤 제곱수인 부대가 61개인 군대가 있다. 전투를 하는 동안 이 군대는 재편성되어 사령관을 포함하여 전체가 하나의 제곱수가 되었다. 이 군대의 병사 수는 최소 얼마인가?

수학적으로는 방정식 $61y^2+1=x^2$을 만족하는 가장 작은 x, y

값을 구하는 것이다. 이 방정식, 익숙한 형태로 쓰면

$$x^2 - 61y^2 = 1 \tag{3.1}$$

은 펠 방정식이다(부록 A 참조). 바스카라는 방정식 $x^2 - py^2 = 1$의 $p = 8,\ 11,\ 32,\ 61,\ 67$에 대하여 해를 구했다. 바사카라는 문제의 방정식을 푸는데 일반적인 방법을 사용하여 해를 구했다.

$$x = 1{,}776{,}319{,}049, \quad y = 22{,}615{,}390.$$

이 문제는 바일러의 책에 있는데 거기에는 1066년 헤이스팅스 전투에 대한 짧은 이야기가 있다. 이 전투에서 노르망디 공 정복자 윌리엄이 이끄는 노르만 군대는 해롤드 왕의 앵글로-색슨 군대를 물리친 후 잉글랜드를 점령하고 윌리엄은 첫 번째 노르만 왕이 되었다. 이 이야기를 다음과 같이 각색하여 보자.

문제 3.8 해롤드 왕은 병사를 관습대로 61개 정사각형으로 정렬하고, 각 스퀘어는 같은 수의 병사로 편성했다. 한 노르만 병사가 과감하게 그들의 진지를 뚫고 들어오니 목숨이 위험에 빠졌다. 색슨 병사가 휘두르는 도끼 한 번에 노르만 병사의 방패와 갑옷은 박살이 날 것이었다⋯ . 해롤드 왕과 그의 병사들은 다른 색슨 병사와 함께 하나의 커다란 정사각형을 이루어 전투에 돌입했다⋯.

색슨 군대의 병사 수를 구할 수 있을까? 헤이스팅스 전투가 펠 방정식이 된다는 건 당분간 생각하지 말자.

위에서 말한 대로, 바스카라는 $x^2 - 61y^2 = 1$의 가장 작은 해

$$1{,}766{,}319{,}049^2 - 61 \cdot 226{,}153{,}980^2 = 1$$

를 구했다. 그러니까 해롤드를 포함하여, 앵글로-색슨 군대 병사는

$$x^2 = 1,766,319,049^2 = 3,119,882,982,860,264,401.$$

대강 계산하여 병사 6명이 $1m^2$를 차지한다해도 이 군대가 정렬하려면 지구에서 달까지 거리를 반지름으로 할 정도로 커다란 지구의 표면이 필요하다.

오일러(1707–1783)(→ 368쪽)

발표한 논문의 양으로만 보면, 스위스의 수학자 오일러Leonhard Euler는 역사상 가장 많은 논문과 저서를 낸 수학자다. 오일러의 전기에는 사후 것까지 포함해 886개의 목록이 있는데 이는 대형서적으로 80권을 채울 수 있는 양이다. 오일러는 자녀가 13명이나 있는 등(성인으로 성장한 건 5명에 불과했지만) 온갖 조건에서도 놀랄 만큼 편안하게 연구했다. 그는 수학의 거의 모든 분야와 천문학, 역학, 광학과 자석, 지도제작, 소방차, 조선과 같은 많은 실용적 문제에도 괄목할 만한 공헌을 하였다.

1766년, 59세의 오일러는 앓던 병으로 거의 시력을 잃었다. 그러나 놀라운 암산 기술과 사진 같은 기억력 덕분에(예를 들어, 오일러는 비르길리우스의 『아에네이드』를 처음부터 끝까지 막힘 없이 외울 수 있었다), 인생의 마지막 17년 동안 수학, 광학, 그리고 달의 운동에 대한 연구를 계속하여 평생 업적의 거의 반을 이루어 내었다. 눈수술에 실패한 뒤 어떻게 연구를 계속하겠느냐고 묻자, "적어도 이제는 내 주의를 흐트릴 게 없다."고 대답했다.

오일러는 실질적으로 수학의 모든 영역에 업적을 남겼을 뿐 아니라, 레크리에이션 수학 문제에도 많은 흥미를 가지고 있었다. 이 연구는 수학에 새로운 분야를 발전 시켰을 뿐 아니라 새로운 방법의 개발을 선도하기도 했다.

• **말과 황소 – 디오판토스 방정식**

a, b, c가 정수이고 $ab \neq 0$일 때, 일차방정식

$$ax + by = c$$

을 **두 변수 일차 디오판토스 방정식**이라고 한다. 여기서 x와 y는 미지의 정수이다. 오일러는 이런 타입의 방정식을 푸는 효과적인 방법을 개발했는데, 매우 단순한 과정을 여러 번 적용하는 것이다[7]. 이 방법을 오일러가 제시한 다음 문제의 풀이로 설명한다.

문제 3.9 한 상인이 말과 황소를 합하여 1,770탈러에 샀다. 황소 한 마리에 31탈러를 주고, 말 한 마리에 21탈러를 주었다. 상인은 황소와 말을 각각 몇 마리씩 샀는가?

황소의 수를 x, 말의 수를 y라고 하면, 문제에 해당하는 일차 디오판토스 방정식은

$$31x + 21y = 1770$$

이다. 방정식을 풀기 위해 오일러의 방법을 적용하는데 먼저 계수가 작은 미지수, 이 경우 y부터 시작한다.

$$31 = 1 \cdot 21 + 10 \quad \text{이고} \quad 1770 = 84 \cdot 21 + 6$$

임을 이용하면

$$y = \frac{-31x + 1770}{21} = -x + 84 + \frac{-10x + 6}{21}.$$

x와 y가 정수이므로, $(-10x + 6)/21$도 정수여야 한다. 이 정수를 t라고 하고 t를 새로운 디오판토스 방정식

$$21t = -10x + 6$$

7) 카조리에 의하면, 인도의 유명한 천문학자 아리아바타(476년 출생)가 분쇄기라는 이름으로 알려진 이 방법을 알고 있었다.

으로 나타내면, 처음 방정식보다 계수가 작은 방정식을 얻는다. 사실, 오일러 방법의 본질은 디오판토스 방정식의 계수를 원래의 방정식 보다 줄여 가는 것이다. 앞의 과정을 반복하면

$$x=\frac{-21t+6}{10}=-2t+\frac{-t+6}{10}=-2t+u,$$

여기서

$$u=\frac{-t+6}{10}$$

이다. 그러므로 다시 디오판토스 방정식

$$t=-10u+6$$

를 얻었다. u를 매개변수로 하고, 정리하면

$$\begin{aligned}&t=-10u+6\\&x=-2t+u=21u-12,\\&y=-x+84+t=-31u+102.\end{aligned}$$

u가 음이 아닌 정수일 때, 마지막 두 식에서 오일러의 방정식

$$31x+21y=1770$$

의 해가 모두 나온다. 먼저 $u=0$이면, $x=-12$, $y=102$인데 해가 양수라야 하므로 이 해는 의미가 없다. $u>3$이면 $y<0$이므로, $u=1,2,3$에 대해서만 해를 구하면

$$\begin{aligned}&u=1,\ x=9,\ y=71;\\&u=2,\ x=30,\ y=40;\\&u=3,\ x=51,\ y=9.\end{aligned}$$

그러므로, 오일러의 방정식의 해는 유일하지 않으며, $(9,71)$, $(30,40)$, $(51,9)$ 모두 이 방정식을 만족한다.

디락(1902–1984) (→ 368쪽)

• 선원과 코코넛과 원숭이

1926년 〈토요일 이브닝 포스트〉에 무인도에서 선원과 코코넛에 관한 짧은 이야기가 실렸는데 독자의 큰 관심을 끌었다. 마틴 가드너는 [71]에 이와 비슷한 이야기를 문제의 형식으로 자세히 다루었다.

문제 3.10 난파선 선원 5명과 원숭이 한 마리가 무인도에 고립되었다. 살아남기 위해 그들은 낮에는 코코넛을 모으고 밤에는 물론 잠을 잤다. 밤에 선원 한 사람이 깨어나, 그의 몫이 줄어들까봐 코코넛을 똑 같이 다섯 무더기로 나누고, 하나가 남는 것을 확인했다. 그는 남은 코코넛을 원숭이에게 주고, 그의 몫을 감추어 놓고는 잠 들었다. 잠시 후, 두 번째 선원이 일어나 같은 의심을 품고 남은 코코넛을 똑같이 다섯 무더기로 나누고는 한 개가 남는 것을 보고 그것을 원숭이에게 주었다. 두 번째 선원도 그의 몫을 숨긴 다음 돌아가 잠을 잤다. 모든 선원이 차례로 똑 같이 이 일을 했다. 아침에 선원들이 일어나 남은 코코넛을 똑 같이 다섯 무더기로 나누었더니 한 개가 남았고, 남은 것은 원숭이에게 주었다. 물론, 선원들은 모두 코코넛 무더기가 전날 보다 작아진 것을 알았지만, 각자 죄의식을 느껴 아무 말도 안 했다. 선원들이 모을 수 있었던 코코넛의 수로서 가장 작은 수는 얼마인가?

선원들이 모은 코코넛의 수를 n이라고 하면 다음 연립방정식을 풀어야 한다.

$$\begin{aligned} n &= 5n_1 + 1, \\ 4n_1 &= 5n_2 + 1, \\ 4n_2 &= 5n_3 + 1, \end{aligned} \qquad (3.2)$$

$$4n_3 = 5n_4 + 1,$$
$$4n_4 = 5n_5 + 1,$$
$$4n_5 = 5n_6 + 1.$$

방정식마다 더해진 1은 선원이 무더기를 나누고 그 때마다 남아서 원숭이에게 준 코코넛을 나타낸다(운 좋은 원숭이!). 이 연립방정식에서 미지수는 모두 양의 정수이다.

[그림 3.5] 선원과 코코넛과 원숭이

몇 가지 방법으로 문제를 풀 수 있다. 우리가 풀어 볼 세 가지 방법은 모두 흥미롭고 유익한 면이 있다.

풀이 (I) 소거를 계속하여 위 연립방정식을 하나의 디오판토스 방정식으로 줄인다.

$$1024n = 15625n_6 + 11529$$

이 방정식을 풀기 위해 앞에서 설명한 오일러의 방법을 사용한다. 먼저

$$n = \frac{15625n_6 + 11529}{1024}$$

$$= 15n_6 + 11 + \frac{265n_6 + 265}{1024} = 15n_6 + 11 + x,$$

여기서 $x = (265n_6 + 165)/1024$. 그러므로 새 디오판토스 방정식을 얻는다.

$$265n_6 + 265 = 1024x \tag{3.3}$$

(3.3)을 265로 나누면

$$n_6 = 3x - 1 + \frac{229x}{265} = 3x - 1 + y, \quad \frac{y}{x} = \frac{229}{265}.$$

229와 265에는 공통인수가 없으므로,

$$y = 229k, \quad x = 265k \quad (k \in \mathbb{N})$$

이어야 하고, $k = 1$이면 $x = 265$이다. 이 값을 방정식 (3.3)에 대입하여 $n_6 = 1023$을 구하면 코코넛의 수는

$$n = 15n_6 + 11 + x$$

$$= 15 \cdot 1023 + 11 + 265 = 15621$$

이다.

풀이 (II) 샤프[160]는 합동식을 사용하여 위 연립방정식을 풀었다. a, b, c가 $c > 0$인 정수일 때, $a - b$가 c의 배수이면 이를 합동식으로 $a \equiv b(\text{mod}c)$와 같이 나타낸다. 바꾸어 말하면, a는 법 c에 관하여 b에 합동이라고 한다. 예를 들어, $25 - 4$가 7의 배수이므로, 즉 25를 7로 나누면 나머지가 4이므로, 25는 법 7에 관하여 4에 합동이다($25 \equiv 4(\text{mod}7)$라고 쓴다). (3.2)의 마지막 방정식에서 $4n_5 - 1$는 5의 배수임을 알 수 있다. 그러므로

$$4n_5 + n_5 - n_5 - 1 = 5n_5 - (n_5 + 1)$$

도 5의 배수다; 그러므로 두 번째 더해지는 $n_5 + 1$도 5의 배수여야 한다. 합동식으로 나타내면 $n_5 \equiv -1(\text{mod}5)$. 5를

곱하면 $5n_5 \equiv -5 \pmod{25}$. $4n_4 = 5n_5 + 1$ 이므로 마지막 식으로부터

$$4n_4 \equiv -4 \pmod{25}$$

4와 5는 서로소이므로(즉 공통인수가 없으므로)

$$n_4 \equiv -1 \pmod{25}$$

같은 논리를 사용하여 다음 합동식을 얻는다.

$$5n_4 \equiv -5 \pmod{125}$$
$$4n_3 \equiv -4 \pmod{125}$$
$$n_3 \equiv -1 \pmod{125}$$
$$5n_3 \equiv -5 \pmod{625}$$
$$4n_2 \equiv -4 \pmod{625}$$
$$n_2 \equiv -1 \pmod{625}$$
$$5n_2 \equiv -5 \pmod{3125}$$
$$4n_1 \equiv -4 \pmod{3125}$$
$$n_1 \equiv -1 \pmod{3125}$$
$$5n_1 \equiv -5 \pmod{15625}$$
$$n \equiv -4 \pmod{15625}$$

마지막 관계식에서 $n+4$가 15,625의 배수임을 알 수 있다. 이 성질을 만족하는 가장 작은 수를 찾기 때문에 $n = 15,621$로 택한다. 그러므로 선원이 모을 수 있는 코코넛의 가장 작은 개수는 15,621이다.

풀이 (III) 어떤 문헌에는 이 멋진 풀이가 슈뢰딩거Erwin Schrödinger와 함께 1933년 노벨상을 수상한 영국의 유명한 물리학자 디락(1902-1984)에 의한 것이라고 되어 있다.[8] 다른 자료(예를 들어, [62, p.134])에는 핵심 아이디어의 창안자가 또 다른 노벨상 수상 물리학자이며 원자폭탄의 "아버지"인 페르미Enrico

8) 옛 소련 과학원에서 발행된 잡지 Kvant, 제8권(1982)에 실린 논문 〈폴 디락과 3명의 어부〉를 포함하여

Fermi(1901-1954)라고 한다.

먼저, 다음 성질을 갖는 가장 작은 수 M을 결정 한다. (i) M은 5의 배수; (ii) $M-M/5$도 5의 배수; (iii) 설명한 과정을 연속해서 6번 반복할 수 있다. $M=5^6=15,625$를 쉽게 구할 수 있다. 가장 작은 해를 포함해서, 이 수를 더해서 뿐 아니라 몇 배 $p\cdot 5^6$ ($p\in\mathbb{N}$)해서, 문제의 조건을 만족하는 어떤 수에 대해서도 해의 집합을 얻는다.

디락은 코코넛의 수를 조작하는 그의 아이디어에 기초해 음수를 사용하여 -4개 코코넛이 적합한 풀이라고 정했다. 비록 놀랍지만, 이 수는 적어도 이론적으로 문제의 조건을 모두 만족한다. 이것은 "작동하지만 의미는 없는" 아이디어의 하나다. 해가 단순함을 검토해 보고, 깊은 논의는 독자에게 남긴다. 코코넛의 수는

$$n=-4+p\cdot 15625$$

로 주어지고, $p=1$을 택하면 가장 작은 코코넛의 개수 $n=15,621$을 얻는다.

문제 3.10은 일반화 된다; 가드너[72, 제9장]을 보라. 선원의 수를 s, (매번 나눈 뒤에) 원숭이에게 준 코코넛의 수를 m이라고 하면, 처음에 모은 코코넛의 수 n은

$$n=ks^{s+1}-m(s-1),\quad k\text{는 정수} \tag{3.4}$$

이다. 특히, (3.4)에서 $s=5$, $m=1$으로 택하면(문제 3.10), 가장 작은 양수 해($k=1$) $n=15,621$을 얻는다.

베일러의 저서[14]에는 연속적으로 다섯 밤 동안 코코넛을 재분배하고 남은 코코넛 무더기를 똑 같이 다섯으로 나누었을 때, 원숭이 몫의 코코넛이 없는 변형된 코코넛 문제가 있다. 코코넛의 최소 개수는 3,121개다.

라마누잔(1887–1920)(→ 373쪽)

인도의 독학 천재 라마누잔Srinivasa Ramanujan의 일생과 업적은 확실히 수학사에서 가장 로맨틱하고 극적인 이야기 중 하나다. 라마누잔은 대학 교육을 받지 않았지만, 특출한 수학적 능력은 인도 수학자들에게 알려졌다. 영국의 유명한 수론학자 하디G.H.Hardy (1877–1947)는 매우 깊고 복잡한 수의 관계식을 진술하는 라마누잔의 신기한 추론과 믿기지 않는 능력을 보고 영국으로 불렀다. 라마누잔의 허약한 건강 때문에, 33세의 젊은 나이로 죽기 전까지 그들은 여러 편의 놀랄만한 논문을 공동으로 저술했다.

하디는 저서 『라마누잔』(1940)에서 재미있는 이야기를 했다. 하디가 병원에 입원한 라마누잔에게 문병 갔을 때, 라마누잔에게 번호가 1729인 택시로 도착했다고 하면서 그 번호가 재미없고, 따분하고 의미 없다고 했다. "아니오", 라마누잔이 곧바로 대답했다, "그건 매우 재미있는 수예요; 그것은 두 가지 다른 방법으로 두 세제곱수의 합으로 나타낼 수 있는,

$$1729 = 1^3 + 12^3 = 9^3 + 10^3$$

가장 작은 수입니다."

잠시 여담을 하자면, 위의 수 1729를 두 세제곱수의 합으로 분해하는 문제는 두데니가 그의 유명한 책 『캔터베리 퍼즐』(1907)에서 제기한 문제와 매우 흡사하다. 그는 9를 두 가지 다른 방법으로 두 유리수의 세제곱의 합으로 나타낼 수 있는지를 물었다. 한 가지 해는 분명하다: $9 = 1^3 + 2^3$. 다른 하나는 지극히 어렵다.

$$\frac{415,280,564,497}{348,671,682,660} \text{와 } \frac{676,702,467,503}{348,671,682,660}$$

(두데니가 구했다). 도저히 상상이 안 되는 결과다! 어떤 현대적인 계산기구도 두데니가 갖지 못했다는 것을 생각하면 그의 풀이는 존경심을 자아낸다. "그래서 두데니가 했다."

흥미로운 다음 문제를 제시할 때가 무르익었다.

- **주소 찾기**

문제 3.11 번호가 1부터 N까지인 주택이 거리의 한 쪽에만 줄지어 있다. 번호가 n인 주소를 갖는 집을 찾는데, 주소 n의 한 쪽에 있는 집들의 번호(곧, 1부터 $n-1$까지)를 더하면 그 주소의 다른 쪽에 있는 모든 번호($n+1$부터 N까지)의 합과 같이 되도록 하여라.

카니겔의 저서 『수학이 나를 불렀다The Man Who Knew Infinity』[109]에 나온 이야기에 의하면, 라마누잔은 "알려지지 않은 주소" 문제에 대하여 친구와 연분수로 대화 하면서 암산으로 답을 알아냈다고 한다. 바이드링거가 이 문제의 해를 제시하고[184], 라마누잔의 해와 일치한다고 했다.

문제의 조건에서

$$1+2+\cdots+(n-1)=(n+1)+\cdots+N.$$

양변에 $1+2+\cdots+n$을 더하면

$$2(1+2+\cdots+n-1)+n=1+2+\cdots+n$$

이므로,

$$2\cdot\frac{n(n-1)}{2}+n=\frac{N(N+1)}{2} \tag{3.5}$$

따라서

$$n_k^2=\frac{N_k^2+N_k}{2} \tag{3.6}$$

식 (3.5)가 특정한 수 n_k와 N_k에 대해서만 정수해를 갖는 것을 강조하기 위해 첨자 k를 붙였다. 분명히 (3.6)은 삼각수의 제곱을 정의하는 디오판토스 방정식이다(삼각수에 관해서는 40쪽을 보라).

N_k에 대한 이차방정식 (3.6)을 풀어 양의 해를 구하면

$$N_k = \frac{-1+\sqrt{1+8n_k^2}}{2} \tag{3.7}$$

$1+8n_k^2$는 완전제곱수여야 하므로

$$1+8n_k^2 = p_k^2, \quad \text{곧} \ p_k^2 - n_k^2 = 1$$

인데, 이것은 펠 방정식이다(부록 A를 보라).

마지막 펠 방정식 $x^2-8y^2=1$의 최소해 $x=3$과 $y=1$은 쉽게 구할 수 있다. 부록 A의 논의와 그곳의 차분방정식의 형식 (A.6)으로부터 위의 펠 방정식에 대응하는 차분방정식의 형식은

$$n_k - 6n_{k-1} + n_{k-2} = 0 \quad (k \geq 2) \tag{3.8}$$

$n_0 = N_0 = 0$이고 $n_1 = N_1 = 1$이므로, 이를 초기값으로 (3.8)에서 n_k를 구하고, (3.7)에서 N_k를 구한다.

차분방정식 (3.8)에서

$$c_k = \frac{n_k}{n_{k-1}} = 6 - \frac{1}{c_{k-1}}$$

이므로, 차례대로 계속하면 연분수를 얻게 된다.

$$6 - \cfrac{1}{6 - \cfrac{1}{6 - \cfrac{1}{6 - \cdots}}} \tag{3.9}$$

이것은 $a_0 = a_1 = \cdots = a_k = \cdots = 6$이고 $b_1 = b_2 = \cdots = b_k = \cdots = -1$임을 의미하므로 (3.9)는 $\left[6; \frac{-1}{6}, \frac{-1}{6,} \cdots\right]$로 쓸 수 있다. 동시에 부

록 A에서 차분방정식 (A.3)은 $y_k - 6y_{k-1} + y_{k-2} = 0$이 되고, 이것은 (3.8)과 일치한다. 특히, 오일러의 공식 (A.2)은

$$P_k = 6P_{k-1} - P_{k-2},$$
$$Q_k = 6Q_{k-1} - Q_{k-2}$$

이 되고, 그래서 앞의 차분방정식을 만족한다. Q_k는 초기조건 $Q_{k-1} = 0$, $Q_0 = 1$도 만족하므로 Q_k의 값은 (3.6)과 (3.7)에서 요구하는 n_k와 일치하고 둘 다 문제의 해다.

그러므로, 식 (3.9)는 라마누잔이 머릿속에 생각했었을 연분수다. 연분수 (3.9)에서 택하는 항의 수에 따라 (3.8)에서 $n_0 = 0$, $n_1 = 1$로 택하여 특수해를 얻을 수 있다. 아래 표에 수값을 나타내었다.

k	0	1	2	3	4	5	6
n_k	0	1	6	35	204	1,189	6,930
N_k	0	1	8	49	288	1,681	9,800

예를 들어, $n_k = 6$이면 $N_k = 8$이고 주택을 아래와 같이 배열하면 합이 15이다.

$$\underbrace{1\ 2\ 3\ 4\ 5}_{15}\ \boxed{6}\ \underbrace{7\ 8}_{15}$$

n_k의 값은 차분방정식 (3.8)을 풀면 구할 수 있다. 초기조건 $n_0 = 0$, $n_1 = 1$을 사용하여, 공식 (A.5)(부록A)으로 해를 구하면($p = 3$, $q = 1$)

$$n_k = \frac{1}{4\sqrt{2}}\left[(3+2\sqrt{2})^k - (3-2\sqrt{2})^k\right] \quad (k = 0, 1, \cdots).$$

$|3-2\sqrt{2}| \approx 0.172$은 1보다 작으므로 k가 증가할 때 $(3-2\sqrt{2})^k$는 기하급수적으로 작아서 그 영향은 무시할 수 있다. 이런 이유로 n_k는

$$n_k = \lfloor (3+2\sqrt{2})^k/4\sqrt{2} + 1/2 \rfloor$$

로 계산한다. 여기서 $\lfloor a \rfloor$ 은 a 이하인 최대 정수를 나타낸다[9]. 예를 들어,

$$n_4 = \lfloor (3+2\sqrt{2})^4/4\sqrt{2} \rfloor = \lfloor 204.000153 \rfloor = 204.$$

프로베니우스(1849–1917)(→ 372쪽)

실베스터(1814–1897)(→ 371쪽)

이 절 마지막으로 프로베니우스의 동전 문제, 또는 실베스터의 스탬프 문제, 또는 현금 교환 문제로 알려진 흥미로운 문제를 보기로 하자. 처음 변형은 퍼즐의 특성 있지만, 후에 일반화된 것은 수론에서 오늘날까지도 많은 논문의 주제로서 도전적인 문제가 되었다.

프로베니우스Georg Frobenius는 베를린 대학교 교수로서 그 시대에 지도적인 수학자의 한 사람이었다. 그는 대학교에서 학문과 교육에 매우 높은 규준을 지키려고 끊임없이 노력했다. 그는 계획을 달성하기 위해 때때로 심술궂거나 화를 내고 말다툼하였다. 그는 순수 수학에만 주의를 집중하고 응용수학은 혐오하였다.[10] 그가 진지한 수학에 전념했음에도 불구하고 그의 이름이 들어간 수론에 속하는 동전 문제에 대한 연구 덕분에 프로베니우스는 이 책에서 한 자리 차지하게 되었다.

19세기에 영국의 위대한 수학자 중 하나인 실베스터James Joseph Sylvester는 수학 연구에 천재였지만 가끔 건망증이 일을 복잡하게 했다. 실베스터는 다른 수학자의 연구 결과를 기억하는데 큰 어려움을 겪을 뿐

---

9) 기호 $\lfloor x \rfloor$ 는 1960년대 초에 이버슨Kenneth E. Iverson이 도입했다.

10) 역설적으로 들리지만, 순수수학만을 좋아한 프로베니우스가 발전시킨 유한군의 표현론은 뒤에 양자역학에 중요하게 적용되었다.

아니라 자신의 것을 기억하는데도 애를 먹었다. 한 번은 자신이 만들었던 정리를 부정하기조차 했다. 끊임없는 건망증 때문에 그의 강의는 업적과 연구결과만큼 인기를 누리지 못했다. 결과적으로 실베스터의 출판되지 않은 원고에서 미해결 문제나 불분명한 내용은 어쩔 수 없이 몇 주씩 밀리거나 심지어 처음 주제에서 다른 것으로 바뀌었다.

실베스터는 수학의 여러 분야에 많은 흥미를 가지고 진지한 수학 문제를 해결하기 위해 엄청난 활동을 하면서도[11)]수학적 즐거움을 위한 여가 시간을 찾아냈다. 이 책에 그의 문제 몇 개를 제시하는데 첫 번째 것이 다음 문제다.

• 우표로 지불하기

실베스터는 『Educational Times』에 간단하지만 재미있는 문제를 투고하였다(1884). 프로베니우스도 비슷한 문제를 생각했다.

문제 3.12 어떤 사람이 우표를 액면 금액이 5원짜리와 17원짜리 두 가지만 많이 가지고 있다. 이 사람이 가지고 있는 우표로 지불할 수 없는 금액 중 가장 큰 금액은 얼마 일까?

당연히 매우 큰 금액(이론적으로, 무한히 큰 금액)은 우표가 그만큼 충분하지 않으므로 지불할 수 없기 때문에 생각하지 않기로 한다.

5원짜리와 17원짜리를 조합해서 지불할 수 있는 금액을 z라고 하면

$$z = 5a + 17b \tag{3.10}$$

인데, 이것은 일차 디오판토스 방정식이다. 여기서 z는 자연수이고 a와 b는 음이 아닌 정수다. 우리는 식 (3.10)으로 나타낼 수 없는 가장 큰 수 z_0를 결정해야 한다.

---

11) 더욱이, 실베스터는 시와 아마추어 연주자로서 음악에도 관심이 있었다. 가끔, 프랑스의 유명한 작곡가 구노에게 성악 레슨도 받았다.

특정한 이 문제대신 좀 더 일반적인 경우를 생각해서, 다음 명제를 증명하자.

p와 q가 서로소인 자연수이면[12], $pq-p-q$가 $pa+qb$, $a, b \in \mathbb{N}_0$. 인 형태로 나타낼 수 없는 가장 큰 정수이다.

이 문제를 해결하기 위해 다음을 두 명제를 증명한다. 1° $pq-p-q$는 앞에서 말한 형태로 나타낼 수 없다: 2° 모든 수 $n > pq-p-q$는 $pa+qb$형태로 나타낼 수 있다.

1° 명제와 반대로 $pq-p-q=pa+qb$가 되는 수 $a, b \in \mathbb{N}_0$가 존재한다고 가정하자. p와 q는 서로소이므로, p는 $b+1$의 약수이고, q는 $a+1$의 약수이다. 그러므로 $b+1 \neq p$이어야 하고 그렇지 않으면 $a<0$이다. 마찬가지로, $a+1 \neq q$ 이다. 그러므로 $p<b+1$이고 $q<a+1$, 즉 $b>p-1$이고 $a>q-1$이므로

$$pq-p-q=pa+qb>p(q-1)+q(p-1)=2pq-p-q$$

그러므로 $pq>2pq$인데 이것은 불가능하다. 따라서 명제 1°이 증명되었다.

2° $n>pq-p-q$라고 하고 (a_0, b_0)를 디오판토스 방정식

$$pa+qb=n+p+q$$

의 임의의 정수해라고 하자. p와 q는 서로소 즉, $\gcd(p, q)=1$이기 때문에 일차 디오판토스 방정식의 해의 존재 정리에 의하여 해가 존재한다($\gcd(p, q)$는 방정식의 우변의 약수이다). 위 디오판토스 방정식의 일반해는

$$a=a_0+qt, \quad b=b_0-pt, \quad t \in \mathbb{Z}$$

12) 두 자연수 p와 q가 1 이외의 공약수를 가지지 않으면 곧, p와 q의 최대공약수 $\gcd(p, q)=1$이면 서로소라고 한다.

이다.

$0 \le a < q$가 되도록 t를 택하면, $t < \dfrac{q-a_0}{q}$이고

$$b > b_0 - p\frac{q-a_0}{q} = \frac{a_0p + b_0q - pq}{q} = \frac{n-(pq-p-q)}{q} > 0$$

이로써 n이 설명한 대로 나타낼 수 있음을 증명하였다. 실제로, 디오판토스 방정식으로부터

$$n = p(a-1) + q(b-1) = pa' + qb' \quad (a', b' \in \mathbb{N}_0)$$

이다.

특별한 경우인 실베스터의 문제는, $p=5$와 $q=17$을 택하여, 5와 17의 일차결합으로 얻을 수 없는 가장 큰 수(금액)

$$z_0 = pq - p - q = 5 \cdot 17 - 5 - 17 = 63$$

을 구하면 이것이 답이다.

위 퍼즐은 바로 일반화할 수 있다. $a_1, a_2, \cdots, a_n$ $(n \ge 2)$을 $0 < a_1 < a_2 < \cdots < a_n$인 서로소인 자연수라고 하자. 값 a_i들이 서로 다른 n개 동전의 액면가라고 가정하고 함수

$$g(a_1, a_2, \cdots, a_n) = ax_1 + a_2x_2 + \cdots + a_nx_n$$

를 생각하자. 여기서 x_i는 미지의 음이 아닌 정수이다. 그러면 다음 질문이 제기 된다.

문제 3.13 다음 방정식(때로 프로베니우스 방정식이라고 부르는)

$$a_1x_1 + a_2x_2 + \cdots + a_nx_n = \mathscr{T}_n$$

이 음이 아닌 정수 x_i로 나타낼 수 있는 해를 갖지 않도록 하는 함수 $g(a_1, a_2, \cdots, a_n)$의 가장 큰 값 $\mathscr{T}_n$을 구하여라.

만일 해 $\mathscr{F}_n$가 존재한다면 이 해를 프로베니우스 수라고 부른다. 문제 3.13은 액면가가 $a_1,\cdots,a_n$인 동전 문제로 생각할 수 있다; 프로베니우스 수는 바로 이 동전들로 지불할 수 없는 가장 큰 금액을 나타낸다.

위에서 증명한대로, 실베스터는

$$\mathscr{F}_2 = g(a_1,a_2) = (a_1-1)(a_2-1)-1 = a_1a_2 - a_1 - a_2$$

을 구하고, 특히, $a_1 = 5$와 $a_2 = 17$에 대하여 $\mathscr{F}_2 = 63$을 구했다. 이 이론은 다음 예와 같이 실용적으로 요긴하다: 한 노름꾼이 네바다의 카지노에서 375달러를 땄다. 딜러는 12달러와 35달러짜리 칩을 현금지급기에 넣고 현금을 찾는다. 딜러는 노름꾼에게 현금을 지불할 수 있겠는가? 실베스터의 풀이로 답을 얻을 수 있다. 딜러가 지불할 수 없는 가장 큰 금액은 $\mathscr{F}_2 = g(12,35) = (12-1)(35-1)-1 = 373$달러다. 그러므로, 375달러는 지불할 수 있다. 35달러짜리 칩 9개, 12달러짜리 칩 5개면 된다.

$n \ge 3$에 대하여 프로베니우스 수 $\mathscr{F}_n$을 구할 수 있을까? 이 문제에 대하여 연구한 논문이 많이 있다; [4], [89], [151], [158]을 보라. $n \ge 3$에 대하여 명확한 공식은 지금까지 제시되지 않았다. 그렇지만, 세이머와 베이어[159]가 $n = 3$에 대한 해를 연분수 알고리즘으로 표현해 내었다. 그 결과를 뢰드세드[151] 그리고 뒤에 그린버그가 단순화 했다[89]. 데이비슨은 상대적으로 더 정확한 하계

$$\mathscr{F}_3 \ge \sqrt{3a_1a_2a_3} - a_1 - a_2 - a_3$$

를 끌어냈다[46]. 벡크와 잭스는 더 나은 상계를 제시했다[2].

그렇지만, $n \ge 4$에 대해서는 공식이 알려지지 않았다; 계수가 높은 경우는 다만 (상대적으로) 빠른 알고리즘만 있다. 그럼에도, 이런 알고리즘은 n이 증가하면 더 복잡하고 느려지기 때문에, n이 클 때는 가장 강력한 컴퓨터조차 합리적인 시간 안에 그 결과를 구할 수

없다.

프로베니우스의 동전과 실베스터의 우표에 관한 신기한 이야기를 듣고 난 뒤 배가 고프다면 맥도널드 가게에서 치킨 맥너겟[13]을 살 핑계가 생겼다. 가게는 너겟을 6개, 9개, 20개 박스로 판다. 친구를 많이 데려가면, 너겟을 많이 사야 한다. 이럴 땐 전혀 문제가 없다. 6, 9, 20이 서로소이고, 슈르의 정리에 따라 충분히 큰 수는 서로소인 소수의 일차결합으로 나타낼 수 있기 때문이다. 그럼 프로베니우스 타입의 문제를 보자.

문제 3.14* 6개, 9개, 20개 짜리 박스를 사용해 제공할 수 없는 가장 큰 수의 너겟 개수를 결정하여라.

3장 문제 풀이

3.2 디오판토스 방정식 $S_n = T_m$, 즉,

$$n^2 = \frac{m(m+1)}{2}$$

을 풀어야 한다. 이차방정식 $m^2 + m - 2n^2 = 0$의 양근은

$$m = \frac{-1 + \sqrt{1+8n^2}}{2}$$

$1+8n^2$이 완전제곱이면 m은 자연수다. 가령 $1+8n^2 = r^2$ 곧, $r^2 - 8n^2 = 1$인 것인데 이것은 놀랍게도 라마누잔의 문제 3.11의 풀이에 나왔던 펠 방정식과 같다. 이 방정식은 부록A의 사실을 이용하여 풀 수 있지만, 문제 3.11의 풀이를 사용하면:

13) 치킨 맥너겟은 맥도널드 체인점에서 파는 패스트푸드 제품.

$$n_k = \frac{1}{4\sqrt{2}}\left[(3+2\sqrt{2})^k - (3-2\sqrt{2})^k\right] \quad (k=1,\,2,\,\cdots) \qquad (3.12)$$

(69쪽을 보라). k는 문제의 펠 방정식의 해가 무한히 많이 존재하는 것을 알려준다. n_k^2을 구하면 되는데, (3.12)를 제곱하여 k번째 사각수이면서 삼각수인 수에 대한 공식을 구하면:

$$n_k = \frac{(17+12\sqrt{2})^k + (17-12\sqrt{2})^k - 2}{32} \quad (\ k=1,\,2,\,\cdots).$$

그래서 다음 무한 수열을 얻는다:1, 36, 1,225, 41,616, 1,413,721, ⋯.

3.4 x, y를 각각 두 종류 와인의 양이라고 하면,

$$5x+8y=n^2$$

$$n^2+63=z^2$$

$$z=x+y.$$

이로부터 다음 디오판토스 방정식을 얻는다.

$$z^2-5z-63=3y.$$

$y<z$이므로

$$z^2-5z-63<3z,\ \text{즉}\ z^2-8z-63<0.$$

그러므로 $z<12.888\cdots$. 또

$$z^2-5z-63 \geq 3\cdot 1,\ \text{즉}\ z^2-5z-66 \geq 0$$

이므로 $z>11.555\cdots$. 두 조건을 만족하는 정수는 $z=12$이므로

$$y=7,\ x=5.$$

[참고] 원래 디오판토스 문제는, 문헌에서 "불가능한 문제"라고도 하는데, 63 대신 60으로 나와 있다. 디오판토스는 첫째와 둘째 방정식에서 289/4가 분자와 분모가 각각 17과 2의 제곱인 제곱수기 때문에 제곱수라고 생각하고 n^2이 289/4가 되는 해 $x=79/12$, $y=59/12$를 얻었다. 자세한 논의는 『알렉산드리아의 디오판토스』[A Study in the History of Greek Algebra of Thomas L. Heath(Cambridge University Press, 1910, 224-225]를 보라.

3.6 오일러의 규칙으로 생성되는 네 번째 우애수는 $m=1$, $n=8$일 때이다. 먼저 $p=257$, $q=33{,}023$, $r=8{,}520{,}191$을 계산하고 우애수

$$(2{,}172{,}649{,}216,\ 2{,}181{,}168{,}896)$$

을 구한다.

3.14 풀이를 간략히 하기 위해 데이비슨의 하계 (3.11)을 이용하면

$$\mathscr{I}_3 \geq \sqrt{3\cdot 6\cdot 9\cdot 20}-6-9-20 \approx 21.92 > 21$$

이므로, 21보다 큰 수 중에서 찾는다.

$\mathscr{I}_3$를 찾는데 그래프를 이용하면 편리하다. x를 20의 양수 배수라고 하고 $y(>21)$를 3의 양수 배수(3은 제외)하고 하자. 분명히 $y\geq 6$인 y는 6과 9의 일차결합으로 나타낼 수 있다. xy 좌표평면을 좌표 (x,y)

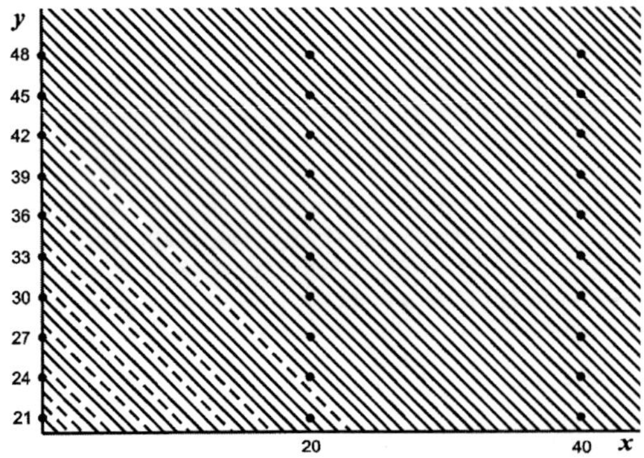

[그림 3.6.] 치킨 맥너겟 문제의 그래프 풀이

인 격자점의 망으로 생각하자. 직선 $x+y=k$는 k너겟의 합계를 나타낸다;[그림 3.6]을 보라. 적어도 한 격자점, 가령, (x^*,y^*)를 지나는 직선은 $k=x^*+y^*$가 제공될 수 있는 너겟의 개수임을 가리킨다. 한편, 점선은 지나는 격자점이 없으므로 대응하는 너겟의 개수 k를 제공할 수 없다. [그림 3.6]에서 "가장 높은" 점선은 $x+y=43$이므로 43이 $\mathscr{I}_3$의 후보다.

43보다 큰 수 몇 개를 점검해 보자. $A_1 = \{44,45,46,47,48,49\}$를 연속된 여섯 수의 첫째 그룹이라고 하자. (꼭 유일할 필요 없이) 가능한 6, 9, 20의 일차결합은:

$$44 = 6 + 9 + + 9 + 20$$

$$45 = 9 + 9 + 9 + 9 + 9$$

$$46 = 6 + 20 + 20$$

$$47 = 9 + 9 + 9 + 20$$

$$48 = 6 + 6 + 9 + 9 + 9$$

$$49 = 9 + 20 + 20.$$

명백히, $A_2 = \{50,51,52,53,54,55\}$에 속하는 수는 A_1의 수에 6씩 더하면 되고, A_3는 A_2의 수에 6씩 더하면 되고, 이와 같이 계속해간다. 그러므로 43이 실제로 제공할 수 없는 가장 큰 수(=프로베니우스 수)다.

제 4 장

기하 문제

자연은 모든 곳이 중심이고 가장자리가 없는 무한한 구다. Blaise Pascal

방정식은 수학에서 따분한 부분이다. 나는 기하학을 이용하여 사물을 이해하려 했다.
Stephen Hawking

초등학교와 중고등학교에서 배우는 기초기하학은 근본적으로 기원전 300년 경에 저술된 유클리드의 대작 『기하원론』에서 공리화된 유클리드 기하학이다. 토지 측량 문제와 거리를 두려고 유클리드가 저술에서 "기하학"이라는 단어를 사용하지 않은 것이 흥미롭다. 다시 말해, 기하학(고대 그리스어로 $\gamma\epsilon\omega\mu\epsilon\tau\rho\acute{\iota}\alpha$)은 그리스어 geo="earth"와 metrica="measure"의 합성어다. 또 하나 흥미로운 점은 1482년에 베니스에서 출판된 유클리드의 『기하원론』이 최초로 인쇄된 수학서적이라는 것이다.

가장 오래된 과학의 하나인 기하학은 직선, 원, 삼각형과 다각형(평면 기하)뿐 아니라 구와 다면체(입체기하학)의 크기, 모양, 그리고 상대적 위치와 공간의 성질에 관한 문제를 연구한다. 아주 오래된 레크리에이션 문제에는 평면기하나 입체기하에 속하는 것들이 있다. 이 장에서는 아르키메데스 시대에서 현대에 이르기까지 수학자들이 제시하거나 해결했던 다양한 기하 퍼즐과 역설들을 살펴보기로 하자.

여기 나오는 대부분의 문제는 기초기하학과 산술에 대한 지식 정도면 충분하다. 익숙한 유클리드 공간 이상의 추상공간을 연구하는 고등 수학이나 현대 기하학을 포함하는 퍼즐은 다루지 않았다. 기하학적 오류도 기원이 분명하지 않기 때문에 제외 하였는데, 어떤 수학사가는 유클리드가 오류모음집을 준비했다고 믿고 있다.

'제화공의 칼' 또는 **아르벨로스**로 알려진 아르키메데스의 유명한 도형으로 시작하자. 관련 문제 중 하나는 아르벨로스에 관한 파푸스의 과제다. 풀이를 멋지고 간결하게 제시하기 위해 반전(또는 전도변환)이라고 하는 기하적 변환을 사용하자. 독자의 편의를 위해 기하적 반전의 기본성질을 부록 B에 수록했다. 최소 거리에 관한 헤론의 문제가 반사의 법칙을 증명했는데, 16세기 후에 페르마와 슈넬에 의하여 확립되었다. 헤론의 원리는 삼각형에서 거리의 최소 합에 대한 슈타이너의 문제를 해결하는데 적용되는데 뒤에 다룰 것이다. 이 문제는 일찍이 페르마, 토리첼리, 그리고 카발리에리가 해결하였다.

또한 중세 수학자 브라마굽타, 마하비라, 타비트 이븐 코라, 아부르 와파(정사각형과 삼각형의 분할), 알하젠(원형 당구 문제), 레기오몬타누스(최적 전망대의 거리)와 케플러의 도전적인 문제도 다룬다. 로마의 시인 베르길리우스가 묘사한 유명한 디도의 극값 문제 혹은 고전적 등주문제는 훨씬 뒤에 확립된 변분법의 선구자로 평가되고 있다. 슈타이너의 멋진 풀이를 제시한다. 데카르트, 코와, 소디와 콕세터의 관심을 끌었고 사람들이 "키스하는 원"이라고 불렀던 기하 퍼즐은 콕세터의 풀이와 함께 다룬다. 마지막에는 주어진 평면 영역의 넓이를 분할하는 폴리아의 문제를 다룬다.

아르키메데스(B.C. 280-220)(→ 359쪽)

• 아르벨로스 문제

다음 흥미로운 초등 문제가 아르키메데스의 저서 『보조정리』([61, p.167]을 보라)에 나온다.

문제 4.1 "제화공의 칼' 또는 아르벨로스는 서로 만나는 세 반원으로 둘러싸인 영역이다. 큰 반원의 내부와 두 작은 반원의 외부에 놓인 영역의 넓이를 구하여라([그림 4.1]에서 어두운 부분).

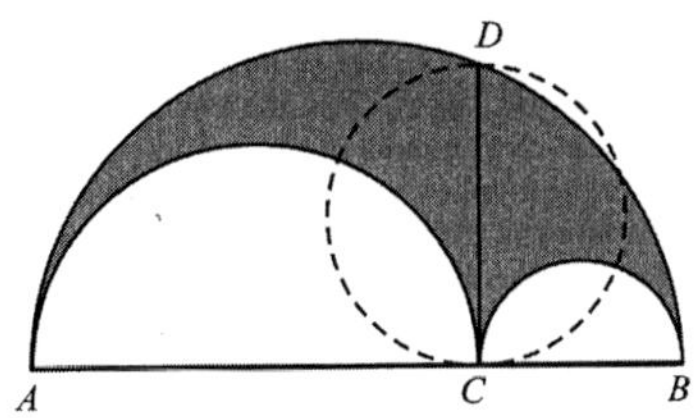

[그림 4.1] 아르벨로스 문제

앞에 언급한 책 명제4에서 아르키메데스는 CD가 AB에 수직이면 지름이 CD인 원의 넓이가 아르벨로스의 넓이와 같음을 증명하였다.

이것의 증명은 쉽다. 삼각형 ABD는 D의 각이 $90°$이므로(지름 AB의 원주각) 직각삼각형이다. 그러면

$$(|AC|+|CB|)^2 = |AD|^2 + |DB|^2$$
$$= |AC|^2 + |DC|^2 + |CB|^2 + |DC|^2,$$

여기서 $|DC|^2 = |AC| \cdot |CB|$인데, 이것은 기하평균과 관련해서 잘 알려진 결과이며, $|\cdot|$은 선분의 길이를 나타낸다.

$P($$)$를 아르벨로스의 넓이, $P(\bigcirc)$를 지름이 CD인 원의 넓이라고 하자. 위의 식에서

$P($$)$$= \frac{\pi}{8}|AB|^2 - \frac{\pi}{8}|AC|^2 - \frac{\pi}{8}|CB|^2$

$$= \frac{\pi}{8}((|AC|+|CB|)^2 - |AC|^2 - |CB|^2)$$

$$= \frac{\pi}{4}|AC| \cdot |CB| = \frac{\pi}{4}|CD|^2 = P(\bigcirc).$$

수 세기동안 아르벨로스(그리스어로 $\alpha\rho\beta\eta\lambda o\zeta$)와 그것을 변형한 문제들의 놀랍고 아름다운 기하학적 성질에 수학자들이 매혹되었다. 이 문제에 관련된 문헌은 방대하다:예를 들어, [78], [173], 밴코프의 논문 [8], [9], 보아스[21]와 더지 등[53], 그리고 그곳의 참고문헌. 이 장에서 유사-아르벨로스 문제들을 몇 개 살펴보자.

다음 문제에서는 **아르키메데스 원** 또는 **아르키메데스 쌍둥이**라고 부르는 원이 소개된다.

문제 4.2* 아래 [그림 4.2]에서 CD는 AB에 수직이고, 두 원 K_1과 K_2는 각각 색칠해진 영역 ACD와 CDB에 내접하는 원이면, 두 원 K_1과 K_2의 반지름이 같다. 이를 증명하여라.

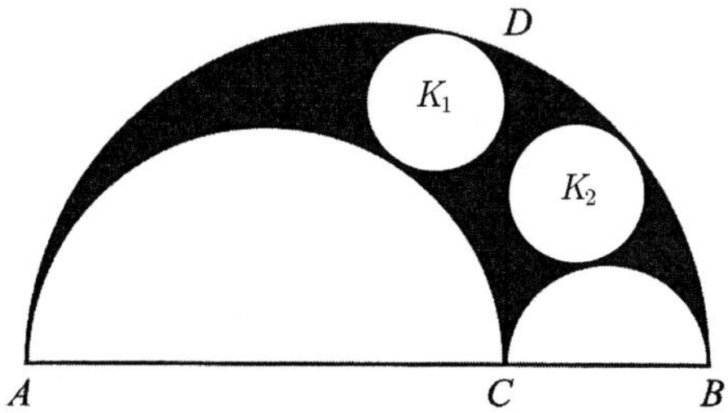

[그림 4.2] 아르키메데스 쌍둥이

아르키메데스 쌍둥이에는 또 다른 놀라운 성질이 있다. 하나를 소개하면:

문제 4.3* [그림 4.3]과 같이 아르키메데스 쌍둥이 K_1과 K_2의 가장 작은 외접원을 K라고 하면, K의 넓이는 아르벨로스의 넓이와 같다(또는 문제 4.1에 따라, K의 지름이 $|CD|$와 같다). 이를 증명하여라.

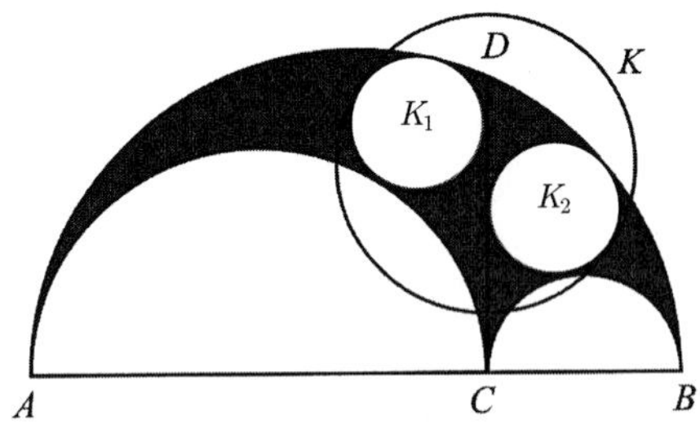

[그림 4.3] 변형된 아르벨로스 문제

증명은 독자의 즐거움으로 남긴다.

로마황제 디오클레티아누스(284-305)의 시대에 살았던 알렉산드리아의 파푸스는 유명한 『시나고그Synagoge』(수학집성)를 저술했는데, 거기에 아르벨로스에 관한 또 다른 문제가 있다.

문제 4.4 [그림 4.4]와 같이 AB와 AC 위의 반원, 그리고 서로에 연속적으로 내접하는 원들을 $k_1, k_2, k_3, \cdots, k_n, \cdots$ 이라고 하자. n번째 원 k_n의 중심에서 밑변 AC에 이르는 수직 거리를 구하여라.

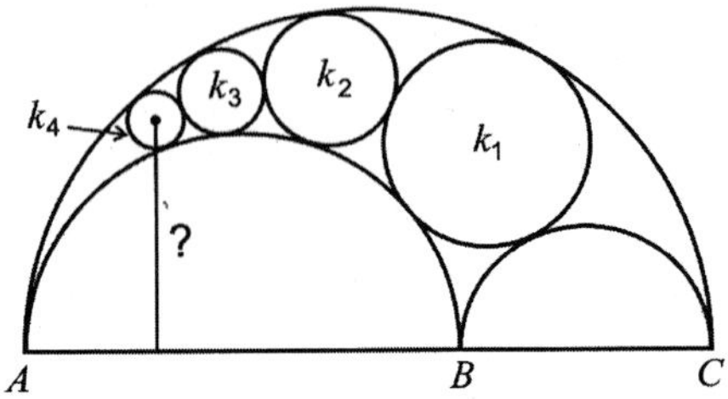

[그림 4.4] 파푸스의 유사 아르벨로스 문제

파푸스의 증명은 여기 소개하기에는 너무 길다. 아르벨로스와 변형된 문제에 관해 많은 논문을 저술한 수학자 레온 밴코프는 그의 논문 『파푸스는 어떻게 했는가?』에서 파푸스가 이 결과를 어떻게 증명했는지에 대하여 논의 했다[10]. 존슨이 아르벨로스 문제를 요약했다[1]. 1824년 슈타이너와[2] 1831년 마그누스가 도입한 반전inversion이라고 부르는 새로운 기하 변환 덕에 매우 짧고 간결하게 증명할 수 있다. 이 증명에 필요한 기하 반전의 기본 성질들을 부록 B에 수록했다. 더 자세한 내용은 콕세터의 『기하학 개론』의 제6장을 보라[43].

위의 아르벨로스 문제를 풀기 위해, 부록 B에 나오는 반전의 성질 (1)-(6)을 사용한다. 원 p와 원 q가 모두 점 A를 지나므로([그림 4.5]), 이 점을 반전의 중심으로 택한다. n번째 원 k_n이 고정되도록

---

1) Modern Geometry, 뉴욕, 휴턴 미플린, 1929, p.117

2) 슈타이너는 반전에 대한 그의 생각을 출판한 적은 없으나, 그 변환이 다른 공헌자들에 의하여 독립적으로 발견되었는데 그들 중에 물리학자 윌리엄 톰슨William Thomson(켈빈 경)과 기하학자 크레모나Luigi Cremona(그는 더 일반적인 변환을 제시했다)가 있다.

반전원 k의 반지름 ρ를 잡는다. 그렇게 하려면, (성질 (2)에 의하여) 반전원 k를 원 k_n과 수직이 되게 잡으면 된다.

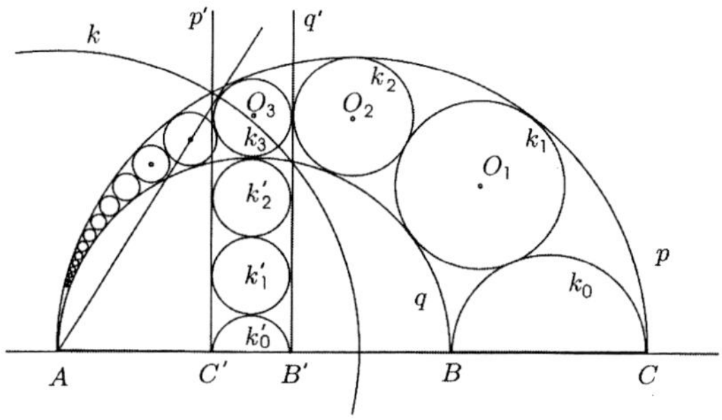

[그림 4.5] 반전에 의한 아르벨로스 문제의 풀이

증명의 개요를 알기 쉽게 $n=3$인 경우로 설명하자([그림 4.5]). 이 증명은 임의의 n에 대해서도 본질적으로 같다.

반전중심을 지나는 원은 직선으로 반전되므로(성질(4)), 원 p와 q는 반전원 k와의 교점을 지나는 직선으로 변환된다. 게다가 두 원 p와 q는 원 k_3와 접하고 직선 AB와 수직이므로, 성질 (6)를 고려하면, 이 두 원은 고정된 원 k_3와 동시에 접하는 직선으로 반전된다. 더하여, 이 직선들은 직선 AB(성질 (1) 때문에 자신으로 반전된다)와 수직이다. 그러므로 원 p와 q는 [그림 4.5]와 같이 직선 p'과 q'으로 변환되고, 점 B와 C는 점 B'과 C'으로 변환 된다.

나아가, 성질 (6)에 의하여 원 k_2, k_1, k_0는 원 p, q와 접하므로 직선 p', q'과 접하는 원 k'_2, k'_1, k'_0로 변환된다. 이렇게 해서 k'_3와 접하고, 직선 p', q'과 접하는 원 k_2의 상 k'_2를 구한다. 같은 방법으로, 원 k'_1은 k'_2와 접하고 k'_0 는 k'_1과 접한다. 공통 접선 p'과 q'은 평행하고, r_m과 r'_m이 각각 원 k_m과 그 반전된 원 k'_m의 반지름이라고 하면, $r_3 = r'_2 = r'_1 = r'_0$이 된다.

(일반적으로 $r_n = r'_{n-1} = \cdots = r'_2 = r'_1 = r'_0$). 그러므로, 직선 AC에서 원 k_3의 중심 O_3까지의 거리는

$$d_3 = r_3 + 2r'_2 + 2r'_1 + r'_0 = 6r_3$$

이다.

같은 기법으로 임의의 n번째 원 k_n에 대하여 이 원을 고정시키는 반전을 적용하면 원들 $k_0, k_1, k_2, \cdots, k_{n-1}$은 같은 반지름을 갖고 n번째 원 k_n 아래 수직으로 배열되는 원들로 반전된다. 그러므로, 구하는 거리는

$$d_n = r_n + 2r'_{n-1} + \cdots + 2r'_1 + r'_0 = 2nr_n$$

이다.

접하는 원에 대한 비슷한 문제가 이와사키 도시히사 (1775년경)의 원고에 나오는 것이 흥미롭다. [167, II권, p.537]을 보라.

유사 아르벨로스 문제는 고대 그리스 시대부터 현재에 이르기까지 수학자들의 관심을 끌었다. 보아의 논문[21]을 보라. 폴리아는 [142, pp.42-44]에서 아래 변형 문제를 다루었다.

문제 4.5* 큰 원 안에 두 작은 원이 있다. 세 원은 다른 두 원과 접하고 그들의 중심은 한 직선 위에 있다. 큰 원의 현 하나를 작은 두 원과 접하도록 그린다. 이 현의 길이를 t라고 할 때, 작은 두 원의 외부이면서 큰 원의 내부인 영역의 넓이를 구하여라.

아르벨로스에 관한 마지막 이야기로 『The Mathematical Intelligencer』 [175]에 티엔이 제시하고 풀이도 내어 놓은 간단하지만 도전적인 유사 아르벨로스 문제를 살펴보기로 한다.

문제 4.6* 크기가 같은 두 작은 반원 K_3와 K_4이 큰 반원 K의 지름 위에 있다. 지름이 d_1과 d_2이고 서로 접하는 다른 두 원 K_1과 K_2가 둘 다 큰 반원 K와 작은 반원 K_3와 K_4 중 하나와 접한다고 할 때, $d_1 + d_2 =$상수임을 증명하여라.

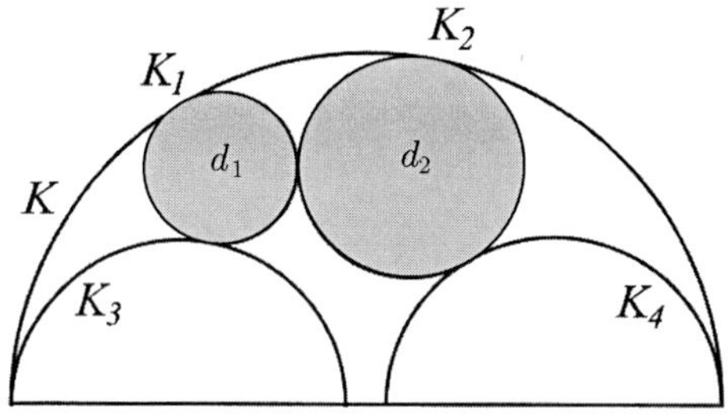

[그림 4.6] $d_1 + d_2 =$**상수**

알렉산드리아의 헤론(A.D. 65경-125)(→ 359쪽)

• 최소 거리

알렉산드리아의 뛰어난 수학자 헤론Heron은 저서 『반사광학Catoptrica』에서 간단한 기하 논증으로(일찍이 유클리드와 아리스토텔레스에게 알려진) 반사의 법칙을 증명하였다. 이 책은 기원 1 세기경에 쓰인 것으로 생각되지만 사본은 전해지지 않고 있다. 헤론은 입사각과 반사각의 성질은 "자연은 헛된 일을 하지 않는다"[3]라는 즉, 광원에서 거울을 거쳐 눈에 이르는 광선의 경로는 가능한 한 짧아야 한다는 아리스토텔레스의 원리의 결과임을 보였다. 헤론은 오늘날 대부분의 기하학 교재에서 볼 수 있는 다음 문제를 생각하였다.

---

3) I.Thomas, Selections Illustrating the History of Greek mathematics, Harvard University Press, Cambridge 1941,p.497.

문제 4.7 한 직선 k의 같은 쪽에 두 점 A, B가 있을 때, A에서 C까지 거리와 C에서 B까지 거리의 합이 최소가 되는 k 위의 점 C를 구하여라.

헤론의 문제의 기하학적 풀이는 다음과 같다([그림 4.7]).

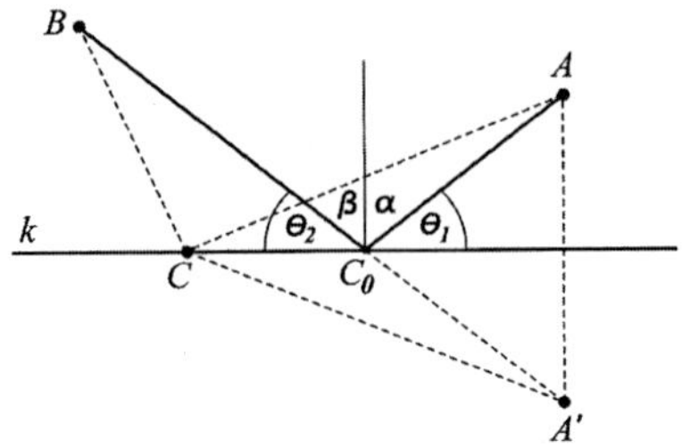

[그림 4.7] 헤론의 문제

직선 k에 대하여 A와 대칭인 점을 A'이라고 하고, C를 직선 k 위의 임의의 점이라고 하자. B와 A'을 연결하고 직선 BA'과 직선 k가 만나는 점을 C_0라고 한다. $\triangle CAA'$이 이등변삼각형이므로

$$|BC|+|CA|=|BC|+|CA'|$$

이고, 그러면

$$|BC|+|CA|=|BC|+|CA'| \geq |BA'|=|BC_0|+|C_0A|$$

이다. 등호는 C와 C_0가 일치할 때 성립한다.

위 관계식이 헤론의 문제에 대한 풀이를 나타낸다. 구하려는 거리의 합을 최소로 하는 점은 직선 k와 점 B와 직선 k에 대하여 점A와 대칭인 점 A'을 지나는 직선과의 교점이다.

헤론은 저서 『거울에 대하여』에서 빛에 대한 반사의 법칙을 연구하고 결과를 거울의 성질에 관련된 문제에 적용하였다. 헤론의 문제에 해당하는 물리적 상황을 생각해보자. A를 광원, B를 광 수신자

(관찰자의 눈)라고 하고, 직선 k를 점 A와 B를 포함하는 평면과 반사면 역할을 하는 수직인 평면거울과의 교선이라고 하자. A에서 나온 광선이 반사되어 수신자 B까지 가지만, 직선 k에 대하여 A와 대칭인 점(거울의 상) A'에서 나온 것처럼 보인다.

실제로 헤론은 광선이 광원과 광 수신자 사이에 가능한 가장 짧은 경로로 거울에서 반사된다고 생각했다. 헤론의 문제 구하는 점 C_0에서 각 θ_1과 각 θ_2가 같다. 더욱이, 각 α와 각β가 같다, 즉 이것은 '입사각과 반사각이 같다'는 말이다. 이 성질은 사실, '페르마의 최소 시간의 원리, 또는 빛의 굴절 법칙'이다(일찍이 네덜란드의 물리학자이며 수학자인 슈넬(1580-1626)이 실험적으로 수립했다). 과학사가는 헤론의 문제와 그 풀이가 자연현상을 설명하는데 극치 원리를 처음 적용한 사례로 간주한다(예를 들어, 힐데브란드의 저서 [102]를 보라).

어떤 현대 교과서에는 헤론의 문제가 실용 문제로 나온다. 예를 들어, 직선 k를 직선 철도로, 점 A와 점 B를 두 마을로, 점 C를 기차역으로 바꾸고 다음과 같이 묻는다.

> 두 마을과 기차역을 연결하는 거리의 합이 최소가 되도록 하기 위해서는 기차역을 어디에 세워야 할까?

헤론의 문제와 연결하여, 두데니의 저서 『Modern Puzzles』 (1926)에 있는 또 다른 지름길 문제를 보자.

문제 4.8 파리 한 마리가 원통형 유리컵 바깥쪽 표면에 앉아 있다. 유리컵 안쪽에 묻어있는 꿀까지 기어가야 한다. 가능한 가장 가까운 경로를 구하여라(유리컵 두께는 무시한다).

파리의 위치와 꿀이 묻은 위치를 점 A와 점 B로 나타내자. 두 점이 같은 모선 위에 있다면, 해는 분명하다. 그렇지 않은 경우라고 하자. 유리컵 표면을 "펼친" 직사각형을 생각한다([그림 4.8]).

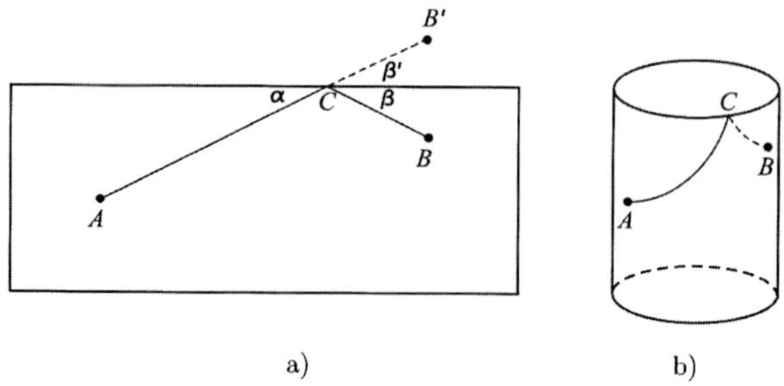

[그림 4.8] 파리와 꿀

이제 이 문제는, C가 유리컵 가장 자리 점일 때, 가장 짧은 경로 ACB를 결정하는 문제가 되었다. 실제로 이 문제는 헤론의 문제이고 풀이는 유리컵 가장 자리에 대한 점 B의 대칭점 B'을 이용한다. 입사각 α는 반사각 $\beta(=\beta')$과 같다. 파리는 유리컵 표면을 두 원주면 나선을 따라서([그림 4.8(b)] 유리컵 가장자리의 점 C를 가로질러 기어갈 것이다.

헤론의 반사의 원리는 다음과 같은 상황에서 최단 경로를 찾을 경우에도 성공적으로 적용된다.

문제 4.9* 대도시의 바쁜 생활과 TV 멜로드라마에 싫증이 난 젊은 모험가가 휴가를 평화롭고 한적한 곳에서 보내려고 아프리카로 갔다. 여기저기 다녀 본 후 두 강이 예각으로 만나 반도를 이루는 아름다운 장소를 발견하고 그곳에 작은 오두막을 지었다. 이 모험가는 매일 그의 초라한 오두막 C를 출발해서 강둑 A로 가서 원주민이 하는 수구를 구경한 다음, 다른 쪽 강둑 B로 가서 연꽃을 따고 좋아하는 하마를 만져본 후 오두막 C로 돌아온다([그림 4.9]).

모험가가 이동하는 길이 직선이라고 할 때, 어느 길로 가는 것이 전체 이동거리 $CABC$가 최소가 되는 길인가?

[그림 4.9] 반도 위의 모험가

브라마굽타(598경 −670경)(→ 359쪽)

7세기 인도에서 가장 영향력 있는 수학자이자 천문학자는 브라마굽타Brahmagupta이다. 그는 인도 과학의 가장 큰 천문학의 중심지인 우자인(또는 Ujjayini)에서 살았다. 천문, 산술, 대수에 관한 많은 업적 가운데, a, b, c, d를 변으로 하고, 둘레길이의 절반이 s인 순회사각형의 넓이 P에 대한 공식

$$P = \sqrt{(s-a)(s-b)(s-c)(s-d)}$$

가 눈길을 끄는데, 이것은 잘 알려진 삼각형의 넓이에 대한 헤론의 공식을 놀랄 정도로 확장한 것이다.

역사적으로 0에 대하여 처음 기록된 연구는 브라마굽타에서 비롯

되었다고 보는데, 그는 0을 자신에서 자신을 뺀 결과라고 정의했다(벤틀리[16]). 그의 또 다른 큰 공헌은 펠 방정식이라고 알려진, $x^2 - Ay^2 = 1$ 형식의 부정방정식에 대한 연구다(부록 A). 수학자에 대한 그의 말은 생각해 볼만하다: "수학자란 방정식 $x^2 - 92y^2 = 1$을 일 년 안에 풀 수 있는 사람이다." 바일러[14, 22장]을 보라. 일반적 형태의 일차 디오판토스 방정식 $ax + by = c$(여기서 a, b, c는 정수)는 브라마굽타가 처음 해결한 것으로 인정되고 있다.

이제 브라마굽타의 레크리에이션 수학을 자세히 알아보자. 브라마굽타의 환상적인 다음 두 문제가 스미스의 저서 『수학의 역사』에 나온다[167, 제1권, p.159].

• 같은 거리의 횡단 경로

문제 4.10 높이가 h인 절벽 위에 수행자 두 사람이 살고 있다. 어느 날 수행자 한 사람이 절벽에서 내려와 절벽 밑에서 거리가 d인 마을 주막까지 걸어갔다. 다른 수행자는 마법사였으므로 먼저 높이 x를 위로 날아오른 후 마을 주막까지 직선으로 날아갔다. 두 수행자가 이동한 거리가 같다면, x는 얼마인가?

풀이 절벽의 높이를 $h = |AB|$라고 하자([그림 4.10, 오른쪽]). 그림에서 방정식

$$h + d = x + \sqrt{(h+x)^2 + d^2}, \text{ 즉}$$
$$h + d - x = \sqrt{(h+w)^2 + d^2}$$

얻고, 이 식을 제곱하여 정리하면 $2hd - 2dx - 2hx = 2hx$이므로

$$x = \frac{hd}{2h+d}.$$

[그림 4.10] 두 수행자의 경로

• 부러진 대나무

문제 4.11* 높이가 18 큐빗인 대나무가 바람에 부러져 꼭대기가 대나무 밑동에서 6 큐빗 떨어진 땅에 닿아 있다. 대나무 조각의 길이를 구하여라.[4]

마하비라(800년경–870년경)(→ 360쪽)

• 매단 줄의 높이

오래 된 이 문제는 여러 서적에서만 아니라, 근래에는 레크리에이션 수학이나 수학수업에서도 볼 수 있다.

문제 4.12 높이가 각각 a, b인 기둥 두 개가 수직으로 서 있다. [그림 4.11]에서와 같이 각각 한 기둥의 꼭대기에서 다른 기둥 밑까지 밧줄이 매어 있고, 또 다른 밧줄이 두 밧줄이 만나는 곳에서 수직

4) 기원전 176년경 고대 중국의 『구장산술』에 이 문제와 같은 문제가 있다; Y.Mikami, The Development of Matnenatics in China and Japan(1913), p.23.

으로 늘어뜨려 땅에 닿아 있다. 두 기둥 사이의 거리는 알지 못한다. 수직으로 늘어뜨린 밧줄의 높이를 구하여라.

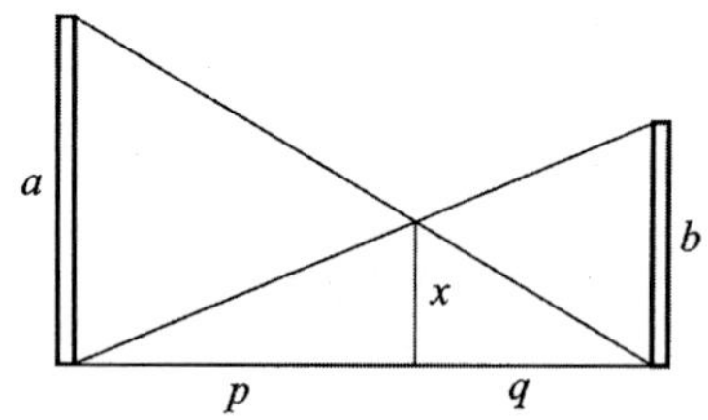

[그림 4.11] 늘어뜨린 밧줄의 높이

풀이 늘어뜨린 밧줄이 땅에 닿은 곳에서 두 기둥까지의 거리를 각각 p와 q라고 하고, x를 늘어뜨린 밧줄의 높이라고 하자. [그림 4.11]에서

$$\frac{p}{x}=\frac{p+q}{b},\quad \frac{q}{x}=\frac{p+q}{a}$$

이므로

$$\frac{1}{x}=\frac{1+q/p}{b},\quad \frac{1}{x}=\frac{1+p/q}{a}. \tag{4.1}$$

따라서

$$\frac{b}{x}-1=\frac{q}{p},\ \frac{a}{x}-1=\frac{p}{q}.$$

두 식을 곱하면

$$\left(\frac{b}{x}-1\right)\left(\frac{a}{x}-1\right)=1$$

이고

$$\frac{ab}{x^2}-\frac{a+b}{x}=0.$$

그러므로

$$x = \frac{ab}{a+b}.$$

풀이에서 알 수 있듯이, 높이 x는 두 기둥 사이의 거리와 관계가 없다. x의 값과 (4.1)에서 $q/p = b/a$를 알 수 있는데, 이것은 늘어뜨린 밧줄이 두 기둥 사이의 거리를 기둥 높이의 비율로 분할한다는 의미다.

타비트 이븐 코라(826–901)(→ 360쪽)

• 구의 지름

아라비아 수학자들은 구면 작도에 관심이 많았다. 다음 문제는 우애수 생성 공식을 제안했던(제2장을 보라) 타비트 이븐 코라가 제기했다고 한다.

문제 4.13 유클리드 도구(자와 컴퍼스)를 사용하여 주어진 구의 지름을 구하여라.

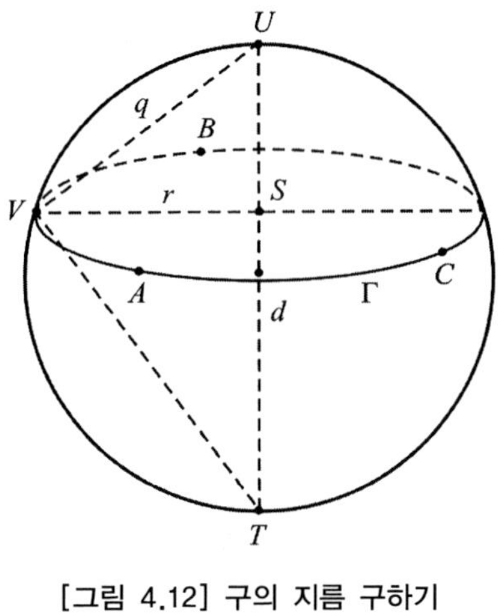

[그림 4.12] 구의 지름 구하기

풀이 컴퍼스를 구면 위 임의의 점 U에 고정하고 구면 위에 원 Γ를 그린다. Γ 위에 세 점 A, B, C를 표시하고 평면(별도 용지를 사용) 위에 $\triangle ABC$와 합동인 삼각형을 작도한다. 이 작도는 AB, BC, CA의 거리를 컴퍼스로 재어 쉽게 할 수 있다. $\triangle ABC$를 지나는 원을 그린다. 이 원의 반지름 r은 구면 위의 원 Γ의 반지름과 같다.

이제 r을 높이로 하고 지름 $d=|UT|$을 빗변으로 하는 직각삼각형 $\triangle UVT$를 작도한다[그림 4.12]. 이 직각삼각형의 변 UV의 길이 q를 컴퍼스로 잴 수 있는데, 이 길이는 처음에 원 Γ를 그릴 때 사용한 길이와 같다.

q와 r을 알고 있으므로 직각삼각형 $\triangle UVT$로부터

$$\frac{r}{q}=\frac{\sqrt{d^2-q^2}}{d}$$

를 구하고, 따라서 구의 지름은

$$d=\frac{q^2}{\sqrt{q^2-r^2}}.$$

아부르-와파(940-998) (→ 360쪽)

아마 10세기의 가장 뛰어난 회교 수학자인 아부르-와파Mohammad Abu'l-Wafa al-Buzjani는 오마르 하이얌(1048-1131)과 나시르 알-딘(1202-1274)와 함께 모두 페르시아 산악 지역 호라산에서 태어나 "호라산 트리오"로 유명하다. 수학적 주제에 대한 중요한 공헌 외에도 아부르-와파는 오늘날 재미있는 분할 퍼즐 창안자로도 기억되고 있다.

• 세 정사각형의 분할

잘 알려진 와파의 정사각형 분할 문제는:

문제 4.14 동일한 세 정사각형을 9개 부분으로 나누고 이것들로 큰 정사각형으로 만들어라.

아부르-와파의 풀이가 [그림 4.13]에 있다. 두 정사각형을 대각선을 따라 잘라 생긴 4개의 삼각형을 남아있는 정사각형 둘레에 배열한다. 점선을 따라 네 번 더 자르고, 잘라 낸 부분을 붙여 넣어 큰 정사각형을 만든다(합동인 부분끼리 대응되는 것을 보라).

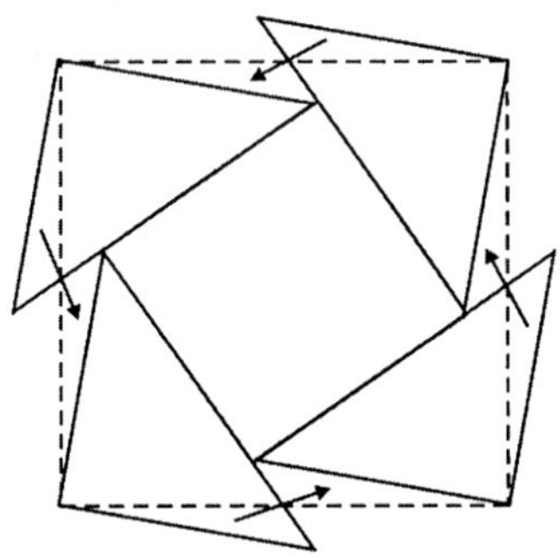

[그림 4.13] 아부르-와파 분할 문제의 풀이

그러나, 영국의 유명한 수학 퍼즐과 게임 창안자인 두데니는 아부르-와파의 문제를 여섯 번만 잘라 해결했다. 그의 놀라운 풀이가 [그림 4.14]에 있다. 점 B는 C와 G를 지나는 직선과 중심이 A이고 반지름 $|AD|$인 원의 교점이다. 점 E와 F는 $|BC|=|DE|=|FG|$인 점이다. 구하는 정사각형은 부분 1, 2, 3, 4, 5, 6으로 만든다: 1과 4를 함께 HE를 따라 오른 쪽 아래로 밀어 내려서 5와 6밑으로 하고, 2와 3을 합쳐 빈틈을 메운다.

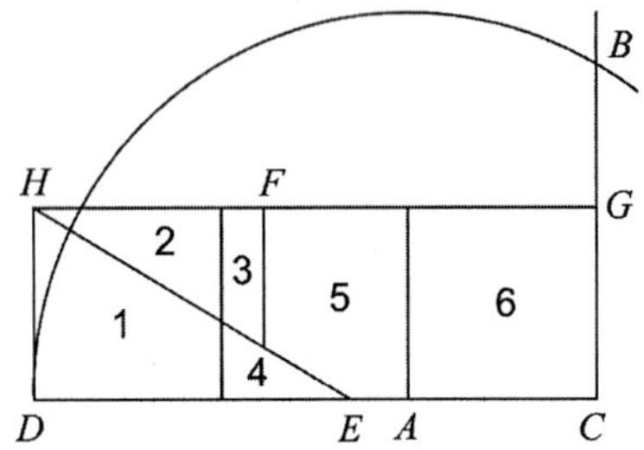

[그림 4.14] 아부르-와파 분할 문제에 대한 두데니의 풀이

[186]에 있는 바와 같이, 와파의 아이디어는 두 정사각형 크기가 동일하고 하나는 작은 세 정사각형에도 적용할 수 있다. [그림 4.13]에 있는 풀이와 같이 두 큰 정사각형을 둘로 나누어 작은 정사각형 둘레에 대칭으로 배열한다. 점선으로 그린 정사각형 밖에 나온 부분은 안쪽 빈 공간과 꼭 들어맞는다.

• 네 삼각형의 분할

문제 4.15* 똑같은 삼각형 3개와 작은 삼각형 하나를 모양이 닮은 7개의 조각으로 분할하고 그들을 한데 합쳐 삼각형 하나를 만들 수 있겠는가?

■ 이븐 알-하이탐(Alhazen)(965–1039)(→ 361쪽)

유럽에는 알하젠으로 더 잘 알려진 회교 물리학자이자 수학자인 이븐 알-하이탐Ibn al-Haytham은 남부 이라크의 도시 바스라에서 태어났지만, 이집트에서 더 많이 살았다. 그는 나일강 홍수통제사업에 대한 아이디어를 입증하기 위해 통치자 알하킴의 초청으로 카이로에 갔다. 이브스의 저서[61, 194쪽]에는, 알하젠이 나일강의 범람을 능히 조절할 수 있는 기계를 만들 수 있다고 장담한 것 때문에 초청을 받았다고 되어 있다. 알하젠은 카이로에 도착했지만, 이내 그의 계획이 실용성이 없음을 알았다. 알하킴의 분노가 두려운 그는, 정신병자가 특별히 취급되어 보호받는다는 것을 알고 미친 척하였다. 알하젠은 매우 완벽하게 미친 척해서 1021년 하킴이 죽을 때까지 별 탈 없이 지냈다. 알하젠은 그러나 이집트에서 시간을 헛되이 보내진 않았다: 그곳에 있는 동안 훌륭한 과학 업적인 『광학』을 저술하고 명성을 얻었다.

수학자로서 알하젠은 다양한 반사면과 연계된 특정한 반사과정에서 얻은 점과 관련된 그의 이름이 붙은 문제("알하젠의 문제")에 대한 연구로 명성을 얻었다. 알하젠 뒤로 이 문제를 연구한 이름 있는 수학자로는 호이겐스, 배로우, 드 로피탈, 리카티, 케틀레가 있다. 이 문제에 대한 풀이는 칼란드로[33, pp.305-308], 되리[54, pp.197-200]와 마다치[127, pp.231-241]의 저서에서 찾아 볼 수 있다. 여기서는 알하젠의 문제 중 하나를 그가 제시하고 풀이한 대로 소개한다.

• 당구 문제

문제 4.16 원형 당구대에 있는 볼이 쿠션을 두 번 부딪힌 다음 처음 자리에 오도록 하려면 그 볼을 어떻게 쳐야 하겠는가?

풀이 중심이 C이고 반지름이 r인 평면 위의 원으로 당구대를 나타내자 [그림 4.15(b)]. 볼의 처음 위치를 P로 나타내고, 거리 $|CP|=c$를 알고 있다고 하자. 볼이 처음 원의 점 A를 때리고 튀어나와, S에서 PC(원의 지름)의 연장선을 직선 PC와 직각을 이루며 지나간다면, B에서 원을 때리고 P로 되돌아 온다. 입사각과 반사각이 같다는 것을 알고 있으므로,

$$\angle PAC = \angle CAS = \angle PBC = \angle CBS$$

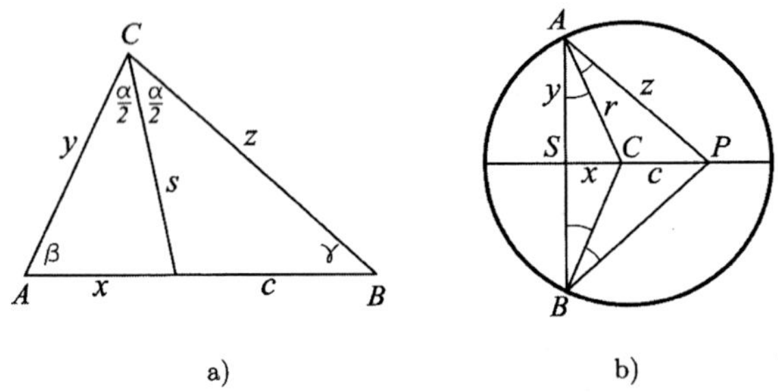

[그림 4.15] 당구 문제

문제를 계속 풀려면 각의 이등분선 정리가 필요하다. s가 $\angle ACB = \alpha$의 이등분선이라면([그림 4.15(a)]), 사인정리를 적용하여

$$\frac{s}{\sin\beta} = \frac{x}{\sin(\alpha/2)} \quad \text{이고} \quad \frac{s}{\sin\gamma} = \frac{c}{\sin(\alpha/2)}$$

이다. 그러므로

$$\frac{x}{c} = \frac{\sin\gamma}{\sin\beta}$$

이고, $\triangle ABC$로부터 ([그림 4.15(a)]),

$$\frac{y}{\sin\gamma} = \frac{z}{\sin\beta}, \text{ 즉 } \frac{y}{z} = \frac{\sin\gamma}{\sin\beta}$$

이다. 그러므로

$$\frac{y}{z} = \frac{x}{c} \tag{4.2}$$

다시 [그림 4.15(b)]로 돌아오자.

$$|CS| = x,\ |SA| = y,\ |AP| = z$$

라고 하고 각의 이등분선 정리를 적용하면 바로 (4.2)를 얻는다. 피타고라스 정리에서

$$r^2 = x^2 + y^2 \quad \text{이고} \quad z^2 = y^2 + (x+c)^2 \tag{4.3}$$

이므로, (4.2) 와 (4.3)에서 y와 z를 소거하면, 미지수 x에 관한

이차방정식

$$2cx^2 + r^2x = cr^2$$

을 얻는다. 이어서 x와 c의 값을 알고 $x(=|CS|)$를 작도하는 방법을 보자.

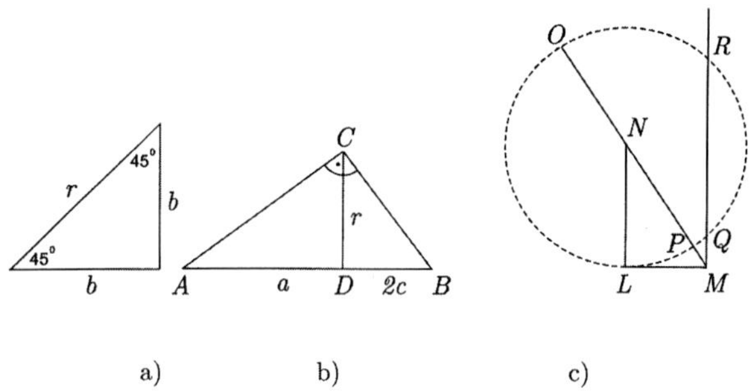

[그림 4.16] 이차방정식의 기하적 풀이

앞의 이차방정식을 다음과 같이 나타내자.

$$x^2 = -ax + b^2, \quad \text{여기서 } a = \frac{r^2}{2c}, \quad b = \frac{r}{\sqrt{2}} \tag{4.4}$$

[그림 4.16(a)]에서 b를 구할 수 있다: b는 대각선이 r인 정사각형의 변이다. $2c$와 r을 변으로 하는 직각삼각형 $\triangle DBC$를 작도하고 꼭지점 C에서 CB에 수선을 그어 직선 DB와 교점 A를 구한다. 그러면 선분 AD는 a이다; 실제로, $r = \sqrt{a \cdot 2c}$ 이다([그림 4.16(b)]).

이제 이차방정식 $x^2 = -ax + b^2$의 해를 작도하기 위하여 데카르트의 방법을 적용한다(카츠, [113, pp.437-438]을 보라). 먼저 $|LM| = b$, $|LN| = \frac{1}{2}a$인 직각삼각형 $\triangle NLM$을 작도한다([그림 4.16(c)]). 그 다음에 중심이 N이고 반지름이 $|NL|$인 원을 그린다. 이 원과 빗변 $|NM|$과의 교점을 P라고 하면, $|MP|$가 구하는 x의 값이다. 실제로,

$$|MP| = |MN| - |PN| = \sqrt{|LM|^2 + |LN|^2}$$
$$= \sqrt{\frac{1}{4}a^2 + b^2} - \frac{a}{2}$$

인데, 이것은 정확히 (4.4)에서 구한 x의 값이다.

요한 뮐러(1436–1476)(→ 362쪽)

• 관찰 최적 거리

가끔씩 미술관에서 그림이나 조각, 또는 기념물([그림 4.17]에서처럼) 같은 물체를 바라볼 때, 의식적이든 무의식적이든, 특정한 거리에서 바라보면 그 물체가 가장 잘 보이는 것을 느낄 때가 있다. 15세기, 레기오몬타누스Regiomontanus라고 알려진 독일의 수학자이자 천문학자인 요한 뮐러Johann Müller는 이 현상이 매우 중요하다는 것을 알았다. 1471년에, 그는 이 문제를 에르푸르트시의 크리스티안 로더 교수에게 제시했다. 많은 수학사가들은 뮐러의 연구가 최적화 분야에서 고대부터 처음이라고 인정한다.

[그림 4.17] 자유의 여신상을 바라보는 최적 위치

레기오몬타누스의 최댓값 문제를 다음과 같이 추상 기하 형식으로 제시해 보자. 문제를 가상의 화면으로 제한하여 대상이 되는 물체가, 이 경우 막대인데, 수직인 선분이라고 생각한다.

문제 4.17 길이가 d인 막대가 관찰자의 눈높이보다 수직으로 h 높은 곳에 매달려 있다. 수직으로 걸린 막대로부터 막대가 가장 잘 보이는 관찰자의 눈 위치까지 수평거리를 구하여라.

풀이 풀이를 화면에 도형으로 제시한다. 이 풀이는 로슈가 〈Zeitschrift für Mathematik und Physik〉지에 발표한 것과 유사하다.
물체에 대한 관찰 최적 거리를 막대 $AB(|AB| = d$인)를 바라보는 관찰자의 눈(C로 나타냄)으로부터 최대 관찰각 $\angle BCA$와 대응된다고 하자[그림 4.18]. (막대가 걸린) 수직선 OAB에 수직인 직선 p는 관찰자의 눈높이를 나타낸다.

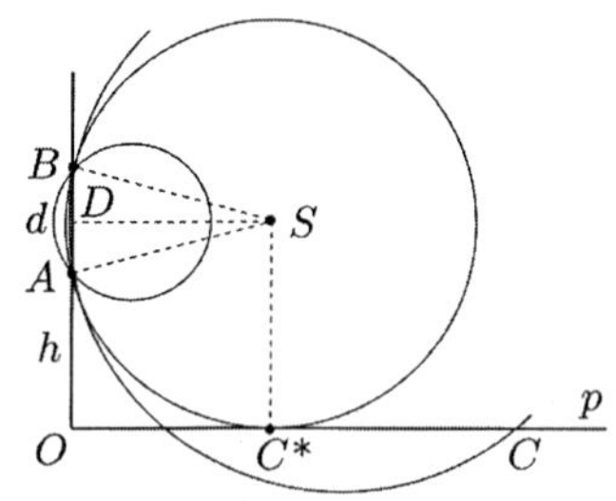

[그림 4.18] 관찰 거리

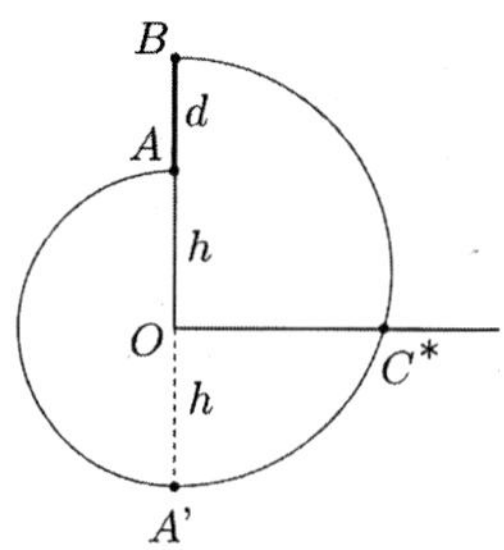

[그림 4.19]

점 A와 B를 지나는 원들을 작도한다. 평면의 한 점에서 바라보는 막대 AB가 만드는 관찰각은 점 A, B를 지나는 고정된 한 원 위의 모든 점에서 같다(주어진 원에서 고정된 한 현에 대한

원주각은 모두 같기 때문에). 이 각들은 원의 지름이 작을수록 더 크다. 그런데 점은 직선 p 위에(관찰자의 눈높이에) 있어야 하므로, 구하는 점은 직선 p와 A, B를 지나는 원 가운데 지름이 가장 작은 원과의 교점이다. 이 점은 A, B를 지나는 원과 직선 p의 접점 C^*이다. 따라서 접점 C^*가 구하는 점이고, $x=|OC^*|$가 가장 관찰하기 좋은 거리이다.

거리 $x=|OC^*|$를 구해보자. $h=|OA|$라 하고, $|AB|=d$이므로

$$
\begin{aligned}
x=|OC^*|=|DS|&=\sqrt{|AS|^2-|DA|^2}=\sqrt{|SC^*|^2-|DA|^2}\\
&=\sqrt{\left(h+\frac{d}{2}\right)^2-\left(\frac{d}{2}\right)^2}=\sqrt{(h+d)h}
\end{aligned}
$$

그러므로 최적의 관찰 거리는 관찰자의 눈높이에서 막대의 위 끝과 아래 끝까지 거리의 기하평균이다. 점 C^*는 [그림 4.19]에서와 같이 작도로 구할 수 있는데, $|A'O|=|OA|=h$이고 $A'C^*B$은 지름이 $|A'B|=2h+d$인 반원이다.

"관찰 최적 위치 문제"에 관한 자세한 내용은 [7], [54], [121], [134], [141], [190]에서 볼 수 있다. 랑게는 [121]에서 그림이 벽에서 밖으로 기운 좀 더 일반적인 문제를 생각했다. 웰스는 실질적 관심으로 다음과 같은 "최적 관찰 문제"를 생각했다.

[그림 4.20]은 럭비 경기장의 일부인데 검은 점으로 표시한 골포스트를 지나는 직선이 골라인이다. 경기 규칙에 의하면, 컨버트를 할 때 시도는 터치다운 위치로부터 골라인에 수직으로 후방 연장선상에서 해야 한다. 골포스트를 가장 큰 각으로 마주보고 컨버트를 할 수 있도록 연장선상 위의 위치 T를 구하라. 이 문제는 골포스트 사이가 아닌 곳에서 시도할 경우에 적용된다.

럭비 컨버트 문제의 풀이는 레기오몬타누스의 "최적 관찰 문제"의

풀이와 매우 유사하다. 주어진 원의 고정된 현에 대응하는 원주각은 모두 같기 때문에, 이 원 위의 모든 점에서 골포스트를 바라보는 각은

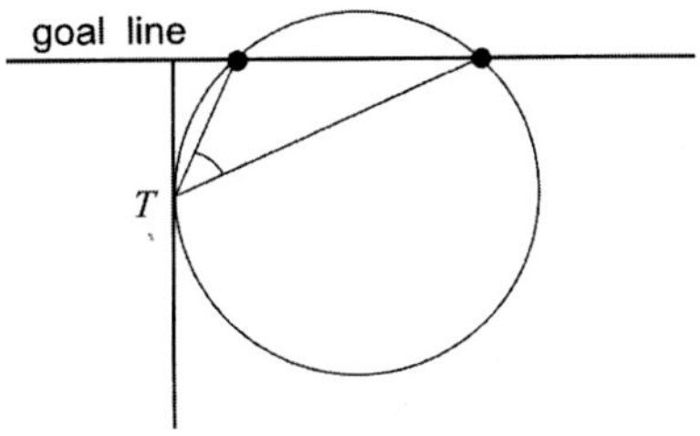

[그림 4.20] 럭비 문제

같다. 원 외부서는 바라보는 각이 작고 원 내부에서는 바라보는 각이 크다. 연장선과 T에서 접하는 원을 잡으면 연장선 위의 다른 점들은 모두 원 외부점이 된다. 그러므로 컨버트는 [그림 4.20]에서와 같이 접점 T에서 해야 한다.

토성 문제는 레기오몬타누스 문제의 재미있는 우주공간-변형이다.

문제 4.18 토성 고리는 토성의 어떤 위도에서 보아야 가장 넓게 보일까?

구의 표면 위에 적도로부터 거리를 자오선의 호로 나타낸 것이 위도다. 아마 헤르만 마르투스가 처음 제시했을 이 문제는 하인리히 되리의 저서 『기본수학의 100대 문제』에 수록되어 있다[54, pp.370-371]. 여기서는 토성 문제 풀이의 개요만 제시한다. 자세한 것은 되리의 저서를 보기 바란다[54].

문제를 풀기 위해 토성은 반지름이 56,900km인 구이고, 토성 고리는 안쪽 반지름이 88,500km, 바깥쪽 반지름이 138,800km 사이로 토성의 적도면에 있다고 생각하자.

[그림 4.21] 토성 고리 관찰 위치

[그림 4.21]과 [그림 4.22]을 보면 상황을 이해하는 데 도움이 된다. 호 m이 자오선, M이 토성의 중심, $|AB|$가 고리의 폭, $|MA|=a$가 고리 바깥쪽 반지름, $|MB|=b$가 고리 안쪽 반지름이다. 이제, MA 위 $|MC|=r$을 토성의 반지름이라고 하고, O를 고리의 너비가 가장 크게 보이는, 그래서 $\angle AOB=\psi$가 최대가 되는 위도 $\phi=\angle CMO$에 있는 점이라고 하자.

[그림 4.22]를 이용하여 풀이를 구하자. 먼저 점 A와 B를 지나고 자오선 m에 접하는 원 Ω를 그린다. 그러면 접점 O가 그곳에서 볼 때 고리가 가장 크게 보이는 점이다.

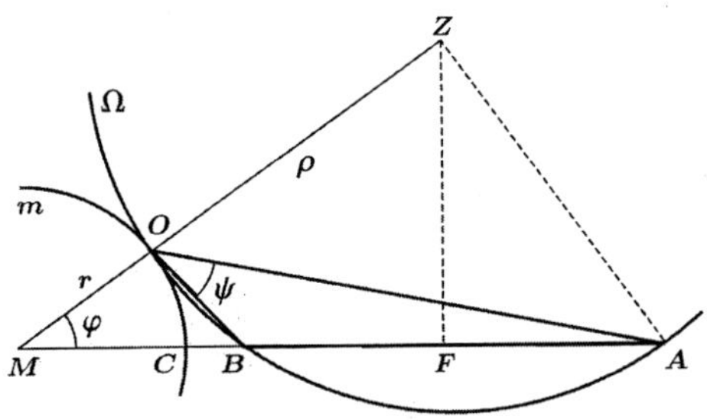

[그림 4.22] 토성 고리 관찰

Z를 원 Ω의 중심, F를 AB의 중점이라고 하고, 직각삼각형 $\triangle MZF$와 $\triangle AZF$로부터 O의 위도 ϕ와 최댓값 ψ를 계산한다. Ω의 반지름을 ρ라고 하면

$$\cos\phi = \frac{|MF|}{|MZ|} = \frac{a+b}{2(r+\rho)},$$
$$\sin\psi = \frac{|AF|}{|AZ|} = \frac{a-b}{2\rho}$$

이다.

$$\rho = \frac{ab-r^2}{2r}$$

임을 보이면,

$$\cos\phi = \frac{(a+b)r}{ab+r^2},$$
$$\sin\psi = \frac{(a-b)r}{ab-r^2}$$

을 얻는다. 그러므로 a와 b에 구체적인 값을 대입하면

$$\phi \approx 33^\circ 33'54'', \quad \psi \approx 18^\circ 26'40''$$

이다.

스마트[165]에 의하면, 토성은 앞에서 풀 때 근거로 했던 이상적인 구와 상당히 달라, 적도 반경이 59,650km이고 극 반경이 53,850km이다. 이 실제 경우에 대한 트레이닌(그라나다, 스페인)의 풀이는 『The Mathematical Gazette』에 있다. 토성을 극으로 자른 단면을 장축과 단축의 반지름이 각각 p와 q인 타원이라고 생각하면, 구하는 지심위도는 3차방정식

$$(p^2-q^2)\cos^3 t - (2p^2-q^2+ab)\cos t + p(a+b) = 0,$$

여기서 $\tan\phi = (q/p)\tan t$로부터 구할 수 있다. 여기서 구한 ϕ의 근사값은 $29^\circ 39'10''$이다. 이 풀이와 $p=q=r$일 때의 풀이를 비교해 보라.

슈타이너(1796–1867)(→ 370쪽)

페르마(1601–1665)(→ 365쪽)

토리첼리(1608–1647)(→ 365쪽)

카발리에리(1598–1647)(→ 364쪽)

토리첼리Evangelista Torricelli와 카발리에리Bonaventura Cavalieri는 17세기 이탈리아에서 대단히 영향력 있는 과학자였다. 토리첼리는 물리학에서 해낸 발견으로 명성을 얻었고, 카발리에리는 광학과 천문학에서 성공하였다. 두 사람 모두 갈릴레오와 공동으로 연구했고, 무한소 방법에서 선구자였으며, 마침내 둘 다 다음과 같은 도전적인 문제를 연구했다.

- **삼각형에서 거리의 최소 합**

이 유명한 문제는 형식상 매우 간단하다:

문제 4.19 평면에서 삼각형의 세 꼭짓점으로부터 거리의 합이 최소인 점을 구하여라.

이 성질을 갖는 점을 삼각형의 **등각 중심**이라고 한다. 레크리에이션 책이건 수학교재이건 많은 수학책에 자주 등장하는 이 문제는 다음과 같은 도전적인 최적화 문제가 포함되어 있다:

세 마을 A, B, C가, 예를 들어, 백화점, 창고, 송유관, 카지노 같은 공동 프로젝트를 하기로 하였다. 세 마을 주민이 최소의 거리를 다니도록 합작 투자 기업의 위치 D를 구하여라. 다시 말해, 점 D에서 A, B, C를 연결하는 세 직선을 합한 길이의 최솟값을 구하여라.

분명히, 이런 문제는 수학자의 레크리에이션에만 머무는 것이 아니라, 더 중요하게, 실생활 상황의 정확한 모델이며 그 최적해는 경제에 직접 효과를 준다.

앞에서 시작할 때 제시한 문제는 역사가 길다. 수학사학자에 의하면, 프랑스의 대 수학자 페르마가 이 문제에 흥미를 가졌고, 나아가 이탈리아의 뛰어난 물리학자이며 수학자인 토리첼리에게 바로 이 문제로 도전 하였다. 토리첼리의 풀이를 제자 비비아니(1622-1703)가 『최댓값과 최솟값에 대하여』(1659)라고 출판했는데 아마도 이 문제에 관한 첫 업적일 것이다. 이런 이유로, 최솟값을 얻는 점을 **토리첼리 점**, 혹은 때때로, **페르마 점**이라고 부른다. 카발리에리 역시 이 문제를 연구한 또 다른 이탈리아의 대 수학자였다.

19세기에 유명한 독일-스위스의 기하학자인 슈타이너는 이 문제와 함께 유사한 일련의 문제들을 자세히 연구하였다. 이런 이유로 흔히 **슈타이너의 문제**로 불린다. 뒤에서, 각이 $120°$가 넘지 않는 삼각형에서 거리의 최소합 문제에 대한 잘 알려진 슈타이너의 기하적 풀이를 보기로 한다. 둔각이 $120°$가 넘을 경우에는 등각 중심이 바로 둔각 삼각형의 꼭짓점과 일치한다.

$\angle C$가 $60°$ 이상이라고 하자[그림 4.23]. T를 $\triangle ABC$ 내부의 한 점(등각 중심의 후보)이라고 하고, T와 세 꼭짓점 A, B, C를 연결한다. $\triangle ABC$을 C를 중심으로 $60°$ 회전하여 $A'B'C$가 되게 한다. 회전한 후의 T를 T'이라고 한다. $\triangle CTT'$이 정삼각형이 되므로, $|CT|=|CT'|=|TT'|$, 그리고 $|AT|=|A'T'|$이다. 그러면 길의 합 $|AT|+|BT|+|CT|$은

$$|A'T'|+|CT|+|BT|=|A'T'|+|T'T|+|BT|$$

와 같다. 마지막 합은 다각선 $A'T'TB$의 길이 합으로 직선 $A'B$ 보다 짧지 않다. 그러므로 길이 $|A'T'TB|$는 A', T', T, B가 일직선을 이룰 때 최소가 된다. 따라서, 등각중심 T^*는 직선 $A'B$ 위에 있

다. 게다가, 대칭성과 T^*에 관한 횡단각이 같다는 것을 이용하면, 삼각형 ABC의 모든 변을 $120°$로 바라본다는 것을 알 수 있다. 이 성질로 T^*의 위치를 구할 수 있다[그림 4.24].

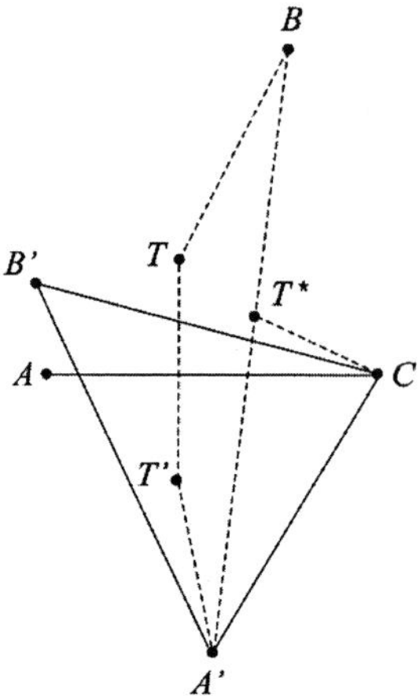

[그림 4.23]삼각형에서 거리의 최소 합

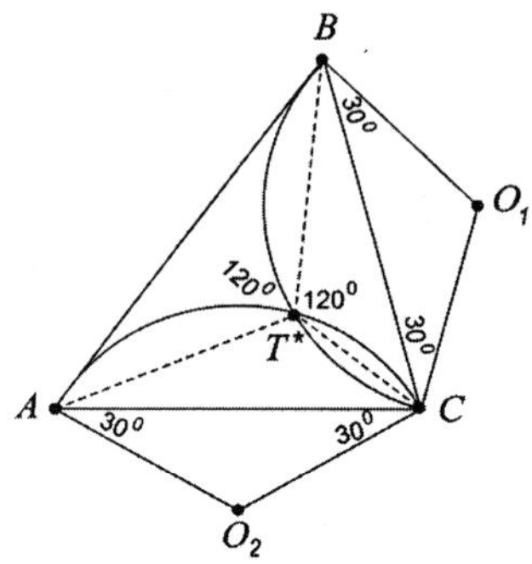

[그림 4.24] 토리첼리 점의 위치

먼저, $\triangle ABC$의 두 변, 가령 BC와 CA에 대하여 $30°$를 이루는 직선을 그어 점 O_1과 O_2를 구한다. O_1과 O_2를 중심으로 반지름 $|O_1B|$와 $|O_2C|$인 호를 그린다. 이 호의 교점이 구하는 등각 중심 T^*이다. 이 작도에 대한 논의는 독자에게 남긴다.

문제 4.20* 헤론의 반사 원리를 사용하여 등각 중심(토리첼리 점)을 구하여라.

힌트 문제 4.7.을 보라.

케플러(1571–1630)(→ 363쪽)

독일의 위대한 천문학자이자 수학자인 케플러Johannes Kepler는 행성 운동의 세 가지 수학적 법칙을 발견한 것으로 잘 알려져 있다. 가장 놀랍고 인상적인 것은 수 십년 뒤에 뉴턴이 기념비적 업적인 『자연철학의 수학적 원리』(1687)에서 설명한 행성 운동의 원인이 중력이라는 사실을 그가 모르고 있었다는 것이다. 다음 장에서는 오늘날 레크리에이션 수학이라고 생각할 만한 몇 가지 문제들을 케플러가 다루었다는 것을 알게 된다. 그러므로 이처럼 호기심 많고 상상력이 풍부한 사람이 '꿈'이라고 부르는 아마도 첫 공상과학소설의 작가였다는 것이 이상한 일이 아니다.

요하네스 케플러
(1571–1639)

그러나 케플러의 개인적 삶은 불행하여 많은 고통을 겪었다. 사랑하는 아들을 7살에 천연두로 잃고, 어머니는 마술을 했다고 재판을 받은데다 첫째 아내 바바라는 미쳐서 죽었다. 케플러 자신은 독실한 루터교 신자였기에 이단으로 고발되었다. 그와 자녀들은 마티아스 황제가 신교를 용인하지 않았기 때문에 강제로 프라하를 떠나야 했다. 케플러는 생애 대부분을 가난하게 살았는데 영원히 받지 못하게 될 급여를 받으러 가다가 죽고 말았다.

• 원통과 구의 부피

케플러는 저서『포도주 통의 새 입체 기하』에서 모양이 다른 통의 부피를 간단히 측정하는 방법을 설명했다; [161]을 보라. 케플러는 그 방법의 기초를 분명히 하려고 최대 최소 문제에 대한 새로운 아이디어에 접근했는데, 거기서 미적분학의 본질을 다루었다. 정리 V는 케플러의 저서에 포함된 결과 중 하나다: "대각선의 길이가 같은 원통 중에서 가장 용량이 큰 것은 높이에 대한 밑면 지름의 비가 $\sqrt{2}$ 인 것이다." 달리 말하면, 이 정리가 다음 문제의 풀이가 된다.

문제 4.21 주어진 구 안에 내접하는 부피가 최대인 원통을 구하여라.

이 문제는 기본수학으로 풀 수 있다. 구의 반지름을 R이라고 하고, 원통 높이 h의 절반을 x라고 하자. 그러면 $0 \le x \le R$이고 [그림 4.25], 원통 밑면의 반지름은 $\sqrt{R^2 - x^2}$ 이므로 그 부피는

$$V_c(x) = \pi r^2 h = 2\pi(R^2 - x^2)x = 2\pi f(x) \qquad (4.5)$$

이다. 목표는 원통의 부피 V_c가 최대가 되는 x를 구하는 것이다.

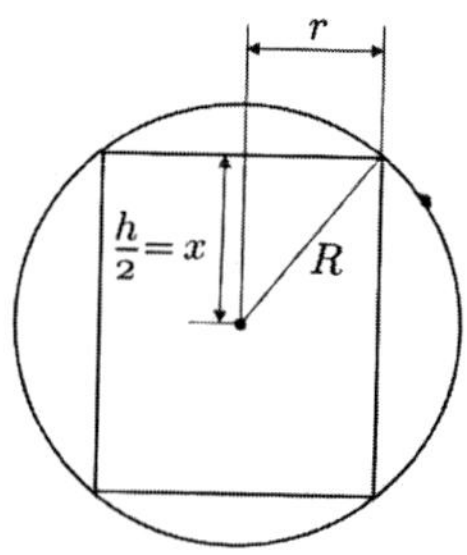

[그림 4.25] 구 안에서 가장 큰 원통

미적분학을 사용하면 쉽게 풀 수 있지만 여기서는 미적분학을 사용하지 않고 적절한 기본계산으로 하자. 그렇게 하려면 (4.5)에 나오는 함수

$$f(x) = (R^2 - x^2)x$$

를 생각하면 된다. 먼저 $f(x)$를 다음과 같이 변형 한다.

$$f(x) = R^2x - x^3 = R^2x - x^3 - \frac{2R^3}{3\sqrt{3}} + \frac{2R^3}{3\sqrt{3}}$$

$$= -\left(x - \frac{R}{\sqrt{3}}\right)^2\left(x + \frac{2R}{\sqrt{3}}\right) + \frac{2R^3}{3\sqrt{3}}$$

함수 f는 첫째 항이 0이면, 즉 $x = R/\sqrt{3}$ 이면 최댓값이 된다. x가 이 값일 때 원통의 높이와 밑면의 반지름은

$$h = 2x = 2R/\sqrt{3} \text{ 이고 } r = \sqrt{R^2 - x^2} = r\sqrt{2/3}$$

이다. 그러므로 이 때 원통 높이에 대한 밑면 지름의 비는 $\sqrt{2}$ 로, 케플러가 제시한 값인 것을 알 수 있다.

슈타이너(1796–1863) (→ 370쪽)

슈타이너Jacob Steiner는 14살이 될 때까지 읽기 쓰기를 배우지 않았지만, 나중에 베를린 대학교 교수가 된 가장 위대한 기하학자 가운데 한 사람이었다. 그의 괄목할 만한 연구 중 하나인 퐁슬레-슈타이너 정리는 작도 평면 위에 한 원과 그 중심이 있으면 직선 자만으로 모든 유클리드 작도가 가능하다는 것이다[5]. 수학 레크리에이션 문제는 종종 이런 종류의 작도나 그것의 변형을 활용하는 것들이다[6].

• 디도의 문제

고대 로마의 위대한 시인 베르길리우스는 아에네이드[7]에서 전설적인 페니키아 공주 디도(엘리사로도 알려짐)의 모험과 카르타고를 세울 때 그녀의 역할을 묘사하고 있다.

---

5) 1904년에 이탈리아의 세베리Francesco Severi는 한 호(임의의 크기)와 그 중심만 있으면 모든 유클리드 작도가 직선자 하나로 충분히 가능함을 증명했다.

6) 예를 들어, 이 책에 있는 아불-와파의 문제를 보라.

7) 역주: 아에네이드Aeneid는 트로이의 장군 아이네아스의 유랑을 노래한 베르길리우스의 서사시.

디도는 오빠의 박해에서 달아나 지중해 해안을 따라 갔다. 그들로부터 충분히 멀리 떨어져 안전하게 되자, 그녀는 적당히 정착할 땅을 찾았다. 그 지방 지배자 야르브가 토지를 팔려고 하지 않았지만, 디도는 야르브에게 "소박한" 자신의 소망을 들어 달라고 끈질기게 설득했다: "황소 한 마리의 가죽으로 둘러 쌀" 만큼만 토지를 팔아 주세요. 그러고는 영리한 디도는 황소 가죽을 가느다랗게 띠로 잘라 이어서 그것으로 넓은 땅을 둘러쌌다. 그녀는 오늘날 튀니스 만 바로 근처에 요새를 짓고 카르타고를 세웠다.

여기서 바로 나오는 질문은: 황소 한 마리 가죽으로 토지를 얼마나 둘러쌀 수 있겠는가? 현대 수학 용어를 사용하여 문제를 다음과 같이 생각해 보자.

문제 4.22 주어진 길이의 닫힌 평면 곡선 중에서 가장 큰 넓이를 둘러싸는 곡선을 구하여라.

이 문제가 **디도의 문제**, 또는 **고전적 등주문제**로 알려져 있다[8]. 오늘날에는 구하는 곡선이 원이라는 것을 알고 있는데, 사학자들은 문헌에서 이 문제가 극값 문제에 관한 처음 논의라고 생각한다[9]. 디도의 문제에 관한 문헌은 방대하다; 역사적 참고 문헌으로는 독일의 기하학자 블라슈커의 저서 『Kreis und Kugel』(원과 구, 라이프찌히 1916)이 있다. 가장 기발한 증명은 위대한 독일-스위스의 기하학자 슈타이너의 것이다. 슈타이너는 그렇지만 최댓값이 실제로 존재한다는 증명에는 실패했다. 그는 등주문제의 해결 곡선이 존재한다고 가정했다. 엄밀한 증명은 나중에 바이에르슈트라스가 했다[10]. 아래에 티코미로프의 저서에 나오는 슈타이너의 증명을 제시한다[176]. 등주

8) 둘레 길이가 같은 도형을 등주도형이라고 한다.

9) S.Hildebrandt, Variationsrechung heute, Rheinisch-Westfälische Academie der Wissenschaften, 1986.

10) W. Blaschke, Kreis und Kugel, Leibzig 1916, pp.1-42.

문제에 대한 슈타이너의 해는 세 개의 보조정리에서 나온다(보조정리 (I), (II), (III)).

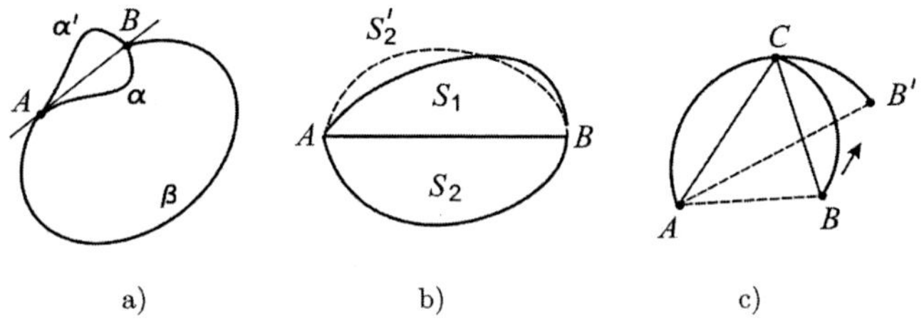

[그림 4.26] 디도의 문제에 대한 슈타이너의 풀이

(I) 최대 곡선은 볼록하다.[11]

증명 구하는 곡선이 볼록하지 않다고 가정하면, 두 점 A와 B를 연결하는 호 $A\alpha B$와 $A\beta B$를 모두 A와 B를 지나는 직선의 같은 쪽에 두는 두 점이 곡선에 있게 된다[그림 4.26(a)]. 두 호중 하나, 가령 $A\alpha B$를 AB에 대하여 반사한 이미지 $A\alpha' B$와 바꾸면 길이가 같으면서 $A\alpha B\beta A$보다 더 큰 넓이를 둘러싸는 새로운 곡선 $A\alpha' B\beta A$를 얻는다.

(II) 점 A와 B가 최대 곡선의 둘레 길이를 절반으로 나눈다면, 현 AB는 곡선이 이루는 넓이를 이등분한다.

증명 현 $\overline{AB}$가 넓이가 같지 않은 두 부분 S_1, S_2, 넓이S_1 < 넓이S_2, 로 나눈다고 하자. 그러면 넓이가 작은 부분 S_1 대신 S_2를 선분 AB에 대하여 반사하여 얻은 이미지 S'_2을(이것의 곡선 길이는

11) 영역 U의 내부에 있는 임의의 두 점 (P, Q)에 대하여 두 점을 연결하는 선분 $\overline{PQ}$가 U의 내부에 있으면 영역U가 볼록하다고 말한다.

S_1과 같다) S_2에 더한다. 이렇게 하면 길이가 같고 넓이가 더 큰 도형을 얻게 될 것이다[그림 4.26(b)].

(III) 점 A와 B가 최대 곡선을 반으로 나눈다고 하자. 만일 C가 곡선 위의 점이면 $\angle ACB$는 직각이다.

증명 $\angle ACB$가 직각이 안 되는 점 C가 있다고 하자. 호 ACB와 선분 AB로 이루어지는 넓이 S_{ABC}는, 삼각형 ABC와 넓이가 각각 S_{AC}, S_{BC}인 변 AC, CB에 접하는 부분의 세 부분으로 나누어진다[그림 4.26(c)].

이제 S_{CB} 부분을 C를 중심으로 ACB'이 직각이 되도록 [그림 4.26(c)]와 같이 점 B가 B'에 이를 때까지 회전한다.

$$
\begin{aligned}
S_{ABC} &= S_{AC} + S_{CB} + S_{\triangle ABC} \\
&\le S_{AC} + S_{CB} + \frac{1}{2}|AC||BC| \\
&= S_{AC} + S_{CB} + S_{\triangle AB'C}
\end{aligned}
$$

이므로, $\angle ACB$가 직각일 때($\sin C = 1$) S_{ABC}의 넓이가 최대가 되는 것을 알 수 있다. 곡선 ACB'을 현 AB'에 반사하여 얻은 도형은 둘레 길이는 같아도 넓이가 처음 도형보다 넓으므로 증명되었다.

최대 곡선의 길이를 절반으로 나누는 현을 바라보는 각이 직각인 점들로 이루어진 도형이 최대 도형임을 알았다. 이것은 잘 알려진 원의 성질이다: 원의 지름에 대한 원주각은 항상 $90°$이고, 이것은 구하는 곡선이 원임을 의미한다.

• 평면으로 공간 나누기

다음 문제와 그 외 다른 문제들, 일부는 이 책에도 있는 문제들인데, 진지한 수학과 레크리에이션 수학의 중간에 위치한다. 이것은 별난 일이 아니다; 수학적 과제나 게임에 대한 연구가 수학의 새로운 분야를 발전시키거나 중요한 수학적 결과의 발견으로 이끌게 된다는 것을 이미 강조했었다. 한편 어떤 레크리에이션 문제의 풀이에는 매우 강력한 수학적 도구가 필요하다. 유명한 기하학자 슈타이너는 쌍대특성을 갖는 그러한 문제들을 연구 했다. 다음 문제는 1826년에 슈타이너가 처음 풀었다[12].

문제 4.23 n개의 평면은 공간을 최대 몇 개 부분으로 나눌까?

아마도 이 문제에서는 조합론의 맛을 더 느끼겠지만, 슈타이너가 위대한 기하학자이기에 기하 문제에 포함했다[13]. 이게 충분한 이유가 될까?

이 문제를 풀 때 잘 알려진 공식

$$1+2+\cdots+n=\frac{n(n+1)}{2},$$

$$1^2+2^2+\cdots+n^2=\frac{n(n+1)(2n+1)}{6}$$

을 사용할 것이다.

원하는 최댓값을 구하기 위하여, 먼저 아래 제시하는 같은 형식의 평면 문제를 해결하자:

---

12) Journal für die reine und angewandte Mathematik 1 (1826), 349-364.

13) 그가 조합론적 디자인에도 크게 공헌하였지만, 슈타이너의 삼중 체계를 상기하라.

n개의 직선은 평면을 최대 몇 개 부분으로 나눌까?

부분들의 최대 개수를 구할 때 (i) 평행인 직선들과 (ii) 세 개 이상의 직선이 한 점을 지나는 경우를 제외하는 것은 명백하다. 다음부터는 이 두 조건이 만족된다고 가정한다.

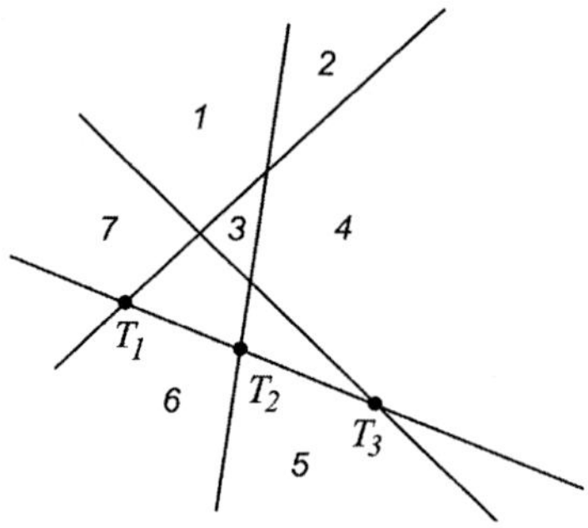

[그림 4.27] 직선으로 평면 나누기

평면에서 n개의 직선이 만드는 부분의 수를 P_n이라고 하자. 특별한 경우인 (i)과 (ii)는 제외한다는 것을 염두에 두고, 직선을 하나 더 하면 이 직선은 앞의 n개의 직선에 의하여 n개의 점, 말하자면 T_1, T_2, $\cdots$, T_n에서 절단된다. 선분 T_1T_2, T_2T_3, $\cdots$, $T_{n-1}T_n$ (모두 $n-1$개)과 끝점이 T_1과 T_n인 두 반직선은 평면의 서로 다른 부분에 속하고 그 수는 $n+1$이다. 이렇게 가로질러진 부분은 각기 두 부분으로 나누어지므로 $(n+1)$번째 직선은 부분의 수를 $n+1$ 증가시킨다($n=3$인 경우 [그림 4.27]). 따라서

$$P_{n+1}=P_n+n+1$$

을 얻는다. 그러면

$$\sum_{k=0}^{n-1}(P_{k+1}-P_k)=1+2+\cdots+n,$$

$$P_n-P_0=1+2+\cdots+n$$

이다. $P_0=1$이고 $1+2+\cdots+n=n(n-1)/2$이므로 결국

$$P_n=1+\frac{n(n+1)}{2}=\frac{n^2+n+2}{2} \tag{4.6}$$

이다.

원래 제기했던 공간 문제로 돌아가자. 부분 공간의 최대 개수를 구할 때 (i) 세 개 이상의 평면의 교선이 평행한 경우와, (ii) 네 개 이상의 평면이 한 점에서 만나는 경우를 제외한다.

n개의 평면으로 얻어지는 부분 공간의 최대 개수를 S_n이라고 하자. 새로이 평면을 한 개 더하면 그 평면은 먼저 있었던 n개의 평면에 의하여 (i)과 (ii)의 조건에서 n개의 직선으로 잘린다. 그러므로 새로운 $(n+1)$번째 평면은 n개의 직선에 의하여 P_n개의 평면 조각으로 나누어진다. 이 조각들은 각기 가로지르는 부분 공간을 두 개의 더 작은 공간으로 자르게 되는데, 이것은 추가된 $(n+1)$번째 평면이 부분 공간의 수를 P_n개 증가시키는 것을 의미한다. 이와 같이 생각하면 다음 관계를 얻는다.

$$S_{n+1}=S_n+P_n \tag{4.7}$$

(4.7)에 의하여

$$\sum_{k=1}^{n-1}(s_{k+1}-s_k)=S_n-S_1=P_1+P_2+\cdots+P_{n+1}$$

$S_1=S_0+P_0=1+1=2$이므로,

$$S_n=2+P_1+P_2+\cdots+P_{n-1} \tag{4.8}$$

이다. (4.6)과 앞에서 주어진 자연수의 합과 제곱수의 합의 공식을 사

용하면

$$\sum_{k=1}^{n-1} P_k = \frac{1}{2}\sum_{k=1}^{n-1}(k^2+k+2) = n-1+\frac{1}{2}\left(\sum_{k=1}^{n-1}k^2+\sum_{k=1}^{n-1}k\right)$$

$$= n-1+\frac{1}{2}\left(\frac{n(n-1)(2n-1)}{6}+\frac{(n-1)n}{2}\right)$$

$$= \frac{n^3+5n-6}{6}$$

이 결과를 이용하여 (4.8)로부터 n개의 평면으로 공간을 나누어 얻어지는 부분의 최대 개수는

$$S_n = \frac{n^3+5n+6}{6}$$

이다.

흥미로운 사실은 P_n과 S_n을 파스칼의 삼각형에 있는 수로 나타낼 수 있다는 것이다. P_n은 n번째 행의 처음 세 숫자의 합과 같고(아래 왼쪽 그림, $P_5 = 16$) S_n은 n번째 행의 처음 네 숫자의 합과 같다(아래 오른쪽 그림, $S_5 = 26$).

```
            1                                1
          1   1                            1   1
        1   2   1                        1   2   1
      1   3   3   1                    1   3   3   1
    1   4   6   4   1                1   4   6   4   1
  1   5  10 | 10  5   1            1   5  10  10 |  5   1
1   6  15  20  15   6   1        1   6  15  20  15   6   1
           Pn                               Sn
```

P_n　　　　S_n

문제 4.24를 푸는 첫 단계는 평면을 n개의 직선으로 나눌 때 얻어지는 부분의 최대 개수를 결정하는 것이었다. 이때 이 부분들 중 일부

는 무한한 것이고, 일부는 유계인 것이다. 이로부터 다음 문제가 자연스럽게 제기 된다:

문제 4.24* 평면은 n개의 직선에 의하여 (무한이거나 유계인) 부분들로 나누어진다. 유계인 부분(영역)들의 가능한 최대 개수를 결정하여라.

• 정사각형에서 도로 체계

많은 책에서 찾아볼 수 있는 다음 문제도 슈타이너가 제기하였다.

문제 4.25 정사각형의 꼭짓점에 위치한 네 마을이 도로 체계의 총 길이가 최소가 되도록 연결하는 도로망을 구하여라.

풀이 변의 길이가 2인 정사각형의 꼭짓점을 V_1, V_2, V_3, V_4라고 하고, AB와 CD를 수직 이등분선이라고 하자[그림 4.28]. 도로 체계는 굵은 선 EV_1, EV_2, EF, EV_3, EV_4로 이루어지고, 각 θ는 이 도로 체계가 최소의 길이를 갖도록 결정해야할 각이다. 삼각부등식을 이용하면 [그림 4.28]에서 보는 바와 같이 대칭인 도로망이 대칭이 아닌 도로망보다 전체 길이가 더 짧다는 것을 알 수 있다. 다른 배열에 대해서는 뒤에 논의하게 된다.

[그림 4.28]에서 보면, 구하는 도로망의 길이는 $S=2(2x+z)$이다.

$$y=\tan\theta,\ x=\frac{1}{\cos\theta},\ z=1-y=1-\tan\theta,\ \theta\in[0,\pi/4]$$

이므로,

$$S(\theta)=2\left(1-\tan\theta+\frac{2}{\cos\theta}\right)=2+2f(\theta),$$

어기서 $f(\theta)=\dfrac{2}{\cos\theta}-\tan\theta$

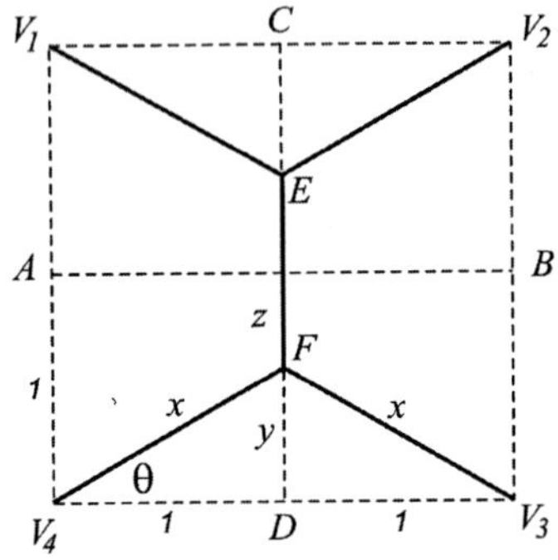

[그림 4.28] 최소 도로 체계

$f(\theta)=(2-\sin\theta)/\cos\theta>0,\ \theta\in[0,\pi/4]$, 이므로 , 최솟값 $S(\theta)$를 구하려면 구간 $[0,\pi/4]$에서 함수 $f(\theta)$의 최솟값을 결정하면 된다. 이 문제는 미적분으로 쉽게 해결할 수 있지만, 많은 독자에게 익숙한 방법으로 증명해 보자.

먼저 다음 부등식을 증명한다.

$$f(\theta)=\frac{2}{\cos\theta}-\tan\theta\geq\sqrt{3},\quad \theta\in[0,\ \pi/4] \tag{4.9}$$

(4.9)가 성립한다고 가정하자. $\cos\theta>0$이기 때문에, 부등식 (4.9)는

$$\sin\theta+\sqrt{3}\cos\theta\leq 2 \tag{4.10}$$

로 쓸 수 있다. 잘 알려진 공식

$$\sin\theta=\sqrt{\frac{1-\cos 2\theta}{2}}=\sqrt{\frac{1-t}{2}},$$

$$\cos\theta=\sqrt{\frac{1+\cos 2\theta}{2}}=\sqrt{\frac{1+t}{2}}$$

여기서 $t=\cos 2\theta\in[0,1]$,을 이용하면, (4.10)으로부터

$$\sqrt{\frac{1-t}{2}}+\sqrt{3}\sqrt{\frac{1+t}{2}}\leq 2$$

를 얻는다. 그러므로, 제곱하여 정리하면,

$$t+\sqrt{3}\sqrt{1-t^2} \le 2 \text{ 또는 } \sqrt{3}\sqrt{1-t^2} \le 2-t$$

를 얻는다.

한 번 더 제곱하면

$$1-4t+4t^2=(1-2t)^2 \ge 0.$$

따라서 부등식 (4.10)이 증명되었다. 마지막 식으로부터 $t=\cos 2\theta = 1/2$, 곧 $2\theta = 60°$ 일 때 $f(\theta)$가 최솟값임을 알 수 있다. 그러므로 구하는 각 θ는 $30°$ 다.

최소 도로망의 길이는

$$S(30°)=2+2f(30°)=2+2\sqrt{3}\approx 5.4641.$$

비교하기 위해, 정사각형의 두 대각선($\theta=45°$ 인 경우) 길이를 구해 보면 $2\sqrt{8}\approx 5.6568$ 이다.

데카르트(1596–1650)(→ 364쪽)

소디(1877–1956)(→ 372쪽)

세키 코와 Seki Kowa (1642–1708)(→ 366쪽)

콕세터(1907–2003)(→ 375쪽)

과학자들은 흔히 동일한 문제를 동시에 그러나 독립적으로 연구한다. 연구자들이 전혀 다른 시기에 동일한 문제에 관심을 쏟는 일은 흔치 않다. 프랑스의 철학자이자 군인이며 수학자인 데카르트René Descartes, 일본의 수학자이자 유물론자이며 사무라이인 세키 코와, 영국의 물리학자이자 노벨상 수상 화학자인 소디Frederick Soddy, 그리고 토론토 대학교 교수로 오래도록 장수한 유명한 기하학자(언제나 도널드로 알려진)콕세터Harold Scott MacDonald Coxeter 다같이 그들의 생애 한 순간 "입맞추는"(접하는) 원의 문제를 연구하였다.

• **입 맞추는 원**

한 평면에 있는 네 원이 모두 다른 점에서 서로 접한다. 가능한 경우가 두 가지 있다. 세 원이 작은 한 원을 둘러싸거나[그림 4.29(a)] 한 큰 원이 작은 세 원을 내부에 품고 있는 경우다[그림 4.29(b)]. 그러면 다음 문제가 제기된다.

문제 4.26 세 원의 반지름을 알 때, 네 번째 접하는 원의 반지름을 구하는 접하는 네 원의 반지름으로 이루어진 식을 구하여라.

소디는 반지름에 대한 간단한 공식을 유도하고 특이하게 그의 시 〈정확한 입맞춤〉에 스탠자로 표현하여 〈네이처〉에 출판했다(137권, 1936년 6월 20일, 1021쪽). "입 맞추는" 네 원의 반지름의 역수를 a, b, c, d라고 한다. 만일 원이 바깥쪽으로 접하면([그림 4.29(a)]에서는 모든 원) 양수, 안쪽에서 접하면([그림 4.29(b)]에서 원4) 음수로 생각한다. 그러면 소디의 공식은

$$2(a^2+b^2+c^2+d^2)=(a+b+c+d)^2$$

이다.

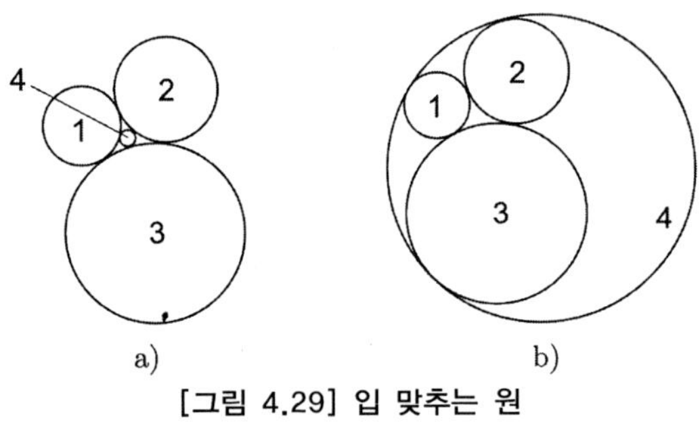

[그림 4.29] 입 맞추는 원

원의 반지름의 역수를 관례적으로 그 원의 '곡률'이라고 한다. 소디는 시의 중간 구절에서 이 양을 구부림이라고 분명히 말하고 있다.

네 원이 입 맞추러 오네.
작은 것은 구부리는 자.
구부림은 바로
중심으로부터 거리의 역수라네.
그들의 음모는 유클리드 입을 막았지만
이제 주먹구구는 필요 없게 되었네.
영의 구부림은 죽은 직선이기에
그리고 오목한 구부림은 음의 부호,
네 구부림 제곱 모두의 합은
그들 합의 제곱의 절반이지.

그러나, 위의 공식이 출판된 뒤에, 데카르트가 이미 이 공식을 알고 있었다는 것이 발견되었다. 이런 이유로, 위의 공식은 종종 데카르트-소디 공식이라고 부른다.

이제 간략하게 데카르트-소디 공식의 유도 과정을 알아보자. 자세한 것은 콕세터의 저서를 보라[43, pp.13-15].

K_a, K_b, K_c를 중심이 각각 A, B, C인 서로 접하는 세 원이라고 하자. 세 변 a, b, c와 세 각 α, β, γ로 된 삼각형 $\triangle ABC$를 생각한다[그림 4.30]. $\triangle ABC$의 둘레 길이의 절반을 $s=(a+b+c)/2$라고 하면 $s-a$, $s-b$, $s-c$는 각각 세 원 K_a, K_b, K_c의 반지름인 것을 쉽게 알 수 있다.

[그림 4.30]에서 세 원 K_a, K_b, K_c 모두 접하는 원을 두 개 그릴 수 있음을 알 수 있다: 안쪽에 작은 원 K와 바깥쪽에 큰 원 K'. 이 두 원의 중심을 S, S', 반지름을 r, r'이라고 하자. 그러면

$$|SA|=r+s-a,\ |SB|=r+s-b,\ |SC|=r+s-c$$

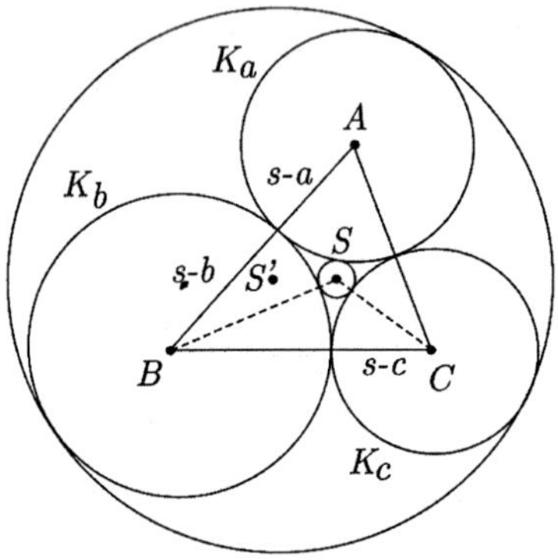

[그림 4.30] 입 맞추는 원에 대한 콕세터의 풀이

작은 원 K의 중심 S에서 세 삼각형 $\triangle SBC$, $\triangle SCA$, $\triangle SAB$의 각을 ϕ_a, ϕ_b, ϕ_c라고 하자. $\triangle SBC$에 코사인 정리를 적용하면,

$$|BC|^2 = |SB|^2 + |SC|^2 - 2|SB| \cdot |SC| \cos\phi_a$$

이고, 이를 다시 정리하면

$$\cos^2\frac{\phi_a}{2} = \frac{1+\cos\phi_a}{2} = \frac{(r+a)r}{(r+s-b)(r+s-c)} \tag{4.11}$$

이므로,

$$\sin^2\frac{\phi_a}{2} = 1 - \cos^2\frac{\phi_a}{2} = \frac{(s-b)(s-c)}{(r+s-b)(r+s-c)} \tag{4.11$'$}$$

이다. 각 ϕ_b와 ϕ_c에 대해서도 같은 방법으로 하면

$$\cos^2\frac{\phi_b}{2} = \frac{(r+b)r}{(r+s-a)(r+s-c)}, \tag{4.12}$$

$$\sin^2\frac{\phi_b}{2} = \frac{(s-a)(s-c)}{(r+s-a)(r+s-c)} \tag{4.12$'$}$$

이고,

$$\cos^2\frac{\phi_c}{2} = \frac{(r+c)r}{(r+s-a)(r+s-b)}, \tag{4.13}$$

$$\sin^2\frac{\phi_c}{2}=\frac{(s-a)(s-b)}{(r+s-a)(r+s-b)}. \qquad (4.13')$$

세 각이 α, β, γ인 삼각형에 대하여 사인 정리와 코사인 정리를 함께 적용하여 다음 등식을 얻는다.

$$\sin^2\alpha-\sin^2\beta-\sin^2\gamma+2\sin\beta\sin\gamma\cos\alpha=0. \qquad (4.14)$$

이 관계식은 세 각의 합이 180° 이면 항상 성립한다. 세 각 $\frac{1}{2}\phi_a$, $\frac{1}{2}\phi_b$, $\frac{1}{2}\phi_c$은 이 조건을 만족하므로, (4.14)로부터

$$\sin^2\frac{\phi_a}{2}-\sin^2\frac{\phi_b}{2}-\sin^2\frac{\phi_c}{2}+2\sin\frac{\phi_b}{2}\sin\frac{\phi_c}{2}\cos\frac{\phi_a}{2}=0. \qquad (4.15)$$

식을 간단히 나타내기 위해

$$f_a=(r+s-b)(r+s-c),$$
$$f_b=(r+s-a)(r+s-c),$$
$$f_c=(r+s-a)(r+s-b)$$

라고 하자. (4.11), (4.11'), (4.12), (4.12'), (4.13) 그리고 (4.13')을 이용하면, (4.15)로부터

$$\frac{(s-b)(s-c)}{f_a}-\frac{(s-c)(s-a)}{f_b}-\frac{(s-a)(s-b)}{f_c}$$
$$+2\sqrt{\frac{(s-c)(s-a)}{f_b}\cdot\frac{(s-a)(s-b)}{f_c}\cdot\frac{r(r+a)}{f_a}}=0.$$

그러므로

$$\frac{r+s-a}{s-a}-\frac{r+s-b}{s-b}-\frac{r+s-c}{s-c}+2\sqrt{\frac{r(r+s-b+s-c)}{(s-b)(S-c)}}=0.$$

r로 나눈 다음,

$$\sigma_1=\frac{1}{s-a},\quad \sigma_2=\frac{1}{s-b},\ \sigma_3=\frac{1}{s-c},\ \sigma_4=\frac{1}{r}$$

라고 놓으면 다음 관계식을 얻게 된다.

$$\sigma_1 - \sigma_2 - \sigma_3 - \sigma_4 = 2\sqrt{\sigma_2\sigma_3 + \sigma_3\sigma_4 + \sigma_4\sigma_2} = 0.$$

제곱하면

$$\begin{aligned}(\sigma_1 - \sigma_2 - \sigma_3 - \sigma_4)^2 &= (2\sigma_1 - (\sigma_1 + \sigma_2 + \sigma_3 + \sigma_4))^2 \\ &= 4(\sigma_2\sigma_3 + \sigma_3\sigma_4 + \sigma_4\sigma_2)\end{aligned}$$

이므로, 여기에 기본적인 조작을 하여

$$2(\sigma_1^2 + \sigma_2^2 + \sigma_3^2 + \sigma_4^2) = (\sigma_1 + \sigma_2 + \sigma_3 + \sigma_4)^2 \tag{4.16}$$

을 얻는다.

반지름의 역수인 σ_1, σ_2, σ_3, σ_4를 **곡률**이라고 한다. σ_4(K 또는 K'의 곡률)에 관한 이차방정식 (4.16)을 풀면 두 근

$$\sigma_1 + \sigma_2 + \sigma_3 \pm 2\sqrt{\sigma_2\sigma_3 + \sigma_3\sigma_1 + \sigma_1\sigma_2}$$

을 얻는다. 위의 부호는 큰 곡률, 즉 작은 원이다. 그러므로 K와 K'의 반지름은

$$r = \left(\sigma_1 + \sigma_2 + \sigma_3 + 2\sqrt{\sigma_2\sigma_3 + \sigma_3\sigma_1 + \sigma_1\sigma_2}\right)^{-1},$$

$$r' = \left(\sigma_1 + \sigma_2 + \sigma_3 - 2\sqrt{\sigma_2\sigma_3 + \sigma_3\sigma_1 + \sigma_1\sigma_2}\right)^{-1}.$$

데카르트가 사망한 지 30년쯤 지난 1670년에 지구의 반대편에서 일본의 수학자 사와구치 카주유키가 『코곤 삼포기』(수학의 신구 방법)이란 책을 썼다. 카주유키는 접하는 네 원이 포함된 문제를 제시했다([167, 1권, 439쪽], [168]을 보라).

문제 4.27 세 원이 한 원 내부에서 접하고 있는데, 각기 다른 두 원과 원래 원에 접하고 있다[그림 4.31]. 세 원은 외접하는 원 넓이에서 120을 뺀 부분을 덮고 있다. 작은 두 원의 지름은 서로 같고 그 다음으로 큰 원보다는 5가 작다. 내접하는 세 원의 지름을 구하여라.

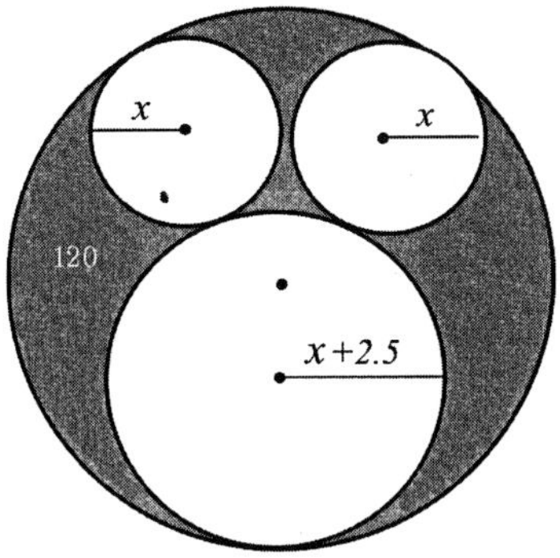

[그림 4.31] 카주유키의 입 맞추는 원 문제

스미스와 미카미[168]에 의하면, 17세기 일본에서 가장 뛰어난 수학자인 세키 코와가 이 문제를 풀었다. 세키 코와는 그의 해법을 말로만 나타내고 6차 방정식까지 도달했다[168, 96-97쪽]. 세키 코와가 데카르트-소디 공식을 알고 있었을까? 카주유키의 풀이를 분석하면 이 질문에 대한 답을 일부분 얻을 지도 모른다.

가장 작은 두 원의 반지름을 $x(=r_1=r_2)$라고 하고 가장 큰 원의 반지름을 $y(=r_4)$라고 하자. 그러면 남은 원의 반지름은 $r_3=x+2.5$이다. 덮고 있는 넓이를 이용하여 방정식을 세우면

$$2x^2+(x+2.5)^2=y^2-\frac{120}{\pi}. \qquad (4.17)$$

여기서 결정적인 문제가 제기 된다. (4.17)에서 두 변수 중 하나를 어떻게 소거할까? 세키 코와는 소거하는데 필요한 보조 관계식을 가졌어야만 한다. 그의 제자 타카베[168, 96-100쪽]가 제시한 세키 코와의 풀이를 재구성 해보고 탁월한 수학사가 스미스와 미카미가 분석한 것을 고려할 때 필요한 관계식이 데카르트-소디 공식이어야 한다. 1796년 도쿄 현에서 공식을 새긴 나무 탁자가 발견되어 이를 입증하였다.

프레데릭 소디는 그의 시 〈정확한 입맞춤〉에서 입 맞추는 원의 공

식을 입 맞추는 5개 구로 확장하였다.

$$3(a^2+b^2+c^2+d^2+e^2)=(a+b+c+d+e)^2 \tag{4.18}$$

여기서 a, b, c, d, e는 5개 구의 반지름의 역수로 대응하는 부호를 갖는다. 독자께선 n-구($n>3$)에 편치 않으신지? "미션 임파서블?" 가장 놀라운 것은 이런 일반적인 경우에 대하여 아름다운 공식이 있다는 것이다. 캠브리지 대학교의 토롤드 고셋은 n-공간 위로 더 일반화하여 〈네이처〉지(139권, 1937년 1월)에 출판하였다. 고셋은 n-차원 구의 경우 최대한 $n+2$개의 구가 서로 접할 때 다음 일반화된 공식을 만족한다는 것을 증명하였다.

$$n\left(\frac{1}{r_1^2}+\frac{1}{r_2^2}+\cdots+\frac{1}{r_{n+2}^2}\right)=\left(\frac{1}{r_1}+\frac{1}{r_2}+\cdots+\frac{1}{r_{n+2}}\right)^2.$$

마지막 공식은 기하학의 하늘에 빛나는 별과 같다. 그만 하자. 공식이 주어졌으니, 부지런한 독자는 기꺼이 간단한 다음 문제를 풀어볼 것이다.

문제 4.28* 네 개의 단위 구가 "둥글게" 배열하여 다섯 번째 구가 들어갈 공간을 남긴 채 접하고 있다. 그 구의 반지름을 구하여라.

폴리아(1887–1985) (→ 372쪽)

폴리아George Polya는 수학에 관한 저술이 양도 많을 뿐 아니라, 여러 분야에 걸친 다재다능한 수학자였다. 수학의 여러 분야를 연구하면서 수학교육도 했다: 그의 인기 있는 저서인 『어떻게 풀까』, 『수학적 발견』(2권), 그리고 『수학과 유추』(2권)에는 유용성이 높고, 흥미로운 예들이 많이 있다. 『수학과 유추』에 있는 문제 하나를 보자[141, 2권].

- **넓이를 이등분하는 최단선**

문제 4.29 주어진 넓이를 이등분하는 단순 곡선을 이등분선이라고 하자. 원의 이등분선은 지름이고, 정사각형의 최단 이등분선은 중심을 지나는 수평선이다. 정삼각형의 최단 이등분선은 무엇일까?

아마추어 수학자건 전문 수학자건 밑면에 평행한 선분이 각의 이등분선보다 짧기 때문에 답이라고 하는 경우가 많은데, 옳은 답이 아니다. 정답을 구하기 위해, 고전적인 등주 문제를 생각해 보자.

> 주어진 길이를 갖는 모든 평면 닫힌곡선 가운데 원의 넓이가 가장 넓다.

실제로 이것은 이 책 116-118쪽에 있는 디도의 문제에 대한 슈타이너의 풀이다.

다시 폴리아의 문제로 돌아오자. 주어진 정삼각형 Δ 의 이등분선을 ω 라고 하고, 주어진 정삼각형 Δ 을 5번 반사시켜 [그림 4.32]와 같이 정육각형을 만든다. 이 때, 뒤에 이어지는 이등분선은 앞의 이등분선이 끝나는 곳에서 시작하도록 한다.

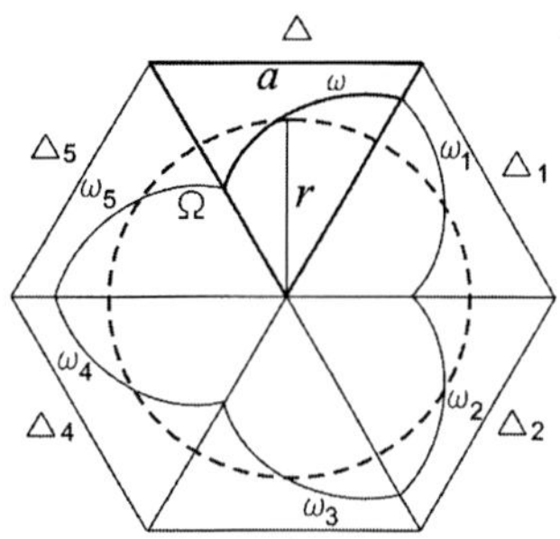

[그림 4.32] 넓이를 이등분하는 최단선

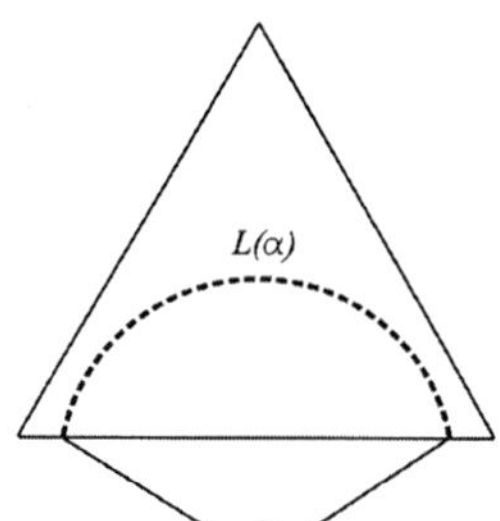

[그림 4.33] 한 변 위의 호

ω를 반사한 것을 ω_1, $\cdots$, ω_5라고 하면, 새로운 곡선 $\Omega = \omega \cup \omega_1 \cup \cdots \cup \omega_5$는 닫힌곡선이고 정육각형의 이등분선의 한 후보다. 이등분선 ω는 곡선 Ω가 정육각형의 넓이를 이등분하는 모양이어야 하므로 ω를 구하기 위해서는 둘레 길이가 가장 짧은 Ω의 형태를 찾아야 한다.

앞에서 구한 등주 문제의 풀이에 의하면, 주어진 넓이를 갖는 모든 도형 가운데 원이 둘레 길이가 가장 짧다. 그러므로 닫힌곡선 Ω는 점선으로 표시한 원이고, 결과적으로 정삼각형의 최단 이등분선은 원의 60° 호이다. 정삼각형의 한 변을 a이라고 하면, $r^2\pi/6 = a^2\sqrt{3}/8$이므로 원의 반지름은

$$r = a\sqrt{\frac{3\sqrt{3}}{4\pi}} \approx 0.643a$$

이다.

마지막으로, 정삼각형을 이등분하고 끝점이 정삼각형의 한 변 위에 있는 호의 길이를 구해 보자[그림 4.33]. 물론 앞에서 말한 이유로 원호와 모양이 다른 곡선은 언제나 더 길다. $a = 1$로 잡고, [그림 4.34]에 중심각이 $\alpha \in (0, \pi)$인 원호의 길이 $L(\alpha)$ 관계를 나타내었다. 직선 $L = 0.6833$은 [그림 4.32]에서 주어진 최단 이등분선의 길이로 비교를 위한 것이다.

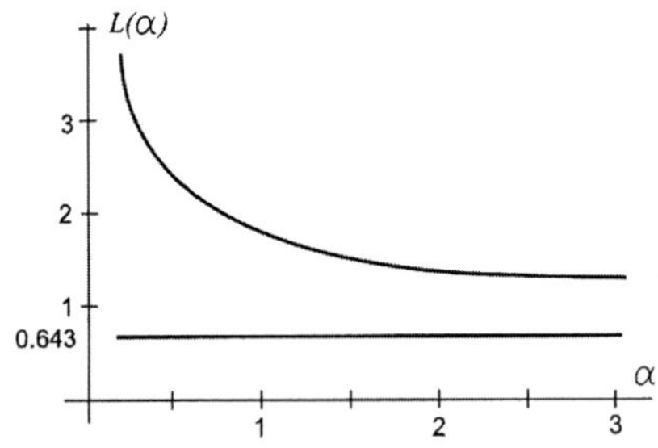

[그림 4.34] 중심각에 대한 원호의 길이

4.2 피타고라스 정리만 사용해도 증명된다. 지름이 AB, AC, CB인 반원을 각각 O, O_1, O_2라고 하고,

$$\frac{|AB|}{2}=r,\ \frac{|AC|}{2}=r_1,\quad \frac{|CB|}{2}=r_2,\ r=r_1+r_2$$

라고 하자. 중심 O와 G_1을 지나는 가장 큰 반원의 반지름을 OF라고 하고 선분 O_1G_1과 OG_1을 그린다. 마지막으로 [그림 4.35]와 같이 G_1에서 두 선분 CD와 AB에서 H까지 수직선을 긋는다. 중심이 G_1과 G_2인 두 원의 반지름을 ρ_1, ρ_2라고 하면

$$|O_1G_1|=r_1+\rho_1,\quad |OG_1|=r-\rho_1=r_1+r_2-\rho_1,$$

$$|O_1H|=r_1-\rho_1,\quad |OG_1|=r-2r_2-\rho_1=r_1-r_2-\rho_1.$$

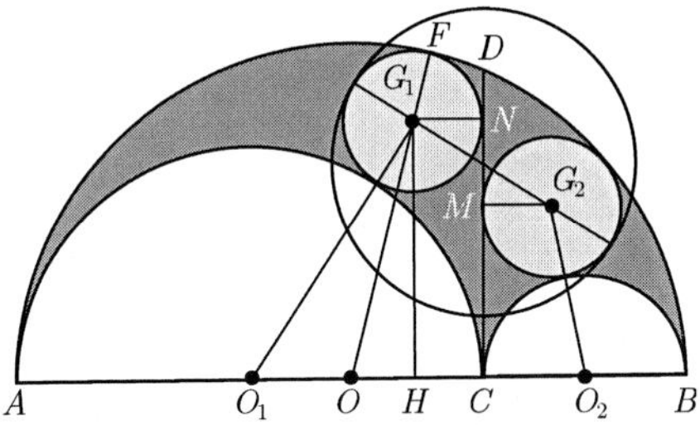

[그림 4.35]

직각삼각형 O_1G_1H와 OG_1H에 피타고라스 정리를 적용하면

$$|HG_1|^2=(r_1+P_1)^2-(R_1-P_1)^2,$$

$$|HG_1|^2=(r_1+r_2-\rho_1)^2-(r_1-r_2-\rho_{1_1})^2$$

이므로, 우변끼리 등식으로 놓고 정리하면

$$4r_1\rho_1=4(r_1-\rho_1)r_2$$

이므로

$$\rho_1 = \frac{r_1 r_2}{r_1 + r_2}.$$

중심이 G_2인 원에 같은 방법을 적용하면(첨자 1과 2를 바꾸기만 하면 된다), 같은 결과

$$\rho_2 = \frac{r_1 r_2}{r_1 + r_2} = \rho_1 \tag{4.19}$$

을 얻는다.

그러므로 아르키메데스의 쌍둥이 원의 반지름은 반지름 r_1과 r_2의 조화평균 절반과 같다.

4.3 문제 4.2의 풀이와 [그림 4.35]에서 썼던 기호를 그대로 사용하자. [그림 4.35]의 아르키메데스 쌍둥이는 반지름이 $\rho = \rho_1 = \rho_2 = r_1 r_2/(r_1 + r_2)$으로 같다((4.19)를 보라). 피타고라스 정리에 의하여

$$|MC| = \sqrt{|G_2 O_2|^2 - (r_2 - \rho)^2} = \sqrt{(r_2 + \rho)^2 - (r_2 - \rho)^2} = 2\sqrt{r_2 \rho}$$

를 구하고, 같은 방법으로 $|NC| = 2\sqrt{r_1 \rho}$를 얻는다. 그러므로

$$|NM|^2 = (|NC| - |MC|)^2 = 4\rho(\sqrt{r_1} - \sqrt{r_2})^2.$$

사변형 $G_1 N G_2 M$은 평행사변형이므로 (4.19)를 사용하면,

$$\begin{aligned}|G_1 G_2| &= 2\sqrt{(|NM|/2)^2 + \rho^2} = 2\sqrt{\rho(\sqrt{r_1} - \sqrt{r_2})^2 + \rho^2} \\ &= 2\sqrt{r_1 r_2 - 2\sqrt{r_1 r_2} + \rho^2} = 2(\sqrt{r_1 r_2} - \rho) \quad (\sqrt{r_1 r_2} > \rho).\end{aligned}$$

가장 작은 원이 두 쌍둥이 원과 접하므로, 지름 d는

$$\begin{aligned}d &= 2\rho + |G_1 G_2| = 2\rho + 2(\sqrt{r_1 r_2} - \rho) = 2\sqrt{r_1 r_2} \\ &= \sqrt{|AC| \cdot |CB|} = |CD|.\end{aligned}$$

4.5 이 문제는 문제 4.1과 같은 문제다. 실제로, [그림 4.36]과 같이 주어진 원들을 (길이 t인) 접선과 수직인 지름으로 이등분하면 $|CD| = t/2$인 [그림 4.1]이다. 그러므로 폴리아 도형의 넓이는

$$S = 2 \cdot \frac{\pi}{4}|CD|^2 = \frac{\pi}{2}\left(\frac{t}{2}\right)^2 = \frac{\pi t^2}{8}.$$

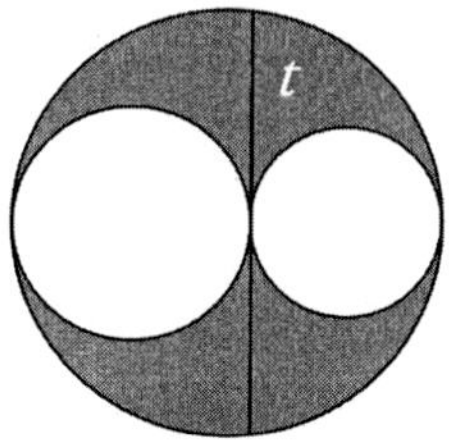

[그림 4.36] 폴리아의 아르벨로스 문제

폴리아의 문제 자체는 아르벨로스 문제와 별도로 생각하면, 처음 볼 때 넓이를 구하기에 주어진 조건이 충분하지 않은 것처럼 보이기 때문에 더 흥미롭다.

4.6 아래 증명은 티엔Tien의 논문을 따라 한 것이다[175]. 반원 K_3와 K_4의 반지름을 r이라고 하고 큰 반원 K의 반지름을 R이라고 하자. 원 K_1과 K_2의 반지름 $r_1 = d_1/2$와 $r_2 = d_2/2$는 고정된 r나 R과 달리 교환할 수 있다. 문제 풀이에 "거꾸로" 그리는 방법을 사용한다.

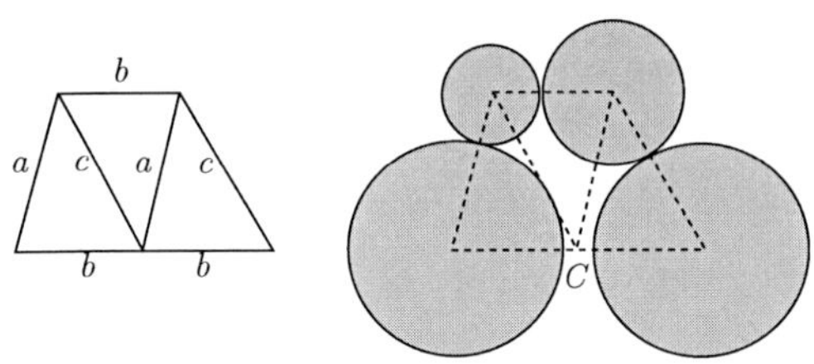

[그림 4.37]

[그림 4.37 (a)]와 같이 세 변이 $a = r + r_1$, $b = r_1 + r_2$, $c = r + r_2$인 합동인 세 삼각형으로 구성된 사변형을 작도한다. 사변형은 사다리꼴이다. 다음으로 공통인 중심 꼭짓점 C를 제외하고, 세 삼각형의 꼭짓점을 중심으로 하는 반지름이 r, r_1, r_2, 그리고 다시 r인 원을 그린다([그림 4.37 (b)]. 이 네 원이 서로 접하도록 반지름과 변을 택하였다(K_3와 K_4는 제외).

$$c + r_1 = r + r_2 + r_1, \quad a + r_2 = r + r_1 + r_2$$

이고

$$2R = 2r + 2b = 2r + d_1 + d_2$$

이므로, $c + r_1 = a + r_2 = R$이다. 이것은 원 K_1과 K_2가 중심 꼭짓점 C를 중심으로 큰 원 K와 접한다는 의미다. 그래서, 처음 시작했던 [그림 4.6]으로 돌아가자.

그러므로 $r + r_1 + r_2 = R$이면 원들이 접하는 설명했던 도형이 가능하다. [그림 4.6]의 도형에서 $r + r_1 + r_2 \neq R$이라고 가정하자. 예를 들어, $r + r'_1 + r_2 = R$를 만족하도록 r_1을 r'_1으로 바꾸자. 앞에서 살펴본 대로 이것은 반지름이 R인 원 안에 반지름이 r, $r'_1 (\neq r_1)$, r_2, 그리고 r인 원들이 접하는 새로운 도형이 있다는 의미다. 그러면 한 원만 제외하고(K_1) 모든 원이 동일한 두 개의 도형이 있게 된다. 그러나 그러한 상황은 거기에 들어맞는 "구멍"의 크기가 유일하게 결정되기 때문에 불가능하다. 이렇게 해서 $r + r_1 + r_2 = R$이고, 따라서 $d_1 + d_2 = 2R - 2r =$ 상수이므로, 증명되었다.

4.9 반직선 p_A와 p_B가 강둑을 나타내고 점 C가 오두막의 위치라고 하자. 반직선 p_A와 p_B에 대하여 C와 대칭인 점을 각각 C_A, C_B라고 하자([그림 4.38]). C_A와 C_B를 연결하고 직선 C_AC_B와 반직선 p_A, p_B의 교점을 각각 A_0, B_0라고 하자. 교점 A_0와 B_0는 모험가에게 최단 경

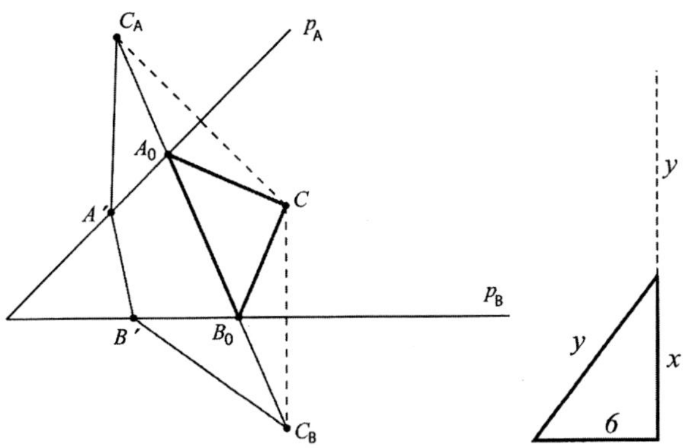

[그림 4.38] 최단 경로 [그림 4.39] 부러진 대나무

로인 강둑 위 지점을 결정해 준다. 실제로, A'와 B'이 p_A와 p_B 위의 임의의 점이면,

$$|CA'|+|A'B'|+|B'C|=|C_AA'|+|A'B'|+|B'C_B|$$

$$\geq |C_AA_0|+|A_0B_0|+|B_0C_B|=|C_AC_B|$$

이다. 바꿔 말해, 점 C_A와 C_B 사이의 가장 짧은 길은 직선이다.

4.11 부러진 대나무 조각의 길이를 x, y라고 하고, 연립방정식

$$x+y=18,\ y^2-x^2=36$$

을 풀면 (그림 4.39), $x=8$, $y=10$이다.

4.15 문제 4.14의 풀이에 나온 와파의 아이디어를 이 경우에도 유용하게 적용할 수 있다. 먼저, 큰 세 개 삼각형을 작은 삼각형 주위로 [그림 4.40]과 같이 배열한다. 꼭짓점을 점선으로 연결하여 더 큰 삼각형을 그린다. 이 삼각형 밖으로 나온 조각들은 경계선 내부 공간에 정확히 들어맞는다([186, 192쪽]을 보라).

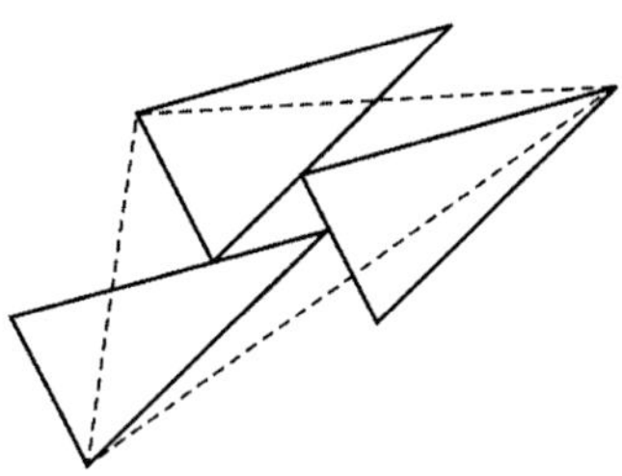

[그림 4.40] 네 삼각형의 분해

4.20 주어진 삼각형 $\triangle ABC$의 꼭짓점을 A, B, C라고 하자. 평면에서 점 A, B, C에 의하여 길이의 합 $|XA|+|XB|+|XC|$가 최소가 되도록 하는 점 X를 구해야 한다.

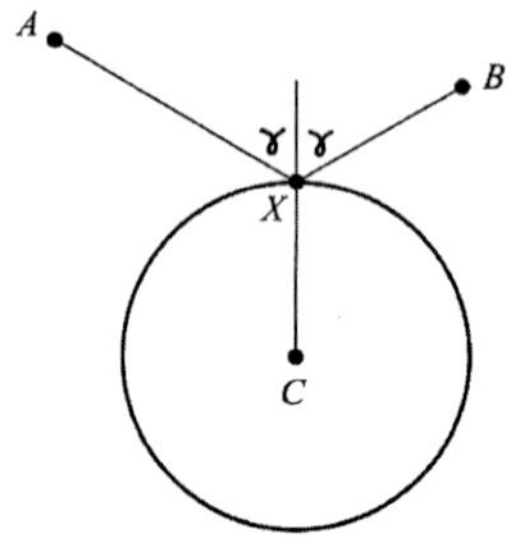

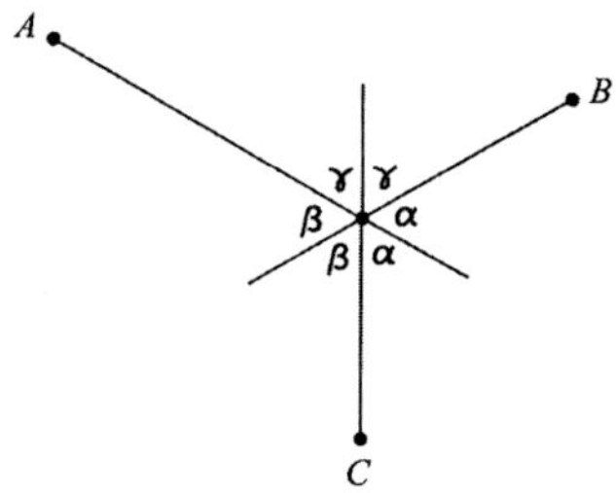

[그림 4.41]　　[그림 4.42]

잠시 거리 $|CX|=r$이 고정되었다고 가정하자. 그러면 문제 4.7에서 구체적으로 살펴본 헤론의 최소 원리를 적용할 수 있다. 즉, 거리 $|CX|$를 고정하고 합 $|AX|+|BX|$의 최솟값을 구하는데, 점 X는 직선 대신 (중심이 C이고 반지름이 r인) 원을 따라 움직인다[그림 4.41]. 이 문제에서 "둥근 거울"의 상을 가정해도 된다. 둥근 거울에서 반사되어 수신기 B로 향하는 광선의 광원을 A라고 하자. 입사각은 반사각과 같으므로, 최소 거리가 되려면 A와 X를 지나는 직선이 각 $\angle AXB$를 이등분해야 한다.

대칭성에 따라, B와 X를 지나는 직선과 A와 X를 지나는 직선은 각각 $\angle CXA$와 $\angle BXC$도 이등분해야 한다. 점 X와 점 A, B, C를 연결하는 세 직선은 공통 꼭짓점 X에서 6개의 각을 이룬다. [그림 4.42]에서 이 각들은 모두 서로 같고(대각은 같으므로), 한 각의 크기는 60°이다. 따라서 $\angle AXB=\angle BXC=\angle CXA=120^\circ$이고, 이것은 삼각형 ABC의 모든 변이 120°로 보인다는 의미로서 앞에서 얻은 결과와 같다. 토리첼리 점 X의 위치는 문제 4.7의 논의에 나와 있다.

4.24 유계인 부분의 가능한 최대 개수를 P^*_n이라고 하자. 문제 4.23의 풀이에서 m $(m \geq 3)$번째 직선은 앞에 있는 서로 다른 $m-1$개 직선과 교차하면서 부분을 m개 증가시키는데, 무한인 부분이 둘이고 유계인 부분이 $m-2$이다. 그러므로

$$P^*_3=1,\ P^*_4=P^*_3+(4-2),$$

$$P^*_5=P^*_4+(5-2),\quad \cdots,\quad P^*_n+P^*_{n-1}+(n-2)$$

이고, 이로부터

$$\sum_{m=3}^{n-1} = (P^*{}_{m+1} - P^*{}_{m}) = P^*{}_{n} - P^*{}_{3} = 2 + \cdots + (n-2).$$

$P^*{}_3 = 1$이므로

$$P^*{}_n = 1 + 2 + \cdots + (n-2) = \frac{(n-1)(n-2)}{2}.$$

4.28 다섯 번째 구의 곡률을 x라고 하자. 공식 (4.18)으로부터

$$3(1^2 + 1^2 + 1^2 + 1^2 + x^2) = (1+1+1+1+x)^2$$

이므로 이차방정식 $x^2 - 4x - 2 = 0$이 나온다.
이 방정식의 해 $x_1 = 2 + \sqrt{6} > 0$과 $x_2 = 2 - \sqrt{6} < 0$는 곡률이 된다. 작은 구를 구하므로 x_1을 택하면(구 다섯 개 모두 밖으로 접하므로 곡률은 모두 양수다), 구하는 반지름은 $r_1 = 1/x_1 = -1 + \sqrt{6}/2 \approx 0.2247$이다. 다른 값 $r_2 = |1/x_2| = |-1 - \sqrt{6}/2| \approx 2.2247$은 주어진 구 네 개를 둘러싸며 접하는 큰 구의 반지름이다.

제 5 장

타일링과 쌓기 문제

구 쌓기는 수학에서 가장 매력적이고 도전적인 주제 가운데 하나다.

Chuanming Zong

이 장에서는 평면과 (3-차원)공간 채우기 문제를 다룬다. 평면 도형이 겹치지 않고 빈틈도 없이 평면을 채울 때 우리는 평면 **테셀레이션**tessellation 또는 **타일링**tilling이란 용어를 사용한다. 고대부터 현재까지 테셀레이션은 모자이크를 만들어 건물 벽, 창문, 마루, 마당 등을 다양하게 장식하는 일상적인 작업이다. 라틴어에서 온 tessella란 말은 모자이크를 만드는데 사용하는 작은 진흙, 돌, 유리 조각들을 나타낸다. 테셀레이션 패턴을 자연에서 발견할 수 있다는 사실은 주목할 가치가 있다. 예를 들면, 아일랜드의 자이언츠 코즈웨이에서는 고대 화산폭발로 생성된 육각형의 주상절리를 볼 수 있다. 또 다른 예는 소위 태즈매이니아의 모자이크식 포장도로인데, 직사각형 벽돌로 균열되어 희귀하게 형성된 퇴적암이다.

앞부분에서는 케플러가 연구한 정규 테셀레이션과 더 많은 종류의 정다각형(케플러가 발견한 8가지 패턴중 하나)이 사용되는 반정규 테셀레이션을 다룬다. 두 테셀레이션 모두 평행이동으로 평면을 타일링하는 주기적인 태셀레이션이다. 네델란드의 화가 에셔M.C.Escher가 생물을 닮은 형상으로 주기적 테셀레이션을 이용하여 유명한 미술 작품을 많이 만들었다는 것은 잘 알려진 사실이다.

또한 영국의 저명한 물리학자 펜로즈의 비주기적 테셀레이션도 찾아 볼 수 있다. 펜로즈 타일링은 두 가지 서로 다른 다각형을 사용하는 것인데 비주기적 패턴을 만드는 테셀레이션의 예로서 가장 유명하다. 아주 최근의 콘웨이와 라딘의 바람개비 타일링도 함께 살펴보기로 한다.

이 장의 두 번째 부분은 3-차원 공간을 채우는 것이 주제다. 분명히, (흔히 벌집이라고 알려진) 공간의 테셀레이션은 공간 채우기의 특별한 경우다. 왜냐하면 후자가 틈새를 허용하기 때문이다. 그렇지만, 이 책에서는 위대한 수학자들이 제기하거나 해결한 퍼즐 문제에 초점을 두기로 한다. 그래서 3-차원 공간의 테셀레이션은 생략하고 또 다른 매력적인 레크리에이션 주제인 배낭 꾸리기로 주의를 돌리기로 한다.

우리는 주위의 모든 것에서 수학적 패턴을 볼 수 있다. 예를 들어, 시장에 진열된 자주 보는 과일을 생각하고 과일더미를 자세히 보자. 어떻게 진열되어 있나? 귤처럼 둥글게 생긴 과일이 가장 효과적으로 쌓도록 배열되었나? 달리 말하면 사용하는 공간에 귤이 최대로 많이 쌓이도록 배열 했는가?

청과물상이나 시장 상인이 진열해 놓은 귤더미처럼 익숙한 배열에서 볼 수 있는 이 문제는 분명히 수학적 패턴으로 **구 쌓기**sphere packing 라고 알려져 있다. 똑 같은 구를 효과적으로 쌓는 방법은 무엇일까? 케플러의 예측이라고 알려진 이 문제에 맨 처음 답을 구하려고 했던 사람이 케플러였다(1611년).

힐베르트는 1900년 파리 국제 수학자 대회에서 그의 유명한 23개 문제를 발표했을 때, 좋은 문제에 대한 첫째 기준은 "거리에서 처음 만난 사람"에게도 설명할 수 있는 문제여야 한다고 강조 했다. 형식화가 매우 간단하다는 점에서 구 쌓기 문제는 확실히 힐베르트의 좋은 문제에 대한 기준을 만족한다. 그렇지만, 스위스의 수학자 헨리치Peter Henrici가 단순하게 형식화 된 일부 문제에 대하여 언젠가 말했던 것처럼, "이 문제는 너무 단순해서 언젠가 풀 수 있으리란 희망이 있다." 실제로, 적어도 케플러의 17세기 연구까지 거슬러 올라가는 광범위한 연구에도 불구하고 가장 효과적인 쌓기에 대한 기본 문제는 2005년 헤일즈Thomas Hales가 케플러의 구 쌓기 문제를 해결할 때까지 답이 주어지지 않은 채 남아 있었다.

1694년에 그레고리와 뉴턴은, 여러 개의 접하는 구에 관한 그레고리-뉴턴 문제라고 알려진 또 다른 타입의 구 쌓기 문제를 연구했다. 이러한 문제와 이에 관련된 다른 문제들은 디리클레, 가우스, 에르마이트, 라그랑주, 민코프스키와 같은 걸출한 수학자뿐 아니라 그 시대의 여러 수학자들의 관심을 끌었다.

콘웨이와 슬로안[41], 토드[63], 로저스[148], 종[194], 슈피로[172]는 구 쌓기를 여러 측면에서 다루었다. 이들은, 많은 인용문헌과 함께 구 쌓기가 중요한 분야로 발전했다고 했다. 종은 그의 책[194]에서, "전통적인 구 쌓기 문제에 관한 연구가 진전됨에 따라, 흥미 있는 결과가 얻어지고 기발한 방법이 창안되었으며, 관련된 도전적 문제가 제기되어 연구되고, 다른 분야와 놀랄만한 연결성이 발견되었다"고 했다.

이 장에서 우리는 구 쌓기와 관련되어 가장 잘 알려진 두 문제를 간단히 제시 한다. 그레고리와 뉴턴의 **접하는 구**와 케플러의 **가장 조밀한 구 쌓기**, 뒤 문제에 관한 이야기에는 헤일즈의 케플러 추측의 해에 관한 최근의 간단한 논의가 포함된다. 크누트의 펜타미노-퍼즐, 펜로즈의 비주기 타일링, 그리고 콘웨이의 입체 퍼즐도 다룬다.

케플러(1571)–1630)(→ 363쪽)

- **모자이크**

케플러는 정다면체로 구-쌓기와 공간-채우기 문제 외에도, 정다각형이 아닐지라도, 다각형으로 평면을 채우는 모자이크에도 흥미가 있었다. 여기서 [63, 273쪽], [74, 제17장], [137, 제3장]에 실려 있는 이 문제와 관련된 재미있는 문제 몇 가지를 보자.

(I) 합동인 정다각형으로 평면을 채우는 문제를 생각하고 n을 다각형의 변의 수라고 하자. 그러면 정다각형의 꼭짓점의 한 내각은 $(n-2)180^\circ/2$이다.

(II) 다각형의 꼭짓점이 다른 다각형의 변에 놓이지 않는다면, 각 꼭짓점에서 다각형의 수 $V(n)$은 ((I)을 사용하여)

$$V(n) = \frac{360n}{180(n-2)} = 2 + \frac{4}{(n-2)}$$

이다. 그러므로 n은 3, 4, 6이어야 한다. 바꿔 말하면, 각 꼭짓점에서 $V(3) = 6$개의 정삼각형이 만나거나, $V(4) = 4$개의 정사각형이 만나거나, $V(6) = 3$개의 정육각형이 만날 수 있다. 이 패턴으로 만들어 낸 모자이크를 **테셀레이션**이라고 부른다. 똑 같은 정다각형으로 만들어졌으면 **정규 테셀레이션**이라고 한다. 앞에서 본 것처럼, 그런 테셀레이션은 3가지 뿐이다: 정삼각형, 정사각형, 정육각형으로 된 모자이

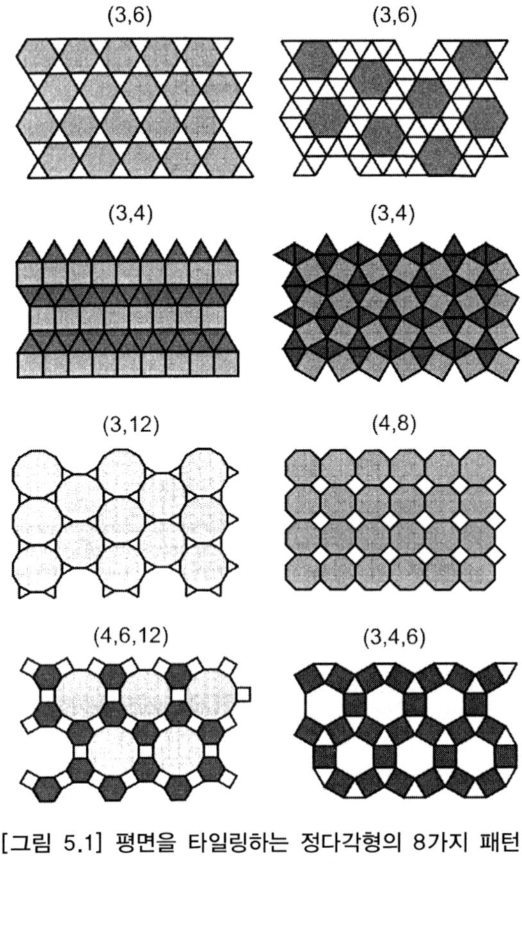

[그림 5.1] 평면을 타일링하는 정다각형의 8가지 패턴

크; [그림 5.1]을 보라. **반정규 테셀레이션**은 둘 이상 정다각형의 조합을 허용하는 테셀레이션이다.

문제 5.1 각 꼭짓점에서 세 가지 다른 종류의 정다각형으로 이루어진 모자이크가 있다고 하자. 평면을 타일링하는 정다각형의 모든 패턴을 구하여라.

세 종류의 다각형의 변의 수를 n_1, n_2, n_3이라고 하면,

$$\frac{1}{n_1}+\frac{1}{n_2}+\frac{1}{n_3}=\frac{1}{2} \tag{5.1}$$

이다(이것은

$$\alpha_1+\alpha_2+\alpha_3=360°,\ \alpha_k=(n_k-2)180°/n_k,\ (n_k=1,2,3)$$

((I)에서),에서 나온다). (5.1)의 정수해를 구하자. (5.1)에서

$$n_3=2+\frac{4}{t-2},\ \text{여기서}\ t=\frac{n_1n_2}{n_1+n_2}. \tag{5.2}$$

분명히, t는 3, 4, 6이어야 한다. 방정식

$$t=\frac{n_1n_2}{n_1+n_2}$$

에서

$$n_1=t+\frac{t^2}{n_2-t},\quad t\in\{3,\ 4,\ 6\}$$

을 구한다. n_1은 구간 $[t+1, t^2+t]$에서 비 $t^2/(n_2-t)$가 양의 정수가 되도록 값을 갖는다. 세 경우 $t=3$, $t=4$, $t=6$을 생각하여 n_2와 n_1을 구하고, 마지막으로 (5.2)로부터 n_3를 결정한다. 방정식 (5.1)의 모든 정수해 $(n_1,\ n_2,\ n_3)$는

(3,7,42), (3,8,24), (3,9,18), (3,10,15), (4,5,20), (4,6,12)

이다.

이 6가지 정수해만이 모자이크를 구성하는 후보다. 달리 말하면, 식 (5.1)은 필요조건일 뿐이다. (4,6,12) 만이 주어진 조건에서 모자이크를 만들 수 있는 서로 다른 합동인 정다각형의 조합이라는 것이 증명되었다[1]; 그래서, 합동인 정사각형, 합동인 정육각형, 합동인 정십이각형을 결합하는 모자이크를 구성할 수 있다. 이 패턴이 [그림 5.1]의 마지막 행(왼쪽)에 있다.

삼각형, 정사각형, 육각형, 팔각형, 십이각형들의 서로 다른 조합으로 구성된 반정규 테셀레이션이 정확히 8 가지 있다는 사실은 흥미롭다([그림 5.1]을 보라). 위 오른편 구석에 있는 (3,6) 패턴은 케플러가 처음 구성하였는데, (8 가지 중) 유일하게 거울에 반사되면 변하는 성질이 있다. 두 번째 줄 오른편에 있는 네 번째 (3,4) 패턴은 달리가 〈레닌의 가면 3개가 2야드에서는 중국인으로 보이고 6야드에서는 로얄 벵골호랑이 머리로 보이는 50개의 추상화〉라는 제목을 가진 그림의 영감을 얻는데 기여했다[2].

[그림 5.2] (3,4) 패턴 : 살바도르 달리의 그림

1) (3, 4, 6) 패턴은 각 꼭짓점에서 두 개의 정사각형을 갖는다.

2) M.Gardner의 [74, 207쪽]을 보라.

케플러와 그 후계자들이 모자이크와 테셀레이션 연구의 개척자였다. 테셀레이션이 레크리에이션 수학의 주제일 뿐 아니라, 결정학, 부호 이론, 식물의 세포 구조 등에서 모델을 만드는데도 유용한 도구였다는 점은 주목할 필요가 있다.

타일을 사용하는 평면 테셀레이션의 분류는 타일링의 타입에 따라 여러 가지 방법으로 이루어진다; 정규, 반정규, 비정규, 주기적, 비주기적, 대칭적, 비대칭적 등등. 자세한 내용은 그륀바움과 셰파드가 쓴 『타일링과 패턴』[90]에 나와 있다.

20세기 초에 러시아의 결정학자 페도로프는 기본적으로 서로 다른 주기적 대칭 패턴의 타입이 17가지라고 했다. 그라나다(스페인)에 있는 무어 양식의 아람브라 궁전에 있는 대칭 패턴은 13세기 이슬람 화가가 제작한 수학적 미술작품의 가장 훌륭한 예로서, 대칭 패턴을 건축에 사용한 것으로 가장 잘 알려진 것이다.

테셀레이션에 관하여 이야기할 때, 네덜란드의 화가 에셔Maurits C. Escher(1898-1972)를 빼 놓을 수 없다. 그는 아람브라 궁의 패턴과 폴리아의 평면 대칭군에 관한 학술 논문에서 깊은 감명을 받았다. 에셔의 수학에 대한 이해가 주로 시각적이고 직관적 수준이었다고 해도-수학을 정규 교육으로 배우지는 않았으므로- 그는 17가지 평면 대칭군의 개념을 재빨리 알아차리고 이 개념을 사용하여 목판화와 채색화로 멋진 주기적 타일링을 창작했다. 『Symmetric drawing E67』(1946)[그림 5.3]은 전형적으로 이런 이미지 가운데 하나다.

테셀레이션을 이용한 작품 제작에 더하여, 에셔는 독창적인 착시화, 불가능한 건물 구조와 3차원 공간에서 기하학적 비틀림을 많이 창작했는데, 이들은 자주 "신비하고 불합리한" 느낌을 주었다. 에셔의 도형과 공간의 수학적 관계를 포함하는 석판화, 목판화 등 그래픽 아트는 수학을 미술에, 그리고 역으로 미술을 수학에 포함시키려는 그의 노력을 알려 주었다. 저명한 과학자, 결정학자, 수학자(캐나다의

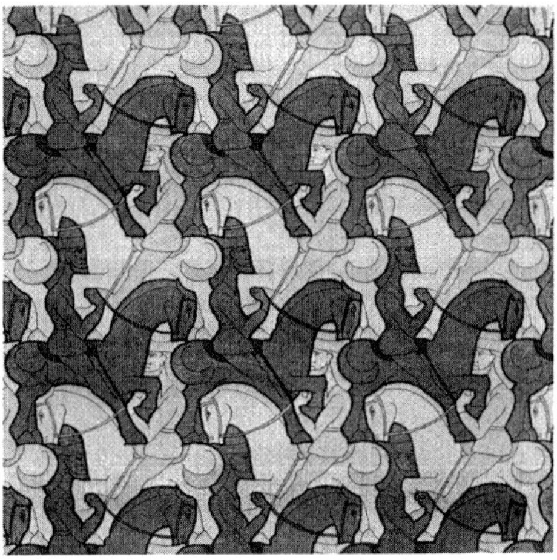

[그림 5.3] Summetry drawing E67 (1946); E.C. 에셔의 주기적 테셀레이션

유명한 기하학자 H.S.M. 콕세터를 포함해서, 그는 대칭성을 좋아했다)들은 에셔를 높이 인정하였다.

펜로즈(1931-)(→ 375쪽)

콘웨이(1947-)(→ 376쪽)

- **비주기적 타일링**

영국의 뛰어난 수리물리학자이며 우주론자인 펜로즈 경Sir Roger Penrose은 대중적인 과학에 관한 저서와 1974년 비주기적 평면 타일링의 발견으로 널리 알려졌다. 또한 레크리에이션 수학자로서 비주기적으로만 타일링을 하는 타일의 집합을 조사하였다. 전문가들은 오랜 동안 그런 집합은 존재하지 않는다고 믿었다. 그러나 1964년

에 버거가 20,000개 이상의 왕형 도미노, 1961년에 모서리가 색칠해진 단위 정사각형의 집합을 도입한 하오 왕의 이름을 붙인 것인데(자세한 것은 가드너 [82]를 보라), 이를 사용하여 그런 집합을 구성하였다. 뒤에 버거는 104개로 줄였고, 크누트가 더 작은 92개를 찾아냈다. 극적인 개선은 6개의 타일로 비주기적 타일링을 구성한 로빈슨이 해냈다.

드디어 펜로즈가 타일링 무대에 출현했다. 1974년 그는 비주기적 타일링을 할 수 있는 단 두 개의 타일로 된 집합을 찾아냈다. 콘웨이 John Horton Conway는, 또 다른 영국의 유명한 수학자이며 타일링 문제의 최고 전문가인데, 이 타일에 "연"과 "화살"이라는 이름을 붙였다. 이들은, [그림 5.4]와 같이, 마름모를 각을 $72°$와 $108°$로, 변을 황금비 $\phi = (1+\sqrt{5})/2 \approx 1.618$가 되도록 자른 것이다. 정말 놀라운 것은 뒤에 준결정체의 원자 배열에서 그와 같은 타일 패턴을 관찰한 점이다.

이제 우리는 도구인 연과 화살을 가지고 있다. 이 타일들을 주기적이지 않으면서 울퉁불퉁 하게 결합할 수 있다면 멋질 것이다. 펜로즈는 간단한 방법을 제안했다. [그림 5.4] 오른쪽에 보인 것처럼 코너를 H(머리), T(꼬리)로 표시하자. 그러면, 비주기적 타일링을 만들려면 같은 문자를 가진 코너끼리 접하도록 타일을 맞추면 된다. 이 타일링이 비주기적이라는 펜로즈의 증명은 두 가지 모양의 조각 수의 비가 황금비 $\phi = 1.618\cdots$, 즉 무리수라는 사실에 기반 한다. 완전한 증명은 이 책의 범위를 벗어난다.

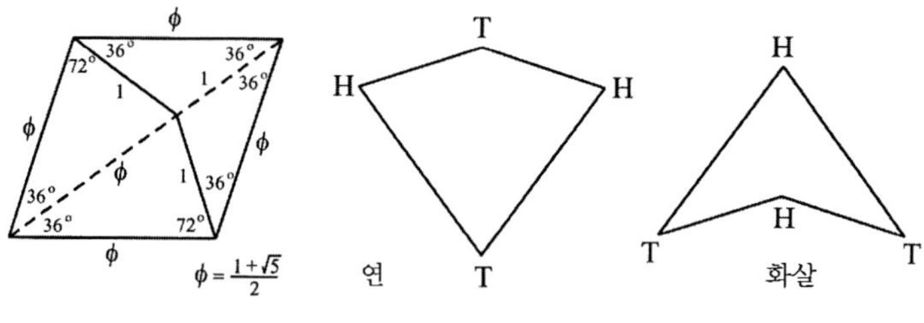

[그림 5.4] 펜로즈 타일, 연과 화살의 구성

연과 화살로 만든 타일링은 차례로 펜로즈 우주를 만드는 놀라운 펜로즈 패턴을 산출한다. 이 우주는 놀라운 패턴과 모양을 포함하고 숨막힐 정도로 놀라운 특징을 가지고 있다. 그 대부분을 펜로즈와 콘웨이가 발견하고 연구하였다. 펜로즈가, 에셔가 다각형 타일을 동물 형상으로 변형했던 것을 따라서, 연과 화살을 닭으로 바꾸어 비주기적 타일링 패턴을 생성한 것을 보면 흥미롭다. 여러 가지 자세한 내용이 가드너의 책 『The Colossal Book of Mathematics』 제7장[82]에 나와 있다.

펜로즈의 연과 화살을 평행이동하고 회전하면, 여러 가지 특이한 패턴을 창작할 수 있다. 이 타일로 놀이하는 것은 매우 즐겁기도 하고 실제로 친구를 놀래줄 만한 그림을 생성할 수도 있다. 여기 쉬우면서도 재미있는 문제가 하나 있다.

문제 5.2* 연과 화살을 가지고, [그림 5.5]에서와 같은 치수를 가진 잘린 마름모를 구성하여라. 여기서 $\phi = 1.616\cdots$은 황금비이다.

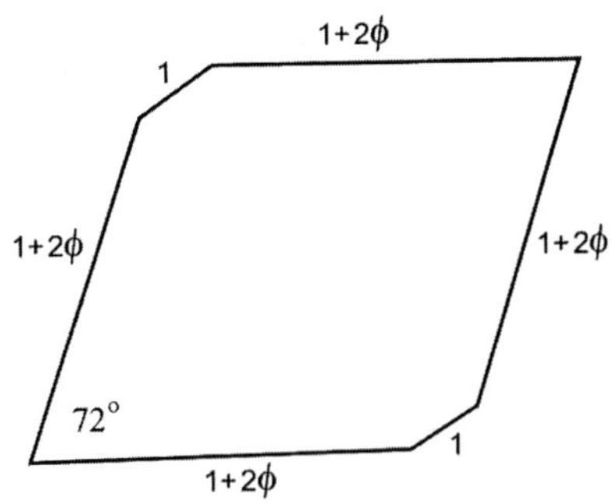

[그림 5.5] 잘린 마름모에 대한 펜로즈 타일링

콘웨이에 대하여는 앞에서 펜로즈의 비주기적 타일링과 연계하여 언급하였다. 라딘과 함께, 콘웨이는 소위 **바람개비 타일링**이라는 또 다른 종류의 비주기적 타일링을 실험하였다. 바람개비 타일링은 변의 길이가 1, 2, $\sqrt{5}$ 인 직각삼각형 타일 단 한 가지만 사용하지만, 이 특별한 타일에는 무한히 많은 방향이 나온다; [143]을 보라. 이 타일은 변-변도 만나지만, 꼭짓점-변도 만난다. 바람개비 타일링의 한 예가 [그림 5.6]에 있다.

[그림 5.6] 바람개비 타일링

크누트(1938-) (→ 376쪽)

아마 이제까지 가장 혁신적인 컴퓨터 과학자라 할 수 있고, 세 권의 대작 『컴퓨터 프로그래밍 기법』의 저자이며 혁명적인 조판 프로그램 TEX의 창안자인 크누트는 컴퓨터 기술을 사용하여 많은 수학 문제를 해결하고 분석하였다. 크누트는 많은 저자와 공동작업으로 레크리에이

션 수학에도 중요한 공헌을 하였는데, 특히 〈사이언티픽 아메리칸〉지에 유명한 칼럼 〈수학게임〉을 쓰는 가드너, 그리고 유명한 수학자 콘웨이와 그래함과 함께 했다.

그는 극도로 복잡한 문제 외에도 여러 가지 도전적인 문제와 퍼즐을 연구했는데, 그 중 세 문제가 이 책에 있다(이 장과, 제7장, 제 10장).

• 펜타미노에 의한 최대 넓이

폴리오미노는 단위 정사각형들을 변끼리 연결하여 구성한 도형이다. 예를 들어, 도미노는 단위 정사각형 두 개로 이루어진 직사각형이다. 펜타미노라고 부르는 다섯-정사각형 도형은 여러 가지 게임을 구성하는데 유용하다. 골롬의 멋진 책 『폴리오미노스』[87]에는 여러 가지 타입의 폴리오미노들이 많이 있다. 펜타미노에는 정확히 12가지 도형이 있는데, [그림 5.7]과 같이, 각각 알파벳 글자를 닮았다.

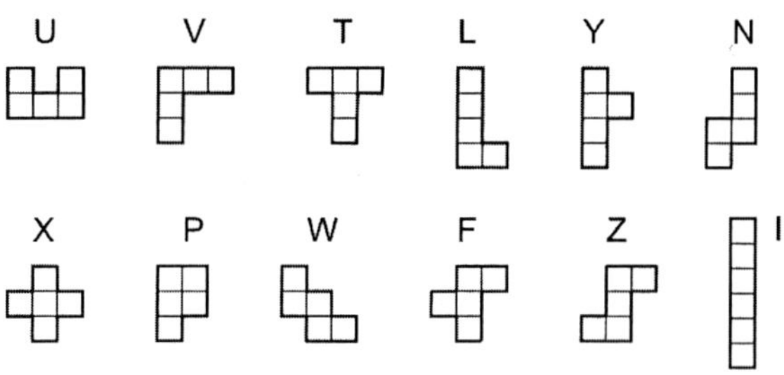

[그림 5.7] 알파벳 글자로 표시한 12가지 펜타미노

펜타미노 도형을 주제로 다루는 많은 퍼즐 가운데 다음 퍼즐을 보자.

문제 5.3 12가지의 펜타미노를 모두 사용하여 가능한 가장 넓은 도형을 둘러싸는 울타리를 만들어라.

[그림 5.8]이 단위 정사각형 128개로 이루어진 최대 넓이의 도형을 둘러싸는 펜타미노 울타리의 그림이다. 크누트가 이 해를 제안하고 정사각형 수가 128을 초과하지 않음을 증명하였다[75, 100쪽].

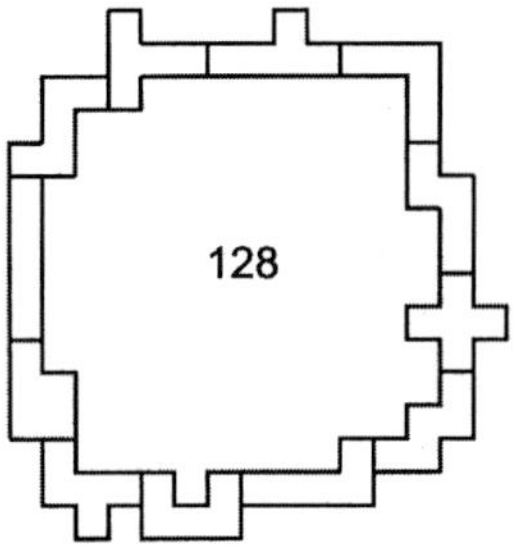

[그림 5.8] 최대넓이의 펜타미노 울타리

크누트가 풀이를 〈사이언티픽 아메리칸〉에 출판한 지 10년 후, 아르헨티나에서 콜이 〈레크리에이션 수학 저널, 제1호〉(1983)에 다시 한 번 같은 문제를 제안했다. 제출된 많은 해 가운데, 두 개가 특별히 주의를 끌었다. 코너-코너 배열을 사용하여, 프라하의 베예몰라는 [그림 5.9]에 있는 넓이가 161인 구멍이 있는 해를 찾아냈다.

뉴질랜드 필딩의 캠벨은 [그림 5.10]에서 보는 넓이 161.5인 두 번째 해를 구성하였다. 캠벨은, 문제가 명시적으로 배치 조건을 규정하지

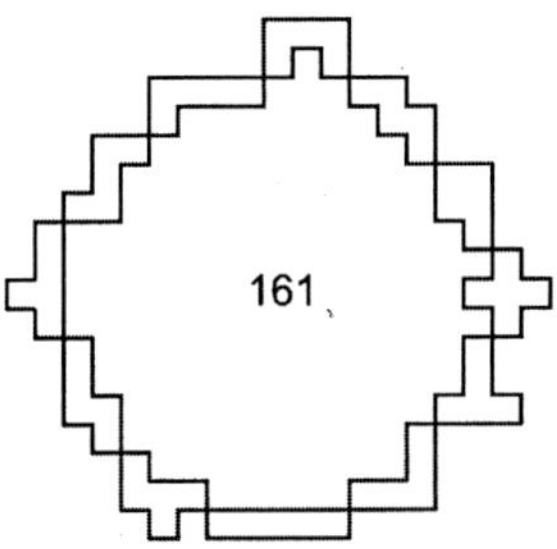

[그림 5.9] 넓이 161의 구멍

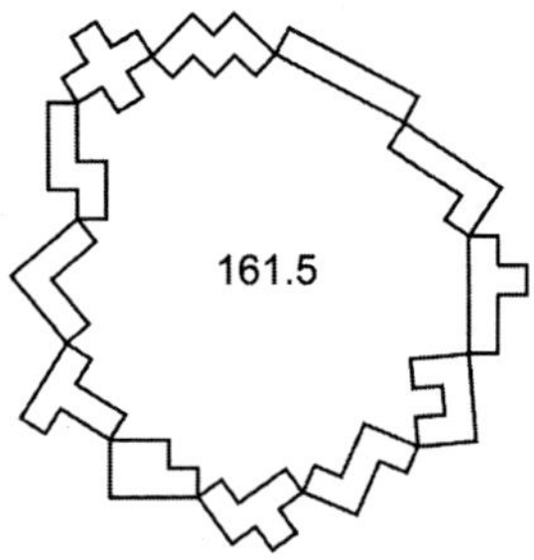

[그림 5.10] 넓이 161.5의 구멍

않았기 때문에, 펜타미노를 예상과 다르게 수직이나 수평으로 배치하지 않았다; 그는“흐트러진” 스타일을 좋아했다. 틀림없이, 그런 스타일이 구멍의 넓이를 증가 시킬 것이다. 열띤 토론 뒤에 캠벨의 것과 같은 “비스듬한” 해는 진정한 해로 생각할 수 없다는 것으로 경쟁은 끝이 났다. 실제로 표현하지 않더라도, 유사한 폴리오미노 문제를 풀 때는 언제나 펜타미노가 수직이나 수평으로 놓여야 하는 것으로 이해해야 한다; 조각의 코너는 평면의 격자점과 일치해야 한다. 앞에서 언급한 대규모의 논쟁 결과로 [그림 5.8]에 있는 크누트의 기록은 깨지지 않았다.

12가지 펜타미노를 모두 사용하는 비슷한 퍼즐로서 아르헨티나의 콜이 〈레크리에이션 수학 저널〉(문제 1347)에서 제안한 문제를 제시한다. 펜타미노의 변의 길이는 1이다.

문제 5.4* 서로 다른 두 개의 “(속이)빈” 펜타미노를 결합하여 넓이가 10인 구멍을 만들고, 12개의 펜타미노를 모두 사용하여 다음 조건에 맞도록 구멍 주위를 직사각형으로 만들어라.

1) 12개 펜타미노 모두 구멍 가장자리에 있어야 한다.

2) 직사각형 둘레 길이는 34 이하여야 한다.

힌트 어려운 문제이므로 힌트를 주겠다. 직사각형 내부 구멍은 다음과 유사하다. 

문제 5.5* (그림 5.6에서 보여준) 12개의 펜타미노를 모두 사용하여 아래 두 타일링 문제를 풀어라.

a) 12개 펜타미노 모두를 가지고 정사각형 테트라미노 (2×2)가 체스판 중앙에 오도록 8×8 체스판을 덮어라.

b) 12개 펜타미노 모두를 가지고 네 구석 정사각형을 제외한 8×8 체스판을 덮어라.

이제 평면 다각형을 다른 평면 다각형으로 타일링 하는 문제들을 제시하겠다. 다음 예는 아마 독자에게 낯이 익을 것이다.

문제 5.6* 8×8 체스판에서 대각선으로 마주 있는 두 정사각형을 잘라내었다. 62개의 정사각형으로 이루어진 잘라낸 체스판을, 작은 정사각형 두 개로 된 도미노들로 덮을 수 있겠는가? [그림 5.11]을 보라.

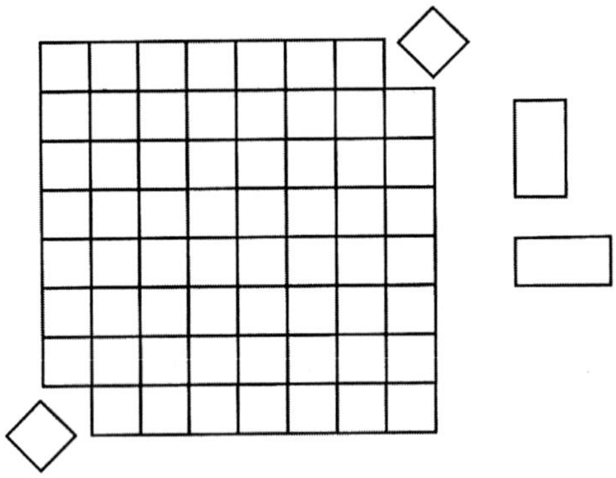

[그림 5.11] 2×1 **도미노로 덮기**

문제 5.7* (퍽스와 타바크니코프[67]). 100개의 정사각형으로 이루어진 10×10 정사가형을 4개의 정사각형으로 이루어진 L-모양 타일 ╚로 덮을 수 있겠는가? L-타일은 방향이 8가지임을 유의하라.

독자는 제2장(문제 2.9)의 헤론의 삼각형을 기억할 것이다. 그 삼각형은 변이 유리수였다. 아주 자연스럽게 좀 더 흥미로운 주제인, 흔히 유리 정사각형[3]이라고 부르는, 변이 유리수인 정사각형에 주의를 집

3) 유리 정사각형보다 정수변을 갖는 정사각형이 훨씬 흥미롭고 도전적이다; 따라서 대부분의 문제는 바로 정수 정사각형을 다룬다.

중해 보자. **정사각형으로 정사각형 만들기**는 정수 변의 정사각형들만 사용하여 정수 변 정사각형을 타일링하는 문제다. 사용하는 정사각형의 변이 모두 다르면 문제는 더 도전적이 되고 어려워진다. 이 경우 **완전 정사각형화 정사각형**이라고 말한다. 포함된 작은 정사각형의 수를 완전 정사각화 정사각형의 **계수**라고 한다. 흥미로운 이 문제는, 조합 기하학에 속하는데, 60년 이상 광범위하게 연구되었다. 수학자와 컴퓨터 학자들은 무척 흥미로운 아래 문제의 답을 구하려고 하였다.

문제 5.8 가장 낮은 계수의 완전 정사각형화 정사각형을 구하여라.

맨 처음 완전 정사각형화 정사각형은 계수가 5로서 1939년 스프라그가 구성하였다. 그 후 40년 동안 이 기록은 여러 번 갱신되었다. 1960년대 초 네덜란드의 컴퓨터 학자 두예베스티엔(1927-1998)이 이 문제를 연구했다. 그의 박사학위 논문 〈Electronic computation of squared rectangles (1962)〉은 완전 정사각형화 정사각형에 대한 자신의 연구 소개였다. 아이디어는 간단했지만, 당시 컴퓨터의 성능과 메모리 용량의 한계로 연구를 더 진전시킬 수 없었다.

컴퓨터의 저장력과 처리 능력이 어느 정도 발전했을 때, 두예베스티엔은 다시 이 문제로 돌아와 컴퓨터 프로그램을 사용하여, 1978년 3월 22일 마침내 가장 낮은 계수의 완전 정사각형화 정사각형을 찾아냈다; [57]을 보라. 이 정사각형은, 21개의 작은 정사각형으로 구성되었는데, 독일 괴팅겐 대학교에 세워진 기념물의 검은 화강암 표면에 조각되었다. [그림 5.12]이 두예베스티엔의 최저 계수 완전 정사각형이다.

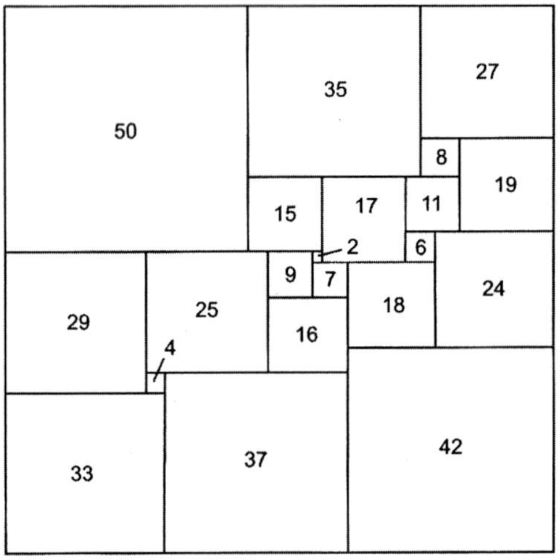

[그림 5.12] 가장 낮은 계수의 완전 정사각형화 정사각형

서로 다른 정사각형으로 평면을 타일링 하는 관련된 문제가 수년간 미해결로 있다가 최근에 해결 되었다는 말을 해야겠다. 헤늘F.V. Henle과 헤늘J.M. Henle은 평면을 정사각형의 크기를 나타내는 자연수를 한 번씩만 사용하는 정수 변 정사각형들의 집합으로 타일링 할 수 있음을 증명했다; [101]을 보라.

라이체르트와 퇴프킨은 1940년에 직사각형을 서로 다른 9개 미만의 정수 변 정사각형들로 분할할 수 없다는 것을 증명했다. 여기 직사각형을 정사각형들로 분할하는 문제가 있다.

문제 5.9* 32×33 직사각형을 서로 다른 크기의 9개 정사각형으로 분할할 수 있겠는가?

힌트 정사각형 중 가장 큰 것은 18×18이다.

그레고리(1659–1708) (→ 366쪽)

뉴턴(1643–1727) (→ 366쪽)

데이비드 그레고리David Gregory는 더 유명한 수학자 제임즈 그레고리James Gregory(1638–1675)의 조카다. 그는 24살에 에든버러 대학교 교수가 되었는데 그곳에서 뉴턴 이론을 강의했다. 데이비드 그레고리는 미적분학의 발견에 관한 뉴턴과 라이프니츠의 우선 논쟁에서 강력하게 뉴턴을 지지하였다. 뉴턴은 그레고리가 성공적인 경력을 쌓도록 도와주어 보답하였다.

• 접하는 구

13개 구 문제, 또는 "접하는 구"문제는 1694년 옥스퍼드에서 데이비드 그레고리와 뉴턴 사이에 있었던 유명한 대화 결과 발생한 문제다.

문제 5.10 주어진 구 하나에 같은 크기의 구가 몇 개 동시에 접할 수 있겠는가?

뉴턴은 최대 12개라고 생각했고, 그레고리는 13개가 답이라고 생각했다. 그러나 두 사람 모두 증명은 하지 않았다. 그들의 토론을 기념하여 이 문제를 흔히 그레고리-뉴턴 문제라고 부른다(예를 들어, 아이그너와 지글러[3, 제12장], 리치[122], 쉬틀과 배르덴[155], 종[194, pp.10–13]을 보라).

n-차원 공간에서 주어진 구에 접하는 동일한 크기의 n-차원 구의 최대 개수를 $\kappa(n)$이 라고 하자. 수 $\kappa(n)$을 뉴턴 수, 또는 키씽 수kissing number라고 부른다. [그림 5.14(a)와 5.14(b)]에서 보는 바와 같이, 분명히 $\kappa(1)=2$, $\kappa(2)=6$이다.

3-차원 공간에서는 구 12개 배열이 가능하다; 예를 들어, [그림 5.14(c)]에서 보는 것처럼 구를 정이십면체의 꼭짓점에 접하도록 놓는

다. 데이비드 그레고리와 그를 따르는 많은 사람들은 이 배열뿐 아니라, 다른 배열도 구가 하나 더 들어갈 만큼 “공간이 남는다”고 생각했다. 그렇다면 $\kappa(3)=12$ 일까, $\kappa(3)=13$ 일까: 어느 것이 정답일까?

[그림 5.13] “접하는 구”에 대한 데이비드 그레고리와 뉴턴의 옥스퍼드 토론

몇 개의 “해”가 물리 문제를 다루는 문헌에서 개선 되긴 했지만, 250년 이상을 이 매력적인 문제는 미해결로 남았다. 마침내, 1953년 쉬틀과 반 델 베르덴이 이 문제를 명확히 해결했다.

> 주어진 한 구에 동시에 모두 접하도록 놓을 수 있는 같은 크기의 구의 수는 12개를 초과하지 않는다.

바꾸어 말하면, $\kappa(3)=12$이다. 이것은 증명을 하지 않았다고는 해도, 뉴턴이 옳았다는 의미다.

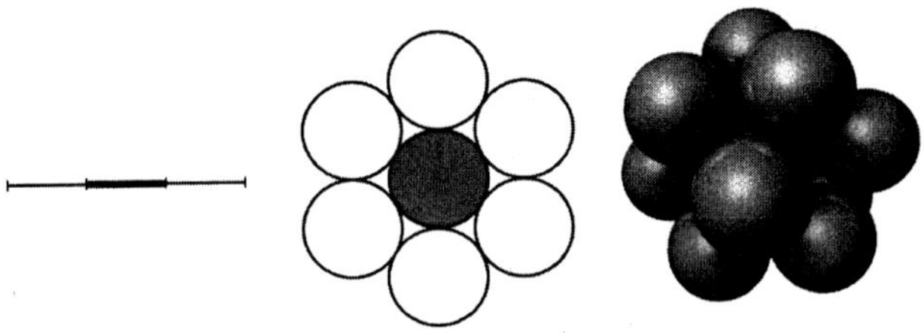

a) $\kappa(1)=2$ b) $\kappa(2)=6$ c) $\kappa(3)=12$

[그림 5.14] n-차원 공간에서 "접하는 구"

1953년 쉬틀과 반 델 베르덴이 해를 제시한 지 3년 뒤에, 리치[122]가 상대적으로 더 많은 독자들이 이해할 수 있도록 간단한 풀이를 제시했다. 구면 기하학과 그래프 이론에 대한 지식이 있으면 리치의 풀이를 충분히 이해할 수 있다. 아이그너와 지글러의 책[3] 제 12장에도 이 풀이가 나와 있다. 그러나 이 풀이는 이 책의 범위를 벗어나므로 생략한다.

3보다 큰 일반적인 n차원에 대하여 $\kappa(n)$을 구할 수 있을까? 접하는 구 문제가 대단히 높은 차원인 24차원에서 $\kappa(24)=196,560$로 풀이가 있다는 것은 매우 놀랍다(Andrew Odlyzko와 Neil Sloane, 그리고 독립적으로 Vladimir Levenstein, 모두 1979년). 캠브리지의 뛰어난 수학자로 지금은 프린스턴에 있는 콘웨이는 "그곳엔 채워 넣을 방이 많다"고 했다[82]. 어쨌든, 오랜 동안 이 문제는 4차원에서조차 미해결로 남아 있었다.

1972년 델사르트(필립스 리서치 랩)가 $24 \le \kappa(4) \le 25$를 알아냈고([41, 1.2절], [47], [139]), 이것이 '24구 문제'가 되었다. 마침내, 로스앤젤레스에 사는 러시아의 수학자 무신이 $\kappa(4)=24$를 구했다([139]를 보라). 지금까지, 격자 쌓기에서 정확한 값은 $n=1$에서 8까지, 그리고 $n=24$에 대하여 알려져 있다; [표 5.1]을 보라(인터넷 사이트 www.research.att.com/~njas/lattices/kiss.html).

[표 5.1] n차원의 키싱 수

n	1	2	3	4	5	6	7	8	24
$\kappa(n)$	2	6	12	24	40	72	126	240	196,560

케플러(1571–1639) (→ 363쪽)

가우스(1777–1855) (→ 369쪽)

• 밀도 높게 구 쌓기 문제

케플러의 밀도 높게 구 쌓기 문제는 접하는 구 문제보다 훨씬 더 어렵다. 실제로, 최근 헤일즈가 컴퓨터로 대규모 계산을 할 때까지 해결되지 않고 있었다.

쌓기의 효율성을 측정하는 양이 "밀집도"인데, 쌓는 물체의 전체 넓이나 부피를 용기의 전체 넓이나 부피로 나눈 값이다. 이것을 계산할 때 용기의 경계가 한없이 커진다고 가정하면 극한을 적용한다. 일반적인 n차원에서 구 쌓기의 밀집도를 $\delta(n)$으로 나타내고, 가장 효율적인 쌓기의 밀집도를 $\delta_{\max}(n)$으로 나타내기로 하자. 전형적인 구 쌓기 문제는 다음과 같다:

문제 5.11 3차원에서 동일한 크기의 구로 밀집도가 가장 높은 구 쌓기를 하여라.

케플러는 1611년에 구 쌓기 문제를 시작했다. 그는 과일더미가 아니지만 마찬가지로 실세계 현상인 눈송이 형태에서 영감을 받았다.

그는 조그마한 소책자 『육각 눈송이Strena Seu de Nive Sexangula 4)』를 저술했는데, 이 책은 다음 2세기 동안 결정학의 방향에 영향을 주었다. 케플러는 1606년 영국의 수학자이며 천문학자인 해리엇과 교신하고 난 후 구의 배열 연구에 더욱 흥미를 갖게 되었다. 당시 해리엇은 캐넌볼 쌓기를 연구하면서 원자론의 초기 형태를 개발하고 있었다.

케플러는 기하학적인 답을 찾으면서 눈송이, 벌집, 석류와 같이 다양한 대상의 성장에서 자연은 규칙적인 기하학적 구조를 요구한다는 사실에 기초를 두고 연구하였다. 간단히 말하면, 자연은 목적을 이루는 데 항상 가장 효율적인 수단을 택한다는 것을 관찰했다. 케플러는 **면-중심 입체 쌓기** [그림 5.16(b)]가 가장 밀집도가 높다고(밀도 $\pi/\sqrt{18}$) 생각했다. 즉,

$$\text{케플러의 추측 : } \delta_{\max}(3) = \frac{\pi}{\sqrt{18}}.$$

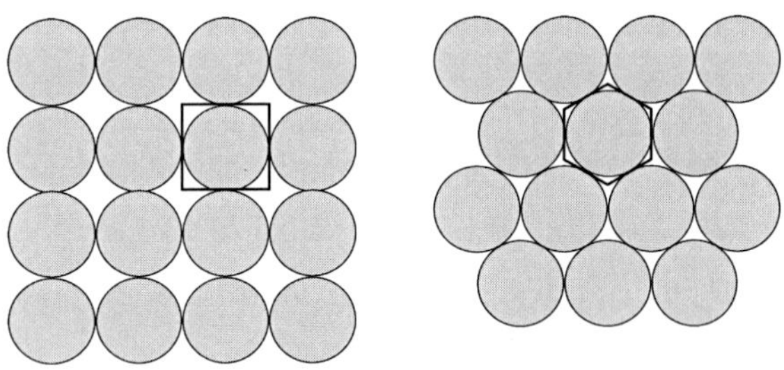

[그림 5.15] 원 쌓기에서 익숙한 두 가지 방법

4) 눈송이가 육각형인 이유에 대한 케플러의 논문은 1611년 프랑크푸르트에서 고트프리트, 탐파크에 의하여 출판되었다. 이 논문은 친구 요한네스 폰 바켄펠스에게 보내는 새해 선물로 편지 형식으로 되어 있다.

케플러의 추측을 논의하기 전에, 먼저 평면에서 원반 쌓기를 생각해 보자. [그림 5.15]은 똑 같은 원반을 배열하여 평면을 채우는 두 가지 방법으로 우리가 잘 아는 것이다. [그림 5.15(a)]는 밀도 $\delta(2) = \pi/4 \approx 0.785$ 인 "직사각형 쌓기"이고, [그림 5.15(b)]는 밀도 $\delta(2) = \pi/\sqrt{12} \approx 0.907$ 인 "육각형 쌓기"이다. 이 명칭은 원에 공통인 접선으로 생기는 도형에서 왔다. 그러므로 육각형 쌓기가 더 밀도가 높은데, 육각 쌓기가 원반 사이에 남는 공간이 더 작은 쌓기임을 그림에서 알 수 있다.

그러나 정규이거나 비정규이거나, 육각형 쌓기가 모든 쌓기 가운데 가장 효율적인 것인지는 그렇게 분명하지 않다. 1831년 가우스는 육각 쌓기가 가장 밀도 높은 격자 쌓기임을 증명했다. 평면에서, 격자는 이차원 정수 꼭짓점에 배열된 점들의 모임이다. 격자는 정사각형, 직사각형, 또는 동일한 평행사변형일 수도 있다.

원반의 격자 쌓기는 원반의 중심이 격자로 되어 있다. 직사각형 쌓기나 육각형 쌓기도 물론 격자 쌓기다. 가우스는 가장 효율적인 원반 쌓기 문제를 미해결로 남겨 놓았다. 노르웨이 수학자 튜에Alex Thue (1863-1922)가 모든 원반 쌓기 가운데 정규거나 비정규거나 육각형 쌓기가 가장 효율적이라고, 즉 $\delta(2) = \pi/\sqrt{12} \approx 0.907$을 증명하였다고 한다. 튜에는 1892년 발간된 스칸디나비아 자연과학회지(노르웨이어)에 첫 증명을 제시했다. 18년 후, 1910년 논문(독일어)에서 그는 꽤 다른 증명을 제시했는데, [130]에 복사본이 실려 있다. 어쨌든, 슈피로는 그의 책『케플러의 추측』[172]에서 튜에는 완전하고 엄밀한 증명이 아니라 단지 가능한 증명의 개요만 제시했다고 말한다. 헝가리의 수학자 라슬로 페에스 토트가 1940년에 처음으로 엄밀한 증명을 제시했다. 육각 쌓기가 가장 효율적이며 $\delta_{\max}(2) = \pi/\sqrt{12}$ 이다.

가우스를 따르면, 3차원 경우 가장 조밀한 구 쌓기를 해결하는 첫 번째 전략은 격자 쌓기에 초점을 두고 구의 중심으로 정규 3차원 격자를 형성하는 것이다. 맨 처음 중요한 진보는 1948년에 프랑스의 식물학자이며 물리학자인 브라베가 3차원 격자에는 정확히 14가지 서로 다른 14가지 종류가 있다고 증명한 것이다. 3차원 공간의 이 정규 격자에 관심이 있는 독자는 데블린의 책[49, 156쪽]을 보기 바란다.

규칙적인 격자 형태로 구를 배열하는 한 가지 분명한 방법은 층층이 배열하여 쌓는 것이다. 구의 중심이 앞에서 생각한 직사각형이나 육각형의 평면 격자 중 하나가 되도록 각 층을 배열하는 것이 합당할 것이다. 이렇게 쌓은 것이[그림 5.16]이다. 여기서 직사각형 층은 처음 두 배열에 있다.

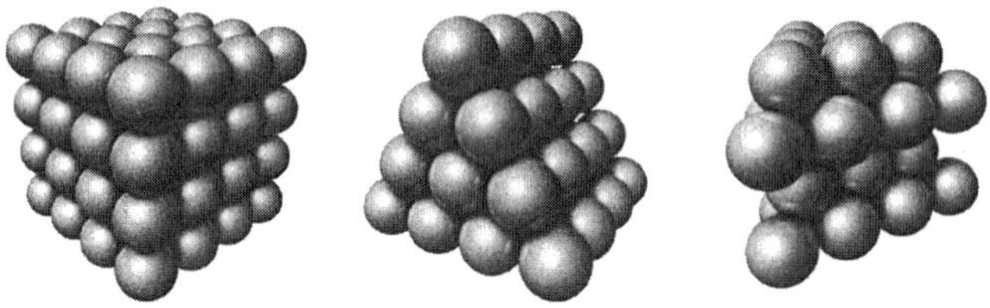

a) 입체 격자　　b) 면-중심-입체 격자　　c) 육각형 격자

[그림 5.16] 층을 쌓아 올려 구 쌓기 하는 세 가지 다른 방법

케플러는 [그림 5.16]에 있는 세 가지 격자 쌓기에 대하여 밀집도를 계산했다. 케플러가 구한 밀집도는 입체 격자[그림 5.16(a)]가 $\delta(3)=\pi/6\approx$).5236, 육각형 격자[그림 5.16(c)]가 $\delta(3)=\pi/\sqrt{27}\approx 0.6046$, 면-중심 입체 격자[그림 5.16(b)]가 $\delta(3)=\pi/\sqrt{18}\approx 0.7404$이었다. 그래서 면-중심 입체 격자(시장에서 흔히 보는 오렌지-무더기 배열)가 셋 중 가장 효율적이다. 그러나, 이 방법이 모든 격자 쌓기에서 가장 효율적일까? 더 일반적으로, 정규이건 아니건 모든 쌓기에서 가장 효율적일까? 케플러의 답은 "그렇다"였다.

가우스가 이차원 문제를 해결한 후 얼마 되지 않아 두 질문 중 첫 번째에 대하여 답하였다. 그렇지만, 두 번째 문제는 오늘날까지 미해결로 남아 있다.

면-중심 입체 쌓기[그림 5.16(b)]로 알려진, 구를 피라미드로 쌓아 올리는 것은 화학자에게 익숙하다. 이런 종류의 쌓기는 캐넌볼 쌓기라고도 알려져 있는데, 전쟁 기념관에 자주 사용되기 때문이다. 16세기까지 거슬러 올라가는 캐넌볼 피라미드의 예가 뮌헨 시립 박물관 정면에 자리 잡고 있다.

그렇기는 하지만, 이런 쌓기가 과일장수에게 감동을 주지는 않았다. "우리에겐 그렇게 오렌지를 쌓는 일이 일상적이지만,"이라며, "아티초크를 배열하는 것이 힘들다'라고 말한다.[5)] 1993년까지, 밀집도에 대한 최상의 경계값은 무데르[129]가 구한 0.773055이었고, 그래서 시장의 오렌지 무더기는 최상에 가깝다고 생각했다. 헤일즈가 증명한 후, 이 오렌지 배열이 실제로 가장 효율적이라는 것을 뒤에 알게 되었다.

문제의 어려움은 가능한 형태가 너무 많고 획일적인 추정치가 쉽게 구해지지 않는다는 사실에 있다. 격자에 기초한 쌓기보다 더 조밀한 비정규 쌓기가 존재하는가 하는 문제는 매우 중요한 문제이다. 1900년에(파리 국제수학자대회) 이 어려운 케플러 문제는 힐베르트의 수학에서 주요 미해결 문제 목록 23문제에 포함되었다.

이따금, 몇 연구자가 풀이를 발표했지만, 지금까지도, 모두 "증명"에 빈틈이 있는 것으로 드러났다. 가장 믿을 만한 대영 백과사전이 1992년 연보에 발표하기를[93]: "의심할 것 없이 1991년의 수학적 사건은 우이 시앙의 케플러의 구 쌓기 문제에 대한 가능성 있는 해다." 우이 시앙(캘리포니아 대학교, 버클리)은 1990/91년에 네 번의 예고, 즉 수정판의 수정판을 거쳐 풀이를 발표했다. 그러나 모두 결함이 있었다(자세한 것은 [93]을 보라.) 구 쌓기 문제 전문가들은 마지막 증명에서 이론 일부가 충분히 증명되지 않았다고 반박했다. 시앙에게 가장 혹독한 비평을 한 사람 중에는, 당시 자신의 증명을 연구하던, 미

---

5) 토마스 헤일즈에 의하면 [94].

시간 대학교의 토마스 헤일즈가 있었다. 앤아버의 미시간 대학교 교수였던 헤일즈는, 지금은 피츠버그 대학교 앤드류 멜론 교수직에 있는데, 가장 최근의 연구를 하였다. [94]에 발표된 논문 〈캐넌볼과 벌집〉에서 헤일즈는 퍼거슨의 도움으로 다음 정리를 완전히 증명했다고 주장했다.

정리 5.1 (헤일즈)

3차원에서 면-중심 입체 쌓기의 밀집도보다 더 큰 밀집도를 갖는 같은 반지름의 구 쌓기는 없다. 즉 $\delta_{max}(3) = \pi/\sqrt{18}$ 이다.

헤일즈는 증명의 개요와 줄거리를 자세하게 제시했다. 증명이 매우 길고 모든 부분이 대국적 최적화 이론, 선형계획, 그리고 구간 연산 이론에 나오는 방법을 적용하는 긴 컴퓨터 계산에 기초한다고 했다. 최대 밀집도를 구하기 위해 헤일즈는 함수의 변수를 150개로 최소화해야 했다. 컴퓨터 파일을 저장하는 데만 3기가바이트가 넘는 공간이 필요했고 40,000줄로 구성되었다. 수많은 개별 경우를 점검하는 긴 컴퓨터 계산에 의존하는 증명이었다.

증명이 컴퓨터의 도움을 받아야 하는 것이었지만, 학술지 〈Annals of Mathematics〉의 편집인은 4년 동안 증명을 검토한 심사위원 12명의 심사보고를 수용하고 이 증명을 요약하여(126쪽) 출판했다; [95]를 보라. 심사위원들은 컴퓨터 부호의 정확성을 모두 점검할 수는 없었지만, 전반적으로 증명의 정확성에 대하여 의문을 제기하지 않았다. 헤일즈의 논문 원문(265쪽)은 〈Discrete and Computational Geometry〉에서 출판했다[96].

아마 과일장수가 헤일즈의 증명에 감동하지는 않겠지만, 전문가는 대체적으로 고무적으로 생각하고 기쁘게 받아들인다. 그렇지만, 소프트웨어와 하드웨어의 오류 가능성을 지적하고 수학자 사이에 "형식적 증명"이라고 하는 논지와 논리가 구조적으로 연결된 절대적인 확실성이 요구된다고 생각하는 소수의 회의론자들이 있다. 그들은 다음과 같이 말한다: "역사적 선례가 모든 것을 설명한다고 해도, 출판된 뒤에 발견된 결함이나 빈틈, 또는 모순을 가진 증명에 대하여 마음속에 회의를 가지고 있다면, 케플러의 추측이 정리로 받아들여질 때까지 수년을 기다려야 할 것이다."

그의 증명, 일반적으로 컴퓨터 보조 증명에서 컴퓨터 부호를 확인하는 어려움에 대처하기 위해 헤일즈는 컴퓨터로 수학적 증명을 하는 핵심적 체계인, "Flyspeck 프로젝트"(케플러 추측의 형식적 증명 the Formal Proof of the Kepler conjecture의 머리글자 FPK에서 만든 명칭)에 착수했다; [97]을 보라.

콘웨이(1937–)(→ 376쪽)

케임브리지와 뒤에 프린스턴에 재직했던 영국의 뛰어난 수학 교수이며, 런던 왕립 학회 회원인 콘웨이John Horton Conway는 조합론적 게임 이론과 레크리에이션 수학의 여러 분야에서 주목할 만한 공헌으로 수학자와 아마추어 수학자에게 널리 유명하다. 베르캠프, 가이와 함께 쓴 책 『수학경기에서 승리하는 법』(1982년 2권으로 출판되고, 2001년 제2판은 4권으로 출판되었다)은 여러 해 동안 많은 독자들의 관심을 끌었다.

콘웨이는 1970년에 일종의 인공적인 생명 시뮬레이션인 〈생명 게임〉을 시작하자마자 유명해졌다. 〈사이언티픽 아메리칸〉(1970년 10월호)의 칼럼 〈수학게임〉에 콘웨이의 발명품을 처음 소개한 마틴 가드너는 다음과 같이 말했다: "이 게임으로 수학연구에서 완전히 새로운 분야인 세포 자동자 분야가 시작 되었다…. 이 게임은 살아 있는 유기체 사회의 융성과 쇄락, 그리고 변화와 비유되는 생명이란 의미 때문에 '시뮬레이션 게임'(실제 생명 과정을 닮은 게임)이라고 불리는 성장하는 부류에 속한다." 어떤 게임을 연구하면서, 콘웨이는 크누트가 '초현실 수'라고 이름붙인 새로운 수 체계에 도달하였다. 콘웨이는 입체-쌓기 퍼즐을 포함하여 많은 수학 퍼즐을 제안하고, 이 장 마지막 문제의 주제도 제안하였다.

- **큐브-쌓기 퍼즐**

네덜란드의 건축가 슬로트호우베르Jan Slothouber와 그라츠마William Graatsma가 1970년에 쓴 책에 큐브-쌓기 퍼즐이 처음 나온다. 때로는 슬로트호우베르-그라츠마-콘웨이 큐브 퍼즐이라고 부르는 이 퍼즐이 문제 5.13이다. 그렇지만, 다재다능한 천재인 콘웨이는 더 어려운 큐브-쌓기 퍼즐을 고안하고자 했고, 기대한 대로 매우 성공해서 오늘날 콘웨이의 큐브에는 변형된 문제들이 많이 있다. 그 중 하나가 [그림 5.17]이다.

문제 5.12* $1 \times 2 \times 4$블록 13개, $1 \times 1 \times 3$블록 3개, $1 \times 2 \times 2$블록 1개, $2 \times 2 \times 2$블록 1개를 결합하여 $5 \times 5 \times 5$블록 1개를 만들어라 [그림 5.17].

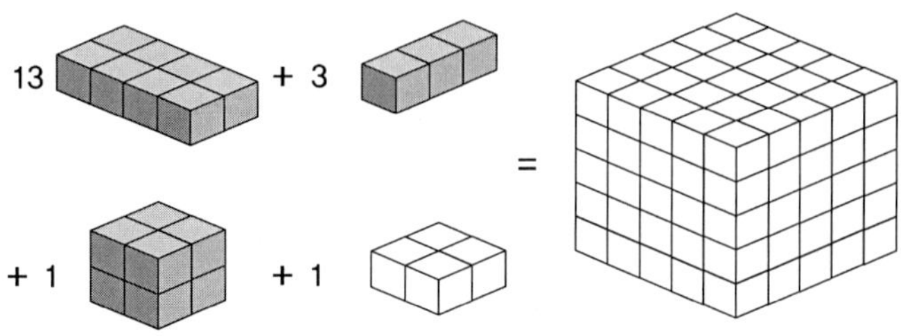

[그림 5.17] 콘웨이의 큐브-쌓기 퍼즐

이 퍼즐은 배열해야 할 블록의 수가 많기 때문에, 시행착오로 풀려고 한다면 매우 어렵다. 당장 어떤 블록을 처음 움직여야 할 지 생각해야 한다. 그렇다, 옛날 이야기가 말해 주듯이, "항상 시작이 가장 어렵고," 이 문제에 있어서는 더욱 그렇다. 그렇지만, 가드너[76]와 혼스버거[106]가 단위 큐브 색칠하기에 기초해 제안한 멋지고 매력적인 이론이 있다. 공간을 아끼고 독자가 편하도록 생략하기로 한다; 그럼에도 불구하고, 기본 원리는 문제 5.13의 풀이의 일부로 알 수 있을 것이다.

그래도 해결의 키라도 알고 싶다면, 여기 있다! 이것이 가장 작은 블록으로 만든 구조다; [그림 5.18]을 보라.

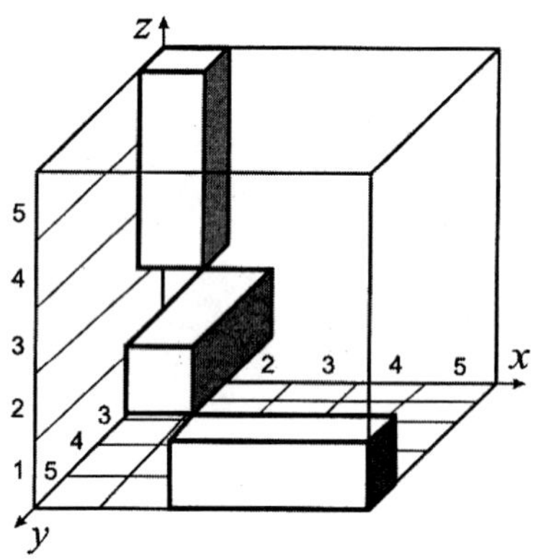

[그림 5.18] 콘웨이의 큐브 퍼즐의 시작 위치

가장 작은 블록 $1\times1\times3$은, [그림 5.18]과 같이, 세 측면 모두에서 5×5층 15개를 모두 차지해야 한다. 이것을 기초로, 이미 자리 잡은 가장 작은 블록 $1\times1\times3$ 주위에 더 큰 블록 $1\times2\times4$, $1\times2\times2$, $2\times2\times2$를 쌓는 여러 가지 방법 중 하나를 찾는 것은 특별히 어렵지 않다. 인내심이 부족하고 정신력이 약한 독자는 이 장 끝에 있는 완전한 풀이를 보라.

끝으로 앞에서 말한 슬로트호우베르-그라츠마-콘웨이 큐브 퍼즐을 제시한다.

문제 5.13* 6개의 $1\times2\times2$블록과 3개의 $1\times1\times1$블록을 결합하여 $3\times3\times3$블록 1개를 만들어라.

이 장에서 제시한 문제의 풀이를 제시하기 전에, 독자도 흥미를 가질 만한 콘웨이의 $5\times5\times5$큐브 퍼즐의 두 가지 변형을 소개 한다. 첫 번째 변형에는 $1\times2\times4$ 블록 14개, $1\times1\times3$블록 3개, $1\times2\times2$블록 1개를 사용한다. 두 번째 변형은 $1\times2\times2$블록 30개와 $1\times1\times1$ 블록 5개를 사용하여 $5\times5\times5$큐브 하나를 결합하는 것이다.

5장 문제 풀이

5.2 한 가지 해가 [그림 5.19]에 있다.

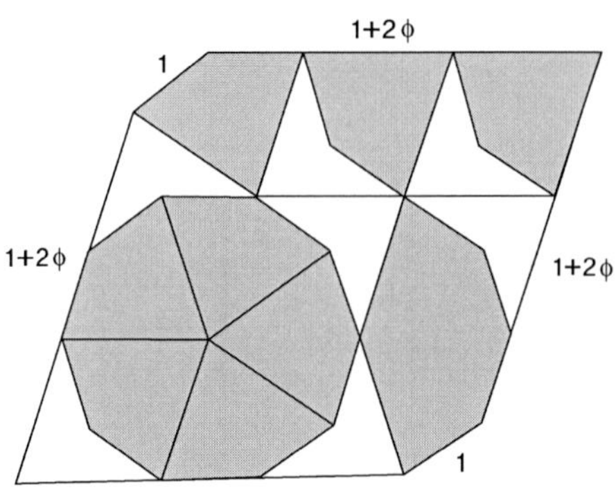

[그림 5.19] 연과 화살로 잘린 마름모 타일링 하기

5.4 [그림 5.20]이 절대적인 최소 해다. 둘레 길이 34는 더 줄일 수 없다. 그림에 있는 풀이는 1984년 토르비엔이 처음 제시했다. 이 문제는 컴퓨터 프로그램을 사용하면 효율적으로 풀 수 있다.

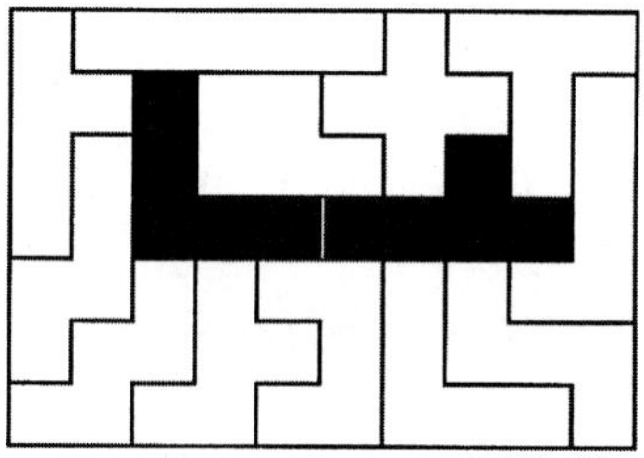

[그림 5.20] 둘레 길이가 최소인 펜타미노–직사각형

5.5 [그림 5.21]이 처음 문제의 해다. 유명한 영국의 체스 문제 제작자인 도슨이 정사각형 테트라미노를 임의의 자리에 놓아도 해가 존재함을 증명했다. 1958년 프린스턴 대학교 출신 수학자 스코트가 컴퓨터 프로그램을 사용하여 중심에 정사각형이 있는 문제에 대하여 65가지 서로 다른 해(회전이나 반사로 얻을 수 있는 해를 제외하고)를 구했다. 그러나 12개 펜타미노 전부로 체스판을 채우는 해를 두데니가 처음 제시했다[55]. 그의 해에서 정사각형 테트라미노는 체스판 가장자리에 놓인다.

[그림 5.22]에 보는 것이 두 번째 문제의 해다.

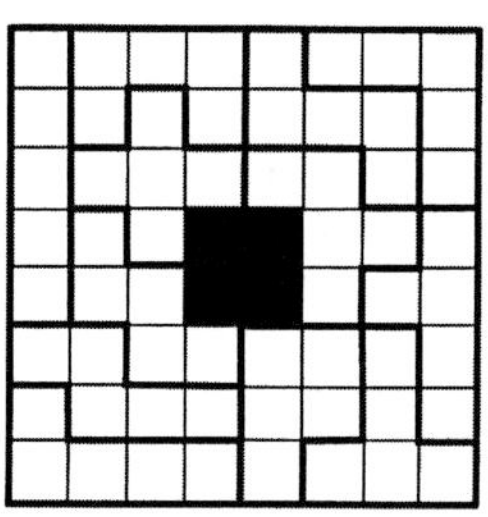

[그림 5.21] 가운데 정사각형이 없는 체스판

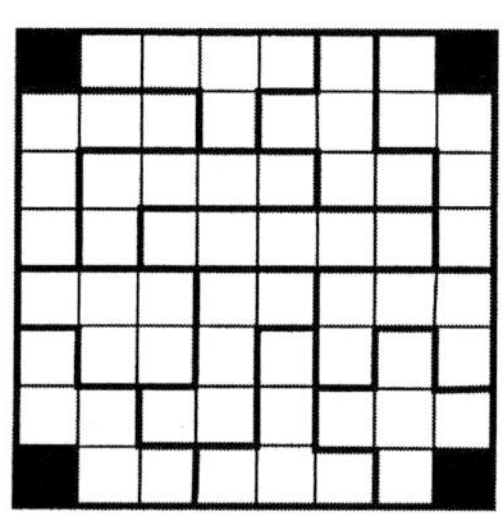

[그림 5.22] 귀퉁이 정사각형이 없는 체스판

5.6 체스판이 검은 색과 흰 색으로 칠해졌다는 것을 생각하자; [그림 5.23]을 보라. 잘라낸 정사각형은 둘 다 검은 색이어야 하므로, 흰색 정사각형 32개 검은 색 정사각형 30개가 있다. 도미노 하나는, 수평이거나 수직이거나, 항상 흰 색 하나와 검은 색 하나의 정사각형을 채운다. 그러므로 타일링을 할 수 없다. 색칠하기 원리는 다양한 꾸리기 문제 해결에 유용하게 적용할 수 있음을 주목하기 바란다. 클라너[114]를 보라.

색칠하기 논증에 기초한 유사한 방법이 0과 1로 하는 방법이다; 흰색 정사각형에 0을, 검은 색 정사각형에 1을 적는다. 이 수들의 합은 30이다. 한 편, 도미노-합은 도미노마다 1이고, 전체 도미노 합은 $31 \times 1 = 31$, 즉 30이 아니다. 이것이 타일링이 불가능함을 증명한다.

[그림 5.23] 잘라낸 체스판의 타일링

5.7 L-타일이 러시아인 파지토노프와 게라시모프가 제안한 유명한 컴퓨터 게임 "테트리스"에 나오는 잘 알려진 조각인 테트라미노의 하나임을 생각한다. 제시한 타일링 문제는 문제5.6의 풀이에서 나온 수-색칠 논법을 활용하면 효율적으로 해결할 수 있다.

먼저 [그림 5.24]와 같이 큰 정사각형의 작은 칸에 1과 5를 써 넣는다. 각각의 L-테트라미노는 1셋과 5하나, 또는 5셋과 1하나를 채우므로, 타일 하나의 합은 8 또는 16, 바꿔 말하면 8의 배수이다. 이제 큰 정사각형 위의 수 전체 합 S는 $S = 5 \times 10 + 5 \times 50 = 300$이고, 300은 8의 배수가 아니므로, 타일링은 불가능하다는 결론이 나온다.

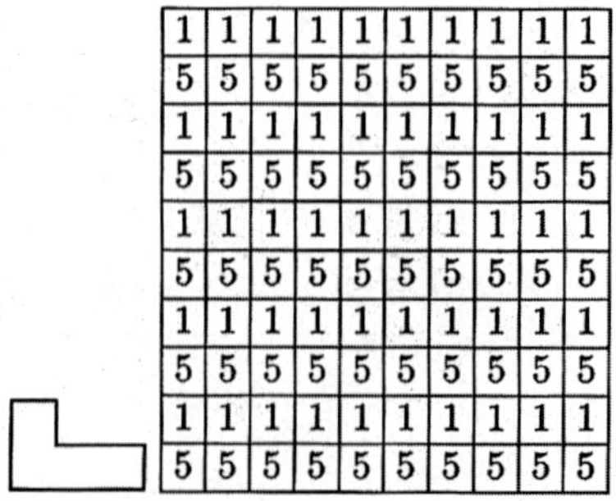

[그림 5.24] L-테트라미노로 타일링 하기

5.9 [그림 5.25]에 구하는 풀이가 있다.

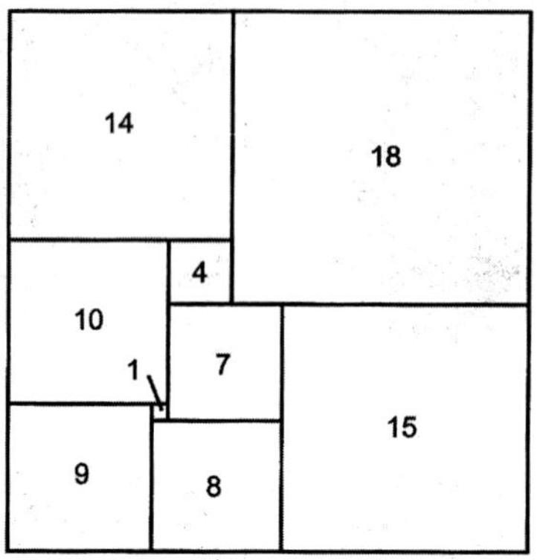

[그림 5.25] 9개 정사각형으로 구성한 직사각형

5.12 해를 xyz 좌표계로 나타내지만, [그림 5.18]에서와 같이 점 대신 조각을 택한다. 예를 들어, 원점 코너에 있는 단위 큐브는 (1, 1, 2)로 표시하고, 시작하면서 놓았던 가장 작은 세 블록 $1\times1\times3$은 "좌표"가 (1, 1, 345), (2, 234, 2), (345, 5, 1)이다([그림 5.18]을 보라). 집합 1, 2, 3, 4, 5에서 택한 숫자의 개수는 해당하는 방향으로 블록의 치수(단위 큐브의 개수)를 나타낸다. 예를 들어, (345, 5, 1)은 치수가

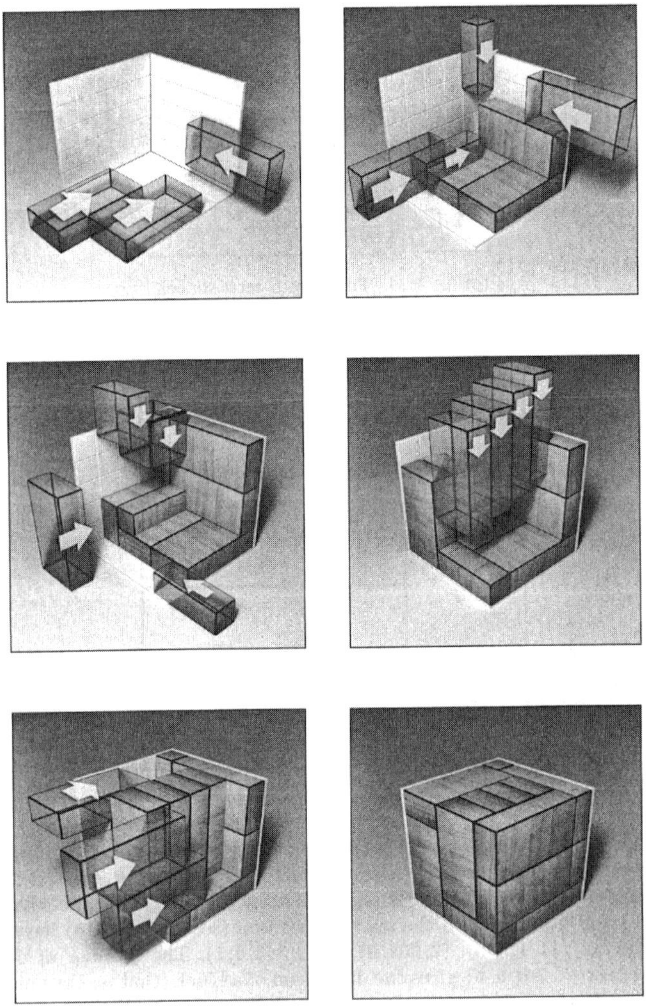

[그림 5.26] $5\times5\times5$큐브 꾸리기를 설명하는 그림이다.

$3\times1\times1$인 블록이 x-축을 따라 조각 3, 4, 5를, y-축을 따라 조각 5를, z-축을 따라 조각 1을 차지하는 것을 나타낸다. 이 표기를 사용하여 아래와 같이 해를 제시한다.

1-3	(23, 1234, 1)	(45, 1234, 1)	(2345, 1, 23)
4-6	(2345, 1, 45)	(1, 1234, 12)	(1, 1, 345)
7-9	(2, 234, 2)	(12, 23, 34)	(12, 4, 34)
10-12	(12, 5, 1234)	(345, 5, 1)	(34, 2, 2345)
13-15	(34, 3, 2345)	(34, 4, 2345)	(34, 5, 2345)
16-18	(5, 2345, 23)	(5, 2345, 45)	(12, 2345, 5)

5.13 콘웨이의 $5\times5\times5$ 큐브와 같이, 일단 초기 구조만 정확히 놓게 되면 해는 어렵지 않다. $3\times3\times3$ 큐브는 각 측면에서 3개씩 9개 층(횡단면)이 있는데, [그림 5.27] 왼쪽이 그 중 하나로 색칠하기가 되어 있다. $1\times2\times2$블록은 항상 각 층에서 짝수 개의 방을 차지하고 $1\times1\times1$블록이 들어 갈 1개 또는 3개의 방을 남긴다. 3개의 단위 블록이 모두 한 층에 들어갈 수 없다. 왜냐하면 남은 층을 $1\times2\times2$ 블록으로 완전히 채울 수 없기 때문이다. 그러므로 9개의 층 모두 $1\times2\times2$블록을 하나씩만 가져야 한다. 더구나, 단위 큐브는 중앙에 있거나 한 구석(검은색 방)에 있어야 한다. 실제로, 단위 큐브를 흰색 방에 놓으면 흰색 방 3개와 검은색 방 5개를 $1\times2\times2$블록으로 채워야 한다. 그러나 남은 검은색 방과 흰색 방의 수가 같기 때문에 이것은 불가능하다. 조건을 만족시킬 유일한 방법은 3개의 $1\times1\times1$ 블록을 공간에서 대각선으로 놓는 것이다. 문제 5.12 해의 표기를 사용하면, 단위 큐브의 초기 위치를 (1, 1, 3), (2, 2, 2), (3, 3, 1)로 나

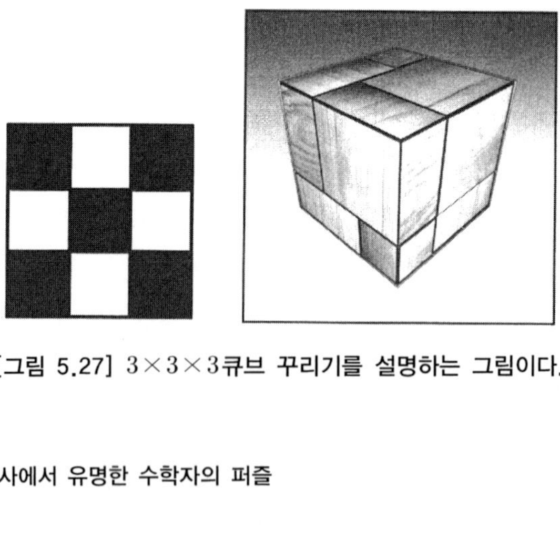

[그림 5.27] $3\times3\times3$**큐브 꾸리기를 설명하는 그림이다.**

타낼 수 있다. 물론, 다른 공간 대각선으로 놓아도 된다.

앞에서 말한 단위 큐브의 초기 위치로 시작한 해는 다음과 같다.

1-5	(12, 1, 12)	(12, 23, 1)	(3, 12, 12)	(3, 3, 1)	(2, 2, 2)
6-9	(1, 23, 23)	(23, 12, 3)	(23, 3, 23)	(1, 1, 3)	

[그림 5.27]의 오른쪽은 $3\times3\times3$큐브를 완성한 그림이다.

제6장

물리 문제

물리학에서는, 스스로 문제를 일으키며 돌아다닐 필요가 없다
– 자연이 그것을 해주니까.

Frank Wilczek

오래된 퍼즐 가운데는 기본적인 물리 원리에 의지하거나 물리적 대상을 포함하는 것이 있다. 아킬레스와 거북이의 경주에 관한 제논의 역설은 누구나 익숙하다. 아리스토텔레스는 '물리학'에서 가장 빠른 선수가 가장 느린 사람을 결코 추월할 수 없다고 했다. 왜냐하면 쫓아가는 사람은 먼저 반드시 앞선 사람이 출발했던 곳에 이르러야 하고 그래서 앞서 출발했던 사람은 항상 선두를 유지하기 때문이다. 놀랍게도, 어떤 철학자들은 아직까지 이 역설에 대한 올바른 설명이 주어지지 않았다고 생각한다.

과학이 시작될 때부터, 수학과 과학은 밀접하게 협력했다. 많은 수학 이론이 물리 문제를 해결하면서 제기되었다. 한편으론, 물리학에서 새로운 이론의 발전이 심오한 수학이 없이는 불가능했다(예를 들어, 아인슈타인의 상대성 이론이나 양자 역학). 그렇지만, 때로는 수학자와 물리학자 사이가 좋지 않기도 했다. 유명한 물리학자 러더퍼드Ernest Rutherford는 "모든 과학은 물리학이거나 우표 수집하기다"라고 말한 적이 있다. 당시의 위대한 수학자 힐베르트는 "물리학은 물리학자에게 너무 어렵다"고 말하며, 필요한 수학은 일반적으로 그들 능력 밖에 있다는 의미의 말을 하여 그 말에 갚았다. 인터넷 사이트에 널리 퍼져 있는 농담이 있다:"공학자는 자기 방정식이 실세계의 근사치라고 생각한다. 물리학자는 실세계가 자기 방정식의 근사치라고 생각한다. 수학자는 관심 없다." 하나 더: "수학자는 증명될 때까지 아무 것도 믿지 않고, 물리학자는 틀렸다고 증명될 때까지 모든 것을 믿는다."

많은 물리-수학 퍼즐이 운동, 추적 거리, 컴퓨터 문제, 유체의 성질, 균형 문제, 타임머신, 물리적 원리와 현상과 관련되어 있다. 물리에만 속하고 수학은 거의 포함하지 않은 퍼즐은 이 책에서 다루지 않는다. 그런 문제는 전적으로 물리 문제만 다루는 책에서 볼 수 있을 것이다. 이 장에서는 독자가 고등학교 물리 정도의 기본 지식을 가지고 있다고 보고 물리학 용어를 자유롭게 사용하겠다.

처음 퍼즐은 아르키메데스로부터 비롯된 히에로 왕의 금관에 관한 고전 문제다. 이 문제의 해는 아르키메데스가 발견한 정수역학의 제1 법칙에 기초를 두고 있다. 독자는 목욕탕 물이 넘치는 것을 보고 이 법칙을 발견하자 흥분하여 발가벗은 채 "유레카!"를 외치며 거리를 달려간 아르키메데스의 이야기를 알고 있을 것이다. 오렘의 운동 문제는 무한급수의 합 대신 기하학적 방법을 사용한 우아한 해를 보여 주기 위한 것이다. 이것은 14세기에 이룬 훌륭한 업적이다. 복잡하고 긴 식을 외어서 빠르게 다루는 폰 노이만의 능력과 관련해서 무한급수의 합도 이야기 한다. 이 장에서 주된 관심을 둔 문제는 1932년에 라도가 제안하고, 리틀우드와 베시코비치를 포함하여 많은 수학자들이 연구한, 원형 경기장의 사자와 죄수에 관한 유명한 문제다.

아르키메데스(기원전 280–220)(→ 359쪽)

• 히에로 왕의 금관

자주 얘기되는 히에로 왕의 금관 이야기는 아르키메데스Archimedes와 관련 있다[1](예를 들어 [100]을 보라):

> 승리를 기념하기 위해, 히에로 왕은 순금 왕관을 주문했다. 왕관이 완성되었을 때, 금세공인이 일부 금을 가져가고 대신 은으로 바꿔쳤다는 소문이 돌았다. 절도 사실을 조사할 방법을 찾지 못한 왕은 사건을 아르키메데스에게 의뢰했다. 아르키메데스는 이 문제를 생각하던 중 우연히 목욕을 하게 되었다. 그는 탕에 들어가면서 탕 밖으로 흘러넘치는 물의 양은 탕 속에 들어가는 자기 몸의 부피와 같다는 생각을 하게 되었다. 아르키메데스는 이 사실을 바로 자기 문제에 적용할 수 있다는 것을 깨달았다. 신이

1) 기원전 3세기 시라큐스의 왕 히에로, 혹은 히에론은 아리키메데스의 친척이었다(역사가에 의하면).

난 그는 탕에서 일어나 옷 입는 것도 잊고 벌거벗은 채 집으로 달리며 외쳤다: "유레카, 유레카! (내가 알아냈다!)."

아르키메데스의 발견은, 사실, 그의 첫 번째 저서 『부체에 관하여』에서 명제 7로 제시된 정수역학의 제1법칙이다:

유체에 담긴 물체는 자신의 실제 무게보다 밀어낸 유체의 무게만큼 가벼워진다.

왕관 문제로 돌아와 다음 과제를 풀어 보자.

문제 6.1 아르키메데스의 정수역학 법칙을 사용하여 히에로 왕관의 은에 대한 금의 비율을 구하여라.

무게가 w인 왕관이 무게가 각각 w_1, w_2인 금과 은으로 구성되었다고 하자. 왕관의 은에 대한 금의 비율을 정하기 위해 먼저 물속에서 왕관의 무게를 재고 F만큼 가벼워졌다고 하자. 이 양은 흘러나온 물의 무게를 재면 결정할 수 있다. 다음에 무게 w인 순금이 물속에서 을 가벼워지는 무게를 F_1이라고 한다. 무게 w_1인 금이 밀어낸 물의 무게는 $\frac{w_1}{w}F_1$이다. 마찬가지로, 무게 w인 순은이 밀어낸 물의 무게가 F_2라면, 무게가 w_2인 은이 밀어낸 물의 무게는 $\frac{w_2}{w}F_2$이다.
그러므로

$$F = \frac{w_1}{w}F_1 + \frac{w_2}{w}F_2.$$

마지막 식에 $w = w_1 + w_2$를 대입하여 은에 대한 금의 비율

$$\frac{w_1}{w_2} = \frac{F - F_2}{F_1 - F}$$

을 구한다.

오렘(1320–1382) (→ 362쪽)

프랑스의 수학자 니콜 오렘Nicole Oresme의 경력은 대학 교수직에서 주교직에 이른다. 그는 수학자, 물리학자, 천문학자, 철학자, 음악학 연구가, 신학자이었고, 마지막엔 리지외Lisieux의 주교였다. 오렘은 14세기에 가장 탁월하고 영향력 있는 철학자였다. 오늘날 널리 알려진, "내가 아는 것이 하나도 없다는 것을 안다는 것 외엔 진실로 내가 아는 것이 없다"는 변명은 오렘이 했다고 한다.

운동 문제를 생각하며, 특히 속도와 가속도를 양으로 나타내면서 오렘은 속도와 시간 사이의 함수관계를 곡선으로 나타내려는 기본적인 아이디어를 개발했다; 클라제트[36]을 보라. 코살리가 더 일찍 운동 그래프를 제시했으나 명료성과 영향력이 부족했다.

- **여행한 거리**

오렘의 기하학적 기법은 이 분야에서 갈릴레오(1564-1642)의 연구보다 250년 앞서 나왔다. 오렘은 앞에서 말한 주제를 추상적인 의미로만 연구했다; 이는 다음 한없이 증가하는 속도 문제에서 분명해진다.

문제 6.2 한 물체의 속도가 시간 구간 AB의 처음 절반동안에는 1이고, 다음 4분의 1 동안에는 2, 다음 8분의 1 동안에는 3, 다음 16분의 1 동안에는 4, 이와 같이 한 없이 계속된다. 총 여행한 거리를 구하여라.

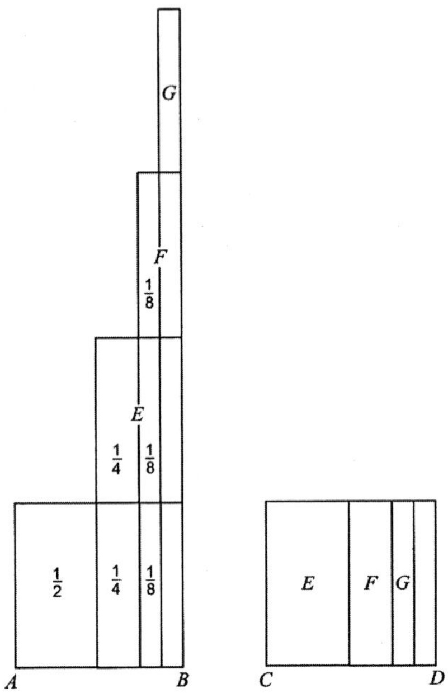

[그림 6.1] 무한급수의 합을 구하는 기하학적 방법

풀이 아래 주어진 무한 급수의 합이 여행한 거리다:

$$S = \frac{1}{2} \cdot 1 + \frac{1}{4} \cdot 2 + \frac{1}{8} \cdot 3 + \cdots + \frac{1}{2^n} \cdot n + \cdots \tag{6.1}$$

오렘은 멋진 기하학적 방법을 사용하여 이 합 2를 구했다. 그는 AB $(=1)$와 같은 길이의 밑변 CD인 정사각형을 그리고, 그것을 "2 대 1의 비율로 무한히 계속해서 나누었다"([그림 6.1]). 바꾸어 말하면, E는 정사각형의 절반을 나타내고, F는 4분의 1, G는 8분의 1, 등등. 직사각형 E를 정사각형 AB 위의 오른쪽 절반 위에 놓고, F를 오른쪽 4분의 1 위 새 도형 꼭대기에, G를 오른쪽 8분의 1 위에, 등등. 새 도형의 전체 넓이는, 여행한 전체 거리를 나타내고, 무한급수의 합과 같을 뿐 아니라 처음 두 정사각형의 넓이의 합과 같다.

잠시 쉬면서 오렘의 합을 즐겁게 구해 보기를 권한다.

문제 6.3* 무한급수의 합 (6.1)을 기본적인 방법으로 구하여라. 도함수를 이용하지 말기 바란다.

[그림 6.1]과 "포장" 법으로 합을 구하는 과정은 앨버타 대학교(캐나다)의 레오 모세르교수의 미묘한 문제와 매우 닮았다. 변이 $1/2$, $1/3$, $1/4$, $\cdots$인 정사각형들을 생각하자. 이 수들은 합이 무한인 소위 조화급수

$$\frac{1}{2}+\frac{1}{3}+\frac{1}{4}+\cdots$$

을 이룬다. 증명은 급수나 미적분학에 관한 거의 모든 교재에서 찾아볼 수 있다. 어쨌든 이 정사각형들의 넓이의 전체 합은 유한이다. 이것은 1746년

$$\left(\frac{1}{2}\right)^2+\left(\frac{1}{3}\right)^2+\left(\frac{1}{4}\right)^2+\cdots=\frac{\pi^2}{6}-1\approx 0.644934$$

를 구한[2)] 오일러가 발견했다. 이 결과를 염두에 두고, 레오 모세르는 다음 문제를 제시했다:

문제 6.4* 변이 $1/2$, $1/3$, $1/4$, $\cdots$인 무한 개의 정사각형을 겹치지 않게 단위 정사각형 안에 집어넣을 수 있겠는가?

루카스(1842–1891)(→ 371쪽)

프랑스의 수학자 루카스Edouard Lucas는 수론에서의 연구로 잘 알려

---

2) C. B. Boyer에 의하면 [26], 오일러의 멘토 요한 베르누이가 오일러보다 4년 먼저 이 결과를 얻었다고 한다.

져 있다: 그는 소수 판정법을 제시했는데, 뒤에 레머D.H. Lehmer에 의해 1930년에 수정되어 오늘 날까지 루카스-레머 판정법이란 이름으로 사용되고 있다. 루카스는 특히 피보나치의 토끼 문제 (14쪽)에서 제기되어 피보나치 수열이란 이름이 붙은 $F_n = F_{n-1} + F_{n-2}$로 정의된 수열을 연구하였다. 이 책에 제시된 일부 문제는 레크리에이션 수학에 관한 루카스의 4권의 저서 『레크리에이션 수학』(1882–94)에서 가져온 것이다.

• 마주치는 여객선

문제 6.5 날마다 정오에 배 한척이 뉴욕을 향해 르아브르 항을 출발하고, 마찬가지로 뉴욕에서도 매일 한 척씩 배가 출발하여 르아브르로 온다. 항해는 7일 낮과 7일 밤 계속된다. 뉴욕까지 가는 동안, 오늘 출발한 뉴욕-행 배는 르아브르-행 배를 몇 척이나 만나겠는가?

이 문제에는 트릭이 있으므로 조심해야 한다. 이미 항해 중에 있는 배를 망각하고 재빨리 "일곱"이라고 하면 틀린다. 납득할 만한 풀이를 도표로 그렸다.

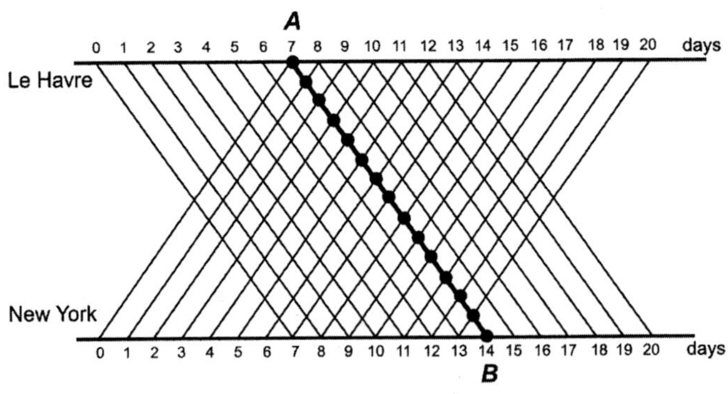

[그림 6.2] 횡단하는 배

르아브르에서 출발하는 순간에([그림 6.2]에서 점 A), 배 8척이 르아브르로 오는 도중에 있다. 실제로, 그 중 한 척은 막 르아브르 항에 들어오고, 또 다른 한 척은 뉴욕 항을 막 출발하고 있다. A에서 출발하는 배는 이들을 모두 만난다. 게다가, 르아브르 배가 7일 동안 항해하는 도중에 7척이 뉴욕을 떠나고 그 가운데 마지막은 항구에 들어가는 순간에 만난다. 그러므로 전부 만나는 수는 15다. 도표에서 보면 항로를 선분 AB로 나타낸 배는 바다에서 13척의 다른 배와 만나고, 여기에 출발 하는 순간(르아브르 항)과 도착하는 순간(뉴욕 항)에 만나는 2척을 더해서 전부 15임을 분명히 알 수 있다.

폰 노이만(1903–1957) (→ 374쪽)

폰 노이만John von Neumann은 확실히 수학계에 여러 가지 뚜렷한 업적을 달성한 20세기의 가장 위대한 수학자 가운데 한 사람이다. 많은 사람들이 폰 노이만을 수학적 게임 이론의 창시자요 고성능 컴퓨터와 세포 자동자의 개발의 공로자로 생각한다. 그는 맨 처음 설치된 전자 컴퓨터의 하나인 EDVAC의 설계에 크게 공헌했다. 많은 과학자들이 그랬듯이 제2차 세계대전 동안 폰 노이만 역시 수소폭탄 개발을 가능하게 하는 순수와 응용 수학과 물리의 핵심 문제에 대하여 연구했다. 자기 일에만 몰두했던 동료들과 달리 폰 노이만은 비범한 스타일로 생활했다. 그와 아내 클라라는 그들의 프린스턴 집에서 기억할 만한 파티와 연회를 베풀면서 활동적인 사교 생활을 즐겼다.

폰 노이만은 어려서부터 믿을 수 없는 기억력을 나타냈다는 이야기가 많이 있다. 여섯 살 때 아버지와 옛날 그리스어로 농담하면서 암산으로 두 여덟 자리 수의 나눗셈을 하였다. 노이만 가족은 때때로 전화번호부를 기억하는 쟈니(노이만의 애칭)의 능력을 보여주며 손님을 즐겁게 했다. 손님이 전화 번호부에서 임의로 페이지와 난을 선택하면, 어린 쟈니는 그 난을 몇 번 읽고 난 다음 누가 어떤 번호에 속하는지, 이름, 주소, 번호를 순서대로 외운다든지 어떤 질문에도 답을 했다. 그는 역사도 좋아했고, 한 번 읽은 것은 무엇이건 기억하기 때문에 비잔틴 역사, 잔 다르크의 재판의 내용, 미국 남북전쟁의 세부적 특징 등 여러 문제에서 전문가가 되었다.

폰 노이만의 친구인 뛰어난 수학자 할모스는 [98]에서 또 다른 유명한 수학자 폴리아가[3] 다음과 같은 말을 했다고 했다: "쟈니는 내가 두려워 한 유일한 학생이었다. 만일 내가 강의 도중 미해결 문제를 말했다면, 그에게는 강의가 끝나자마자 종이쪽지에 갈겨 쓴 완전한 풀이를 나한테 내밀 기회였다." 할모스는 또 폰 노이만의 형편없는 운전 실력이 가관이었다는 말도 했다. 폰 노이만 자신이 여러 사건 가운데 하나를 얘기했다:"도로를 내려가고 있었다. 오른쪽에 가로수가 질서 있게 시속 60마일로 지나갔다. 갑자기 가로수 하나가 내 앞에 발을 내밀었다. 꽝!"

• 소녀와 새

이 오래된 문제는 레크리에이션 수학에 관한 많은 책에서 여러 가지 형태로 볼 수 있다. 여기에 간단한 것 하나를 제시한다.

문제 6.6 한 소녀가 벽에서 500m 거리에 서 있고 새 한 마리가 그녀의 머리에 앉아 있다. 소녀와 새가 같이 벽을 향하여 직선으로 움직이기 시작했다. 소녀는 매초 5m의 속도로 달리고, 새는 매초 15m로 날아간다. 벽에 도달하면, 새는 즉시 방향을 바꾸어 소녀의 머리로 돌아오고 거기서 다시 방향을 바꾼다. 소녀가 벽에 도

3) 흥미롭게도 폰 노이만, 할모스, 그리고 폴리아 모두 헝가리의 부다페스트에서 태어났다.

착할 때까지 새가 이렇게 왔다 갔다를 계속한다면 새가 날아다닌 거리는 모두 얼마나 될까?

많은 사람들이 이 고전적인 문제를 어렵게 풀려고 했다. 그들은 소녀가 달리는 동안 소녀와 벽 사이에 새의 경로의 길이를 합했다. 이 경로는 점점 짧아지므로 그렇게 하면 무한급수의 합을 구해야 하는데 이것은 복잡하다. 그러나 이 풀이는 매우 간단해서 “트릭”이라고 부를 수 있다. 이것은 소녀가 벽에 닿을 때까지 100초 동안 걷는다는 아는 것으로 충분하다. 그래서 새는 100초 동안 날고 날아다닌 거리는

$$(\text{매초 } 15\text{m}) \times (100\text{초}) = 1{,}500\text{m}.$$

고등학교 선생님이 이 문제를 폰 노이만에게 주었더니 그가 즉시 풀었다는 이야기가 있다. “아, 넌 트릭을 알았구나” 라고 선생님이 말하자, 노이만은 “트릭이라니요? 그건 쉬운 급수였어요”라고 대답했다.

폰 노이만이 사용했을 법한 비행시간에 대한 “쉬운 급수”를 제시하겠다.

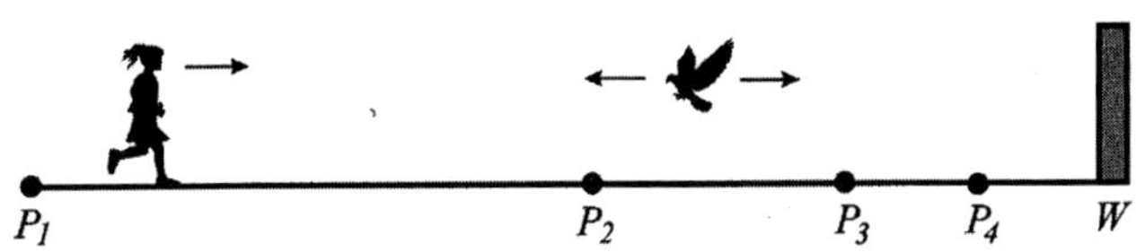

[그림 6.3] 소녀와 새

[그림 6.3]에서와 같이 처음 위치를 P_1이라고 하고 벽에서 돌아오는 지점을 W라고 하자. 그러면 P_1이 처음 소녀의 머리 위에 있는 새의 위치다. $P_i(i=1,\ 2,\ \cdots)$를 새와 i번째 만나는 점이라고 하고 t_i를 i번째 와 $i+1$번째 만나는 동안 경과한 시간이라고 하자. P_1에서 W

까지의 거리를 D하고 , v_B를 새의 속도, v_G를 소녀의 속도라고 하자 $(v_B > v_G)$.

t_1 동안 새는 P_1에서 W까지 갔다가 P_2로 돌아온다. 그리고 t_1 동안 소녀는 P_1에서 P_2까지 가므로

$$t_1 v_B + t_1 v_G = 2|P_1 W| = 2D \tag{6.2}$$

마찬가지로, t_2 동안 소녀와 새가 움직인 거리는 합해서 P_2에서 W까지의 두 배이므로

$$\begin{aligned} t_2 v_B + t_2 v_G &= 2(|P_1 W| - |P_1 P_2|) \\ &= 2(D - v_G t_1) = t_1 v_B - t_1 v_G \end{aligned} \tag{6.3}$$

이다. 여기서 (6.2)를 이용하여 (6.3)의 마지막 등식을 얻었다. 시간 t_3 동안에는

$$\begin{aligned} t_3 v_B + t_3 V_G &= 2(|P_1 W| - |P_1 P_2| - |P_2 P_3|) \\ &= 2(D - v_G t_1 - v_G t_2) = t_2 v_B - t_2 v_G \end{aligned} \tag{6.4}$$

여기서 (6.3)을 (6.4)의 마지막 등식을 얻는데 사용하였다. (6.4)로부터 일반적으로

$$t_i = \frac{v_B - v_G}{v_b + v_G} t_{i-1} = K t_{i-1} = \cdots = k^{i-1} t_1, \quad K = \frac{v_B - v_G}{v_B + v_G}$$

을 얻는다. $K < 1$이므로 , 전체 시간 T는

$$\begin{aligned} T &= \lim_{n\to\infty} \sum_{i=1}^{n} t_i = \lim_{n\to\infty} t_1 \sum_{i=0}^{n-1} K^i = \frac{2D}{v_B + v_G} \cdot \frac{1}{1-K} \\ &= \frac{2D}{v_B + v_G} \cdot \frac{1}{1 - (v_B - v_G)/(v_B + v_G)} = \frac{D}{v_G}. \end{aligned}$$

그래서 새가 여행한 전체 거리는 $v_B T = v_B D / v_G$이므로, “트릭”해와 같다.

[그림 6.4]에서 보는 것과 같이 소녀와 새의 경로를 거리-시간의 그

래프로 나타내면 유용하다. 그림에서 선분의 기울기는 각각 소녀와 새의 속도 v_G와 v_B에 비례한다. 점 P_1, P_2, P_3, …는 소녀와 새가 만나는 지점을 나타낸다. 물론, 지그재그가 무한히 반복되기 때문에 W까지 가는 새의 경로를 끝까지 그릴 수 없다.

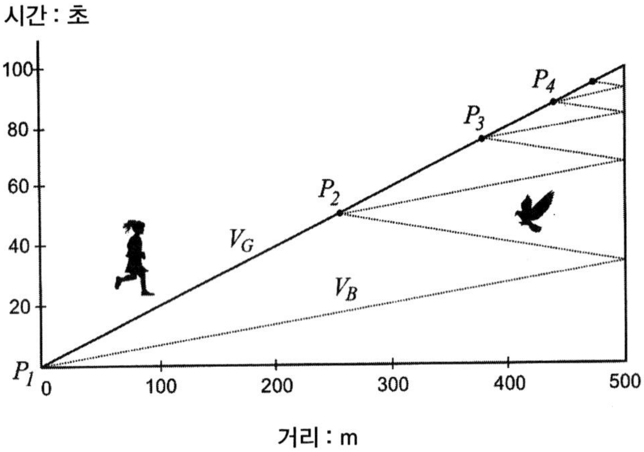

[그림 6.4] 소녀와 새 문제에 대한 거리-시간 그래프

이 문제를 더 복잡하게 변형해서 훨씬 지루한 시간과 노력을 요구하는 무한급수가 나오는 문제를 보자.

문제 6.7* 자동차 두 대가 140마일 떨어진 A와 B 두 지점에서 출발하여 같은 도로로 서로를 향해 C에서 충돌할 때까지 달린다. 그들의 속도는 시간당 30마일과 40마일이다. 그들이 출발하는 순간 새 한 마리가 A지점에서 곧바로 B에서 출발한 자동차를 향해 날기 시작했다. 새가 다른 차에 도달하는 순간, 새는 되돌아 방향을 바꾼다. 새는 이런 식으로 시속 50마일의 속도로 두 차가 만날 때까지 왔다 갔다를 반복한다. 새가 날아다닌 길은 얼마나 될까?

우리는 제7장과 제9장에서 “강 건너기” 문제를 만나게 되는데, 다음 문제는 이 강 건너기 문제와 새의 경로 문제 두 가지 맛이 모두 나는 문제다.

문제 6.8* 수학자이며 사공인 네 사람이 두 사람만 태울 수 있는 보트로 강을 건너려고 한다. 사공 R_1이 혼자 강을 건너는데 1분 걸리고, 사공 R_2, R_3, R_4는 각각 2분, 6분, 9분이 걸린다. 수학자인 그들은 강을 건너는 최적의 전략을 세웠다. 그들은 직선으로 강 반대편 언덕을 향해서 노를 저었다. 그들이 노를 젓기 시작하는 순간, 백조 한 마리가 강 위에서 헤엄치기 시작하여 1분에 60m의 속도로 직선으로 나아갔다. 백조가 반대편 강 언덕에 도착하는 순간 수학자들은 이동을 완료했다. 강폭은 얼마인가?

리틀우드(1885–1977) (→ 372쪽)

베시코비치(1891–1970) (→ 373쪽)

라도(1906–1989) (→ 374쪽)

- **사자와 죄수**

라도Richard Rado가 1932년에 제시한 사자와 죄수에 관한 문제는 리틀우드John E. Littlewood와 베시코비치Abram Besicovitch를 포함하여 많은 수학자의 큰 관심을 모았던 레크리에이션 영역에 속하는 문제다. 이 문제는 다음과 같다:

문제 6.9 한 죄수가 원형 경기장에 사자 한 마리와 함께 있다. 죄수와 사자는 경기장 전체를 움직일 수 있는 최대 속도가 같다. 죄수가 경기장을 벗어나지 않고도 사자한테 절대로 붙잡하지 않을 이동 경로를 찾아낼 수 있을까? 죄수와 사자 모두 지치지 않는 무한한 힘이 있다고 가정한다.

[그림 6.5] 원형 경기장의 죄수와 사자

그 후 25년 동안, 입증된 “반박할 수 없는” 증명으로, 죄수는 사자로부터 도망칠 수 없다는 의견이 우세했다. 사반세기가 지나 케임브리지 대학교 교수 베스코비치가 이런 가정이 틀렸다고 증명했다. 뛰어난 영국의 수학자 리틀우드(1885-1977)가 쓴 흥미로운 책 『A Mathematican's Miscellany』(런던 1957)에, 죄수가 사자에게 붙잡히지 않고 피할 수 있는 전략에 대한 베시코비치의 증명이 실렸다. 이 문제가 리틀우드의 관심을 끌었기에 그는 책에서 이 문제를 논의했다. 이 문제에 대해 더 많은 것을 라도의 논문 〈사자 조련사를 구하는 방법〉(Ontario Secondary School Mathematics Bulletin, 1972년 10월)과 피터 라도와 리차드 라도의 공동 논문[144]에서도 볼 수 있다. 이들 참고 문헌에 주어진 자료를 기초로 이 흥미롭고 도전적인 문제의 해를 제시해 보기로 한다.

간략히 하기 위해 사자와 죄수를 수학적인 점이라고 하고 그들의 속도가 최대 속도 v를 초과하지 않는다고 가정한다. 원형 경기장의 반지름을 r, 중심을 C, M_0와 L_0를 죄수와 사자의 출발하는 위치, d_0를 그들 사이의 처음 거리($|M_0L_0| = d_0$), 그리고 s_0를 죄수가 처음 출발하는 위치에서 원의 중심까지의 거리라고 하자($|M_0C| = s_0 < r$); [그림 6.6(a)]를 보라. 죄수가 살아남기 위해서는, 다음 전략을 적용해야 한다.

첫 번째 시간 구간 t_1 동안 죄수는 M_0L_0의 방향과 수직으로 v 속도로 이동하면서, 거리$(r - s_0)/2$를 갈 때까지 항상 중심에 가깝도록 방향을 택한다. M_0L_0가 중심을 지나는 경우에는 양쪽 방향이 같으므로 아무 쪽이나 택할 수 있다. 그러므로 도피하는 첫 단계의 시간은

$$t_1 = \frac{r - s_0}{2v}$$

동안 지속된다. 그 시간 후, 원의 중심으로부터 죄수(점 M_1에 와 있다)의 거리 s_1은 부등식

$$s_1 \le \sqrt{s_0^2 + \left(\frac{r - s_0}{2}\right)^2}$$

을 만족하고 죄수와 사자(점 L_1에 와 있다)의 거리 d_1은

$$d_1 \ge \sqrt{d_0^2 + \left(\frac{r - s_0}{2}\right)^2} - \frac{r - s_0}{2} > 0$$

이다([그림 6.6(b)]를 보라). 그러므로

$$s_1^2 \le s_0^2 + \frac{1}{4}(r - s_0)^2$$

두 번째 시간 구간에는 동안 죄수는 v 속도로 M_1L_1 방향과 수직으

로 거리 $(r-s_0)/3$를 갈 때까지 다시 중심 C에 가깝도록 방향을 택하면서 이동한다. 그러므로 두 번째 시간 구간은

$$t_2 = \frac{r-s_0}{3v}.$$

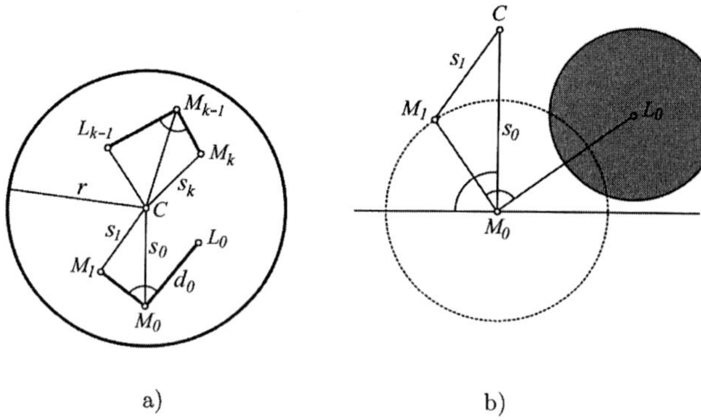

[그림 6.6] 죄수와 사자의 경로

$t_1 + t_2$ 시간 후 원의 중심에서 죄수(점 M_2에 와 있다)까지의 거리 s_2는

$$s_2 \le \sqrt{s_1^2 + \left(\frac{r-s_0}{2}\right)^2}$$

를 만족하고, 죄수와 사자(점 L_2에 와 있다) 사이의 거리 d_2는

$$d_2 \ge \sqrt{d_1^2 + \left(\frac{r-s_0}{3}\right)^2} - \frac{r-s_0}{3} > 0$$

를 만족한다. s_1과 s_2에 대한 부등식으로부터

$$s_2^2 \le s_1^2 + \frac{1}{9}(r-s_0)^2 \le s_0^2 + \frac{1}{4}(r-s_0)^2 + \frac{1}{9}(r-s_0)^2.$$

같은 방법으로 이 과정을 계속한다. k번째 시간 구간에 죄수는 v의

속도로 $M_{k-1}L_{k-1}$ 방향과 수직으로 길이 $(r-s_0)/(k+1)$인 길을 횡단할 때까지 자신을 경기장의 중심에 가깝도록 하면서 달릴 것이다. 이 과정에 해당하는 시간은

$$t_k = \frac{r-s_0}{(k+1)v}.$$

시간 $t_1+t_2+\cdots+t_k$가 지난 후 원의 중심으로부터 죄수(점 M_k에 와 있다)의 거리는

$$s_k \le \sqrt{s_{k-1}^2 + \left(\frac{r-s_0}{k+1}\right)^2}$$

이고, 사자(점 L_k에 와 있다)로 부터의 거리는

$$d_k \ge \sqrt{d_{k-1}^2 + \left(\frac{r-s_0}{k+1}\right)^2} - \frac{r-s_0}{k+1} > 0.$$

s_{k-1}, s_{k-2}, $\cdots$, s_1에 대한 경계조건에 의하여

$$s_k^2 \le s_0^2 + \frac{1}{2^2}(r-s_0)^2 + \frac{1}{3^2}(r-s_0)^2 + \cdots + \frac{1}{(k+1)^2}(r-s_0)^2.$$

이제 여기까지 설명한 전략을 따르면 죄수가 결코 사자에게 붙잡히지 않는다는 것을 증명하자. 증명의 근거는 간단한 다음 명제에 있다:

$n=2, 3, \cdots$에 대하여 $a_n = 1/n$이면,

(i) $a_2+a_3+a_4+\cdots = \infty$;

(ii) $a_2^2+a_3^2+\cdots+a_k^2 < 1-\dfrac{1}{k+1} \quad (k>1)$.

이 명제를 증명하자. 모든 $k=1, 2, \cdots$에 대하여

$$a_{k+1}+a_{k+2}+\cdots+a_{2k} \ge k \cdot a_{2k} = \frac{1}{2}$$

이므로 무한급수 $a_2+a_3+a_4+\cdots$는 각 수열의 합이 적어도 1/2인

서로 다른 연속되는 항들을 무한히 많이 포함한다고 할 수 있다. 이것은 분명히 급수 $a_2 + a_3 + a_4 + \cdots$가 발산하는, 즉 $n \to \infty$일 때 $a_2 + a_3 + a_4 + \cdots + a_n \to \infty$이다.

명제 (ii)를 증명하기 위해서

$$\frac{1}{(m+1)^2} < \frac{1}{m(m+1)} = \frac{1}{m} - \frac{1}{m+1} \quad (m = 1, 2, \cdots)$$

임을 알고 따라서

$$\begin{aligned} a_2^2 + a_3^2 + \cdots + a_k^2 &\le \frac{1}{1 \cdot 2} + \frac{1}{2 \cdot 3} + \cdots \frac{1}{k(k+1)} \\ &= \left(1 - \frac{1}{2}\right) + \left(\frac{1}{2} - \frac{1}{3}\right) + \cdots + \left(\frac{1}{k} - \frac{1}{k+1}\right) \\ &= 1 - \frac{1}{k+1} \end{aligned}$$

임을 주목하자.

앞에서 설명한 죄수의 이동이 가능함을, 즉 죄수가 경기장을 벗어날 필요가 없다는 것을 증명하자. 명제 (ii)에 의하여 $k = 1, 2, \cdots$에 대하여

$$\begin{aligned} s_k^2 &\le s_0^2 + (r - s_0)^2 \left(\frac{1}{2^2} + \frac{1}{3^2} + \cdots + \frac{1}{(k+1)^2}\right) \\ &< s_0^2 + (r - s_0)^2 \left(1 - \frac{1}{k+1}\right) \\ &< s_0^2 + (r - s_0)^2 \\ &< \left[s_0 + (r - s_0)\right]^2 = r^2. \end{aligned}$$

그러므로, 모든 k에 대하여 $s_k < r$, 즉, 죄수는 항상 원 안에 있다.

$d_k > 0$이므로 모든 k에 대하여 위에서 설명한 전략대로 이동하면 사자는 죄수를 잡을 수 없다. 그리고, 죄수는 사자한테서 눈을 떼지

않고 항상 정확한 계산으로 달릴 수 있다고 하자.

마지막으로, 이와 같은 이동을 무한히 긴 시간 동안 지속할 수 있다는 증명이 필요하다. 즉 시간 구간의 합 $t_1+t_2+t_3+\cdots$ 이 무한임을 증명한다. 이 합은

$$t_1+t_2+5_3+\cdots=(r-s_0)\left(\frac{1}{2}+\frac{1}{3}+\frac{1}{4}+\cdots\right)$$
$$=(r-s_0)(a_2+a_3+a_4+\cdots)$$

이고, 이것은 명제 (i)에 의하여 무한이다.

앞의 증명에서 조화급수의 발산이 핵심임을 알 수 있다. 죄수는 무한한 시간 동안 계속하여 이동할 수 있다. 이 급수는 얼마나 빠르게 ∞에 접근할까? 다음 예를 보자.

한 수학자가 복권 당첨자에게 무한히 많은 당첨금을 줄 수 있는 복권을 조직한다. 얼마 쯤 시간이 지난 뒤 복권이 다 팔렸다. 당첨 복권이 정해지고 행운의 당첨자가 당첨금을 받으러 왔을 때, 복권 조직자가 당첨금 지급 방법을 설명했다: 즉시 1달러를 지불하고, 다음 주에 1/2 달러, 그 다음 주에 1/3달러, 이와 같이 계속 지불한다. 조화급수 $1+1/2+1/3+\cdots$ 는 합이 무한이지만, 이 합은 무척 느리게 증가하므로, 당첨자는 50년(2,600주)이 지나도 8.44달러 정도 밖에 받지 못할 것이다.

이 장에서 우리는 물리학(운동)과 기하학을 결합하였다. 다음 보너스 문제도 운동과 기본 기하학을 결합한 것이므로 실생활 장면에서 유용할 것이다.

문제 6.10* 알프스에서 큰 눈사태가 났을 때 불행하게도 두더지 한 마리가 갇혔다. 눈사태가 그쳤을 때, 불쌍한 두더지는 부피가 500m^3인 타원체 모양의 눈덩이 속 어딘가에 파묻힌 것을 알게 되었다(타원체는 럭비공 모양, 또는 다소 납작한 공 모양이다). 두더지는

분당 1m씩 눈 속을 뚫고 전진할 수 있지만 숨을 쉬고 힘을 쓸 수 있는 시간이 24분뿐이라고 한다. 두더지는 살아서 눈덩이 밖으로 나올 수 있을까?

6장 문제 풀이

6.3 멱급수의 곱을 두려워 할 이유가 없다.

$$S_n = \sum_{k=0}^{n} kx^k = 1 \cdot x + 2 \cdot x^2 + \cdots + n \cdot x^n$$

이라 하자. 위 합을 분할하여 S_n의 방정식을 만드는 것이 풀이의 핵심이다.

$$\begin{aligned} S_n + (n+1)x^{n+1} &= \sum_{k=0}^{n} (k+1)x^{k+1} \\ &= \sum_{k=0}^{n} kx^{k+1} + \sum_{k=0}^{n} x^{k+1} \\ &= xS_n + \sum_{k=0}^{n} x^{k+1}. \end{aligned} \tag{6.5}$$

다른 합은 기하수열이고, 이 합은 고등학교에서 배웠을 것이다:

$$\sum_{k=0}^{n} x^{k+1} = \frac{x - x^{n+2}}{1-x} \quad (x \neq 1).$$

(6.5)로 돌아가서 S_n의 방정식

$$S_n + (n+1)x^{n+1} = xS_n + \frac{x - x^{n+2}}{1-x}$$

을 풀면,

$$S_n = \frac{x - (n+1)x^{n+1} + nx^{n+2}}{(1-x)^2} \tag{6.6}$$

을 얻는다. 이제 $|x|<1$이라고 가정하고, $n\to\infty$이면 $x^{n+1}\to 0$이고 $x^{n+2}\to 0$이므로 (6.6)에서

$$1\cdot x+2\cdot x^2+\cdots+n\cdot x^n+\cdots=\lim_{n\to\infty}S_n=\frac{x}{(1-x)^2}$$

이다. 특히, $x=1/2$로 하면, 오렘의 합을 얻는다.

$$S=\frac{1}{2}\cdot 1+\frac{1}{4}\cdot 2+\frac{1}{8}\cdot 3+\cdots+\frac{1}{2^n}\cdot n+\cdots=\frac{1/2}{(1-1/2)^2}=2.$$

6.4 [그림 6.7]과 같이 "조화 정사각형"으로 채우는 것이 가능하다. 단위 정사각형을 너비가 $1/2^k$ ($k=1,2,3,\cdots$)인 띠로 나눈다. 띠의 너비의 합이 $\pi^2/6-1\approx 0.644$이고, k번째 띠에 있는 정사각형의 변의 합이

$$\frac{1}{2^k}+\frac{1}{2^k+1}+\cdots+\frac{1}{2^{k+1}-1}<2^k\cdot\frac{1}{2^k}=1\quad(k=1,\,2,\,\cdots)$$

이므로, 무한 개의 작은 조화 정사각형들은 단위 정사각형 안에 담을 수 있다. [73]에서 말한 바와 같이, 이 문제를 제작한 모세르와 그의 동료 문J.W. Moon은, 둘 다 앨버타 대학교(캐나다)에 있는데, 이 정사각형들이 변의 길이가 5/6(= 첫 번째 띠에 있는 정사각형 변들의 너비 총합) 이상인 정사각형 안에 들어감을 보였다.

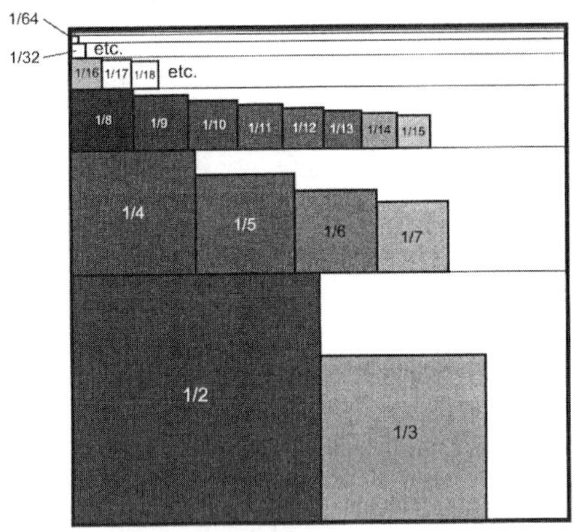

[그림 6.7] 단위 정사각형 안에 조화 정사각형 꾸리기

6.7 약간 더 복잡한 조건이긴 하지만, 더 많은 노력이 필요하지 않고 펜과 종이 없이 풀이를 구할 수 있다; 자동차가 정확히 2 시간에 만난다는 계산은 천재가 아니라도 할 수 있다. 새가 2시간 동안 날기 때문에, 경로는 $2 \cdot 50 = 100$마일이다. 무한급수의 합을 구할 필요가 없고, 여기 나오는 무한급수는 "소녀와 새" 문제에 나오는 급수와 비교하면 훨씬 복잡하다.

6.8 우선, 두 사람씩 함께 건너는 것이 각자 개별적으로 건너는 것 보다 빠르다는 것을 알아두자. 두 사람 짝의 속도를 구하기 위해, 한 사람을 옮기는데 필요한 에너지를 E라고 하자. 한 사람이 강을 건너는 데 필요한 t_k분 동안 지속하는 사공 R_k의 힘을 F_k라고 하면($k=1,2,3,4$),

$$E = F_1t_1 = F_2t_2 = F_3t_3 = F_4t_4, \tag{6.7}$$

여기서 $t_1=1$, $t_2=2$, $t_3=6$, $t_4=9$ (분)이다. (6.7)에서 $F_k = E/t_k$이므로 사공 R_i와 R_j가 강을 건너는데 걸리는 시간 t_{ij}는

$$t_{ij} = \frac{E}{F_i+F_j} = \frac{E}{E/t_i + E/t_j} = \frac{t_it_j}{t_i+t_j}$$

사공 R이 강을 건너갈 때와 돌아올 때를 $\to R$와 $\leftarrow R$로 표시하자. 강을 건너는 최적의 전략은 다음과 같다:

	출발하는 강둑	사공	건너는 시간(분)
–	$R_1R_2R_3R_4$	–	–
1.	R_2R_3	$\to$ R_1R_4	$t_{14} = (t_1t_4)/(t_1+t_4) = 9/10$
2.	$R_1R_2R_3$	$\leftarrow$ R_1	$t_1 = 1$
3.	R_1	$\to$ R_2R_3	$t_{23} = (t_2t_3)/(t_2+t_3) = 3/2$
4.	R_1R_2	$\leftarrow$ R_2	$t_2 = 2$
5.	-	$\to$ R_1R_2	$t_{12} = 2/3$

위 과정으로부터 사공이 모두 강을 건너는 시간은 모두

$$t = t_{14} + t_1 + t_{23} + t_2 + t_{14} = \frac{9}{10} + 1 + \frac{3}{2} + 2 + \frac{2}{3} = \frac{91}{15} \ (\text{분}).$$

강폭은 백조가 지나간 거리와 같다, 즉

$$(60\text{m}/\text{분}) \times (91/15\ \text{분}) = 364\text{m}.$$

6.10 점 A를 눈덩이 속에 갇힌 두더지의 위치라고 하자. 두더지가 눈덩이를 파서 나오기 위해서는 먼저 점 B까지 곧바로 8m를 파야 한다([그림 6.8]을 보라). 그런 다음 직각으로 방향을 바꾸어 위로 똑바로 점 C까지 가야하고, 마지막으로 다시 직선 AB와 BC가 결정하는 평면에 직각으로 방향을 바꾸어 그 방향으로 점 D까지 8m를 가야 한다.

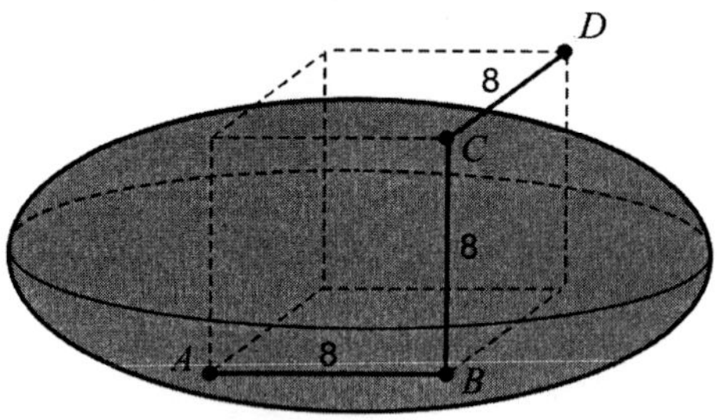

[그림 6.8] 눈덩이로부터 두더지의 귀환

점 B, C, D 중 적어도 하나는 눈덩이 밖에 있다는 증명은 그렇게 어렵지 않다. 실제로, 만일 네 점 A, B, C, D, 모두 눈덩이 속에 있다면, 수직인 선분 AB, BC, CD으로 이루어지는 정육면체 내부 점은 모두 눈덩이 내부에 속해야 한다. 그러나 그런 정육면체의 부피는 $8 \times 8 \times 8 = 512\text{m}^3$이므로, 이것은 눈덩이의 부피가 512m^3 보다 크다는 의미가 된다. 이것은 문제에서 제시한 조건과 모순되므로, 결과적으로 점 B, C, D 가운데 적어도 한 점은 눈덩이 밖에 있다는 것이 증명되었다.

제 7 장

조합 문제

가장 대중적인 수학 퍼즐이나 게임은 기본적으로 조합 문제다.
수학은 과학의 여왕이고, 수론은 수학의 여왕이다

Anders Björner and Richard Stanley

조합론은 유한개의 물체를 주어진 조건에 맞도록 배열하는 방법을 연구하는 이산수학의 한 분야다. 특히, 물체를 헤아리는 일(계산 조합론)과 최적인 물체가 존재하는 지를 결정하는 일(극값 조합론)로 나눌 수 있다. 유명한 저술가 퍽스Fuchs와 타바크니코프Tabachnikov는 조합론 문제를 다음과 같다고 했다. "이러이러한 일이 이러이러한 만큼 있을 때, 이러이러한 일을 하는 방법의 수는 얼마일까?"

조합론 문제 예를 들어보자. 원소가 64개인 집합이 있을 때 공집합이 아닌 부분집합은 모두 몇 개인가? 하노이 탑 퍼즐에서 원반 64개를 옮기는 데 필요한 최소 이동 수는 얼마일까(이 장에서 문제 7.15)? 그리고 8×8 체스판에 놓인 밀알의 수를 묻는 문제로, 첫째 칸에는 한 알, 둘째 칸에는 두 알, 셋째 칸에는 네 알, 이처럼 다음 칸에는 앞 칸의 두 배씩 낟알을 늘려 간다고 할 때, 마지막 64번째 칸까지 채우면 밀알의 수는 모두 얼마인지를 구하는 문제. 이 문제들의 답은 모두 $2^{64}-1$이다. 이와 같이 구조적으로 다른 문제를 푸는데 조합론의 같은 방법이 쓰인다.

최근 조합론의 발전은 다른 분야, 특히 컴퓨터 과학에 응용하는 것에서 시작되었다. 현대 조합론은 주어진 성질을 갖는 조합적 대상의 존재성과 구성 문제뿐 아니라 최적화 문제도 다룬다.

조합문제의 많은 부분이 게임과 퍼즐에서 나온다. 8×8체스판에 루크[1] 8개를 놓은 방법은 몇 가지일까(좀 더 일반적으로, $n\times n$체스판에서 루크가 n개이면)? 카드 표는 몇 가지나 될까(5장에서 5장 뽑는다)? n개 상자에 k개 볼을 담는 방법은? 마지막 문제는 고등학교 수준이지만, 예를 들어 소립자 물리에서 n개 셀 사이에 분포하는 k개 전자를 생각하면 중요한 문제가 된다.

조합문제는 대부분 깊은 예비지식이 필요하지 않으므로 많은 사람이 이해할 수 있다. 이 장에 있는 문제 대부분은 인내와 끈기, 상상력

1) 루크rook: 체스의 말의 하나로 한국 장기의 차車에 해당한다.

과 직관만 있으면 된다. 신지J.L.Synge는 "정신은 즐길 때가 최고 상태다"고 말했다.

여러 가지 다양하고 유명한 문제들을 이 장에서 소개한다. 고리 퍼즐, 오일러의 정사각형, 조세푸스 문제, 케일리의 문제, 하노이 탑, 강 건너기, 커크만의 여학생 문제, 실베스터의 삼주식 등. 그래서 이 장에서는 오일러, 케일리, 실베스터, 슈타이너, 크누트, 카르다노 등이 주연이다.

마하비라(약 800–870년)(→ 360쪽)

- **맛의 조합**

카츠에 따르면, 조합 규칙(증명은 되어있지 않지만)에 대한 기록은 인도에 있다. 9세기에 인도 수학자 마하비라Mahavira는 조합의 수를 계산하는 분명한 알고리즘을 (증명 없이) 제시했다. 현대 식으로, n개의 대상에서 k개를 택하는 서로 다른 방법의 수 ${}_nC_k$는

$$ {}_nC_k = \frac{n(n-1)(n-2)\cdots(n-k+1)}{1\cdot 2\cdot 3\cdots k} = \binom{n}{k} $$

이다. 마하비라의 저서 『가니타 사라 삼그라하』(850년 경)에 있는 다음 문제가 이와 관련된 문제다.

문제 7.1 떫은 맛, 쓴 맛, 신맛, 매운 맛, 짠 맛, 단 맛을 조합하면 몇 가지 다른 맛이 날까?

(n개 중에서) k개 맛을 선택하는 것은 택하지 않는 $k-n$개를 고르는 것과 같다. 이것은 잘 알려진 이항관계

$$\binom{n}{k}=\binom{n}{n-k}$$

이다. 그러므로

$$\binom{6}{0}=1;$$ 아무 것도 택하지 않는 방법의 수

$$\binom{6}{1}=6;$$ 하나 택하는 방법의 수

$$\binom{6}{2}=(6\cdot5)/2=15;$$ 두 개 택하는 방법의 수

$$\binom{6}{3}=(6\cdot5\cdot4)/(3\cdot2)=20;$$ 세 개 택하는 방법의 수

$$\binom{6}{4}=\binom{6}{2}=15;$$ 네 개 택하는 방법의 수

$$\binom{6}{5}=\binom{6}{1}=6;$$ 다섯 개 택하는 방법의 수

$$\binom{6}{6}=\binom{6}{0}=1;$$ 모두 택하는 방법의 수

위의 결과를 합하면 서로 다른 맛의 조합은 모두 64가지이다.

이 문제는 다른 방법으로도 풀 수 있다. 여섯 가지 맛 $\{1, \cdots, 6\}$에 대하여 맛 $k\in\{1,\cdots,6\}$를 택하지 않으면 $f_k=0$, 택하면 $f_k=1$라고 한다. 그리고, $\overline{f_1 f_2 \cdots f_6}$를 여섯 자리 수라고 하면, 이들은 차례로

000000, 000001, 000010, 000011, $\cdots$,
111100, 111101, 111110, 111111

이다. 모두 몇 가지일까? 답은 $V_2^6=2^6=64$

바세(1571–1638)(→ 364쪽)

• 부부 강 건너기

중세에는 특정한 조건이나 제한이 주어지는 강 건너기 같은 문제

를 좋아했다. 문헌에는 이런 문제들을 8세기 영국의 신학자 요크의 앨퀸과 유명한 이탈리아 수학자 타르탈리아(1550-1557)가 소개했다고 나와 있다. 아래 문제와 그 변형 문제를 제시하고 뒤에 따로 세 문제를 더 알아본다(291-295쪽).

문제 7.2 미녀 3명이 남편들과 함께 여행 하다 강둑에 다다랐다. 그들은 한 번에 두 사람만 탈 수 있는 보트 한 척으로 강을 건너야 했다. 문제는 남편들의 질투로 복잡해 졌다. 아내는 모두 자기 남편하고만 강을 건너야 한다고 했다. 어떻게 하면 최소한의 횟수로 강을 건널 수 있을까?

풀이 강 건너는 방법은 여러 가지지만 최소 횟수는 열한 번이다. A. B, C 를 세 남편, a, b, c를 각각 그들 아내라고 하면, 아래 표가 한 가지 해법이다. 웰스에 의하면[186], 요크의 앨퀸이 열한 번 건너는 해를 제시했다고 한다.

횟수	출발 강둑	승선	도착 강둑
	$ABCabc$		
1	$BCbc$	→ Aa	Aa
2	$ABCbc$	← A	a
3	ABC	→ bc	abc
4	$ABCa$	← a	bc
5	Aa	→ BC	$BCbc$
6	$ABab$	← Bb	Cc
7	ab	→ AB	$ABCc$
8	abc	← c	ABC
9	c	→ ab	$ABCab$
10	Cc	← C	$ABab$
11		→ Cc	$ABCabc$

그러나 웰스는 더 짧은 아홉 번 만에 할 수 있는 풀이를 내 놓았다:

Aa	A	bc	a	Aa	A	BC	a	Aa
→	←	→	←	→	←	→	←	→

그러나 이 풀이는 문제에서 말하지 않은 조건을 인정해야 한다. 즉, 일곱 번째 건너기에서 남편 B와 C는 세 아내 a, b, c가 있는 강둑에 도착한다. B와 C가 내리는 동안 a는 보트를 타고 되돌아온다. 그때 남편 B와 C가 순간적으로 a를 지나치게 되어 "금지된 그룹"에 속한 사람을 만나지 말아야 할 조건을 어기게 된다. 이 순간적인 만남을 무시한다면, 아홉 번의 풀이를 인정할 수 있다.

이와 같은 신혼부부 n쌍이 강 건너는 문제는 여러 가지로 변형되어 널리 많은 문헌에 나온다, 예를 들어, [56], [107], [118], [125], [150]. $n>3$인 경우, 강 가운데 섬이 있어야만 풀 수 있는데, [107]에 증명이 있다.

문제 7.3 "부부 강 건너기" 문제에서 부부가 4쌍일 때 풀어라. 이번에는 강 가운데 섬이 하나 있다. 두 사람까지 태울 수 있는 보트 한 척이 있고, 누구나 노를 저을 줄 안다.

풀이 이냐테프[107]가 제시한 풀이는 17번 이상 보트를 탄다. A, B, C, D를 각각 남편, a, b, c, d를 각각 그들의 아내라고 하자. 아래 표에 각 단계가 나와 있다.

	출발 강둑	섬	도착 강둑
	$ABCDabcd$	-	-
1	$ABCDcd$	-	ab
2	$ABCDbcd$	-	a
3	$ABCDd$	bc	a
4	$ABCDcd$	b	a
5	$CDcd$	b	ABa
6	$BCDcd$	b	Aa
7	BCD	bcd	Aa
8	$BCDd$	bc	Aa
9	Dd	bc	$ABCa$
10	Dd	abc	ABC
11	Dd	b	$ABCac$
12	BDd	b	$ACac$
13	d	b	$ABCDac$
14	d	bc	$ABCDa$
15	d	-	$ABCDabc$
16	cd	-	$ABCDab$
17	-	-	$ABCDabcd$

테리는 이 문제를 여자는 노를 저을 수 없다는 조건으로 풀었다[118]. 그는 또한 더 복잡하게 남자 가운데 한 사람은 두 아내를 데리고 있는 중혼자일 경우를 제안했다. 이 문제와 유사한 문제가 크란츠의 훌륭한 저서 『문제 해결 기법』에 있다[119]: "각기 두 아내를 데리고 있는 중혼자인 두 남자가 두 사람만 탈 수 있는 보트 한 척으로 강을 건너려 한다. 질투가 심한 두 남자는 여자가 보트에나 강둑에 자기 남편 없이 남아 있지 않도록 하기로 했다."

- **요세푸스 문제**

잘 알려진 중세 문제 하나는 사람들을 원둘레 위에 배열하는 것으로 매 k번 째 사람을 빼낼 때, 특정한 사람이 끝까지 남도록 하는 문제다. 이 문제는 밀란의 암브로스의 저서『드 벨로 유다이코De Bello Judaico』에 처음 나온다. 암브로스Ambrose(370년경)는 헤게이시푸스Hegeisippus의 이름 아래 이 문제를 다음과 같이 서술했다:

문제 7.4 베스파시아누스는 성공한 로마군사령관으로 뒤에 로마황제가 되었는데, 그는 군대를 지휘하여 로마에 대항하는 유태인의 반란을 진압하고 있었다. 베스파시아누스의 군대는 지하실에서 유명한 유태인 역사가 플라비우스 요세푸스Flavius Josephus와 그의 부하 40명을 체포하였다. 로마군은 포로들을 두 명만 남기고 모두 죽이기로 하였는데, 모든 포로를 원둘레 위에 정렬 시키고, 세 번째 포로마다 죽이고 마지막에 남은 두 포로만 살려 주기로 하였다. 요세푸스는 재빨리 자신과 자신의 친구가 죽지 않을 자리를 계산해내어 죽음을 면했다. 요세푸스가 택한 원둘레 위의 두 자리는 어느 곳인가?

이 생사 문제의 답은 이렇다: 요세푸스는 자신은 16번째에 서고, 친구는 31번째에 서도록 했다. 이 절 마지막 부분을 보라.

10세기 유럽판과 랍비 벤 에즈라(1140년경)의『타불라 Ta'hbula』모두에 "요세푸스 문제"가 나와 있다. 이 문제가 극동까지 전달되어 일본책에도 나온다는 것이 흥미롭다. 슈케(1484)에 이어 카르다노(1535), 부테오(1560), 라무스(1569), 바셰(1624)와 같이 이름 난 수학자들이 이 문제를 더욱 빛나게 했다.

스미스, 루스 볼, 그리고 콕세터와 스키나는 이 문제를 더욱 다듬었다. 여기서는 바셰의 명저『유쾌한 문제집』(1624)에 나오는 요세푸스 문제에 대한 변형을 소개한다[2].

문제 7.5* 선원 15명과 밀수범 15명이 항해를 하다 폭풍을 만났다. 선장은 일행의 절반을 배에서 떠나게 해야만 배를 구할 수 있다. 선장은 30명을 원 위에 정렬시키고, 기준점에서 시작하여 매 아홉 번째 사람을 구명보트에 내려 보냈다. 선장은 어떻게 해서 선원 15명만 배에 남도록 할 수 있었을까?

테이트[P.G.Tait]가 일반적인 경우인 n명을 원둘레 위에 세워 놓고 어디서 시작하든 r명이 남을 때까지 매 k번째 사람을 제거하는 문제를 생각하였다.

영국의 수학자 두데니(Tit-Bits ,런던, 1905년 10월)가 다음과 같이 변형한 문제를 제시했다.

문제 7.6* 선원(S) 5명과 절도범(B) 5명을 원 둘레 위에 $BSBSSBSBSB$의 순서로 세워 놓았다. 만일 a번째 사람에서 시작하여 매 h번째 사람을 택하면 모든 절도범이 뽑혀 벌을 받게 되지만, 만일 b번째 사람에서 시작하여 매 k번째 사람을 택하면 모든 선원이 뽑혀 벌을 받게 된다. 이렇게 되는 a, b, h, k를 구하여라.

1663년에 나온 무라마쓰의 교재에는 다음과 같은 "요세푸스 문제"의 변형이 있다.

---

2) 사실, 바셰와 부테오의 변형은 터키인과 기독교도들의 충돌이 포함되어 있기에, 가능한 정치적, 종교적 비판을 피하기 위해 좀 더 인간적인 변형을 소개한다.

문제 7.7* 옛날에 부유한 농부가 재혼해서 살고 있었다. 그는 첫 째 부인한테서 자녀를 15명 얻었고, 둘째 부인한테서도 자녀를 15명 얻었다. 둘째 부인은 사랑하는 자기 아들이 전 재산을 물려받기를 몹시 바랬다. 어느 날 둘째 부인은 남편에게 제안하였다. 자녀 30명을 원둘레에 세워놓고, 한 명을 1번으로 정하고 차례로 세어 매 10번째 마다 빼내어 마지막 한 명이 남을 때, 그 아이를 상속자로 정하자고 하였다. 이 제안에 남편이 동의하자, 부인은 자녀 30명 모두 원 위에 정렬 시켰다. 그리고 자기가 제안한 대로 해 나가자 첫 부인의 14자녀가 금방 쫓겨났다. 둘째 부인은 성공적인 결과에 만족하며, 이번에는 세는 순서를 거꾸로 하자고 제안했다. 이번에도 남편이 동의하자, 부인은 세는 순서를 거꾸로 하여 그 일을 계속 진행했다. 그러나 이번에는 예상과 다른 결과가 나왔다. 둘째 부인의 자녀들이 모두 쫓겨났고 그 결과 남아 있던 첫째 부인의 아들이 재산을 물려받게 되었다.

30명의 자녀를 처음 어떻게 정렬시킬 것인지 분석해 보기 바란다.
그래햄, 크누트, 파타시니크의 매력적인 저서 『Concrete Mathematics』[88]에는 다음과 같은 변형된 요세푸스 문제가 나와 있다.

문제 7.8 1번부터 n번까지 n명의 사람이 원 위에 둘러 서 있다. 1번에서 시작하여 2번째 사람을 계속 제거해 갈 때, 마지막 남게 되는 사람 $J(n)$을 구하여라.

그들은 저서에서 임의의 수 n에 대하여 $J(n)$을 단순하면서도 놀라운 점화식으로 유도하였다. 그들이 다룬 방법을 간단히 소개한다. n이 홀수인 경우와 짝수인 경우로 나누어 생각하자. $2n$명 사람으로 시작하면, 원을 한 번 돌아오면, 홀수 번만 남고(그림 7.1(a)), 그 다음에 3이 제거된다. 이것은 시작할 때와 똑 같지만 제거된 n명이 없고 새 번호는 남은 사람 각자 번호를 두 배한 것 보다 1 작아진다. 그래서

$$J(2n)=2J(n)-1,\ n\ge 1 \tag{7.1}$$

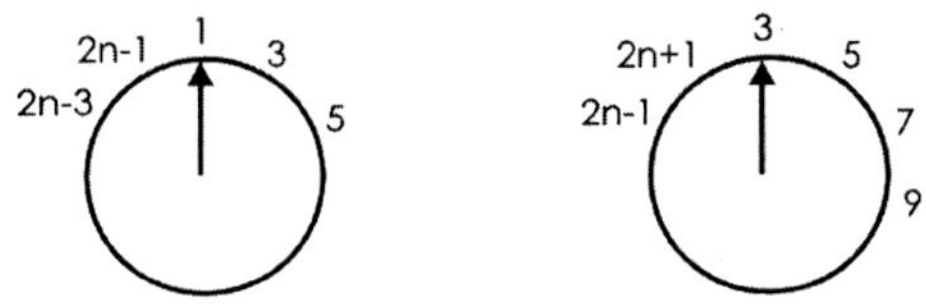

[그림 7.1]

이번에는 $2n+1$명으로 시작하자. 원을 한 번 돌아오면, 2, 4, 6, $\cdots$, $2n$과 1이 제거되고, 이번에도 1만 제외하고 홀수 번이 남는다. 이것은 n명일 때 시작하는 것과 같지만, 이번에는 번호가 두 배보다 1커진다. 그래서

$$J(2n+1)=2J(n)+1,\quad \ge 1 \tag{7.2}$$

두 식 (7.1)과 (7.2), 그리고 $j(1)=1$을 감안하면

$$\begin{aligned} &J(1)=1\\ &J(2n)=2J(n)-1,\quad n\ge 1\\ &J(2n+1)=2J(n)+1,\ n\ge 1. \end{aligned} \tag{7.3}$$

$J(n)$에 대한 일반적인 공식을 얻기 위해, 작은 수에 대하여 표를 만들면

n	1	2	3	4	5	6	7	8	9	10	11	12	13	14	15	16
$J(n)$	1	1	3	1	3	5	7	1	3	5	7	9	11	13	15	1

표에서 n에 대한 $J(n)$의 값을 2^m에서 $2^{m+1}-1$까지($m=0,1,2,3$)

의 그룹으로 구분하였다. 표에서 보면 $J(n)$은 언제나 그룹이 시작하는 곳에 위치한 1이고 그룹 안에서 2배로 증가한다. $n = 2^m + k$, $(2^m \le n)$이라고 하면, 점화식 (7.3)의 해는

$$J(2^m + k) = 2k + 1,\ m \ge 0,\ 0 \le k < 2^m. \tag{7.4}$$

여기서 $2^m \le n < 2^{m+1}$이면 $0 \le k = n - 2^m < 2^{m+1}$이다.

(7.4)를 귀납법으로 증명하자. $m = 0$이면, $k = 0$이어야 하므로, (7.4)에서 $J(1) = 1$이 성립. $m > 0$이고 $2^m + k = 2n + 1$이라 하자. 그러면 k는 홀수다. 어떤 $m > 0$에 대하여

$$J(2^m + k) = 2k + 1$$

이 성립한다고 가정하자. 이 가정과 (7.3)에 의하여

$$\begin{aligned} J(2^{m+1} + k) &= 2J(2^m + (k-1)/2) + 1 \\ &= 2(2(k-1)/2 + 1) + 1 = 2k + 1 \end{aligned}$$

이므로 증명되었다. 같은 방법으로 짝수인 $2^m + k = 2n$ 경우도 증명된다.

풀이 (7.4)의 예로, $J(101)$을 계산하여 보자. $101 = 2^6 + 37$ (곧, $k = 37$)이므로, $J(101) = 2 \cdot 37 + 1 = 75$이다.

[88]의 저자들은 이진법을 사용하여 저서에 다음과 같이 흥미롭게 해 $J(n)$을 제시했다.

n을 이진법으로 나타내면

$$n = (b_m b_{m-1} \cdots b_1 b_0)_2$$

곧, $n = b_m \cdot 2^m + b_{m-1} \cdot 2^{m-1} + \cdots + b_1 \cdot 2 + b_0$이면,

$$J(n) = (b_{m-1} b_{m-2} \cdots b_1 b_0 b_m)_2$$

이다. 그러므로 n에서 왼쪽으로 1비트 순환 이동하면 $J(n)$이 얻어진다. 예를 들어, $n = 101 = (1100101)_2$이면,

$$J(101) = J((1100101)_2) = (1001011)_2 = 64 + 8 + + 2 + 1 = 75.$$

소프트웨어 매쓰메티카의 패키지 콤비나토리카에서 명령어

InversePermutation[Josephus[n,m]]

를 사용하면 “Josephus process”를 시뮬레이트할 수 있다. 그러면 n사람을 원둘레 위에 세어 놓고, 매 m번째 사람을 제거해 갈 때, 제거되는 사람들의 명단이 차례로 나온다. 예를 들어, 원래 요세푸스 문제 $n = 41$, $m = 3$이면(문제 7.4), 시뮬레이트 결과는

3, 6, 9, 12, 15, 18, 21, 24, 27, 30, 33, 36, 39,
1, 5, 10, 14, 19, 23, 28, 32, 37, 41, 7, 13, 20, 26,
34, 40, 8, 17, 29, 38, 11, 25, 2, 22, 4, 35, **16**, **31**

굵은 글씨로 나타낸 마지막 두 번호가 요세푸스와 그 친구가 살아남을 자리이다.

카르다노(1501–1576) (→ 363쪽)

다재다능한 수학자이면서, 물리학자, 천문학자이자 도박꾼이기도 했던 이탈리아의 카르다노Gerolamo Cardano는 논란이 많은 인물이자 뚜렷이 대비되는 사람이다. 카르다노는 수학사적으로도 가장 특이한 성격의 소유자였다. 전성기에는 세계 제일의 과학자라는 평판을 들었다. 그의 생애는 위대한 성공과 커다란 불행으로 요동쳤다. 가족이 여러 번 비극을 겪었다. 처음 1560년에는 큰 아들 기암바티차가 아내를 살해한 혐의로 사형을 당했다. 작은 아들 알도는 믿지 못할 사람들과 사귀는 도박꾼이었다. 그는 자기 전재산뿐 아니라 상당량의 아버지 돈도 도박으로 날려 버렸다. 아버지 집까지 부수고 현금과 보석을 훔쳤다. 카르다노는 어쩔 수 없이 아들을 당국에 고발했고 알도는 볼로냐에서 추방되었다.

• **고리 퍼즐**

그림 7.2는 중국 고리라고 하는 잘 알려진 장난감이다. 프랑스에서는 이 퍼즐을 Baguenodier라고 하고, 영국 사람은 tiring iron이라고 한다. 스타인하우스에 의하면, 원래 프랑스 소작농들이 서랍장을 잠그는 장치로 사용하였다. 오래 되었지만 이 장난감은 오늘날까지 전 세계적으로 팔리고 있다. 이름은 그렇지만 중국이 시초인지를 밝힌 사람은 지금까지 없다.

큘린[3)]은 중국의 장수 Hung Ming(a.d. 181-234)이 전쟁을 하면서 자기 아내를 즐겁게 하려고 이 퍼즐을 만들었다고 한다. 이 퍼즐은 제롤라모 카르다노가 1550년 처음으로 그의 저서『정확성에 대하여 De Subtilitate』에서 소개했다. 그렇지만 1791년의 유명한 소설『홍루몽』 7장에 이 퍼즐이 나온다. 월리스도 1693년 저서『대수론 Algebra』에서 이 문제를 생각했다.

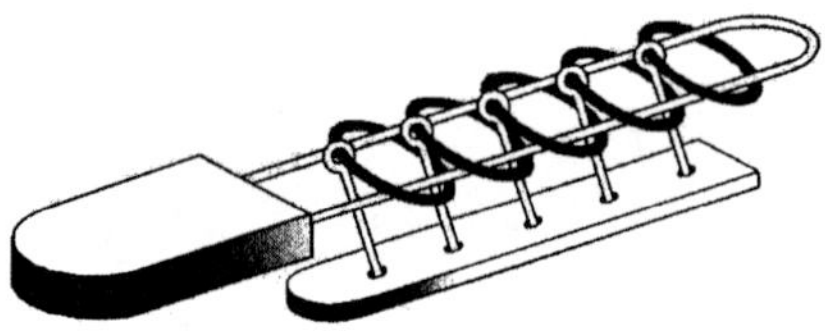

[그림 7.2] 중국 고리

중국 고리는 긴 철사 루프에 몇 개의 고리를 걸어 만든다. 고리는 하나씩 기둥에 느슨하게 연결되어 있고 기둥은 루프 밑 평판에 닿아 있다. 연결 기둥은 모두 루프에서 고리를 빼내지 못하도록 해당 고리에 연결되어 있다. 고리는 루프를 따라 루프 끝 A까지 미끄러뜨려서 빼거나 루프에 걸 수 있는데, 다른 고리는 A 쪽으로 그 다음 고리가 걸려 있고 A쪽으로 그 나머지 고리들이 빠져 있을 때만 빼거나 걸

3) 큘린S.Culin, 동양의 게임: 한국, 중국, 일본, (1965)

수 있다. 고리의 순서는 바꿀 수 없다. 가장 작은 이동 회수로 모든 고리를 빼는 것이 목표다.

중국 고리 퍼즐 풀이와 하노이 탑 퍼즐 풀이(236-237쪽)는, 둘 다 과정을 뒤바꾸는, 다시 말해 고리를 루프에 다시 채우는 과정이 필요하다는 점에서 비슷하다. 이 점화 관계가 이 두 퍼즐의 연관성을 명확하게 보여 준다. 더구나 두 경우 모두 이진법을 사용하여 기발한 풀이를 얻는다는 점에서 거의 동일한 퍼즐이다.

루스 볼과 콕세터는 저서 [150]에서 고리를 모두 이동하는데 필요한 단계의 총수를 구하는 과정을 설명했다. 이동 회수의 최솟값은 n이 홀수이면 $\frac{1}{3}(2^{n+1}-1)$이고, n이 짝수이면 $\frac{1}{3}(2^{n+1}-2)$이다. 이들은 다음 점화관계로 나타낼 수 있다.

$$A_0 = 1,\ A_2 = 2,\ A_n = A_{n-1} + 2A_{n-2} + 1$$

카르다노와 월리스가 고리 퍼즐의 최선의 풀이를 구하지 못했다는 것이 무척 흥미롭다. 프랑스 수학자 그로Louis A. Gros가 논문 〈Theorie du Baguenodier〉(1872)에서 멋진 풀이를 내놓았다. 그가 풀이과정에 접근한 방법은 1930년대 AT&T 벨 연구소에서 오류정정 법을 연구했던 엔지니어 그레이Frank Gray의 이름을 딴, 소위 "그레이 코드"를 예측하는 것이었다.

여기서는 앞에서 말한 두드니의 논문[50]을 따라 이진법과 그레이 코드 숫자에 근거를 둔 5-고리 퍼즐의 풀이에 대해서만 알아보기로 한다. 5-고리는 $\frac{1}{3}(2^6-1)=21$번 이동해야 한다. 각 고리의 위치는 0과 1로 된 그레이의 5-자리 이진 수열로 나타낸다. 여기서 1은 고리가 루프에 걸린 고리이고, 0은 루프에서 빼낸 고리를 나타낸다. 그레이 수의 마지막 숫자는 첫번 고리(루프 끝에 가장 가까운)의 위치이고, 첫 번째 숫자는 다섯 번째 고리의 위치이다. 예를 들어,

1 1 1 1 1 (모든 고리가 걸려 있다)

1 0 1 1 1 (4번 째 고리가 빠졌다)

1 1 0 1 0 (첫째, 셋째 고리가 빠졌다)

0 0 0 1 1 (첫째, 둘째 고리가 걸려 있다)

0 0 0 0 0 (고리가 모두 빠졌다).

	이진 코드	그레이 코드		이진 코드	그레이 코드
0	0 0 0 0 0	0 0 0 0 0	11	0 1 0 1 1	0 1 1 1 0
1	0 0 0 0 1	0 0 0 0 1	12	0 1 1 0 0	0 1 0 1 0
2	0 0 0 1 0	0 0 0 1 1	13	0 1 1 0 1	0 1 0 1 1
3	0 0 0 1 1	0 0 0 1 0	14	0 1 1 1 0	0 1 0 0 1
4	0 0 1 0 0	0 0 1 1 0	15	0 1 1 1 1	0 1 0 0 0
5	0 0 1 0 1	0 0 1 1 1	16	1 0 0 0 0	1 1 0 0 0
6	0 0 1 1 0	0 0 1 0 1	17	1 0 0 0 1	1 1 0 0 1
7	0 0 1 1 1	0 0 1 0 0	18	1 0 0 1 0	1 1 0 1 1
8	0 1 0 0 0	0 1 1 0 0	19	1 0 0 1 1	1 1 0 1 0
9	0 1 0 0 1	0 1 1 0 1	20	1 0 1 0 0	1 1 1 1 0
10	0 1 0 1 0	0 1 1 1 1	21	1 0 1 0 1	1 1 1 1 1

[표 7.2] 이진법 수와 그레이 코드 넘버

[표 7.2]에는 10진법의 수 0부터 21까지를 이진법으로 나타내고, 이진법으로 나타낸 수에 해당하는 그레이 코드를 두 번째 칸에 제시했다. 5-자리 그레이 코드 넘버는 그에 대응하는 이진법의 수로부터 다음 규칙에 따라 얻은 것이다. 이진법의 수를 왼쪽에서 오른 쪽으로 계산하는데, 첫 번 그레이 코드 숫자는 항상 첫 번 이진법의 수와 같다. 그 다음, 각 그레이 숫자는 대응하는 이진법 수의 숫자가 그 앞 숫자와 다르면 1이고, 그렇지 않으면 0이다. 놀랍게도 그레이 코드 넘버와

고리 퍼즐의 풀이는 믿기 어려울 만큼 일치한다. 역순서의(5-고리인 경우 21부터 0까지) 그레이 코드에는 풀이에 해당하는 고리의 위치가 차례로 나와 있다.

계속하기 전에, 잠시 그레이 코드와 일반적인 부호 이론에 대하여 말하면, 부호 이론은 오류 정정을 다루는 수학과 컴퓨터 과학의 한 분야이다. 부호 이론은 잡음이 많은 채널을 통해 자료를 전송할 때 메시지를 믿을 수 있게 보내는 것이 주된 목표이다. 예를 들어, 멀리 떨어진 우주, 화성이나 금성, 또는 더 먼 곳에서 보내온 이미지를 상대적으로 좋게 받아보는 것이 매우 중요하다. 심하게 훼손된 컴팩트 디스크로 CD 플레이어를 돌려 문제가 생길 때 부호 이론이 중요한 역할을 한다면 믿겠는가? 자세한 것은, 다양한 독자들에게 적합한, 베렌드의 저서 [13]을 보기 바란다.

다시 그레이 코드와 고리 퍼즐에 대해 말하자. [표 7.2]에 따르면 5 고리 세트에서 처음 세 고리를 옮기는데 필요한 단계를 지시하는 도표를 만들 수 있다(그림 7.3). 관련된 그레이 코드 넘버로 연이은 고리의 위치를 알 수 있다.

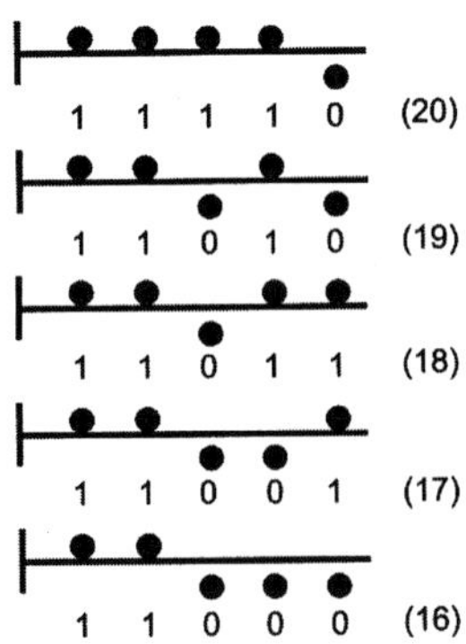

[그림 7.3] 5 고리와 대응하는 그레이 코드 넘버

베르누이(1687–1759)(→ 367쪽)

오일러(1707–1783)(→ 368쪽)

• 주소 틀린 편지

위대한 두 수학자 야곱 베르누이와 요한 베르누이의 조카였던 니콜라스 베르누이Nicolaus II Bernoulli가 다음 문제를 맨 처음 생각했다. 뒤에 오일러는 베르누이와 독립적으로 이 문제를 해결했다.

문제 7.9 (a) 서로 다른 k개의 물체가 1부터 k까지 자리를 옮겼다. 원래 자기 자리에 남게 되는 물체가 하나도 없도록 자리를 바꾸는 방법은 모두 몇 가지인가?

자주 보는 문헌에서 이 문제는 흥미로운 조합 문제로 다룬다. **주소 틀린 편지 문제**에는 문제가 조금 더 구체적으로 나와 있다.

문제 7.9 (b) k명의 사람이 각자 한 명씩 서로 다른 k명에게 편지를 쓰고, k개의 봉투에 해당되는 주소를 적었다. 모든 편지가 틀린 주소의 봉투에 들어가는 경우는 몇 가지인가?

풀이 서로 다른 물체를 $a_1, \cdots, a_k$라고 하고, 각기 대응하는 자리를 $P_1, \cdots, P_k$라고 하자. 물체 a_i가 P_j 자리에 있으면 $a_i \parallel P_j$로 표시하고, a_i가 P_j 자리에 있지 않으면 $a_i \nparallel P_j$로 표시한다. 모든 자리가 다른 경우의 수를 $M(k)$로 표시하자.

두 가지 경우로 나누어 생각 한다:

(i) $a_1 \parallel P_2$이고 $a_2 \parallel P_1$, $a_3, \cdots, a_k$는 $P_3, \cdots, P_k$에, $a_i \nparallel P_i$, $i = 3, \cdots, k$, 이 되도록 자리한 경우

(ii) $a_1 \parallel P_2$이고 $a_2 \nparallel P_1$인 경우.

경우(I): $a_3, \cdots, a_k$가 $P_3, \cdots, P_k$에, $a_i \nparallel P_i$, $i=3, \cdots, k$, 이 되도록 자리한 경우이므로, 이 경우의 수는 $M(k-2)$ 이다.

경우(ii): 이 경우는 다음과 같다: $a_2, a_3, a_4, \cdots, a_k$를 $a_2 \nparallel P_1$, $a_3 \nparallel P_3$, 이런 식으로 $P_1, P_3, P_4, \cdots, P_k$ 자리에 있도록 하는 것이다. 그러므로 이 경우의 수는 $M(k-1)$ 이다.

a_1이 P_2자리에 있는 경우로서 구하는 경우는 모두 $M(k-2)+M(k-1)$이다. 같은 생각을 $a_1 \parallel P_3$, $a_1 \parallel P_4, \cdots, a_1 \parallel P_k$에 대해서 반복하면, 모두 똑 같이 $M(k-2)+M(k-1)$이다. 그러므로 구하는 모든 경우는

$$M(k)=(k-1)[M(k-2)+M)(k-1)].$$

이 점화식을 다시 쓰면,

$$M(k)-kM(k-1)$$
$$=-[M(k-1)-(k-1)M(k-2)]. \tag{7.5}$$

$N_i=M(i)-iM(i-1)$라고 놓으면, (7.5)는

$$N_i=-N_{i-1}$$

로 되고, $i=3, 4, \cdots k$이므로

$$N_3=-N_2,\ N_4=-N_3,\ N_5=-N_4,\ \cdots,\ N_k=-N_{k-1}.$$

대입하면,

$$N_k=-N_{k-1}=(-1)^2N_{k-2}$$
$$=(-1)^3N_{k-3}=\cdots=(-1)^{k-2}N_2$$

곧,

$$M(k)-kM(k-1)=(-1)^{k-2}[M(2)-M(1)]$$

이다.

$$M(1)=0,\ M(2)=1,\ (-1)^{k-2}=(-1)^k$$

이므로

$$M(k)-kM(k-1)=(-1)^k$$

이고, 양변을 $k!$로 나누면

$$\frac{M(k)}{k!}-\frac{M(k-1)}{(k-1)!}=\frac{(-1)^k}{k!}. \tag{7.6}$$

(7.6)을 이용하여

$$\sum_{r=2}^{k}\left(\frac{M(r)}{r!}-\frac{M(r-1)}{(r-1)!}\right)=\frac{M(k)}{k!}-\frac{M(1)}{k!}$$

$$=\frac{(-1)^2}{2!}+\frac{(-1)^3}{3!}+\frac{(-1)^4}{4!}+\cdots+\frac{(-)^k}{k!}.$$

그러므로, $M(1)=0$을 이용하여

$$\frac{M(k)}{k!}=\frac{(-1)^2}{2!}+\frac{(-1)^3}{3!}+\frac{(-1)^4}{4!}+\cdots+\frac{(-)^k}{k!}$$

얻고, 이로부터

$$M(k)=k!\left(\frac{1}{2!}-\frac{1}{3!}+\frac{1}{4!}+\cdots+\frac{(-)^k}{k!}\right).$$

예를 들면,

$M(3)=2,\ M(4)=9,\ M(5)=44,$
$M(6)=265,\ M(7)=1854.$

■ 오일러(1787–1783)(→ 368쪽)

• 오일러 방진

오일러는, 오늘날 라틴방진이나 그레코 라틴방진(혹은 오일러 방진)이라고 알려진 마방진에 흥미를 가졌다. n차 **라틴방진**은 n개의 서로 다른 기호들이 정사각형으로 배열된 것인데 모든 기호는 각 행과 각 열에 한 번씩만 나타나야 한다. 다시 말하면, 각 행과 열은 n개 기호의 순열이다. 오일러는 그의 논문 〈Recherches sur une nouvelle espace de quarres magiques〉에 이와 같은 종류의 마방진에 대하여 썼다. 오일러가 마방진에 사용하는 기호로 라틴문자를 사용했기에 오늘날 이 마방진을 라틴방진이라고 부른다.

b	a	d	c
d	c	b	a
c	d	a	b
a	b	c	d

a)

γ	δ	α	β
β	α	δ	γ
δ	γ	β	α
α	β	γ	δ

b)

$b\gamma$	$a\delta$	$d\alpha$	$c\beta$
$d\beta$	$c\alpha$	$b\delta$	$a\gamma$
$c\delta$	$d\gamma$	$a\beta$	$b\alpha$
$a\alpha$	$b\beta$	$c\gamma$	$d\delta$

c)

[그림 7.4]

[그림 7.4](a)는 라틴 문자 a, b, c, d가 규정대로 배열된 4차 마방진이다. [그림 7.4](b)도 4개의 그리스 문자로 구성된 또 다른 라틴방진이다. 이 두 방진을 겹치면 라틴 문자와 그리스 문자가 꼭 한 번씩만 결합한 쌍들로 구성된 방진이 생긴다. [그림 7.4](c)를 보라. 그와 같이 조합해서 얻은 방진을 **오일러 방진** 또는 **그레코 라틴방진**이라고 한다. 이 이름은 오일러가 한 마방진에는 라틴 문자를, 다른 마방진에는 그리스 문자를 사용한데서 온 것이다.

두 합성 마방진을 **직교 마방진**이라고 부른다. 그레코 라틴방진은 오늘날 생물학, 의학, 사회학, 심지어 마케팅 실험 설계에까지 널리 이용되고 있음에 주목하자. 그레코 라틴방진에 대하여 더 자세한 것은, 예를 들어, [18], [74, Ch.14], [150, Ch.10]을 보기 바란다.

잠시 멈추고 이 책에서 여러 번 언급했던 와트킨의 저서 『Across the Board』[181]에 나와 있는 멋진 문제를 보자. 이 문제는 낱말 퀴즈 맛이 나는 6×6 라틴방진과 관련 있다. 즐겨 보기 바란다!

문제 7.10* 6×6 체스판이 6개 영역으로 나뉘어지고, 각 영역은 6개의 정사각형으로 구성되어 있다. [그림 7.5]와 같이 문자 6개가 이 미니 체스판에 들어 있다. 나머지 정사각형에 문자 A, B, C, D, E, F를 채워 넣어 6×6 라틴방진을 완성하여라. 단 6개의 영역은 각기 6개 문자를 모두 포함해야 한다.

[그림 7.6]

3차, 4차 5차의 그레코 라틴방진은 이미 오일러 시대에 알려져 있었는데, 오일러는 6차에 대하여 관심을 두었다. 1782년, 오일러는 죽기 한 해 전에 이 문제를 생각하고 **오일러의 장교 문제**로 잘 알려진 문제를 내었다.

문제 7.11 장교 36명이 있는데 이들의 계급은 6가지이고, 6개의 분리된 연대에 속해 있다. 이 장교들을 6×6 정사각형으로 정렬시키는데 각 행과 각 열에는 각 계급과 각 연대에 속하는 장교가 꼭 한 사람씩만 들어 있도록 할 수 있겠는가?

n^2 장교 문제는 n차의 그레코 라틴방진과 똑 같은데, 오일러는 n이 홀수이거나 n이 4의 배수면 언제나 풀 수 있다는 것을 증명하였다. 더욱이, 그는 6차, 10차, 14차 그레코 라틴방진, 일반적으로 차수가 $n = 4k + 2$인 그레코 라틴방진은 만들 수 없다고 했다. 이것이 **오일러의 추측**Euler's Conjecture으로서 유명해졌다.

118년 후, 1901년에 프랑스 수학자 테리Gaston Tarry가 특별한 경우인 $n = 6$에 대하여 오일러의 추측을 증명했다. 테리가 연구한 바에 의하면 문제가 제시하는 대로 장교를 배열하는 것은 불가능하다. 테리 뒤에, 몇 몇 수학자들이 오일러의 추측이 참이라는 "증명"을 공표하기도 했지만, 뒤에 증명에서 결함이 발견되었다.

지필로만 해야 했기 때문에, 테리와 그의 동료가 연구하는데 매우 지루하고 힘든 노력이 필요했다. 이런 이유로, 그 뒤의 특수한 경우에 대해서는 컴퓨터 시대가 도래하기까지 기다려야 했다. 177년 후 1959년, 노스 캐롤리나 대학교의 보스와 쉬릭크한드가 수정된 커크만 시스템[23]을 사용하여 22차의 그레코 라틴방진을 구성했을 때 오일러의 추측은 틀렸음이 증명되었고, 이어서 스페리 랜드 코퍼레이션의 한 부서인 레밍턴 랜드 유니박의 직원 파커가 차수가 10인 방진을 발견했다. 이들이 사용한 방법은 더욱 정교했다. 마침내 오일러의 추측은 n이 6보다 크면 $n = 4k + 2$인 모든 값에 대하여 옳지 않다는 것이 증명되었다.[24], [25] [그림 7.6]은 파커의 10차 그레코 라틴방진인데, 표에서 라틴 문자와 그리스 문자는 0부터 9까지 숫자로 바꾸었다.

00	47	18	76	29	93	85	34	61	52
86	11	57	28	79	39	94	45	02	63
95	80	22	67	38	71	49	56	13	04
59	96	81	33	07	48	72	60	24	15
73	69	90	82	44	17	58	01	35	26
68	74	09	91	83	55	27	12	46	30
37	08	75	19	92	84	66	23	50	41
14	25	36	40	51	62	03	77	88	99
21	32	43	54	65	06	10	89	97	78
42	53	64	05	16	20	31	98	79	87

[그림 7.6] 파커의 10차 그레코 라틴방진

유럽 방진에 있어서, 아르킨, 스미스, 그리고 슈트라우스[5]는 오일러의 장교 문제를 3차원 정육면체로 확장하고 3차원 해의 존재를 증명했다. 논문 83쪽[5]에 그 해가 있다. 그들의 업적은, 특히 9년 전에 가능성에 대한 의구심이 팽배했던 것을 고려할 때 상당한 성과였다[179].

커크만(1806-1895)(→ 370쪽)

슈타이너(1796-1863)(→ 370쪽)

실베스터(1814-1897)(→ 371쪽)

캐일리(1821-1895)(→ 371쪽)

• 커크만의 여학생 문제

영국의 한 교구 목사이면서 군론과 조합론 전문가이자 영국 학술원 회원이기도 했던 커크만Thomas P. Kirkman은 1847년 다음과 같은 문제를 내 놓았다.

문제 7.12 어느 여학교에서는 세 학생씩 나란히 다섯줄을 이루어 산책하는 것이 관습이다. 여교장 선생님은 7일 동안 같은 학생끼리 두 번 이상 나란히 가는 일이 없도록 스케줄을 짜고 싶었다. 어떻게 하면 될까?

커크만의 문제와 같은 문제는 조합론에서 블록 디자인이라고 하는 영역에 속한다. 19세기에 집중적으로 연구되었지만, 주로 레크리에이션 문제였다. 그와 같은 문제가 통계학, 오류 정정 부호론, 고차원 기하학, 아다마르 매트릭스, 그리고 사영기하 같은 다양한 주제와 밀접하게 관련된다는 것이 나중에 알려졌다.

커크만의 문제를 일반화 하면 슈타이너의 이름을 딴 **슈타이너 삼중 체계**가 된다. 슈타이너 삼중 체계 S_n은, 존재한다면, n개의 대상을 셋씩 묶어(삼중) 배열하는 것인데, 어느 것이나 같은 대상과 같은 묶음에 두 번 이상 속하지 않도록 하는 것이다. 슈타이너 삼중 체계에는 $\frac{1}{2}n(n-1)$개의 쌍과 $\frac{1}{6}n(n-1)$개의 삼중(셋묶음)이 있다. 그러므로 n은 $n \equiv 1(\text{mod}6)$ 또는 $n \equiv 3(\text{mod}6)$, 곧 $n = 7,9,13,15,\cdots$ 이어야 한다. 1893년에 무어[E.H.Moore]는 이 조건이 충분하다는 것도 증명하였다.

일반화된 커크만 문제에서 산책에 필요한 일수는 $\frac{1}{2}n(n-1)$이다. 위의 수는 n이 3의 홀수 배일 때만, 즉 $3(2k+1)=6m+3$일 때만 정수가 된다. 그러므로 가능한 값은 3, 9, 15, 21 등이다.

$n=3$인 경우는 뻔하다. 여학생 셋이 하루 산책하면 된다. $n=9$인 경우, 여학생들에겐 아래 계획대로 4일 동안의 유일한 기본해가 있다.

123	147	159	168
456	258	267	249
789	369	348	357

1922년부터 커크만의 원래 문제인 $n=15$인 경우에 대하여 80개의 해가 알려지고 있지만, 그 중 7개만 기본해다. 커크만 문제의 해법은 많이 있다. 여기서는 가드너가 〈사이언티픽 아메리칸〉에 소개한 동심원반을 회전해서 얻는 기하학적 해법을 제시한다. $n=9$에 대한 동일한 방법이 책[18, pp.260-263]에 있다.

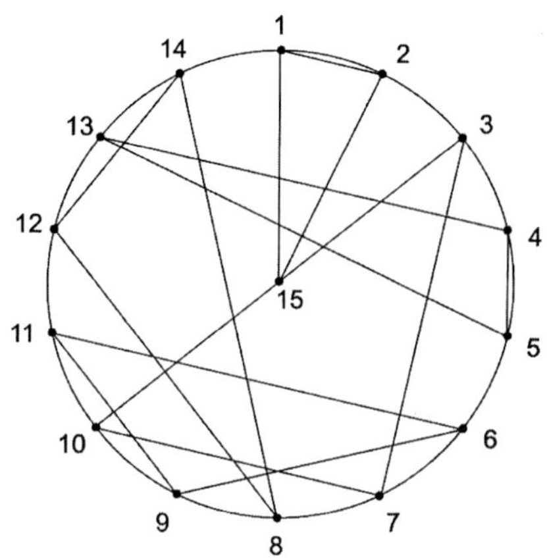

[그림 7.7] 커크만의 여학생 문제 기하학적 해법

원을 그리고 그 둘레에 1부터 14까지 숫자를 같은 간격으로 적는다. 같은 크기의 널빤지 원반을 원에 붙이고 원과 원반의 중심을 관통하는 핀을 꽂는다. 원반의 중심에 15를 적는다. 원반 위에 지름 (10,15,3)을 그리고, 서로 합동이 아닌 삼각형 다섯 개 (1,2,15), (3,7,10), (4,5,13), (6,9,11), (8,12,14)를 [그림 7.7]과 같이 그린다. 이것이 첫날의 배열이다.

남은 6일에 대한 배열은 원을 아무 쪽으로나 한 번에 두 수씩 증가하도록 회전하면 얻어진다. 즉 1이면 이를 고정된 원의 3, 5, 7, 9, 11, 13과 만나도록 회전한다. 회전할 때마다 회전하는 원 위의 다섯 삼각형의 꼭지점들이 표시하는 고정된 원 위의 숫자들이 새로운 삼중(세 학생)을 제시한다. 정말 쓸 만한 편리한 규칙이다. 다음이 [그림 7.7]의 디자인에 의한 전체 풀이다.

월요일:	(1,2,15),	(3,7,10),	(4,5,13),	(6,9,11),	(8,12,14)
화요일:	(3,4,15),	(5,9,12),	(1,6,7),	(8,11,13),	(2,10,14)
수요일:	(5,6,15),	(7,11,14),	(3,8,9),	(1,10,13),	(2,4,12)
목요일:	(7,8,15),	(2,9,13),	(5,10,11),	(1,3,12),	(4,6,14)
금요일:	(9,10,15),	(1,4,11),	(7,12,13),	(3,5,14),	(2,6,8)
토요일:	(11,12,15),	(3,6,13),	(1,9,14),	(2,5,7),	(4,8,10)
일요일:	(13,14,15),	(1,5,8),	(2,3,11),	(4,7,9),	(6,10,12)

이 문제에 관심을 가졌던 실베스터에 의하면, 커크만의 문제에 대한 가장 흥미 있는 풀이 중 하나는 피어스로부터 나온 것이다. 피어스의 풀이는 되리의 저서에 나온다[54]. 유명한 루스볼과 콕세터의 맥밀란출판사 1949년 저서 『수학 레크리에이션과 논문』에 100보다 작은 모든 n에 대한 해가 있다.

일반적인 커크만의 문제에 대한 해는 n이 $6m+3$ 형태라야 하지만, 충분조건은 아니다. 19세기 후반에 이 문제에 대한 많은 논문이 나왔지만, n의 특별한 값에 대한 해 뿐이었다. 모든 ($6m+3$ 형태의) n에 대한 일반해는 1970년 오하이오 주립대학교의 레이-쵸두리

D.K.Ray-Chaudhuri와 윌슨Richard M.Wilson이 긍정적인 답을 증명하자 나왔다. 그렇지만, 해의 수는 알려지지 않은 채 남아 있으며, 단지 n이 작은 경우에만 알려져 있다. 슈타이너 삼중 체계 S_n의 수는 매우 급속히 증가한다. 예를 들어, $n=31$에 대한 비동형인 해는 $2 \cdot 10^{15}$개 이상 있다.

1847년 커크만이 여학생 문제를 상정한 바로 뒤에 케일리가 Pilos. Mag. 제 3권(1850)에 『On the triadic arrangements of seven and fifteen things』란 제목으로 이 문제에 대한 첫 논문 하나를 썼다. 그의 친구 실베스터도 커크만의 문제를 생각하고, 여학생 15명이 $\binom{15}{3}=455$ 가지로 3인조가 된다는 것을 알았다. $455=13 \cdot 35$이고 35는 커크만의 문제 해에 나오는 3인조의 수이므로 다음 문제가 제기된다.

문제 7.13 455개의 서로 다른 3인조를 각각이 커크만 문제의 조건을 만족하는 13개의 서로 다른 슈타이너 삼중 체계로 분할할 수 있겠는가?

여학생이 n명인 일반적인 경우에 서로 다른 3인조의 수는 모두

$$\binom{n}{3}=\frac{n(n-1)(n-2)}{6}$$

이다. 슈타이너의 삼중 체계 S_n은 $\frac{1}{6}n(n-1)$개 3인조를 포함하므로 서로 만나지 않는 $n-2$개의 S_n이 모든 3인조를 포함한다. 실베스터의 문제를 일반화하려면 모든 3인조의 집합을 서로 만나지 않는 $n-2$개의 S_n으로 배열해야 하고, 그들의 각각을 앞에서와 같이 $\frac{1}{2}n(n-1)$ "날"로 "나눈다".

실베스터의 문제는 매우 어려워서 1974년 레스터 대학교의 데니스턴R.H.F.Denniston이 컴퓨터의 도움을 받아 해를 형성할 때까지 답을 찾지 못했다『이산수학, 제9권』(1974)). 그런데, 커크만은 $n = 15$에 대한 실베스터의 문제를 풀었다고 주장하는 실수를 범한 것이다.

캐일리(1821–1895)(→ 371쪽)

19세기 위대한 수학자 중 한 사람인 그의 경력은, 그의 시대에는 비범한 것이 아닐지라도, 오늘날의 기준으로 비상한 것이다. 캐일리Arthur Cayley는 1863년 케임브리지 대학교 순수수학 교수가 되기 전에 절친한 친구이자 동료 변호사, 그 또한 훌륭한 수학자였던 실베스터(1814–1897)와 함께 매우 유능한 변호사로 14년 동안 일했다. Lincoln Inn Court에서 근무하는 동안 그들은 기회 있을 때마다 심오한 수학 문제를 토의 했다. 캐일리는 일생동안 900편이 넘는 논문을 썼는데 그중 250편 가량을 변호사 하던 시기에 발표했다.

- **카운팅 문제**

회로cycle를 포함하지 않는 연결 그래프를 **수형도**tree라고 한다. 부록 C 참조. [그림7.8]은 꼭짓점이 2개, 3개, 4개인 수형도이다. 캐일리는 1859년에 꼭짓점의 위치를 고려하면서 꼭짓점이 일정한 서로 다른 수형도의 개수를 생각하고 흥미로운 점화관계를 유도하였다.[4)]

대부분의 독자에게 익숙하지 않은 그래프 이론의 기초를 설명하는 대신 이와 동치인 멘델슨Mendelson의 논문[128]에 나오는 실생활 문제를 살펴보자. 이 문제의 풀이는 캐일리의 점화관계로 표현된다.

4) A. Cayley, On the analytical forms called trees, second part, Philos. Mag. 18(1859), 374–378.

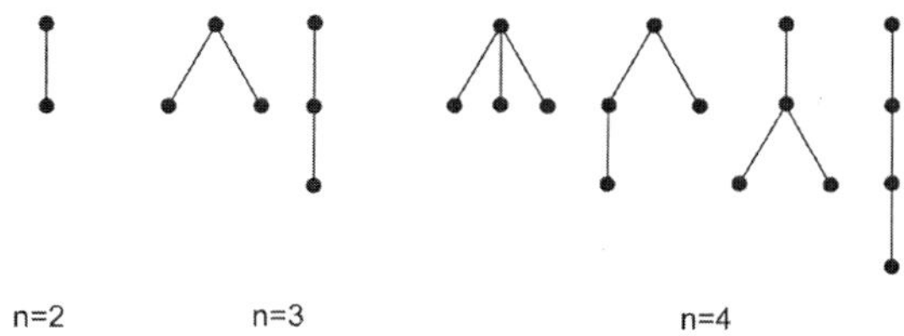

[그림 7.8] 꼭짓점이 2개, 3개, 4개인 수형도

문제 7.14 (a) 육상선수 n명이 경기를 한다. 어느 등수에서나 몇 명이든 같은 등수가 가능하다. 나올 수 있는 결과의 수를 구하여라.

위 문제와 동치인 문제로 다음 문제도 흥미롭다.

문제 7.14 (b) 후보가 n명인 선거에서 같은 등수가 나올 수 있다. 나올 수 있는 결과의 수를 구하여라.

선수/후보가 n명일 때 나올 수 있는 결과의 수를 J_n이라고 하자. J_n의 처음 몇 개 값은 쉽게 계산할 수 있다:

$$J_0 = 1;$$

$$J_1 = 1;$$

$$J_2 = 3;\ ((\text{A,B}),\ (\text{B,A}),\ \text{또는 동률}(\text{AB}))$$

$$J_3 = 13;(\text{아래 표와 [그림 7.9]})$$

1	A	A	B	B	C	C	ABC	AB	AC	BC	A	B	C
2	B	C	A	C	A	B	-	B	B	A	BC	AC	AB
3	C	B	C	A	B	A	-	-	-	-	-	-	-

[그림 7.9]는 3명 선수/후보에서 가능한 결과에 해당하는 꼭짓점이 3개인 수형도-그래프다.

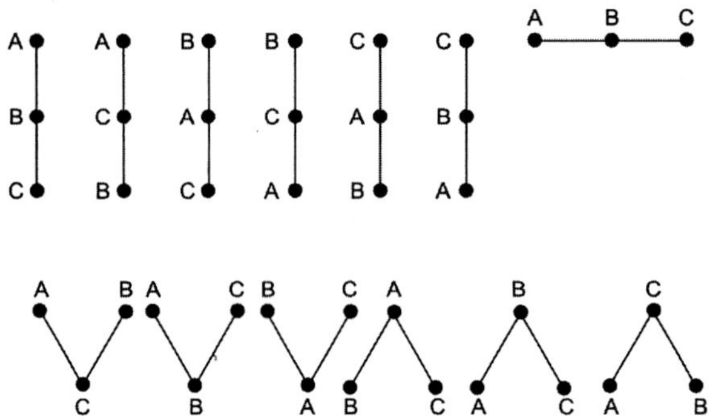

$J_3=13$

[그림7.9] 3명 선수/후보에서 나오는 모든 결과의 수

멘델슨이 [128]에 제시한 J_n에 대한 점화관계를 유도해 보자.

선수가 $n+1$명 있다고 가정한다. 1등을 하지 않은 선수가 j명이라면, 이 j명 선수들은 2등, 3등, …을 J_j 가지로 할 수 있다. $n+1$명의 선수 가운데 이 j명의 선수를 뽑는 방법은 $\binom{n+1}{j}$ 이다. j는 0부터 n까지의 수이므로, J_{n+1}의 값은

$$\binom{n+1}{0}J_0+\binom{n+1}{1}J_1+\cdots+\binom{n+1}{n}J_n$$

이다. 그러므로 다음 점화관계식을 얻는다.

$$J_0=1,$$

$$J_{n+1}=\sum_{j=0}^{n}\binom{n+1}{j}J_j. \tag{7.7}$$

예를 들어, (7.7)에서

$$J_4 = \sum_{J=0}^{3} = J_0 + 4J_1 + 6J_2 + 4J_3 = 1 + 4 + 18 + 52 = 75.$$

앞에서 말했듯이, 완전히 다른 방식이긴 하지만 맨 처음 (7.7)을 유도한 사람은 캐일리였다.

아래 표는 $1 \le n \le 10$에 대한 J_n 값이다.

1	2	3	4	5	6	7	8	9	10
1	3	13	75	541	4,683	47,293	545,835	7,087,261	102,247,563

[표 7.3]

멘델슨은 조합론의 기초 이론을 이용하여 다음과 같은 J_n에 대한 닫힌 공식을 유도했다.

$$J_n = \sum_{k=1}^{n} \sum_{p=1}^{k} (-1)^{k-p} \binom{k}{p} p^n \quad (n = 1, 2, \cdots). \qquad (7.8)$$

(7.8) 공식으로 다시 J_4를 계산해 보면,

$$\begin{aligned} J_4 &= 1 + (-2 + 2^4) + (3 - 3 \cdot 2^4 + 3^4) \\ &\quad + (-4 + 6 \cdot 2^4 - 4 \cdot 3^4 + 4^4) \\ &= 1 + 14 + 36 + 24 = 75. \end{aligned}$$

루카스(1842–1891)(→ 371쪽)

- **하노이 탑**

하노이 탑이라고 알려진 기발한 퍼즐은 1883년 클라우스M.Claus가 시작했다. 클라우스는 실제 발명자 루카스Edouard Lucas의 철자 순서를 바꾼 이름이다[5].

---

5) N.Claus[=Edouard Lucas], *La tour d'Hanoi, jeu de calcul*, Sci. Nature 1(1884), 127–128; also E.Lucas, *Recreations Mathematiques*, Gauthier-Villars1882–94,

문제 7.15 탑 퍼즐은 판 위에 수직으로 세운 말뚝 세 개와 크기가 다른 원반 몇 개, 루카스 장난감은 [그림 7.10]에서 있는 것처럼 8개의 원반으로 되어 있다. 이 원반들은 애초에 세 말뚝 중 한 말뚝에 쌓아 놓았는데, 가장 큰 원반을 맨 아래, 그 다음 큰 원반을 그 위에, 이런 식으로 가장 작은 원반을 맨 위에 쌓아 놓았다. 이 원반은 한 말뚝에서 다른 말뚝으로 한 번에 한 개씩 옮길 수 있는데, 원반을 자신보다 작은 원반 위에 놓아서는 안 된다. 처음 말뚝에 놓인 원반들의 탑을 다른 말뚝으로 옮기는 것이 과제다. 최소한 몇 번 옮겨야 이 과제를 마칠 수 있겠는가?

과제를 완수하는데 필요한 최소의 옮기는(운반하는) 횟수를 h_n이라고 하자(h는 하노이를 나타낸다). 분명히 $h_1 = 1$이고 $h_2 = 3$이다. [그림 7.10]은 처음 세 번 운반하는 것을 보여준다.

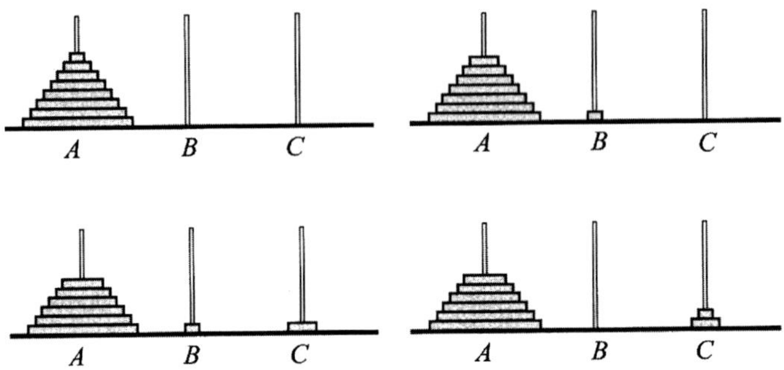

[그림 7.10] 하노이 탑– 첫째 원반 옮기기

가장 큰 원반을 말뚝 A에서 말뚝 B로 운반하려면, 먼저 말뚝 C에 남은 $n-1$개 원반으로 탑을 만들어야 하고, 이 과정에 말뚝 B를 사

---

reprinted by Blanchard, Paris 1960.

용한다. 여기에 필요한 최소의 운반 횟수는 h_{n-1}이다. 그런 다음, 가장 큰 원반을 말뚝 B에 옮기는데 한 번, 그리고 말뚝 A를 이용하여 말뚝 C에서 말뚝 B로 $n-1$개 원반을 옮기는 데 적어도 h_{n-1}번 운반한다. 그러므로, 필요한 운반 횟수는 다음 점화관계로 주어진다.

$$h_n = 2h_{n-1} + 1,\ n \geq 1,\ h_1 = 1 \tag{7.9}$$

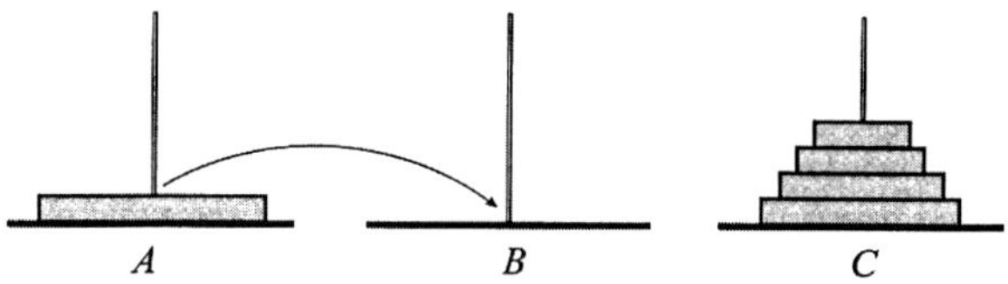

[그림 7.11]

(7.9)로부터

$$\begin{aligned} h_n &= 2h_{n-1} + 1 \\ h_{n-1} &= 2h_{n-2} + 1 \\ &\vdots \\ &\vdots \\ h_3 &= 2h_2 + 1 \\ h_2 &= 2h_1 + 1 \end{aligned}$$

이다. 위 식에 1, 2, 2^2, $\cdots$, 2^{n-2}를 각각 곱하여 모두 더하면, 좌변과 우변에서 같은 항은 상쇄되어

$$h_n = 1 + 2 + 2^2 + \cdots + 2^{n-2} + 2^{n-1} = 2^n - 1.$$

그러므로, 원반 n개를 완전히 옮기는데 필요한 최소의 운반 횟수는 $2^n - 1$이다. $n = 8$인 루카스의 1883년 장난감의 경우, 이 수는 $2^8 - 1 = 255$이다. 사실, 앞에서 설명한 알고리즘을 적용하면 $2^n - 1$이 실제로 최소 운반횟수이지만 아직은 "과제를 완수했다"고 말할 수

없다. 이 문제는 뒤에 논의한다.

루카스가 하노이 탑을 제시한 일 년 뒤, 파르빌Henri de Parville은 『La Nature』(라리, 1884, pp.285-286)에서 하노이 탑의 기원에 관한 재미있는 이야기를 실었다. 루스 볼과 콕세터의 책 『수학 레크리에이션과 논문』[50]에도 이 이야기가 있는데 각색하면 대략 다음과 같다.

> 바라나시 사원에는 세상의 중심이라고 알려진 돔 아래에 동판이 깔려 있고 동판에는 다이아몬드로 만든 바늘이 세 개 붙어 있다. 바늘 하나는 높이가 한 큐빗이고, 굵기가 벌 한 마리와 같다. 신이 세상을 창조하면서 동시에 브라마의 탑을 만들고 세 바늘 중 하나에 순금으로 된 원반 64개를 올려놓았는데, 동판 위에 가장 큰 원반을 얹어놓고, 그 위로 점점 더 작은 원반을 차례로 꼭대기까지 쌓아 놓았다. 변하지도 않고 바꿀 수도 없는 브라마의 규칙에 따르면, 사원의 승려는 밤낮으로 쉴 새 없이 원반을 한 다이아몬드 바늘에서 다른 바늘로 옮겨야 한다. 승려는 한 번에 원반 하나만 옮길 수 있고 바늘 위에 원반을 놓을 때는 작은 원반이 큰 원반 아래 놓이지 않도록 순서를 지켜야 한다. 신이 처음 놓았던 바늘에서 64개의 원반을 전부 다른 바늘로 완전히 옮기고 나면, 모든 것이 먼지로 변하고, 탑, 사원, 브라만들도 함께 그리고 세상 자체도 번개 속으로 사라지게 된다.

유도해 낸 공식에 따르면, 바라나시의 브라마 탑에 있는 황금 원반을 옮기는 횟수는

$$2^{64}-1=18,446,744,073,709,551,615$$

이다. 승려가 원반 한 개 옮기는데 1초 걸린다면, 세상의 종말은 5,850억년 후에 일어날 것이다! 잠깐만. 우연히도, $2^{64}-1$이란 숫자는, 8×8 장기판에, 첫 번째 정사각형에는 곡식 한 알, 두 번째에는 두 알, 이런 식으로, 시작할 때 말했던 것처럼 기하급수적으로 증가할 때 곡식 알의 총합이다. 실제로 $1+2+2^2+\cdots+2^{63}=2^{64}-1$이다.

많은 문헌에 운반하는 최소의 횟수가 2^n-1이 라고 나오지만, 대부분 이에 대한 깊은 분석이 없다. 그런데 우드는 그의 논문에서[189], "흔히 증명된 것은 점화 알고리즘에 의한 n개 원반의 운반 횟수가

$2^n - 1$이라는 것이다. 이것은 더 적은 운반 횟수를 갖는 알고리즘이 존재하지 않는다는 것에 대한 증명은 아니다."라고 했다. 그는 후속 논문에서, $2^n - 1$이 실제로 운반하는 절차와 관계없이 최소 운반 횟수라는 것을 증명했다. 중요한 두 보조정리는:

1) (앞에 나왔던) 하노이 탑 문제의 전형적인 점화해는 운반 횟수의 최적값이다.
2) 하노이 탑 문제는 지수시간 문제이다.

우드의 논문[189]은 또한 계산 복잡도의 관점에서 해에 대한 분석, PASCAL로 쓴 운반 프로그램 생성자, 하노이 탑 문제에 관련된 미해결 문제와 새로운 문제, 그리고 이에 관한 방대한 참고 문헌을 포함하고 있다.

이번에는 하노이 탑과 이 문제를 푸는 방법이 많은 문헌을 만들어 내었다. 예를 들면, [17, 제2권], [18], [19], [28], [29], [50], [69], [70, pp.55-62], [88], [99], [103], [149] 그 뿐 아니라 루카스의 [125],루스 볼과 콕세터의 [150]. 논문 [60], [157], [192]은 하노이 탑을 연구하고 해결하기 위해 특별한 형태의 그래프(n-원반 하노이 그래프 H_n이라고 부르는)와 그래프 이론의 응용을 사용하는 것이 기초를 이루고 있다. 신기하게도, n원반 하노이의 해와 관련된 대응하는 H_n 그래프는 n이 커질수록 더욱 더 시에르핀스키 가스켓과 비슷한 모양이 된다.

호기심이 있는 독자는 기둥이 4개 이상인 탑 문제에 답이 있는지 궁금할 것이다. 기둥이 4개 일 때 원반을 이동하는 알고리즘은 있지만 이 과정이 최적인지는(최소의 이동 횟수인지는) 아직 증명되지 않았다. 단지 이 수가 다음 점화관계로 주어진다고 추측하고 있다.

$$f_n = f_{n-1} + 2^x \ , \ f_1 = 1,$$

여기서 $x = \left\lfloor \frac{\sqrt{8n-7}-1}{2} \right\rfloor$, $\lfloor x \rfloor$ 은 x보다 크지 않은 최대 정수를 나타낸다.

• 체커 바꾸기 (I)

1883년 루카스의 저서 『레크리에이션 수학』[6]에 나오는 루카스의 다음 문제는 [150, pp.124-125]에도 나온다.

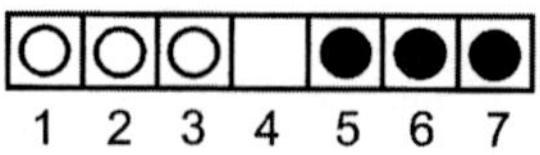

[그림 7.12] 체커 바꾸기

문제 7.16* 1부터 7까지 숫자로 표시된 정사각형이 [그림 7.12]와 같이 한 줄로 연결되어 있다. 3개의 흰색 체커가 한 쪽 끝에 있고 3개의 검은 색 체커가 다른 쪽 끝에 있다. 가운데 정사각형4는 비어 있다. 흰 색 체커를 모두 왼쪽에서 오른 쪽으로 이동하여 검은 색 체커가 있던 자리로 옮기고, 반대로 검은 색 체커는 모두 오른 쪽에서 왼쪽으로 이동하여 흰 색 체커가 있던 자리로 옮기려고 한다. 이동하는 방법은 체커 옆 정사각형이 비어 있으면 바로 옮기고 반대 색 체커의 뒤가 비어 있으면 건너 뛰어 옮긴다. 체커는 어느 색이나 순서에 관계없이 이동할 수 있다. 필요한 최소의 이동 횟수를 구하여라.

조금 더 복잡한 또 다른 루카스의 체커 바꾸기 문제가 웰스의 책 [186]에 나온다.

---

6) Receations mathematiques, 파리 1883, 제2권, 5부, pp.141-143.

• **체커 바꾸기 (II)**

문제 7.17* [그림 7.13]에서처럼 4개의 체커 A, B, C, D가 색칠해진 정사각형을 차지하고 있다. 여기서 C와 D, A와 B를 바꾸려고 한다. 체커는 정사각형을 하나 이상 어느 방향(직각 방향전환을 포함하여)으로나 움직일 수 있지만, 체커를 건너뛸 수는 없다. 어떻게 하면 되겠는가?

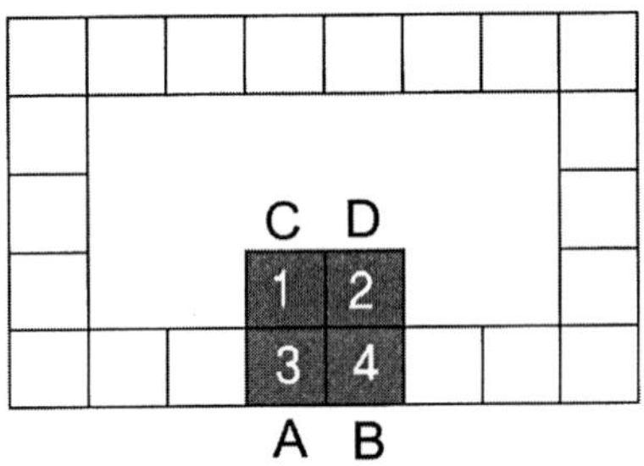

[그림 7.13] 체커 바꾸기

• **선로 바꾸기**

문제 7.18* 기차 A가 기차 B를 앞지르도록 하려고 하는데, 기차 B길이의 절반인 지선을 사용하여야 한다[그림 7.14]. 어떤 방법으로 기차의 위치를 바꾸어 놓을 수 있겠는가?

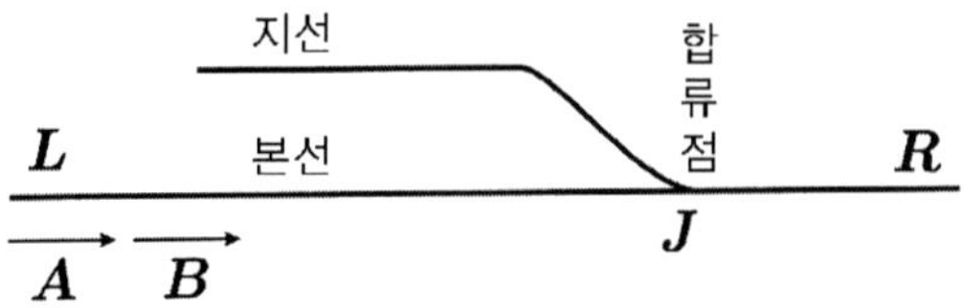

[그림 7.14] 기차 위치 바꾸기

• **신혼부부 문제**problem des menages

루카스의 다음 문제는 그의 1891년 책 [125]에 나온다.

문제 7.19 신혼부부 n쌍이 원탁에 남자 여자 교대로 앉는데 남자는 자기 아내 옆에 앉을 수 없다. 이와 같이 앉는 방법은 몇 가지 인가?

한 세기 전에는 이 전형적인 조합론 문제가 많은 수학자의 주의를 끌었다. 자세한 내용은 되리[54], 두트카[59], 카플란스키와 리오르단 [111], 리오르단[147]의 저서를 참고 하기 바란다.

이 도전적인 문제를 풀려면 순열 이론에 대한 약간의 기초지식이 필요하다. 프랑스의 래상[7]과 모로, 그리고 영국의 테일러가 공식을 분명히 나타내지 않고 아래 점화관계(7.10)를 사용하여 신혼부부 문제를 풀었다[8]. 공간이 부족해 풀이를 제시할 수 없으므로, 대신, 완전한 해를 제시한 되리의 저서[54]에서 마지막 결과를 빌리자.

문제의 조건을 만족하는 신혼부부 n쌍의 배열 방법을 B_n이라고 하면 $B_n = 2n!A_n$이다. 여기서 A_n은 아래 점화식으로 계산한다.

$$(n-1)A_{n+1} = (n^2-1)A_n + (n+1)A_{n-1} + 4(-1)^n. \qquad (7.10)$$

이 관계식의 유도과정은 [54]에 나온다. [111]에서는 관계식 (7.10)의 우선권 문제에 관해 논의하고 있다. 루카스는 (7.10)이 래상, 그리고 독립적으로 모로에게 우선권이 있다고 생각했다. 그렇지만, 캐일리와 뮈어는 13년 먼저 관계식 (7.10)을 알았는데, 이 사실을 루카스와 그 뒤 사람들이 몰랐다.

---

7) Sur deux problemes de permutations, Bulletin de la Societe Mathematique de France, T. 19(1890-91), 105-108.

8) A problem on arrangement, Messenger of Mathematics, 제32권(May1902-April1903), 60-63.

$A_3 = 1$, $A_4 = 2$인 것은 어렵지 않게 바로 알 수 있다. 이 점화관계로 시작하면,

$$A_5 = 13,\quad A_6 = 80,\ A_7 = 579,\ A_8 = 4{,}738,$$
$$A_9 = 43{,}387,\quad A_{10} = 439{,}792,\ \text{등}$$

이고, B_n은 쉽게 계산된다.

점화식 (7.10)으로 문제는 풀 수 있지만, 간접적인 정보만 얻을 수 있다. A_n에 대한 깔끔한 식에 대한 연구는 투차드[J.Touchard]가 루카스 문제의 해를 다음과 같이 분명한 식으로 제시하여 끝을 맺었다.

$$B_n = 2n!A_n,\quad A_N = \sum_{k=0}^{n}(-1)^k \frac{2n}{2n-k}\binom{2n-k}{k}(n-k)! \tag{7.11}$$

그러나, 투차드는 증명을 제시하지 않았다. (7.11)의 증명은 1943년에 카플란스키가, 1944년에 리오르단이 제시했다.

신부 n명이 자리를 배정 받았다면, 각 쌍 사이에는 한 자리가 비게 되고, 그러면 구하는 수는 정확히 A_n이다. 1981년에 존즈와 무어[108]는 루카스 문제를 이와 같이 생각하고

$$A_n = \sum_{k=0}^{n}(-1)^k \frac{(2n-k-1)!n\pi^{1/2}}{k!(n-k-1/2)!2^{2n-2k-1}} \tag{7.12}$$

을 구하였다. (7.11)과 (7.12)가 동치라는 증명은 [59]에 있다.

토마스는 **신혼부부 문제**가 여러 지역과 관련되었다고 하면서, 이 문제의 기원과 간단한 역사에 대하여 보고했다[174], 두트카는 [59]에서 19세기에 유명한 에딘버러의 물리학자이자 자연철학교수인 테이트가 1870년대에 소용돌이 원자론을 연구하고 신부(또는 신랑) 자리가 미리 배정된 루카스 문제와 동치인 매듭 문제를 언급했다고 했다. 토마스 뮈어[85]는 테이트의 문제를 특정한 종류의 행렬식의 전개식에서 항의 수와 관련된 문제로 만들고 래상의 관계식이라고도 하는

점화관계식(7.10)을 얻었다. [111], [126, 제1권], [147, 제8장], [178], [191]에서 관련된 문제들을 다루고 있다.

실베스터James Joseph Sylvester (1814–1897)(→ 371쪽)

• 나무 심기

평면에 n개의 점을 배열하는 것과 관련된 퍼즐은 많이 있지만, 가장 오래되고 잘 알려진 것은 "나무 심기 문제", 또는 "과수원 만들기 문제"다. 간단히 표현하면,

문제 7.20 n개의 점을 평면에 배열하는데, 각 줄에 k개 씩 들어있도록 할 때, 어떻게 배열하면 줄의 수가 최대가 되겠는가?

퍼즐의 이름은 한 줄에 k그루씩 r줄이 되도록 과수원에 나무를 심고 싶어 했던 농부에 관한 옛날 퍼즐에서 유래 되었다. 줄의 최대수를 정해 놓으면 퍼즐이 어려워진다.

실베스터는 이 문제에 많은 시간을 쏟았고, 계속해서 1860년대 말부터 1897년 그가 죽을 때까지 계속해서 일반적인 문제를 연구하였다(H.T.Croft 등 [44]참조). 이 퍼즐은 여러 해 동안 알려졌지만, 주어진 n과 k에 대하여 가장 큰 줄의 수 $r(n,k)$를 결정하는 일반적 문제는 완전히 풀리지 않았다. 몇 가지 특별한 경우에 대해서만 해를 구했을 뿐이다. 예를 들어, 실베스터는 그 하계가 다음과 같다는 것을 알았다.

$$r(n,3) \geq \left\lfloor \frac{1}{6}(n-1)(n-2) \right\rfloor,$$

기억하겠지만, 여기서 $\lfloor x \rfloor$는 x보다 크지 않은 최대 정수를 나타낸다. 그러나, [표 7.4]에 있는 값과 비교해 보면, 이것은 그렇게 정확한 경계는 아니다.

나무심기 문제에 대한 많은 내용이 [30]과 [77]에 있다. 루베르그는 [52]에서 사영과정을 사용하여 이 문제에 흥미롭게 접근하고 있다.

k가 2일 때는 간단하다. 점 n개에서 두 점으로 된 쌍들은 모두 점 2개인 줄이 되므로 줄의 최대수는 $\binom{n}{2}=\frac{n(n-1)}{2}$이다. k가 3이면, 문제는 흥미로워질 뿐 아니라 균형잡힌 블록 디자인, 커크만-슈타이너 삼중수, 유한기하, 바이에르슈트라스 타원 함수, 삼차 곡선, 사영평면, 오류정정부호 같은, 그리고 그 외 여러 수학의 중요한 분야와 관련된다.

n개 점이 모두 유한 평면 위에 있다고 가정할 때, $n=3$에서 12까지, 한 줄에 3개씩 심는 최대 해가 아래 표에 있다.

n	3	4	5	6	7	8	9	10	11	12
$r(n,3)$	1	1	2	4	6	7	10	12	16	19

[표 7.4]

앞에서 언급한 바 있는 영국의 위대한 퍼즐 전문가 두데니(1857-1931)는 [그림7.15]에서 보는 것과 같이 점 11개로 16줄을 이룬 패턴을 내 놓았다[56]. 두데니는 이 풀이를 군대 퍼즐로 제시했다. "제1차 세계대전 어느 전쟁터에서 러시아 병사 16명이 터키 병사 11명을 포위했다. 러시아 병사 각자가 한 번씩 총을 쏘고, 탄환 하나는 정확히 터키 병사 3명의 머리를 관통했다고 한다. 터키 병사는 몇 명이나 살아 남았을까?" [그림 7.15]에 따르면, 살아남은 터키 병사는 아무도 없다. 러시아 병사는 각 선분의 연장선에 위치하면 된다.

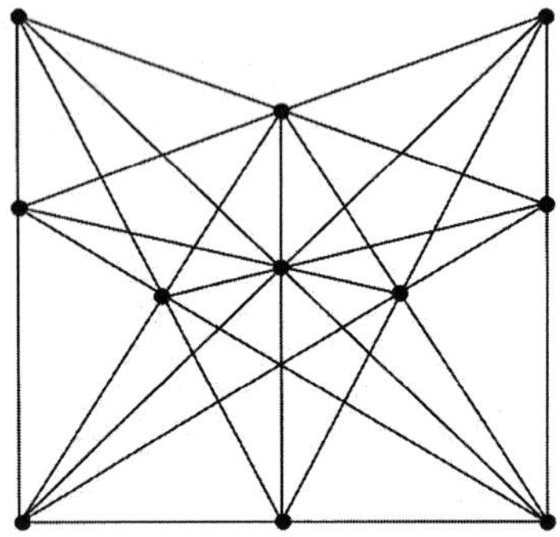

[그림 7.15]

$k=4$인 경우에는 문제가 더욱 어려워진다. 좀 더 자세한 것은 [77]에 있다. 여기서는 두데니가 논의했던 $n=16$, $k=4$를 다룬 재미있는 예를 제시한다[9]. [그림 7.16]에 있는 것이 당시에 가장 잘 알려진 결과다[10]. 마틴 가드너가 [77]에서 말한 것처럼, 이 오각형 패턴은 동아시아와 호주가 원산지인 박주가리과의 하나로 100종의 **호야**[11] 가운데 하나인 **호야 카노사**Hoya Carnossa 꽃을 닮았다[그림 7.16].

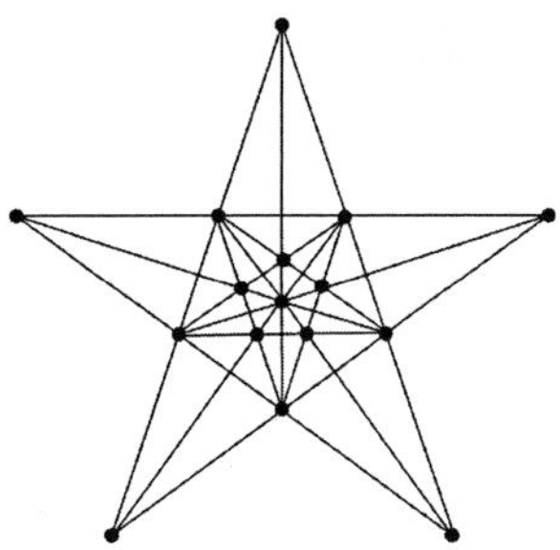

[그림 7.16] 4점짜리 15줄에 있는 16개의 점 [그림7.17] 호야 카노사; 꽃 패턴

9) 그의 저서 『The Canterbury Puzzles and Other Curious Problems』, London, 1907.
10) 오늘 날 우리는 $k=4$, $n=16$일 때 줄의 최대수가 적어도 15라는 것만 안다.
11) 역주: 옥첩매속의 덩굴풀.

나무 심기 문제에 대해 여러 해 생각한 다음, 실베스터는 1893년에 (증명 없이) 오늘날 실베스터의 직선 문제라고 알려진 관련 문제를 새로이 제안했다:

문제 7.21 두 점을 지나는 직선은 어느 것이나 항상 세 번째 점을 지나도록 유한 개의 점들을 늘어놓을 수 있을까? 모든 점이 한 직선에 있는 경우는 제외한다.

불행하게도 실베스터는 이 문제의 답을 보지 못하고 죽었다. 그뤈발트[12](1944)가 맨 처음 이 문제를 정확히 풀었다: 답은 "없다"다. 답이 오일러의 다면체 공식을 적용한 멜키오르의 결과에서 나왔다는 것도 밝혀졌다.

에르되스(1913–1996)(→ 375쪽)

헝가리의 위대한 수학자 파울 에르되스Paul Erdös는 20세기에 가장 논문이 많은 기이한 수학자 중 한 사람이었다. 그는 1,475편의 학술논문을 자기가 쓰거나 공동 저자로 발표했으며 역사상 어느 수학자보다도 많은 485명의 공동저자와 공동연구를 하였다. 에르되스는 정말로 수학에 미친 사람이었다. 그는 많은 신기하고 즐거운 문제를 포함해서 다양한 수학문제로 항상 바빴다. 다음은 그 중에 하나다.

만년 독신인 에르되스는 수학의 아름다움과 궁극적 진리를 찾아 세계를 종횡으로 누비는데 일생 대부분을 보냈다. 파울 호프만은 독창적이고 매혹적인 폴 에르되스의 전기 『오로지 수만 좋아했던 사나

12) T.Gruenwald, Solution to Problem 4065, Amer. Math. Monthly 51(1944) 169–171.

이』(히페리온, 뉴욕 2000)를 출판했다. 에르되스는 자신만의 특별한 언어를 가지고 있었다. 예를 들면:

지배자 = 여자
노예 = 남자
잡히다 = 결혼하다
해방되다 = 이혼하다
다시 잡히다 = 재혼하다
엡실론 = 어린이
존재하다 = 수학을 하다
죽다 = 수학을 그만 두다
사소한 존재 = 수학을 하지 않는 사람
잡음 = 음악
내 두뇌가 열렸다 = 내가 수학할 준비가 되었다.

폴 에르되스의 주의를 끌었던 조합론적 기하학에 속하는 문제 하나를 보자.

- **거리를 모두 다르게**

문제 7.22 7×7 장기판에서 7개의 칸을 택할 때, 두 칸끼리의 거리가 모두 다르게 택할 수 있을까? 여기서 칸끼리의 거리는 칸의 중심을 연결하는 직선거리이다.

이 문제는 첫눈에 보이는 것과 달리 단순한 문제가 아니다. 이 문제는 간단하고 분명하지만 해가 어려운 문제 가운데 하나다. 에르되스는 이런 문제 푸는 걸 즐겼다. 그는 문제들을 향기롭게 느꼈다: 포장이 내용 이상으로 중요하다.

$n\times n$ 체스판에서 n개 칸을 선택하는 문제에는 격렬한 역사가 있다. 가드너의 저서[82]를 참조하라. 컴퓨터의 도움으로 7×7 체스판이

해가 있는 가장 큰 경우임이 증명되었다. 에르되스와 가이[82, p.137]는 7×7 장기판에 대하여 해를 제시하고 $n > 7$에 대하여 해가 없음을 증명했다. 뜻이 있는 곳에 길이 있다.

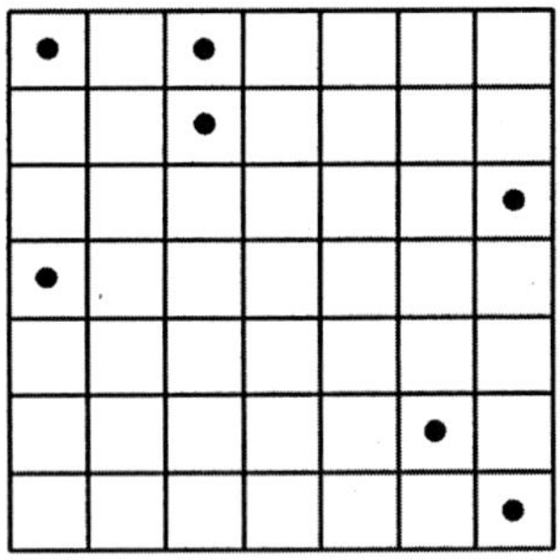

[그림 7.18] 7×7장기판에서 거리를 다르게 하기

7장 문제 풀이

7.5 사람들을 원 위에 [그림 7.19]와 같이 배열한다. 흰 동그라미는 선원을, 검은 동그라미는 밀수범을 나타낸다. 소프트웨어 Mathematica에 명령어

InversePermutation[Josephus[30,9]]

를 치면 집행하는 순서대로 완전한 목록이 나온다[그림 7.19]. 처음 15개 목록은:

9, 18, 27, 6, 16, 26, 7, 19, 30, 12, 24, 8, 22, 5, 23

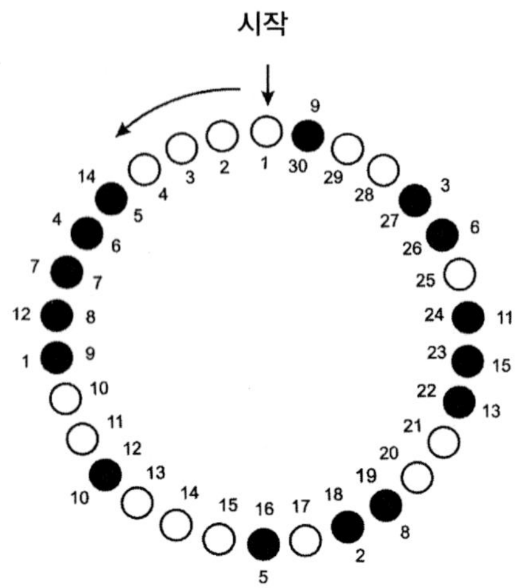

[그림 7.19] 밀수범과 선원의 배치

7.6 풀이 하나: $a=1,\ h=11,\ b=9,\ k=29.$

7.10 [그림 7.20]이 유일한 풀이다.

D	F	A	E	C	B
B	D	C	F	A	E
A	B	E	D	F	C
F	E	B	C	D	A
E	C	D	A	B	F
C	A	F	B	E	D

[그림 7.20] 6×6 라틴방진 – 풀이

7.16 15번 이동. 3-4 5-3 6-5 4-6 2-4 1-2 3-1 5-3 7-5 6-7
4-6 2-4 3-2 5-3 4-5

7.17 먼저 체커 B를 우측으로 한 칸 옮긴다. 다음 A를 시계방향으로 순환하여 돌아 B의 바로 오른 편에 둔다[그림 7.13]. C와 D를 바꾸기 위해 색칠한 정사각형 1, 2, 3, 4로 돌린다: C:1-3-4, D:2-1, C:4-2. 마지

막으로 B와 A를 왼쪽으로 움직여 3과 4에 둔다.

7.18 [그림 7.14]를 보면서 5단계로 한다. 화살표 →과 ←은 각각 전진(좌에서 우)과 후진(우에서 좌)를 나타낸다. J는 합류점, L은 합류점 왼쪽 트랙, R은 합류점 오른 쪽 트랙, S는 지선.

1) B: → L-J-R; ← R-J-S, B의 뒤 절반을 지선에 분리;
   B의 앞 절반은 → J-R;
2) A: → L-J-R, B의 뒤 절반과 결합; ← R-J-L
3) B의 앞 절반: ← R-J-S;
4) A는 B의 뒤 절반을 분리하고 목적지로 출발 한다 L-R
5) B의 앞 절반은 지선에서 나와 B의 뒤 절반을 결합하여 목적지로 간다.

제 8 장

확률 문제

인생에 관한 가장 중요한 질문은, 대부분, 실제로 확률 문제뿐이다.

Pierre-Simon de Laplace

확률은 불완전한 지식에 기초한 기대다. George Boole

도박사가 내기할 때 느끼는 흥분의 양은 그가 이길 수 있는 양에 이길 확률을 곱한 것과 같다. Blaise Pascal

프랑스의 위대한 수학자 라플라스Pierre-Simon de Laplace는 "우연의 게임을 생각하고 시작된 과학이 인간 지식의 가장 중요한 대상이 되어야 한다는 것은 놀라운 일이다"라고 했다. 그는 확률에 대하여 생각했는데 이 장을 시작하면서 도박사의 내기 게임에 대한 논문을 주도한 사람이 파스칼과 페르마라는 것을 알게 된다. 그들의 유익한 토론 결과는, 수학에서 매우 중요한 분야이며 많은 과학 분야와 여러 인간 활동에서 매우 유용한 확률론의 토대가 되었다.

확률은 어떤 사건이 일어날 기회를 추정 하거나, 주어진 조건에서 사건이 발생하는 빈도를 계산한다. 한 사건이 일어날 확률은 분수나 0(불가능한 사건)부터 1(발생이 확실한 사건)까지의 소수로 나타낸다. 매우 큰 데이터의 집합에 대한 정량적 분석이 필요할 때 인간의 많은 활동과 실험 조사가 중요하다. 하지만, 우리는 그런 분석이나 무작위한 현상을 분석하지 않고, 확률을 정의하는 곤란에 처하지도 않을 것이다. 이 장에서는 단지 조합론의 기초적 지식만을 필요로 하는 위대한 수학자들의 기본적 문제만 살펴보기로 한다.

카스너Edward Kasner는 "아마 무엇보다 가장 큰 역설은 수학에 역설이 있다는 것이다,"라고 말했다. 확률론은 수학의 다른 어떤 분야보다 더 놀라운 결과와 역설로 가득하다. 이것은 또 다른 역설이다. 실제로, 위험에 대한 우리의 감각과 우연의 여러 측면, 그리고 실생활 경험으로 우리는 결과에 대하여 잘 추정할 수 있어야 한다. 그럼에도 불구하고, 확률은 역설과 예기하지 못한 결과로 가득하다. 두 팀의 축구 선수와 심판 한 사람(모두 23명) 중에는 생일이 같은 두 사람이 있다는 데 대하여 독자께서는 내기를 하겠는가? "안 하겠다, 가능성이 극도로 작다," 아마 독자는 이렇게 말할 것이다. 그렇지만, 확률론에 의하면 기대조차 아니 한 51%의 결과가 나온다. 두 아이가 있는 가정에 한 아이가 아들인 것을 알 때, 두 아이가 모두 아들일 확률은 얼마일까? 가장 빈번하면서도 부정확한 답이 1/2인데, 잘 분석해보면 이 확률은 1/3이다. 또 다른 역설은 이 장 문제 8.4에 나온다.

"확률론은 훌륭한 저자가 전적으로 잘못된 결과를 흔히 얻을 수 있는 수학의 유일한 분야다"라고 피어스Charles S. Pierce가 말한 적이 있다. 라이프니츠는 한 쌍의 주사위 눈에서 12를 얻을 확률은 11을 얻을 확률과 같다는 생각을 했다고 한다. 비슷하게, 18세기 프랑스의 위대한 수학자인 달랑베르D'Alembert는 동전을 세 번 던진 결과와 한 번에 동전 세 개를 던진 결과가 같다는 것을 알지 못했다고 한다.

다음 보기가 교훈적이다. 통계학자가 공항 안전검사대를 지나갈 때, 안전요원이 그의 가방에서 폭탄을 발견했다. 통계학자가 설명했다: "통계에 의하면 비행기에 폭탄이 한 개 있을 확률은 1/1000이다. 그렇지만, 한 비행기에 폭탄 두 개가 있을 확률은 1/1000 × 1/1000 = 1/1,000,000이고, 이것은 매우 작은 확률이므로 그 위험을 감수할 수 있다. 그래서, 나는 훨씬 안전하다고 느끼고 가방을 가지고 간다."

어떻게 하면 덫과 틀린 결론을 피할 수 있을까? 어떤 확률 문제에서든, 주어진 조건을 잘 분석하고 이해하여, 일어날 수 있는 여러 가지 모든 결과를 확인하는 것이 중요하다.

이미 얘기한 도박사 사이의 판돈 분배 문제에 대한 파스칼과 페르마의 논의 외에, 이 장에서는 파스칼, 페르마, 호이겐스를 포함하여 뛰어난 수학자들의 많은 관심을 끌었던 도박사의 파산 문제를 다룬다. 호이겐스는 확률론에서 처음 인쇄된 책의 저자다: 그래서 그의 책에서 주사위 도박 게임에 대한 문제를 하나 선택하였다. 오일러와 니콜라스 II 베르누이의 매우 인기 있는 주소가 틀린 편지의 확률문제(제7장을 보라)를 빠뜨릴 수 없다. 페테르부르크 역설은 다니엘과 니콜라스 III 베르누이 형제, 크래머, 달랑베르, 푸아송, 버트런드, 라플라스 등을 포함하여 많은 수학자들을 매혹하고 혼란스럽게 한 예기하지 못한 결과의 좋은 예로서 제시한다. 마지막으로, 바나흐의 성냥갑 문제로 독자가 조합론 강물에서 얼마나 잘 헤엄칠 수 있는지 시험해 보기로 하겠다.

페르마(1601–1665) (→ 165쪽)

파스칼(1623–1662) (→ 165쪽)

페르마Pierre de Fermat는 그의 시대에 선두적인 수학자의 한 사람으로 인정받으며, 많은 시간을 수학을 하며 보낸 변호사였다. 그는 거의 아무것도 출판하지 않았지만, 당시의 선두적인 많은 수학자들과 활발히 서신을 교환하며 모든 연구에 대하여 의견을 나누었다. 그는 오늘 날 우리에게 페르마의 원리로 알려진 광학의 기본 성질에 대하여 말했다. 빛은 언제나 가능한 가장 짧은 경로를 따라간다. 페르마는 수학의 여러 분야에 중요한 공헌을 하였지만, 수론의 업적으로 가장 잘 기억되는데, 특히 페르마의 마지막 정리는 수학사에서 가장 잘 알려진 문제 중 하나다[1].

프랑스의 천재 파스칼Blaise Pascal은 어릴 때부터 수학에 경이로운 능력을 보였다. 12살 때 유클리드 제1권에 있는 대부분의 정리를 독자적으로 발견했고; 14살 때에는 1666년에 프랑스 아카데미로 된 프랑스 수학자 그룹의 모임에 참여하였으며; 1654년에는 원추 곡선에 관한 간단한 논문을 저술했다. 22살 때[2] 그는 처음으로 계산기

---

1) $n>2$에 대하여 $x^n+y^n=z^n$을 만족하는 양의 정수 x, y, z, n은 존재하지 않는다. 페르마의 추측은 아마 수학사에서 가장 잘 알려진 문제이다. 영국의 수학자 와일즈Andrew Wiles(1954-)는 8년간 대규모 연구 후에 이 추측을 증명하고 그 증명을 논문 Modular elliptic curves and Fermat's Last Theorem, Annals of Mathematics, 제144권 3호, 1995년 5월,에 발표하였다. 와일즈의 증명에는 고도로 전문화된 수학의 다양한 분야에서 나온 탁월한 아이디어가 들어 있으며, 그 중에는 타원 곡선, 대수 기하, 모듈라 형식, p진법이 있다.

2) 어떤 자료에서는 18세 또는 19세였다고 한다.

를 발명하고 pascaline이라고 불렀다.

파스칼은 1654년 11월 23일 밤 종교적인 무아경을 경험하고 난 뒤 신학을 위해 과학과 수학을 포기했지만, 때때로 수학과 과학으로 돌아오곤 했다. 그는 가공의 시골 사람에게 보내는 편지 형식으로 철학책을 저술하기까지 했다. 이런 편지 하나에 잘 알려진 파스칼의 변명이 있다: "더 짧게 편지를 썼어야 했고, 시간이 없었다." 파스칼은 세상의 관심에서 멀어진 채 오랜 동안 병으로 큰 고통을 겪은 뒤 39세의 나이로 죽었다.

데카르트, 페르마, 그리고 파스칼이 17세기 전반기에 프랑스를 대표하는 막강한 3인의 수학자라는 것은 언급할 가치가 있다. 그렇지만, 데카르트의 오만과 엄청난 자존심은 종종 세 사람의 조화를 망가뜨렸다. 데카르트의 업적을 페르마가 비판한 뒤 데카르트는 페르마를 무시하기 시작하고 기회 있을 때마다 그의 평판을 더럽히려고 했다. 파스칼도 이런 대우를 받을 만한 일을 하나도 하지 않았지만, 비슷한 고통을 겪었다. 데카르트는 파스칼의 대기압과 진공에 대한 연구를 언급하면서, 비꼬듯 말 했다: 파스칼은 "머리 속이 너무나 진공이다."

• 점수 문제

파스칼의 친구이며 어느 정도 직업도박사인 슈발리에 드 메르가 파스칼에게 판돈의 분배에 관한 대수롭지 않은 도박문제를 풀어달라는 부탁을 하면서 있었던, 1654년 도박사들 사이의 언쟁의 결과가 확률론의 기원이 되었다. 파스칼과 파르마는 이 문제에 대하여 치열하게 논쟁하였는데, 흔히 **점수 문제**The Problem of the points라고 부른다. 그들은 서신교환을 통해 확률론의 기초가 되는 아이디어에 기반한 새로운 이론에 함께 도달 했다.

217쪽에서 언급했던 카르다노와 파치올리는 둘다 비록 틀린 해를 얻었지만, 드 메르가 파스칼에게 제시한 판돈 분배문제를 더 일찍 생각하였다. **점수 문제**, 때로는 **분할 문제**라고 부르는 이 문제는 다음과 같다.

문제 8.1 두 도박사가 미리 정한 점수를 먼저 얻는 사람이 돈을 가지는 게임을 했다. 그런데, 어떤 이유로 게임이 방해를 받았다. 방해 받은 시점에 도박사들이 얻은 점수와 게임에 이기는데 필요한 점수를 알고 있을 때 판돈을 어떻게 분배할 것인가? 두 도박사의 게임 기술은 같다.

페르마는 특수한 경우로, 도박사 A가 이기려면 2점이 필요하고 도박사 B는 3점이 필요한 경우에 대하여 연구하였다. 다음이 그 풀이다.

분명히 게임을 결정하는데 4번을 초과하여 시행할 필요는 없다. A가 이기는 시행을 a, B가 이기는 시행을 b라고 하자. [표 8.1]에 보이듯, 한 번에 4번 일어나는 a와 b의 조합은 16가지다.

가능한 16가지 경우 중, 11가지는 A가 이기고(a가 2 또는 그 이상 나오는 1-11), 5가지는 B가 이긴다(b가 3번 또는 그 이상 나오는 12-16). 그러므로 이길 확률은 도박사 A가 11/16이고, 도박사 B는 5/16다. 페르마는 판돈을 이길 확률에 비례하여 나누어야 한다고, 따라서 $11:5$의 비율로 나누어야 한다고 결론지었다.

그러나, 파스칼과 페르마는 점수 문제를 좀 더 일반적 형태로 생각하였다([92]를 보라). 그의 책 『Usage du Triangle Arithmetique pour Determiner les Partis Qu'on Doit Faire Entre Deux Joueurs en Plusieurs Parties』에서 파스칼은 점수 문제를 점화관계와 파스칼의 삼각형을 이용하여 풀었다. 그는 두 도박사가 한 게임에서 이길 기회가 항상 같다고 가정했다.

1	a	a	a	a
2	a	a	a	b
3	a	a	b	a
4	a	b	a	a
5	b	a	a	a
6	a	a	b	b
7	a	b	a	b
8	b	a	a	b
9	a	b	b	a
10	b	a	b	a
11	b	b	a	a
12	b	b	b	a
13	b	b	a	b
14	b	a	b	b
15	a	b	b	b
16	b	b	b	b

[표 8.1] 페르마-파스칼의 점수 문제

게임에서 미리 정해 놓은 도달해야할 점수를 n이라고 하자. 게임을 이기는데 A는 k점이 부족하고 B는 m점이 부족할 때 게임이 방해를 받았다고 하고, 전체 판돈의 A의 몫(또는 A의 기댓값)을 $e(k, m)$으로 나타내자. 그러면 게임은 많아야 $k+m-1$번 더 하면 끝나게 된다. 현대의 표기를 사용하면, 파스칼의 과정은

$$e(0,n)=1\text{이고}\quad e(n,n)=\frac{1}{2},\quad n=1,2,\cdots,$$

$$e(k,m)=\frac{1}{2}[e(k-1,m)+e(k,m-1)],\quad k,m=1,2,\cdots.$$

$e(k, m)$에 관한 분명한 식을 구하기 위해 파스칼은 파스칼의 삼각형을 이용하였다. 이 귀납적 방법은 18세기 후반에 매우 인기를 얻었다; 어려운 문제를 푸는데 많이 적용되었고, 드 므아브르, 라그랑주, 그리고 라플라스는 미분방정식의 해를 구하는 일반적 방법을 개발하는데

이용하였다. 파스칼의 풀이는 [92, 58쪽]에서 찾아 볼 수 있다. 파스칼이 유도한 $e(k,m)$에 대한 마지막 식을 제시한다.

$$e(k,\ m) = \frac{1}{2^{k+m-1}}\sum_{i=0}^{m-1}\binom{k+m-1}{i}. \tag{8.1}$$

점수 문제를 푸는 페르마의 접근 방법은 달랐다. 오늘 날 **대기시간 논법**waiting-time argument이라고 부르는 방법을 사용했다. $e(k,m)$에 대하여 일반적 결과를 분명하게 제시하지는 않았지만, 분명히 식

$$e(k,m) = \sum_{i=0}^{m-1}\binom{k-1+i}{k-1}\left(\frac{1}{2}\right)^{k+i} \tag{8.2}$$

이 나오는 특수한 경우에 대하여 논증을 제시하였다.

(8.1)과 (8.2)가 동일한 결과임을 주목하라.

예를 들어, 앞에서 생각한 특수한 경우 $k=2$와 $m=3$에 대하여, 공식 (8.1)에 의하면

$$e(2,3) = \frac{1}{2^4}\left(\binom{4}{0}+\binom{4}{1}+\binom{4}{2}\right) = \frac{11}{16}$$

인데, 이것은 도박사 A가 이길 확률이다.

요한 베르누이, 드 몽모르, 그리고 드 무아브르는 게임을 이기는 확률이 서로 다른 도박사에 대한 점수문제를 해결하는데 파스칼과 페르마가 개발한 방법을 사용하였다. 이 문제에 대한 자세한 내용은 할드의 저서 『1750년 이전의 확률 A History of Probability and Statistics and Their Applications before 1750』[92, 14.1절]에서 찾아볼 수 있다.

호이겐스(1629–1695) (→ 365쪽)

확실히 17세기에 가장 위대한 과학자 중 한 사람인 네덜란드의 호이겐스Christiaan Hoygens는 물리학, 수학, 천문학의 연구로 국제적으로 지대한 명성을 얻었다. 런던 왕립 학회 회원이었고 프랑스 과학 아카데미와 유럽의 다른 과학 연구소의 빈번한 방문자였다: 실제로 그는

이렇게 말했다. "세계는 나의 조국이요, 과학은 나의 종교다." 호이겐스는 렌즈 가공술을 사용하여 망원경을 크게 개량하였고, 그것으로 토성의 최대 위성 타이탄을 발견하고 토성의 고리에 대하여 처음으로 정확한 설명을 하였다.

호이겐스는 소책자에서 애너그램[3]의 형식으로 그의 토성의 고리 발견을 전달했다.

aaaaaaa cccc d eeeee g h iiiiiii lll mm nnnnnnnnn oooo pp q rr s ttttt uuuuu

글자의 순서를 적절하게 다시 배열하면 다음 글이 된다:

Annulo cingitur tenui, plano, nusquam cohaerente, ad eclipticam inclinato. (가늘고 평탄한 고리에 둘러싸이고, 지지대가 없이 황도를 향해 기울어진).

호이겐스의 애너그림에 있는 글자는 대략 10^6가지 방법으로 배열할 수 있다는 점을 주목해야 한다. 그럼에도 불구하고, 애너그램은 비밀을 지키는데 충분하지 않았다. 호이겐스가 토성의 위성 타이탄을 발견했을 때, 비슷한 애너그램을 작성했는데 영국의 수학자이자 신학자인 윌리스John Wallis가 그것을 해독했다.

• 주사위 도박

맨 처음 인쇄된 확률론 연구는 프랑스 사람들과의 서신으로 자극받아 1657년에 출판된 호이겐스의 『De ratiociniis in ludo aleae』(주사위 게임의 추론에 대하여)란 작은 책이다. 호이겐스가 푼 예제 하나가 있다.

---

3) 애너그램anagram은 단어나 어구에 있는 문자를 순서를 바꾸어 새로 만든 단어나 어구, 또는 그 일을 말한다. 16세기나 17세기 일부 과학자는 종종 연구 결과나 발견에 대하여 세부내용에 대한 검토를 마칠 때까지 출판되지 않도록 애너그램 형식으로 기록하였다. 또한 다른 과학자와 애너그램을 사용하여 의견을 교환하였다.

문제 8.2 도박사 A와 B가 주사위 두 개 던지기 게임을 한다. B가 7을 얻기 전에 A가 6을 얻으면 A가 이기고, A가 6을 얻기 전에 B가 7을 얻으면 B가 이긴다. A부터 주사위를 던진다고 하면, 누가 이길 확률이 높은가?

A와 B를 각각 눈의 합이 6 (A가 이김)과 7(B가 이김)이 나오는 사건을 나타낸다고 하자. 그리고 반대 사건(여사건)을 $\overline{A}$와 $\overline{B}$로 나타내자. 주사위 두 개를 던지면 36가지 가능성이 있다: (1,1), (1,2), $\cdots$, (1,6), (2,1), $\cdots$, (6,6). 6에는 (1,5), (2,4), (3,3), (4,2), (5,1)의 5가지 경우가 있고, 7에는 (1,6), (2,5), (3,4), (4,3), (5,2), (6,1)의 6가지 경우가 있다. 그러므로 각 사건의 확률은

$$P(A)=\frac{5}{36},\quad P(\overline{A})=1-P(A)=\frac{31}{36},$$

$$P(B)=\frac{6}{36}=\frac{1}{6},\ P(\overline{B})=1-P(B)=\frac{30}{36}=\frac{5}{6}.$$

도박사 A는 전체 사건이

$$A+\overline{A}\,\overline{B}A+\overline{A}\,\overline{B}\,\overline{A}\,\overline{B}A+\overline{A}\,\overline{B}\,\overline{A}\,\overline{B}\,\overline{A}\,\overline{B}A+\cdots$$

와 같이 일어나면 이긴다. 위 식에서 각 항에 나오는 사건은 서로 배반사건이므로 전체 사건의 확률은 이들 확률의 합과 같다. 또한, 위의 곱에 나오는 사건은 서로 독립이므로 곱한 사건의 확률은 각 사건의 확률을 곱한 것과 같다. p_A를 A가 이기는 확률이라고 하면,

$$\begin{aligned}p_A&=P(A)+P(\overline{A})P(\overline{B})P(A)+P(\overline{A})P(\overline{B})P(\overline{A})P(\overline{B})P(A)\\&\quad+P(\overline{A})P(\overline{B})P(\overline{A})P(\overline{B})P(\overline{A})P(\overline{B})P(A)+\cdots\\&=\frac{5}{36}+\frac{31}{36}\cdot\frac{5}{6}\cdot\frac{5}{36}+\left(\frac{31}{36}\cdot\frac{5}{6}\right)^2\cdot\frac{5}{36}+\left(\frac{31}{36}\cdot\frac{5}{6}\right)^3\cdot\frac{5}{36}\\&\quad+\cdots\ \frac{5}{36}(1+x+x^2+x^3+\cdots)=\frac{5}{36}\cdot\frac{1}{1-x}=\frac{30}{61},\end{aligned}$$

여기서

$$x = \frac{31}{36} \cdot \frac{5}{6} = \frac{155}{216}$$

도박사 B는 전체 사건이

$$\overline{A}B + \overline{A}\,\overline{B}\,\overline{A}B + \overline{A}\,\overline{B}\,\overline{A}\,\overline{B}\,\overline{A}B + \overline{A}\,\overline{B}\,\overline{A}\,\overline{B}\,\overline{A}\,\overline{B}\,\overline{A}B + \cdots$$

로 일어나면 이긴다. 그러므로 앞에서와 같이 B가 이길 확률 p_B를 계산하면,

$$\begin{aligned} p_B &= P(\overline{A})P(B) + P(\overline{A})P(\overline{B})P(\overline{A})P(B) \\ &\quad + P(\overline{A})P(\overline{B})P(\overline{A})P(\overline{B})P(\overline{A})P(B) \\ &\quad + P(\overline{A})P(\overline{B})P(\overline{A})P(\overline{B})P(\overline{A})P(\overline{B})P(\overline{A})P(B) + \cdots \\ &= \frac{31}{36} \cdot \frac{1}{6} + \frac{31}{36} \cdot \frac{5}{6} \cdot \frac{31}{36} \cdot \frac{1}{6} + \frac{31}{36} \cdot \frac{1}{6} \cdot \left(\frac{31}{36} \cdot \frac{5}{6}\right)^2 \\ &\quad + \frac{31}{36} \cdot \frac{1}{6} \cdot \left(\frac{31}{36} \cdot \frac{5}{6}\right)^3 + \cdots \\ &= \frac{31}{36} \cdot \frac{1}{6}(1 + x + x^2 + x^3 + \cdots) \\ &= \frac{31}{36} \cdot \frac{1}{6} \cdot \frac{1}{1-x} = \frac{31}{61} \end{aligned}$$

따라서 도박사 B가 도박사 A보다 이길 확률이 약간 더 높다는 결론이 나온다. 어쨌든 $p_A + p_B = 1$이므로 결론은 참이다.

파스칼(1623–1662) (→ 365쪽)

페르마(1601–1665) (→ 365)

호이겐스(1629–1695)(→ 365쪽)

- **도박사의 파산 문제**

파스칼, 페르마, 그리고 호이겐스가 관심을 가졌던 도박사의 파산

문제를 간단히 소개하겠다. 이들 확률론 창시자의 공헌은 앞에서 소개한 바와 같다.

두 사람 A와 B가 공평한, 다시 말해 각 자 이길 확률이 1/2인 동전 던지기 게임을 한다. 각자 가진 돈이 n_A와 n_B로 유한한 금액이다. 동전을 한 번씩 던질 때마다 진 사람이 이긴 사람에게 1달러를 준다. 두 사람 중 한 사람이 게임에 있는 돈 (n_A+n_B)을 전부 갖게 되면 게임은 끝난다. A와 B 두 사람이 돈을 전부 얻게 될 확률을 각각 P_A와 P_B라고 하면

$$P_A = \frac{n_A}{n_A+n_B}, \quad P_B = \frac{n_B}{n_A+n_B}$$

이다. 예상대로, 돈이 적은 사람이 파산할 확률이 더 크다. 카지노가 그들의 고객인 도박꾼들보다 훨씬 돈이 많을 테니까, 간단한 이 원리로도 장기적으로는 카지노가 성공한다는 것이 적어도 부분적으로 사실이다. 이 게임은(혹은 어떤 사람에게는 이익 내는 사업), 여기서 도박사는 파산하는데, 350년 이상 알려졌고 오늘날에도 화제가 되고 있다. 다음에서 더 자세히 그리고 좀 더 복잡한 논의를 살펴보기로 하자.

문제 8.3 (a) A와 B가 주사위 3개로 각자 12턴을 가지고 게임을 하는데 규칙은 다음과 같다. 11이 나오면 A가 B에게 한 토스를 주고; 14가 나오면 B가 A에게 한 토스를 준다. 미리 정한 턴의 수를 먼저 얻은 사람이 이긴다. A와 B가 이길 확률을 결정하여라.

도박사의 파산 문제라고 알려진 이 문제는 파스칼이 페르마에게 제시했는데, 1656년 9월 28일자 편지에 파스칼과 페르마의 답이 포함되어 카르카비를 통해 호이겐스에게 전달되었다([92, 76쪽]을 보라).

호이겐스는 1676년의 논문(Ouvres, 제14권, 151-155)에서 다음 답을 제시했다: B에 대한 A의 확률은 $244,140,625:282,429,536,481$이다.

일반적인 형태의 도박사의 파산 문제는 다음과 같다:

문제 8.3 (b) 도박사 A와 B는 게임을 시작할 때 각각 m개와 n개의 칩을 가지고 있다. 각 시행에서 A가 이길 확률이 p, B가 이길 확률이 $q=1-p$이다. 시행 후 이긴 사람이 진 사람의 칩을 하나씩 가져가고, 한 사람의 칩이 다 떨어질 때까지 게임을 계속한다. A가 파산할 확률은 얼마인가?

스트루이크Struyck가 1716년에 처음으로 야곱 베르누이의 『추측술Ars Conjectandi』에 나온 점화식을 사용하여 미분방정식에 근거한 완전한 증명을 제시했다. 스트루이크의 풀이는 현대의 표기로 다음과 같이 나타낼 수 있다.

도박사 A가 칩을 x개 가질 때의 기댓값을 $e(x)$라고 하면, $x=1,\ 2,\ \cdots,\ m+n-1,\quad e(0)=0,\ e(m+n)=1$이다. 베르누이의 점화식을 이용하면 미분방정식

$$e(x)=pe(x+1)+qe(x-1),\qquad x=1,2,\cdots,m+n-1,$$
$$e(0)=0,\ e(m+n)=1$$

을 얻고, 이것은

$$pe(x+1)=(p+q)e(x)-qe(x-1)$$

이고, 이로부터

$$e(x+1)-e(x)=\frac{q}{p}[e(x)-e(x-1)].$$

마지막 식을 차례대로 계속하여 적용하면

$$e(x+1)-e(x)=\left(\frac{q}{p}\right)^x e(1).$$

따라서, 모두 합하면

$$e(m)=\sum_{x=0}^{m-1}[e(x+1)-e(x)]=\frac{[1-(q/p)^m]e(1)}{1-(q/p)} \tag{8.3}$$

을 얻는다. 유사한 방법으로

$$e(m+n)=\sum_{x=0}^{m+n-1}[e(x+1)-e(x)]=\frac{[1-(q/p)^{m+n}]e(1)}{1-(q/p)}.$$

마지막 식에서 $e(m+1)=1$로 잡으면

$$e(1)=\frac{1-(q/p)}{1-(q/p)^{m+n}}.$$

이를 (8.3)에 대입하여, 스트루이크는 다음 해를 얻었다.

$$P_A=e(m)=\frac{1-(q/p)^n}{1-(q/p)^{m+n}}. \tag{8.4}$$

동일한 논증으로 p_B에 대한 식을 얻을 수 있다:

$$P_B=e(n)=\frac{1-(p/q)^n}{1-(p/q)^{m+n}}. \tag{8.5}$$

(8.4)와 (8.5)로부터 비

$$\frac{P_A}{P_B}=\frac{p^n q^m-p^{m+n}}{q^{m+n}-p^n q^m},\quad m\neq n, \tag{8.6}$$

를 얻는다. 야곱 베르누이와 드 므아브르도 같은 결과를 얻었다. 드 므아브르의 해는 완전히 다른 방법에 기초를 둔 것으로 [92, 203–204]에서 찾아볼 수 있다.

특히 $m=n$인 경우, $t=q/p$라고 놓으면 (8.6)으로부터

$$\frac{P_A}{P_B}=\frac{p^m}{q^m}\cdot\frac{(q/p)^m-1}{(q/p)^n-1}=\frac{1}{t^m}\cdot\frac{(t-1)(t^{m-1}+\cdots+t+1)}{(t-1)(t^{n-1}+\cdots+t+1)}$$

$$\to \frac{1}{t^m} = \frac{p^m}{q^m} \quad (m \to n \text{일 때}).$$

그러므로, A와 B의 비에 대한 기댓값은 $p^m : q^m$과 같고, 이것은 귀납법을 사용해도 증명할 수 있다. 호이겐스의 문제에서는 도박사가 $m = n = 12$개의 칩으로 시작하므로, 제시한 게임의 규칙에 따라, 42개의 가능한 결과 중 A가 이길 기회는 15이고, B가 이길 기회는 27이다. 그러므로 $p = 15/42 = 5/14$이고 $q = 27/42 = 9/14$이고, 따라서

$$\frac{P_A}{P_B} = \frac{(5/14)^{12}}{(9/14)^{12}} = \left(\frac{5}{9}\right)^{12} = \frac{244,140,625}{282,429,536,481},$$

이것은 호이겐스의 답과 일치한다.

니콜라스 III 베르누이와 드 몽모르 또한 도박사의 파산 문제를 생각했다. 이 문제의 역사와 파스칼이 제시한 특별한 경우에 대한 호이겐스의 풀이는 [92]에서 찾아볼 수 있다.

니콜라스 III 베르누이(1695–1726) (→ 368쪽)

다니엘 베르누이(1700–1782) (→ 368쪽)

크래머(1704–1752) (→ 368쪽)

• 페테르부르크 역설

18세기와 19세기에 많은 수학자들이 페테르부르크 역설이라고 알려진 문제에 매혹되었다. 동전 던지기의 수학적 기댓값과 관련된 이 문제는 페테르부르크 아카데미의 『Commentarii』에 나와 있다[4].

문제 8.4 A와 B 두 사람이 동전 던지기 게임을 하는데 앞면이 땅에 닿을 때까지 한다. 처음 던져 성공하면 A가 B에게 1 크로네를

4) E. Kamke, Einführung in die Wahrscheinlichkeitstheorie, 라이프치히, 1932, 82-89쪽을 보라.

지불하고 그렇지 않으면 A가 다시 던진다. 두 번째 던져 성공하면 A가 2 크로네를 지불 한다; 세 번째 던지면 4 크로네를, 이와 같은 식으로 매 번 두 배 하여 지불한다. 그래서 만일 n번째 던질 때까지 동전 앞면이 땅에 닿지 않으면 B는 2^{n-1} 크로네를 받는다. B는 이 게임을 하는 특전으로 A에게 얼마를 지불해야 하는가?

B가 1 크로네를 받을 확률은 1/2, 2 크로네를 받을 확률은 1/4, 이런 식이다. 그러므로 그가 합리적으로 기대할 수 있는 받을 금액(=수학적 기댓값)은 모두

$$\frac{1}{2}\cdot+\frac{1}{4}\cdot 2+\cdots+\left(\frac{1}{2}\right)^{n}2^{n-1}+\cdots=\frac{1}{2}+\frac{1}{2}+\frac{1}{2}+\cdots,$$

즉, 무한이다! 믿을 수 없지만 진실이다. 결과가 날벼락 같다.

이 예기하지 못한 결과가 베르누이가의 다니엘과 니콜라스 III세 형제, 그리고 여러 프랑스 수학자를 포함하여 많은 수학자들의 주의를 끌었다. 그 시대 수학자 중에서 달랑베르Jean-le-Rond D'Alembert (1717-1783)는 또 다른 유명한 프랑스 수학자이며 유력한 수학자인 라그랑주Joseph Louis Lagrange (1736-1813)에게 편지를 썼다: "게임에 관한 글을 보고 페테르부르크 문제에 대한 그대의 답을 꼭 보고 싶네, 그 문제는 알려진 원리에 기초해서 풀 수 없다고 생각하네."

한편, 프랑스 수학자 콩도르세Nicolas Condorcet (1743-174)와 푸아송 (1781-1840)은 A가 지킬 수 없는 계약을 맺었고 그 게임에는 모순이 있다고 생각 했다. 또 다른 프랑스 수학자 버트런드 Joseph Bertrand (1822-1900)는 이론과 위에서 나온 결과는 옳으며 단지 B에게 유리한 게임 조건이 예기하지 못한 결과를 초래했다고 주장했다. 그에 따르면, 던지는 횟수를 제한하면 확률이 다르다고 했다. 예를 들어, 100번 하면 B의 수령액은 15크로네 정도이고 잃게 될 위험은 더 크다. 게임의 조건은 확률이 작긴 하지만, 큰 이익에 대한 확률 때문에 아직

까지 그에게 유리하다. B의 수령액은 A가 지불할 의사가 있는 게임의 횟수에 따라 결정된다. 버트런드는 이 횟수를 n이라고 할 때 B의 수령액이 $\log n/(2\log 2)$이라고 계산했다. 버트런드의 추가적인 해설은 크레이치크의 저서 [118]에서 찾아볼 수 있다.

어떤 수학자는 도박사의 재산이 유한이므로, 그 합은, 따라서 무한일 수 없다는 실용적인 이유에 근거해서 풀이를 제시했다. 드 뷔퐁 Comte de Buffon (1707-1788)은 평균액을 구하기 위해 실증적인 테스트를 하기까지 했다. 다니엘 베르누이는

$$1,2,,2^2,2^3,\cdots \text{ 을 } 1^{1/2},2^{1/4},4^{1/8},8^{1/16},\cdots$$

으로 재배열한 것에 따라, 그의 **개연적 기댓값** moral expectation 의 원리를 통해 문제를 해결하려고 하였다. 실제로, 그는 재산의 가치가 누적된 크로네의 액수만이 아니라 거기서 나오는 만족도에도 의존한다는 것을 고려하였다. 그의 방법에 의하면, 이미 얻은 1억 크로네의 재산에 1억 크로네를 더하는 것은 충분하게 원 재산을 두 배하는 것이 아니다. 자신의 개연적 기댓값의 원리를 사용하여, 다니엘 베르누이는 다음과 같은 계산을 했다(크레이치크 [118]을 보라): "재산 x가 dx만큼 증가하면, 증가된 가치는 dx/x이다. 그러므로 만일 내 재산이 a에서 b로 증가하였다면, 내가 얻는 이익은

$$\int_a^b \frac{dx}{x} = \log_e b - \log_e a = \log_e \frac{b}{a}$$

이다."

어떤 문헌에서는[5)] **페테르브르크 역설**에 대한 결과를 야곱과 요한 베르누이의 조카인 니콜라스 II 베르누이(1687-1759)에게 돌린다. 프랑스의 과학자 라플라스와 앞서 말한 프랑스의 수학자들도 이 문제를 연구하였다. 덧붙이면, 토드헌터[6)], 캠케[7)], 크레이치크 [118], 볼과 콕

5) 예를 들어 A.N. Bogol'bov, Mathematics, Mechanics - Biographical Dictionary(러시아어), 키에프 1983, 44쪽을 보라.

세터[150] 모두 페테르부르크 역설을 자세히 논의하였다.

유한한 답을 얻기 위해서 페테르부르크 문제를 여러 가지로 수정한 것 중, 1730년쯤 크래머가 보다 만족할 만한 것을 제시했다[8]. 크래머는 A의 재산이 유한임을 가정했다.

문제 8.5* (크래머) A의 재산은 $2^{24}=16,777,216$크로네로 한정되어 있다. B는 문제 8.4에서 설명한 게임의 특전으로 A에게 얼마를 주어야 할까?

니콜라스 II 베르누이(1687–1759) (→ 367쪽)

오일러(1707–1783) (→ 368쪽)

- **주소 틀린 편지의 확률 문제**

많은 교재들이 이전에 제7장에서 다룬 베르누이-오일러 문제와 밀접한 다음 확률론 과제를 다루고 있다.

문제 8.6 한 소녀가 k명 친구에게 보낼 편지 k장을 쓰고, k장의 봉투에 해당하는 주소를 적었다. 그녀가 눈을 감고 임의로 봉투 하나에 편지 한 장씩 넣는다면, 주소가 맞게 편지를 넣은 봉투는 한 장이고 나머지 봉투 $k-1$장에는 편지가 틀리게 들어 갈 확률은 얼마인가?

이 문제의 풀이는 앞 장, 222쪽에서 생각한 주소 틀린 편지 문제의

---

6) A History of the Mathematical Theory of probability, 런던 1865.

7) Einführung in die Wahrscheinlichkeitstheorie, 라이프치히, 1932,

8) I. Todhunter, A History of the Mathematical Theory of probability, 런던 1865, 221쪽.

풀이와 정확히 대응된다. 편지 한 장을 맞는 봉투에 넣고 나머지 편지 $k-1$장을 모두 틀린 봉투에 넣을 경우의 수는, 222쪽에서 언급한 문제에서 정의한 가능한 배열의 수를 $M(r)$로 나타낼 때, $k \cdot M(k-1)$이다. 모든 가능한 수는 k개를 배열하는 방법의 수와 같고, 이것은

$$k! = 1 \cdot 2 \cdot 3 \cdots k$$

이므로, 구하는 확률은

$$P_k = \frac{k \cdot M(k-1)}{k!} = \frac{1}{2!} - \frac{1}{3!} + \frac{1}{4!} + \cdots + \frac{(-1)^{k-1}}{(k-1)!}. \tag{8.7}$$

함수 e^x의 테일러 급수가

$$e^x = 1 + \frac{x}{1!} + \frac{x^2}{2!} + \frac{x^3}{3!} + \frac{x^4}{4!} + \cdots$$

이므로, $x = -1$이라고 놓으면

$$e^{-1} = 1 - \frac{1}{1!} + \frac{1}{2!} - \frac{1}{3!} + \frac{1}{4!} - \cdots = \frac{1}{2!} - \frac{1}{3!} + \frac{1}{4!} - \cdots.$$

마지막 식을 P_k와 비교하여, k가 상대적으로 크면

$$P_k \approx e^{-1} = 0.36787944 \cdots$$

라고 할 수 있다.

주소 틀린 편지 문제를 변형한 아래 문제는 예상하지 못한 풀이를 갖는다.

문제 8.7* 한 소녀가 k명 친구에게 보낼 편지 k장을 쓰고, k장의 봉투에 해당하는 주소를 적었다. 그리고 임의로 봉투 하나에 편지 한 장씩 넣었다. 편지가 바르게 들어간 봉투가 적어도 한 장 있을 확률은 얼마인가? 확률이 1/2 보다 크게 될 가장 큰 k를 구하여라.

카라페토프[112]가 1947년에 제안한 또 다른 변형은 실제로 문제

8.6을 일반화한 것이다.

문제 8.8* 한 소녀가 k명 친구에게 보낼 편지 k장을 쓰고, k장의 봉투에 해당하는 주소를 적었다. 그리고 임의로 봉투 하나에 편지 한 장씩 넣었다. 주소가 맞는 편지를 넣은 봉투가 m장이고 나머지 $k-m$장 봉투에 주소가 틀린 편지가 들어 갈 확률은 얼마인가?

바나흐(1892–1945) (→ 373쪽)

• 성냥갑 문제

폴란드의 유명한 수학자 바나흐Stephen Banach는 현대 함수해석학의 창시자이며 수학의 여러 분야(한–바나흐 정리, 바나흐–슈타인하우스 정리, 바나흐 공간, 바나흐 대수, 바나흐 부동점 정리)에서 큰 공헌을 하였다. 바나흐가 수학에 대해 말한 다음 "정의"는 자주 인용 된다.

> "수학자는 정리 사이에서 유사점을 찾을 수 있는 사람이고, 더 나은 수학자는 증명 사이에서 유사점을 볼 수 있는 사람이고, 최상의 수학자는 이론 사이에서 유사점을 알아챌 수 있는 사람이다. 궁극적인 수학자는 유사점 사이에서 유사점을 볼 수 있는 사람이라고 생각할 수 있다."

바나흐는 다음 문제와 풀이를 제시했다.

문제 8.9 한 사람이 주머니에 성냥갑 2개를 가지고 있다. 그는 성냥불을 켤 때마다 두 갑에서 임의로 하나를 택한다. 몇 번 불을 켠 뒤에 그 중 한 갑이 비었다는 것을 알았다. 처음 두 성냥갑에 성냥이 각각 n $(\geq k)$개 있었다면, 한 갑이 빈 순간 다른 성냥갑에 정확히 k개 성냥이 남아 있을 확률은 얼마인가?

풀이 M_k가 "그 사람이 다른 성냥갑이 비었음을 알았을 때 다른 갑에 k개 성냥이 남아 있는" 사건을 나타낸다고 하자. 이 문제는 성냥갑 A에서 $n+1$번째 성냥을 꺼내려고 했을 그 순간, 성냥갑 B에서 성냥 $n-k$개를 꺼낼 확률을 구하는 문제와 같다. 문제를 이렇게 생각하면, 성냥갑에 들어 있는 성냥개비 수를 늘릴 수 있다. 더욱이 두 성냥갑 모두 무한히 많은 성냥이 있다고 가정한다. 이제 임의로 성냥을 꺼낼 성냥갑을 선택해서, 성냥

$$n+(n-k)=2n-k$$

개를 택하는 시행을 생각하자. $(2n-k+1)$번째 성냥을 성냥갑 A에서 꺼낸다고 가정했으므로, 이 선택은 시행에 들어가지 않는다. 이 시행에는 2^{2n-k}가지 같은 가능성을 가진 결과가 있다. 바라는 결과는 A에서 성냥 n개를 뽑고 나머지 $n-k$개를 B에서 뽑는 것이다. 이것의 방법은 $\binom{2n-k}{n}$가지이므로, 구하는 확률은

$$p(M_k)=P_k=\frac{1}{2^{2n-k}}\binom{2n-k}{n}. \tag{8.8}$$

다음 질문이 자연스럽게 나온다.

문제 8.10* 다른 성냥갑이 빌 순간 다른 성냥갑에 남아 있는 성냥개비의 수는 얼마가 가장 가까울까? 다시 말해, $\max P_k (n \geq k \geq 1)$를 결정하여라.

여기 또 다른 조합론 타입의 관련된 문제가 있다.

문제 8.11* 바나흐의 성냥갑 문제 풀이를 이용하여, 다음 합을 구하여라.

$$S_n = \binom{2n}{n} + 2\binom{2n-1}{n} + 2^2\binom{2n-2}{n} + \cdots + 2^n\binom{n}{n}.$$

8장 문제 풀이

8.5 $n < 25$이면 n번째 던질 때 B가 2^{n-1} 크로네를 받을 확률은 $1/2^n$이다; 그 후에는 단지 2^{24} 크로네를 받는다.

$$\sum_{n=1}^{24}\left(\frac{1}{2}\right)^n \cdot 2^{n-1} + \sum_{n=25}^{\infty}\left(\frac{1}{2}\right)^n 2^{24} = 12 + 1 = 13$$

이므로, 기댓값은 13 크로네이고, 납득할 만한 금액이다.

8.7 (k편지 중에서) 적어도 한 편지가 옳은 주소로 들어갈 확률을 p_k라고 하고, 편지와 봉투에 1부터 k까지 번호가 있다고 하자. i번째 편지가 옳게 i번째 봉투에 들어가는 사건을 A_i라고 하자. 독립 사건에 대한 곱의 공식을 사용하면

$$P(A_{i_1}A_{i_2}\cdots A_{i_r}) = \frac{1}{k}\cdot\frac{1}{k-1}\cdots\frac{1}{k-r+1} \tag{8.9}$$

이제 사건의 합의 공식을 적용하면(공식의 유도는 이 책의 범위를 넘어선다):

$$p_k = P\left(\sum_{i=1}^{k} A_i\right) = \sum_{i=1}^{k} P(A_i) - \sum_{i<j} P(A_iA_j) + \sum_{i<j<\lambda} P(A_iA_jA_\lambda) + \cdots + (-1)^k P(A_1A_2\cdots A_k). \tag{8.10}$$

(8.9)를 (8.10)에 넣으면 구하는 확률은

$$p_k = 1 - \binom{k}{2}\frac{1}{k}\cdot\frac{1}{k-1} + \binom{k}{3}\frac{1}{k}\cdot\frac{1}{k-1}\cdot\frac{1}{k-2} + \cdots + (-1)^{k-1}\binom{k}{k}$$
$$= 1 - \frac{1}{2!} + \frac{1}{3!} + \cdots + (-1)^{k-1}\frac{1}{k!}.$$

$p_2 = 0.5$이고 $k \geq 3$에 대하여 $p_k > 0.5$이고

$$\lim_{k\to\infty} p_k = 1 - e^{-1} \approx 0.632121.$$

생각하는 사건이 일어나지 않을, 즉 봉투에 옳게 넣은 편지가 하나도 없을 확률은

$$\overline{p_k} = 1 - p_k = \frac{1}{2!} - \frac{1}{3!} + \cdots + (-1)^k\frac{1}{k!} = \sum_{i=0}^{k}(-1)^i\frac{1}{i!}. \qquad (8.11)$$

주의: 마지막 식은 (8.7)과 다르다. 하나 더. 결과 (8.11)은 문제 8.8의 해결에 적용된다.

8.8 k 편지 중 m 편지가 주소가 맞게 봉투에 들어갔다고 하자. 이 편지들이 올바른 봉투에 들어 갈 확률은

$$p_1 = \frac{1}{k}\cdot\frac{1}{k-1}\cdots\frac{1}{k-m+1};$$

(8.9)를 보라.

(8.11)에 의하여, 나머지 $k-m$ 편지가 모두 틀린 주소의 봉투에 들어 갈 확률은

$$p_2 = \sum_{i=0}^{k-m}(-1)^i\frac{1}{i!}.$$

그러므로 정확히 m 편지가 올바른 봉투에 들어 갈 확률은

$$p_3 = p_1 p_2 = \frac{(k-m)!}{k!}\sum_{i=0}^{k-m}\frac{(-1)^i}{i!}. \qquad (8.12)$$

확률이 k편지에서 m편지를 택하는 방법은 $\binom{k}{m}$가지이고 이들은 각기 확률이 p_3이므로

$$p = \binom{k}{m}p_3 = \frac{1}{m!}\sum_{i=0}^{k-m}\frac{(-1)^i}{i!}.$$

특히, $m = 1$이면 문제 8.6의 해 (8.7)을 얻는다.

8.10 (8.8)로 주어진 확률의 수열 $\{\mathrm{P_k}\}$이 단조증가, 즉 $P_{k+1} < P_k$, $k \geq 1$, 임을 증명하자. 부등식

$$2(n-k) < 2n-k, \quad (n \geq k \geq 1)$$

에서

$$\frac{2(2n-k1)!}{(n-k-1)!n!} < \frac{(2n-k)!}{(n-k)!n!},$$

즉,

$$p_{k+1} = \frac{1}{2^{2n-k-1}}\binom{2n-k-1}{n} < \frac{1}{2^{2n-k}}\binom{2n-k}{n} = P_k$$

이므로 증명이 끝났다. 어떤 수학자는 w^5 를 사용하여 증명이 끝난 것을 강조하는데, 이것은 "which was what was wanted (이것이 원했던 것)"를 재치 있게 줄인 것이다. 실제로, 학술적 출판물에서 이 기호는 볼 수 없고, 대신 할모스가 쓴 □이나 Q.E.D. (quo erat demonstrandum-증명되어야 할 것)가 사용된다.

간단히 부등식 $P_{k+1} < P_k$ $(k \geq 1)$의 증명이 의미하는 것은, $\max P_k = P_1$, 즉 두 성냥갑 중 하나가 빈 것을 알았을 때, 다른 성냥갑에는 성냥이 한 개 있을 가능성이 가장 크다는 것이다.

8.11 합 S_n을 일반적인 방법으로 계산하려면 다소 어렵다. 이런 이유로, 바나흐 문제의 해 (8.8)을 이용한다. 사건 $M_0, M_1, \cdots, M_n$은 배반사건이고 사건의 완전 집합(문제 8.9의 풀이를 보라), 즉, $M_0 + M_1 + \cdots + M_n$이 확률이 1인 확실한 사건이므로,

$$p(M_0 + M_1 + \cdots + M_n) = \sum_{k=0}^{n} p(M_k) = \sum P_k = 1$$

그러므로 (8.8)을 이용하면

$$\frac{1}{2^{2n}}\binom{2n}{n} + \frac{1}{2^{2n-1}}\binom{2n-1}{n} + \frac{1}{2^{2n-2}}\binom{2n-2}{n} + \cdots + \frac{1}{2^n}\binom{n}{n} = 1.$$

위 식에 2^{2n}을 곱하면

$$S_n = \binom{2n}{n} + 2\binom{2n-1}{n} + 2^2\binom{2n-2}{n} + \cdots + 2^n\binom{n}{n} = 2^{2n}.$$

제 9 장

그래프 문제

컴퓨터가 그래프에 관한 매우 큰 문제를 해결해 주고, 그래프 이론은 컴퓨터 과학의 발전을 돕는다. Narsingh Deo

그래프 이론의 온전한 잠재력과 유용성을 이제 깨닫기 시작했다. Gary Chartrand

1장에서 레크리에이션 문제와 퍼즐이 수학에서 중요한 아이디어와 이론의 시작이라고 했다. 그 대표적인 예가 1736년에 오일러가 풀이를 제시한 쾨니히스베르크의 7개 다리 문제이다. 이 문제는 이산수학과 컴퓨터 과학에서 새롭고 기초적인 분야인 그래프 이론의 시발점으로 간주되고 있다. 오일러가 선구적으로 연구한 수년 뒤인 1878년에 실베스터가 권위 있는 과학 잡지 〈네이처〉에 게재한 논문에서 "그래프"라는 용어를 도입한 사실이 흥미롭다. 이 용어를 "함수의 그래프"와 혼동하지 않도록 주의해야 한다.

그래프는 점(**그래프 꼭짓점 혹은 마디점**)들과 점들의 부분집합을 연결하는 직선(**그래프 모서리**)들의 집합이다. 그래프 이론은 그래프를 연구한 것이다. 부록C에 그래프 이론의 정의와 기본 성질을 수록하였다. 오늘날 그래프 이론은 수학분야에서 만이 아니라, 컴퓨터 과학, 전자공학, 네트워크 분석, 화학, 물리, 생물학, 오퍼레이션 리서치, 사회과학…. 단지 일부만 열거했지만, 이와 같이 여러 과학의 분야에서 극히 중요하다. 가장 유명한 수학 문제 가운데 하나인 4색 문제가 그래프 색칠하기를 이용해 해결되었다는 사실을 생각해 보라.

오일러의 쾨니히스베르크의 다리 문제와 그의 변형에 덧붙여, 이 장에서는 여러 종류의 그래프 경로를 알아본다. 오일러 경로, 오일러 회로, 해밀턴 경로, 그리고 해밀턴 회로. 그래프를 이용하여 이코시안이라고 부르는 해밀턴의 퍼즐 게임을 알아볼 것이다. 이 게임은 해밀턴 경로라고 알려진 20면체의 모든 꼭짓점을 꼭 한 번씩만 지나는 경로(또는 닫힌 경우엔 회로)를 결정하는 것으로 되어 있다. 10장에서 설명한 유명한 체스판에서 기사의 재 진입로가 해밀턴 회로임을 기억하자. 나아가, 그래프는 다이어그램 추적 퍼즐, 강 건너기 문제, 유체측정 퍼즐, 그리고 체스 문제 같이 흔한 문제들을 모델링하거나 해결하는데 사용한다. 오일러와 해밀턴 외에도, 이 장에 나오는 문제의 저자나 해결자로 테이트, 푸앵소, 푸아송, 리스팅, 그리고 에르되스가 등장한다.

오일러(1707-1783)(→ 368쪽)

• 쾨니히스베르크의 다리 문제

지금은 러시아의 도시 칼리닌그라드인 프러시아의 쾨니히스베르크 Koenigsberg는 프레겔 강의 양쪽 언덕에 자리 잡고 있다. 강에는 두 섬이 있고, 두 섬과 강 언덕은 [그림 9.2]와 같이 7개의 다리로 연결되어 있다. 쾨니히스베르크 시민들은 오랜 동안 다음과 같은 흥미로운 문제를 즐기고 있었다.

문제 9.1 모든 다리를 꼭 한 번씩만 지나가면서 산책할 수 있을까?

온갖 노력에도 불구하고, 산책해 보이거나 할 수 있다는 가능성을 증명하거나 간에 아무도 성공하지 못했다.

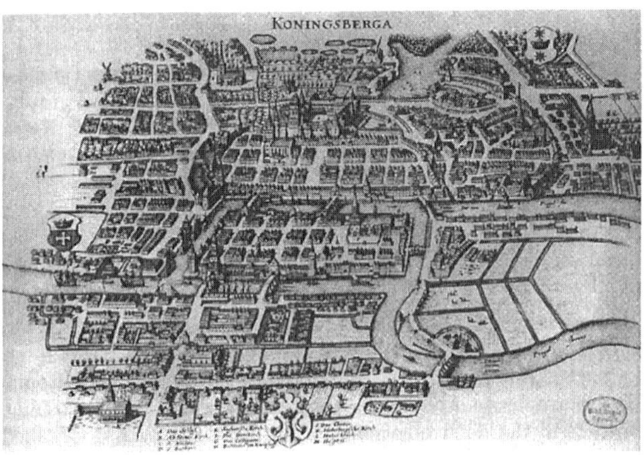

[그림 9.1] 옛날의 쾨니히스베르크 시와 7개 다리

오일러는 1736년[1]에 산책이 불가능함을 증명함으로써 문제를 해결하였다. 그 증명은 흔히 새롭고 유익한 수학 분야인 **그래프 이론**의 효시로서 간주되고 있다.

쾨니히스베르크의 다리 문제는 다음 문제와 같다([그림 9.3]을 보라).

> 평면 위의 점들을 연결하는 한 벌의 선분을 그려라. 모든 점을 꼭 한 번씩 지나면서 연필을 종이에서 떼지 않고 이 그림을 그릴 수 있겠는가?

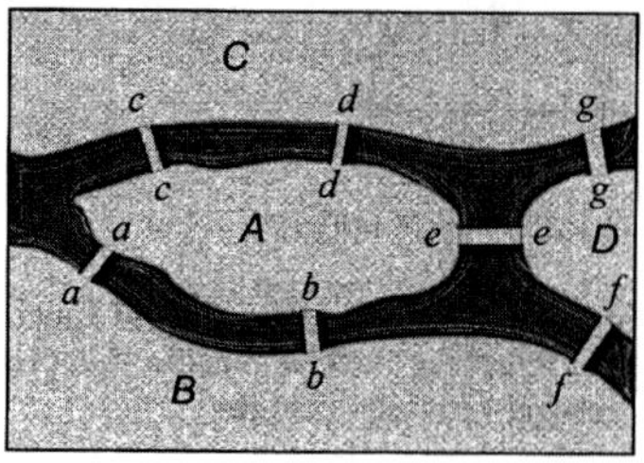

[그림 9.2] 쾨니히스베르크의 다리

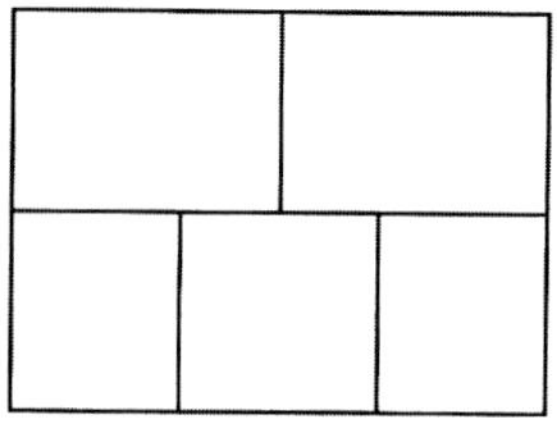

[그림 9.3] 도형 그리기

오일러의 쾨니히스베르크의 다리 문제의 해와 "한 번에"(즉, "연필을 떼지 않고") 그래프를 지나가기의 해는 다음 주장에 근거를 두고 있다.

오일러의 정리

연필을 떼지 않고 모든 모서리를 꼭 한 번씩 지나면서 (단순 또는 다중) 그래프를 그릴 수 있을 필요충분조건은 홀수점이 2개 이하인 것이다.

---

1) Solutio problematis ad Geometriam situs pertinentis, Commentarii Aademiae Scientiarum Petropolitanae for 1736, Petersberg, 1741, 8권, 128-140.

제시한 조건 아래 지나갈 수 있는 그래프를 **오일러 그래프**라고 부르고 그 경로는 **오일러 경로**라고 부른다. 그러므로 오일러 경로는 홀수점이 0이거나 많아야 2개 있을 때만 존재한다. 홀수점이 0개일 때에는 오일러 경로는 어느 꼭짓점에서 출발하든 같은 점에서 끝나도록 그릴 수 있다. 홀수점이 2개일 때에는 오일러 경로는 한 홀수점에서 출발해 다른 홀수점에서 끝난다.

[그림 9.3]에 있는 그래프는 홀수점이 8개 있으므로, 연필을 종이에서 떼지 않고 그릴 수 없다. [그림 9.4]는 "쾨니히스베르크의 다중 그래프"로서 섬과 강둑을 꼭짓점으로, 다리를 모서리로 표현했다. 이 그래프는 홀수차 꼭지점이 4개 있으므로, 오일러의 정리에 따라 오일러 그래프가 아니다. 결국, 쾨니히스베르크의 7개 다리를 제안대로 산책하기란 불가능하다.

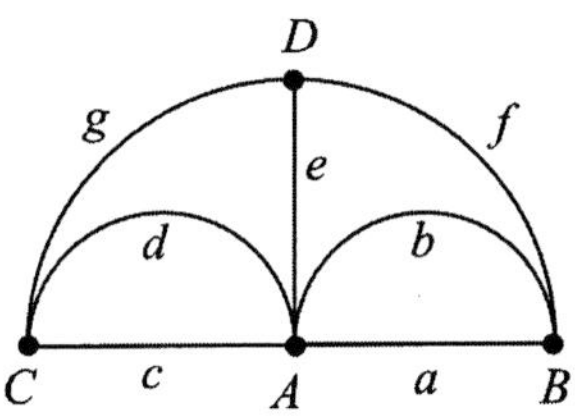

[그림 9.4] 쾨니히스베르크의 다리의 그래프

오일러의 정리를 응용하는 문제로 쾨니히스베르크의 다리 퍼즐과 비슷하면서 더 복잡한 또 다른 문제가 있다. 오일러의 논문에서 나온 것인데[2], 15개의 다리를 건너는 문제다.

2) R.J.Wilson, J.J.Watkins [188, p.124]에 의하면.

문제 9.2* 15개의 다리가 [그림 9.5]와 같이 4개의 섬 A, B, C, D를 강변에, 그리고 섬끼리 연결하고 있다. 모든 다리를 꼭 한 번씩만 건너서 산책할 수 있겠는가?

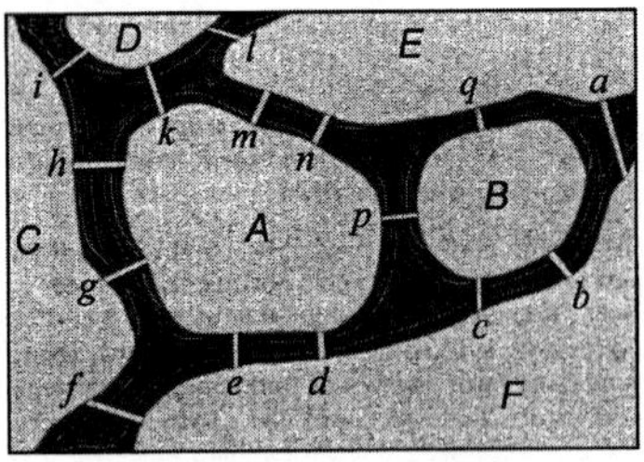

[그림 9.5] 15개의 다리 건너기

오일러의 정리로 쉽게 해결할 수 있다. 오일러의 정리와 그래프를 이용하여 15개의 다리를 건너는 경로를 찾아보기 바란다.

1884년 1월에 나온 〈Philosophical Magazine〉(런던)에 실린 테이트Tait의 논문 〈Listing's Topologie〉에 나오는 또 다른 문제도 오일러의 경로와 관련 있다.

문제 9.3* 연필을 종이에서 떼지 않고 모든 변을 꼭 한번 씩만 지나가는 [그림 9.6]과 같은 도형을 그릴 수 있겠는가?

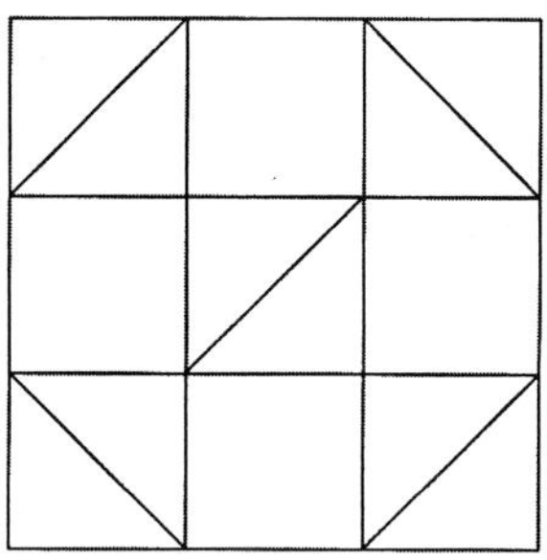

[그림 9.6] 테이트의 네트

■ **해밀턴**(1805–1865)(→ 370쪽)

해밀턴William Rowan Hamilton은, 수학과 역학의 여러 개념들이 그의 이름을 가지고 있는데, 수학자 실베스터와 뒤에 얘기할 캐일리와 함께 19세기 영국 수학계에서 크게 명성을 얻은 수학자였다.

해밀턴은 언어에 능통한 삼촌한테 교육을 받고, 어릴 때에 외국어를 마스터 했다. 어릴 때 천재였던 해밀턴은 5살에 라틴어, 프랑스어, 이태리어를 읽고 쓸 뿐만 아니라, 그리스어와 헤브류어도 읽을 수 있었다. 12살에는 이들 언어를 능숙하게 구사할 뿐 아니라 시리아어, 페르시아어, 힌두스탄어, 말레이어도 했다. 12살 때 미국의 암산 신동 콜번Zerah Colburn을 만나면서 해밀턴의 인생은 전환점을 맞았다. 콜번은 놀라운 암산 능력을 발휘했는데 해밀턴은 콜번과 겨루며 자신의 산술 능력을 테스트해 보았다. 콜번에게 진 것이 아마도 해밀턴에게 수학에 대한 관심을 불지른 것 같다.

해밀턴은 수학의 여러 영역 뿐 아니라, 광학과 역학에도 중요한 공헌을 하였다. 그러나 1843년에 발견한 사원수를 그의 가장 위대한 성취라고 생각하고 말년 20년을 이에 대한 연구에 헌신하였다. 그렇지만 사원수 이론은 결과적으로 널리 응용되지 못했다. 어려운 연구에 소진하고, 개인적 생활에 실망한 해밀턴은 잦은 음주로 위안을 찾았다. 그가 사망한 후에 그의 연구실은 혼란스럽게 어질어져 있었는데. 미완성의 원고 더미와 먹다 남은 음식으로 가득했다. 벨은 저서 『수학의 사람들』[15]에서 해밀턴에 관한 부분에 "아일랜드의 비극"이라는 부제를 달았다.

• **12면체 위의 해밀턴 게임**

앞에서 본대로 그래프 이론의 역사는 레크리에이션 수학 문제로부터 시작되었다. 한 세기가 지나 다른 형식이긴 하지만 오일러의 그래프와 비슷한 방법으로 그래프에 영감을 주는 게임이 나왔다. 1856년에 해밀턴은 흥미로운 그래프 문제를 제시했는데 3년이 지난 뒤에 12면체 위에 이코시안Icosian이라고 부르는 퍼즐 게임이 되었다[3].

	꼭짓점	모서리	면
정4면체	4	6	4 △
정8면체	6	12	8 △
정6면체	8	12	6 □
정10면체	12	30	20 △
정12면체	20	30	12 ⬠

[표 9.1] 플라톤 입체

얘기를 진행하기 전에 잠시 플라톤 입체(정다면체라고도 부른다)의 특성을 생각해 보자. 플라톤 입체는 모든 면이 서로 합동인 볼록 정다각형으로 된 볼록 다면체다. 볼록 정다면체는 다섯 종류 밖에 없는데 각각의 꼭짓점, 모서리, 면의 수는 [표 9.1]과 같다. 이 표에서 보면, 정12면체는 다섯 개의 정다면체 중 하나로서, 면이 12개, 꼭짓점이 20개, 모서리가 30개다([그림 9.7]). 정12면체의 면은 모두 정5각형으로 꼭짓점마다 면이 3개씩 결합되어 있다.

베크, 블라이처, 그리고 크로우는 저서 『수학 유람』[11]에서 정다면체가 『라디올라리아』라고 부르는 미세한 해양 동물의 뼈대를 매우 닮았다고 했다. [그림 9.7]과 [그림 9.8]는 정12면체와 라디올라리아의 뼈대의 그림이다.

---

3) 실제로, 해밀턴은 이코시안 게임에 대한 아이디어를 자끄J.Jacques와 선Son에게 25파운드에 팔았지만, 중개인에게는 비싼거래였다.

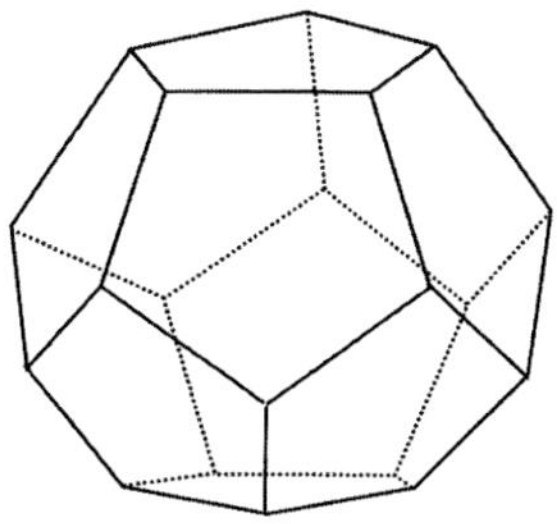

[그림 9.7] 정12면체

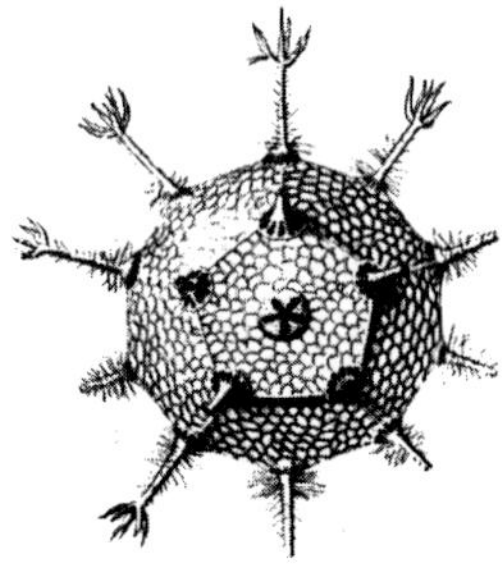

[그림 9.8] 라디올라리아-정12면체

이코시안 퍼즐로 돌아오자. 다음이 해밀턴의 문제다:

문제 9.4 정12면체의 모든 꼭짓점을 단 한 번씩만 지나는 경로를 그려라.

『세계일주 항해A Voyage Round the World』라는 이름이 붙은 정12면체 위의 해밀턴의 보드게임 책에서는 정12면체의 꼭짓점을 전 세계의 이국적인 장소로 취급하고 있다. 여행자는 이 모든 장소를 한 번씩만 방문해야 한다.

해밀턴의 문제를 풀 때, 명확하고 편리하게 하기 위해 정12면체를 생각하지 않고 입체사영으로 방향을 바꾸어 본질적으로 [그림 9.9]에서 보는 것처럼 평면 그래프의 형태인 정12면체의 뼈대를 생각한다.

해밀턴 게임에서 요구하는 경로를 해밀턴의 이름을 따라 **해밀턴 경로**라고 부르고, 이 성질을 갖는 그래프를 **해밀턴 그래프**라고 부른다. 출발점에서 끝나는 순환적인 해밀턴 경로는 **해밀턴 회로**라고 부른다[4]. 해밀턴 회로는 교통 최적화 문제와 커뮤니케이션 네트워크에 여

4) 브리그스N.L.Briggs, 로이드E.K.Lloyd 그리고 윌슨R.J.Wilson에 의하면, 해밀턴과 커크만의 업적에 관한 우선권 문제가 제기된다. 브리그스, 로이드, 그리고 윌

러 가지로 중요하게 응용된다.

정12면체의 뼈대를 따라가는 한 가지 해밀턴 회로가 아래 문자열과 일치하는 굵은 선분으로 [그림 9.9]에 표시되어 있다.

$$A\text{-}B\text{-}C\text{-}D\text{-}E\text{-}F\text{-}G\text{-}H\text{-}I\text{-}J\text{-}K\text{-}L\text{-}M\text{-}N\text{-}O\text{-}P\text{-}Q\text{-}R\text{-}S\text{-}T\text{-}A$$

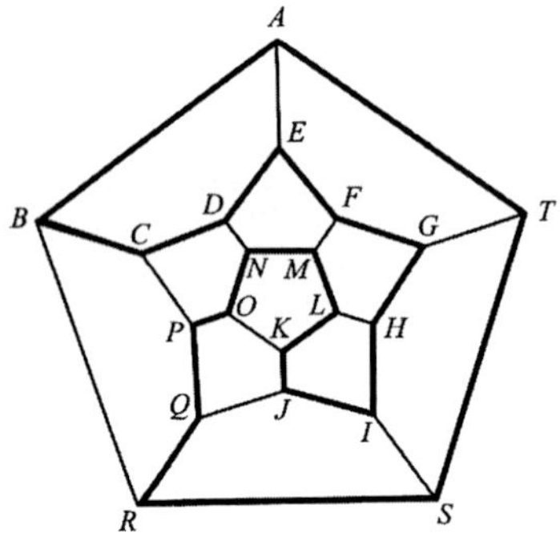

[그림 9.9] 해밀턴 회로

문제 9.5* 변형된 해밀턴 게임에는 주어진 5개의 시작 글자로 해밀턴 회로를 결정하는 것이 있다. 시작 글자, 이를 테면, NMFGH로 시작하는 해밀턴 회로를 완성하여라.

[그림 9.10]에 보인 것처럼 3-큐브(3차원 정육면체) 위에서 해밀턴 회로를 구하는 것은 쉽다. xyz좌표계를 도입하면, 좌표 (x, y, z)들의 수열로 경로를 나타낼 수 있다: [그림 9.10] 오른쪽을 보라. [11]에 언급된 바와 같이, 3-큐브 위의 해밀턴 경로와 잘 알고 있는 하노이 탑 퍼즐(7장에 나왔던) 사이에는 놀랄 만큼 유사성이 있다. 실제로, x, y, z가 원반이 세 개인 하노이 탑에서 각각 가장 작은 원반, 중간

슨은 그들의 저서[27]에서 해밀턴은 한 가지 특별한 경우에 관해서 반면 커크만은 동시에 좀더 일반적인 문제, 일반적인 볼록 다면체 위에 생성 회로를 연구하였다고 말한다. 그럼에도 불구하고, 그래프의 생성회로는 오늘날 커크만 회로가 아니라, 해밀턴 회로라고 알려져 있다.

원반, 가장 큰 원반을 나타낸다고 하고, (x, y, z)가 원반의 위치를 나타낸다고 하자. 좌표 값이 0과 1 두 값을 취한다고 가정하고, 0에서 1로 , 또는 반대로, 한 좌표(그리고 하나만)가 변하는 것은 대응하는 원반이 이동한 것을 의미한다. 예를 들어, 연달아 있는 두 원반-위치 110과 010은 x-원반(가장 작은)이 이동한 것을 의미한다. [그림 9.10] 오른쪽에서 알 수 있듯이 원반이 3개인 하노이 탑에서 7번 이동하는 해는 3-큐브 위의 해밀턴 회로의 꼭짓점의 수열에서 얻을 수 있다. 정말 놀라운 것은 일반적인 경우에도 성립한다는 것이다([11]을 보라):

정리 9.1

원반이 n개인 하노이 탑 문제의 가장 간단한 해는 $2^n - 1$번 이동이며, n-큐브 위의 해밀턴 회로와 일치한다.

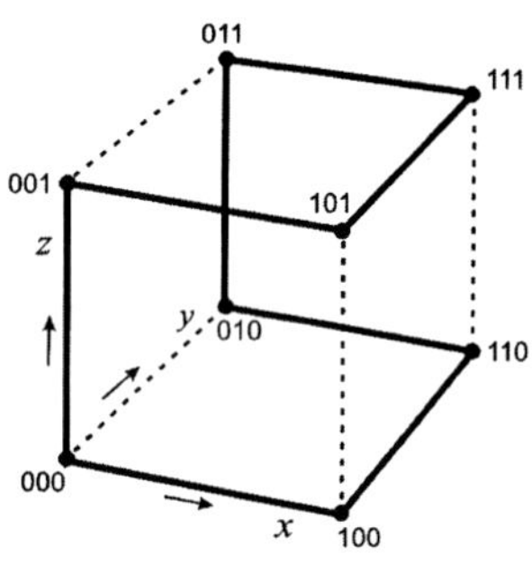

3-큐브 위의 해밀턴 회로			원반 3개인 하노이 탑
0	0	0	
1	0	0	
1	1	0	
0	1	0	x 작은 원반
0	1	1	y 중간 원반
1	1	1	z 큰 원반
1	0	1	
0	0	1	
x	y	z	

[그림 9.10] 3-정6면체 위의 해밀턴 회로와 하노이 탑의 해

원래 해밀턴 게임은 12면체를 이용한다. 다음 문제가 자연스럽게 제기 된다:

문제 9.6* [표 9.1]에 제시한 모든 플라톤 입체 위에서 해밀턴 회로를 구할 수 있겠는가?

그래프 이론을 사용하면 쉽게 풀 수 있는 12면체와 관련된 또 다른 문제가 있다([11, p.18]의 연습문제를 보라):

문제 9.7* 3가지 색으로 정12면체의 모든 면을 색칠 하는데 서로 이웃하는 면은 같은 색이 되지 않도록 할 수 있겠는가?

살펴본 바와 같이, 오일러의 정리를 사용하면 오일러의 그래프를 간단히 특성화 할 수 있다. 그러나 해밀턴의 그래프에 대해서는 유사한 기준이 지금까지 알려지지 않았고 그래서 그래프 이론에서 가장 도전적인 미해결 문제의 하나로 남아 있다. 해밀턴 경로를 포함했을 듯한 그래프들이 이제까지 알려진 어떤 특징도 보여주지 않는다. 더구나, 해밀턴 경로가 존재할 경우에도 존재함을 결정하는데 사용할 간단한 알고리즘조차 없다. 대신, 해밀턴 경로의 존재를 증명하는 일은 그래프를 개별적으로 경우마다 하나하나 고려하는 일을 포함하며 그런 경우조차 통찰력 있는 추측과 계산된 실험의 결과라고 생각한다 (아베르바흐와 체인을 보라[6, 제6장]).

강력한 현대의 컴퓨터를 필요한 시간만큼 작동해도 (만일 존재한다면) 해밀턴 경로를 왜 찾을 수 없는지 궁금할 것이다. 물론, 경로가 유한개가 되도록 지나갈 대상을 유한개로 제한한다. 이들 경로의 수는 얼마나 클까? 20개의 도시를 꼭 한 번씩만 방문한다고 하자. 기본적인 조합론을 사용하여 구하면 가능한 경로는

$$20 \cdot 19 \cdot 18 \cdots 3 \cdot 2 \cdot 1 = 2{,}432{,}902{,}008{,}176{,}640{,}000$$

이다. 아주 빠른 컴퓨터가 1초에 10억 개의 경로를 찾는다고 해도, 모

든 경로를 조사하는데는 77년이 걸린다. 현실적인 문제로 받아들일 수 없다! 만일 도시 사이의 거리까지 감안해서 가장 짧은 해밀턴 경로를 구하려고 하면 문제는 훨씬 더 복잡해진다. 이렇게 해서 유명한 (물론, 미해결인) **돌아다니는 판매원 문제**가 나온다(이 문제의 대중적인 설명은 [13]을 보라).

해밀턴 그래프의 충분조건에 관한 여러 가지 결과가 수립되었는데, 디락G.A.Dirac(1952)과 오레O.Ore(1960)가 마디점의 차수 deg(·) 개념(부록C를 보라)을 이용하여 만들어낸 가장 중요한 충분조건 두 개를 소개한다.

디락의 정리

G를 꼭짓점이 $n(n \geq 3)$개인 단순 그래프라고 하자. 만일 G에 속하는 모든 꼭짓점 v에 대하여 $\deg(v) \geq n/2$이면, G는 해밀턴 그래프이다.

오레의 정리

G를 꼭짓점이 $n(n \geq 3)$개인 단순 그래프라고 하자. 만일 G에 속하는 서로 인접하지 않는 모든 꼭짓점의 쌍 v와 w에 대하여 $\deg(v) + \deg(w) \geq n$이면, G는 해밀턴 그래프이다.

디락의 정리는 오레의 정리의 특별한 경우임을 주목하자. 오레의 정리에 대한 증명은 예를 들어, [188]에서 찾아볼 수 있다. 다음 문제는 디락의 정리를 멋지게 적용한 예이다.

문제 9.8 아서 왕이 중요한 일을 논의 하려고 원탁의 기사 $2n$명을 소집했다. 기사들은 각자 기사 가운데 최대로 $n-1$명의 적을 두고 있다. 원탁에 앉을 때 모든 기사가 친구 두 명을 이웃에 두도록 자리를 배치할 수 있을까?

꼭짓점이 기사를 나타낸다고 하고, 이 문제를 꼭짓점이 $2n$개인 그래프를 만들어 해결한다. 기사가 서로 친구일 때 대응하는 두 꼭짓점을 연결한다. 주어진 조건에 따라 모든 기사는 적어도 n명의 친구를 가진다. 이것은 모든 꼭짓점의 차수가 적어도 n임을 의미한다. $\deg(G)=n=2n/2$이므로 디락의 정리에 따라 그래프 G는 해밀턴 회로를 갖는다. 이 회로가 구하는 기사들의 좌석배치이다.

예로 기사가 8명인 경우를 보자(즉, $n=4$). 기사를 A, B, C, D, E, F, G, H라고 하고, 기사들이 아래 괄호 안과 같이 적을 3명씩 가지고 있다고 하자.

A(B, E, F), B(A, D, G), C(F, G, H), D(B, E, H)
E(A, D, G), F(A, C, H), G(B, C, E), H(C, D, F)

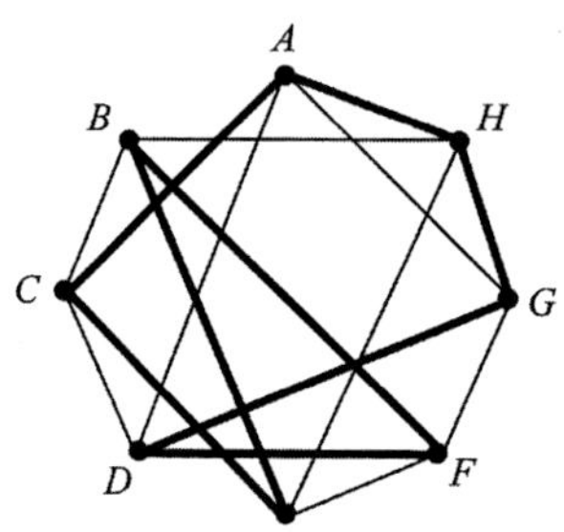

[그림 9.11] 아서왕의 그래프

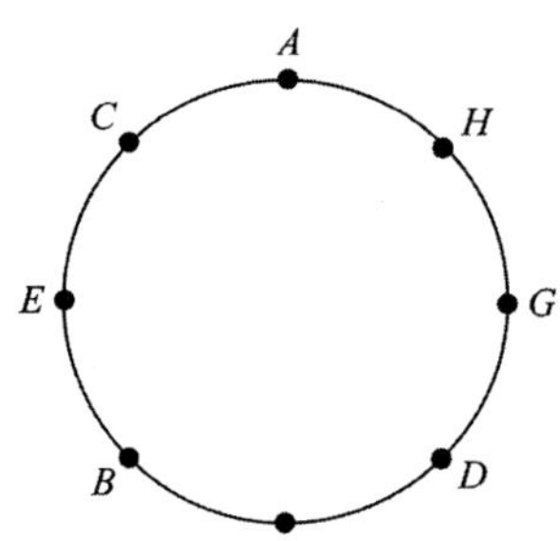

[그림 9.12] 기사들의 배열

"적의 명단"에 의거하여, 대응하는 그래프를 [그림 9.11]과 같이 그린다. 그런 다음 A에서 시작하는 굵은 선분으로 표시한 해밀턴 회로를 구한다. 이 해밀턴 회로를 따라 꼭짓점을 순서대로 잡으면 [그림 9.12]에서 보는 것과 같은 기사의 배열을 얻을 수 있다.

아베르바흐와 체인은 [6, Pog. 6]에서 아서왕의 기사 배열 문제의 변형을 생각했다. 오일러, 드 무아브르, 드 몽모르, 반데몬드, 그리고 그 밖에 뛰어난 수학자들이 생각한 유명한 **나이트의 회로 문제**는 해밀턴 회로로 나타낼 수 있는 훨씬 더 오래된 문제이다. 이 문제는 나중에 311-315쪽에서 살펴보자.

앨퀸(735-804)(→ 360쪽)

• 사람, 늑대, 염소, 그리고 양배추

앞에서 논의한 것처럼, 강 건너기 문제는 레크리에이션 수학에서 되풀이 되어 나오는 주제다. 이처럼 잘 알려진 강 건너기 문제의 한 가지 변형이 사람, 늑대, 염소, 그리고 양배추다. 이 문제의 기원은 적어도 요크의 앨퀸이 저술했다는 책에 처음 등장했던 8세기까지 거슬러 올라간다.

문제 9.9 어떤 사람이 늑대, 염소, 양배추를 보트에 싣고 강을 건너가려고 하는데, 보트에는 자기 외에 한 가지만 더 실을 수 있다. 그런데 염소는 늑대와 함께 남겨둘 수 없고, 양배추는 염소와 함께 남겨둘 수 없다. 어떻게 하면 가장 적게 강을 건너다니며 모든 것을 안전하게 옮겨 놓을 수 있겠는가?

프렐레이, 쿠크, 그리고 데트릭이 논문 [66](또는 쿠크, 벨만, 그리고 로켓의 저서 [42]의 제7장을 보라)에서 보인 것처럼, 유향그래프(유향그래프의 정의는 부록C를 보라)를 이용하면, 이런 문제를 멋지게 해결할 수 있다. 가드너도 『사이언티픽 아메리칸』 제3권(1980)의 칼럼 〈Mathematical Games〉에서, 그리고 다른 레크리에이션 수학에 관한 잡지와 책에서 이런 퍼즐을 주제로 다루었다. 기초적인 그래프 이론을 적용하여 앨퀸의 옛 문제를 풀어보자.

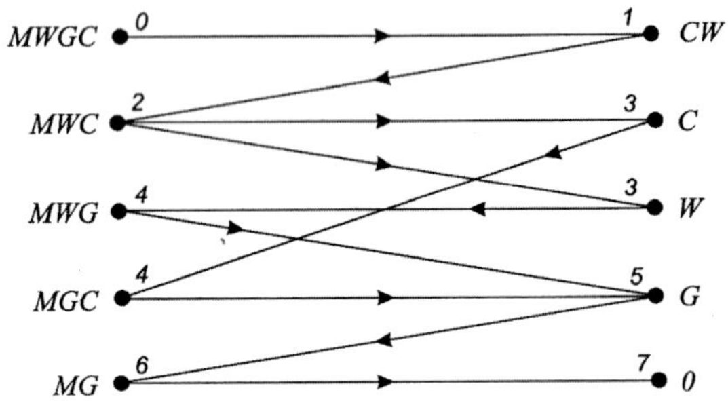

[그림 9.13] 강 건너기-그래프

사람, 늑대, 염소, 양배추를 각각 M, W, G, C라고 하자. 퍼즐의 조건에 따라, 떠나는 강둑의 가능한 상태를 기호로 나타내면 다음과 같은 집합을 얻는다: MWGC, MWG, MWC, MGC, MG, CW, W, G, C, 0. 기호 0은 강 건너기를 마친 상태를 나타낸다.

[그림 9.13]에 가능한 모든 수송방법이 나와 있다. 이제 퍼즐의 해는 꼭짓점 MWGC(처음 상태)와 꼭짓점 0(최종 상태)을 연결하는 가장 짧은 경로를 결정하면 된다. 최소해는 두 가지로 7번씩 수송하면 된다. 각 상태를 나타내면:

I MWGC, CW, MWC, W, MWG, G, MG, 0;

II MWGC, CW, MWC, C, MGC, G, MG, 0.

네 번째와 다섯 번째 단계의 선택 가능성 때문에, 두 경로가 있다. 인접한 두 상태의 차이는 강을 건너는 동안 보트 안에 사람과 함께 타고 있는 것이 무엇인가 이다. 결과로, 위의 풀이를 보트를 타고 건

너는 순서로 표시할 수 있다:

I MG - M -MC - MG - MW - M - MG;

II MG - M - MW - MG -MC - M - MG.

코르뎀스키[117]가 이 문제의 해를 재미있게 도표로 해석한 것을 기초로 두 번째 풀이를 삽화로 나타낸 것이 [그림 9.14]이다.

[그림 9.14] 강 건너기 방법

앨퀸 문제의 독특한 변형들이 아프리카에 있다: 알제리아에서는 물건이 자칼, 염소, 건초 한 다발이고; 리베리아에서는 치타, 칠면조, 쌀을 가지고 가며, 잔지바르에서는 레오파드, 염소, 나뭇잎 다발을 옮겨야 한다(카츠의 저서 『수학의 역사』[113, p.339]를 보라).

- **강을 건너는 가족**

강 건너기 범주에 속하는 이 퍼즐은 앨퀸의 책 문제 19에서 처음 나온다. 라틴어에서 번역된 뒤, [186]에 나오는 문제는 다음과 같다.

문제 9.10 어느 부부가 두 아들을 데리고 강을 건너야 한다. 남편과 아내의 몸무게는 각각 짐 실은 수레의 무게와 같고, 두 아들의 몸무게는 서로 같은데 두 아들을 합한 몸무게가 짐 실은 수레의 무게와 같다. 그들이 보트를 하나 구했는데 그 보트는 짐 실은 수레 하나만 태울 수 있다. 보트가 침몰하지 않고 강을 건너는 방법을 말하여라.

풀이 앨퀸은 정확히 9번 옮겨야 한다는 것을 알았다. F, M, s를 각각 남편(아빠), 아내(엄마), 아들이라고 하자. 한 가지 풀이를 다음에 제시한다. 풀이에는 단계마다 1) 출발하는 강둑(왼쪽)에 있는 사람, 2) 보트에 탄 사람, 3) 강을 건너서 도착한 강둑(오른쪽)에 있는 사람을 나타내고, 화살표 →와 ←는 각각 출발과 되돌아오는 것을 나타낸다. F와 M은 무게가 같기 때문에 서로 바꾸어도 된다.

	출발하는 강둑	배 타는 사람		도착하는 강둑
	FMss	-	-	-
1	FM	→	ss	ss
2	FMs	←	s	s
3	Fs	→	M	Ms
4	Fss	←	s	M
5	F	→	ss	Mss
6	Fs	←	s	Ms
7	s	→	F	FMs
8	ss	←	s	FM
9	-	→	ss	FMss

이 문제를 푸는데 유향그래프를 효율적으로 이용할 수 있다. [그림 9.15]에 출발하는 강둑에서 가능한 모든 상태가 표시되어 있다. 화살표로 굵게 표시한 것이 최소 해이다.

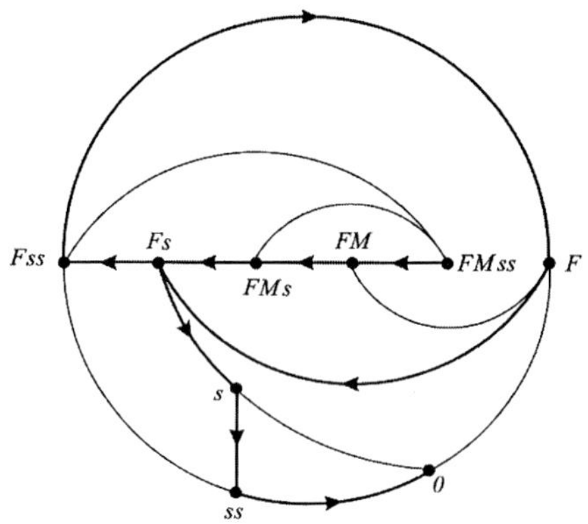

[그림 9.15] 강을 건너는 씩씩한 가족 – 유향그래프 해

레크리에이션 수학에 관한 많은 책에서 볼 수 있는 잘 알려진 강 건너기 문제를 독자에게 남긴다.

문제 9.11* 탐험가 세 사람이 세 원주민 일꾼들을 데리고 조그만 보트로 강을 건너야 한다. 보트에는 한 번에 두 사람 밖에 탈 수 없고, 원주민은 식인종이다. 당연히 어느 쪽 강둑이든 탐험가가 식인종보다 적은 수가 되어서는 안 된다. 어떻게 하면 최소의 횟수로 6명 모두 안전하게 강을 건널 수 있겠는가?

만약 보트를 저을 수 있는 사람이 탐험가 한 사람과 식인종 한 사람 뿐이라면 이 문제를 풀 수 있겠는가?

에르되스(1913–1996)(→ 375쪽)

유명한 수학자 파울 에르되스Paul Erdös는 이해하기 쉬우면서도 도전적이고 아름다운 문제, 특히 수론, 조합론, 그리고 그래프 이론에 속하는 문제들을 제기하고 풀기를 즐겼다. 그의 문제 하나는 7장에서 보았다. 여기에서 또 다른 그래프 문제를 보자.

• 일곱 마을과 일방로

문제 9.11 어느 지방에 일곱 마을이 양방향 도로로 연결되어 있다. 모든 도로를 개조하여 일방로로 만들려고 한다. 이 때 어느 두 마을이나 세 번째 마을을 통과하면 바로 연결될 수 있도록 할 수 있겠는가?

화살표가 일방로의 한 방향을 가리키도록 하고 꼭짓점 7개인 유향 그래프를 그린다. 그릴 때 어느 두 마을에나 세 번째 마을이 있어서 그 두 마을로 바로 가는 일방로가 있도록 한다. [그림 9.16]에 답이 있다.

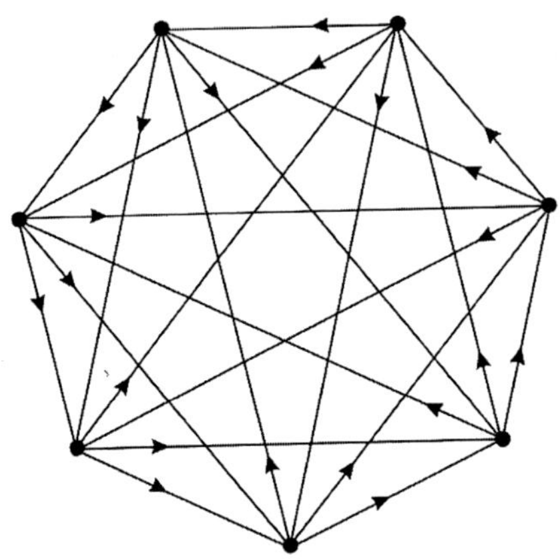

[그림 9.16] 일방로 문제의 그래프

푸앵소(1777–1859)(→ 369쪽)

프랑스의 물리학자이자 수학자인 루이 푸앵소Louis Poinsot는 과학 아카데미의 회원이면서 기하학, 통계학, 역학에 기여한 공헌으로 잘 알려져 있다. 그는 18세기 프랑스에서 수학의 연구와 교육에 지도적 역할을 하였다.

- **푸앵소의 다이어그램 추적 퍼즐**

문제 9.13 둘레에 있는 n개의 점이 각각 나머지 $n-1$개 점과 직선으로 연결되어 있다. 두 번 이상 지나는 부분 없이 연속적으로 모든 부분을 지나는 다이어그램을 그릴 수 있겠는가?

1809년에 푸앵소는 n개의 점으로 연결된 다이어그램에 대하여 n이 홀수일 때만 문제에서 지시하는 대로 지나갈 수 있고, n이 짝수이면 지나갈 수 없다는 것을 증명했다. 그래프 이론으로 표현하면, 완전그래프 K_n은 n이 홀수일 때만 오일러 그래프인 것과 동치다. 푸앵소는 또한 n이 홀수일 때 오일러 경로를 구하는 방법도 제시했다. [그림 9.17]에는 푸앵소 정리의 예가 5개 있다.

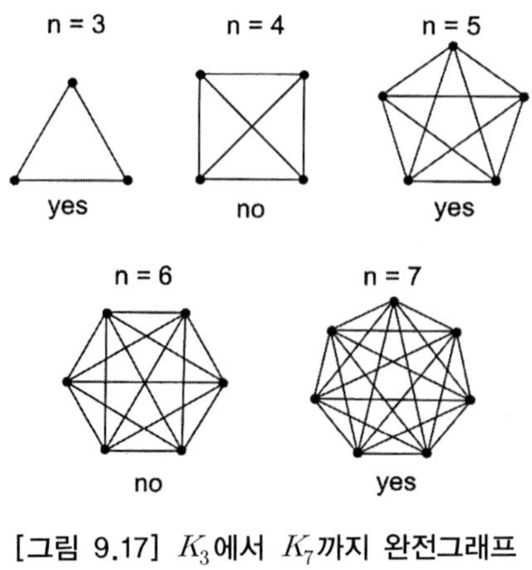

[그림 9.17] K_3에서 K_7까지 완전그래프

완전그래프 K_n (n이 홀수)을 추적하는 알고리즘은 다음과 같다.

n개의 꼭짓점을 시계방향으로 $0,\ 1,\ \cdots,\ n-1$ 이라고 하고, $m=0,\ 1,\ \cdots,\ n-4$은 카운터라고 하자.

1° $m=0$으로 한다.

2° 임의의 꼭짓점 r ($\in\{0,1,\cdots,\mathrm{n}-1\}$)에서 시작하여 시계방향으로 변을 추적하여 시작점 r에 다시 이를 때까지 m개 꼭짓점을 건너뛰어 이동한다; 3°으로 간다.

3° $m:=m+1$;

4° 만일 $m<n-3$이면 2°로 가고, 그렇지 않으면 STOP.

예를 들어, K_7인 경우, [그림 9.17], 다음과 같다($r=0$):

$$\underbrace{01, 12, 23, 34, 45, 56, 60}_{m=0}\ \underbrace{02, 24, 46, 61, 13, 35, 50}_{m=1}\ \underbrace{03, 36, 62, 25, 51, 14, 40}_{m=2}$$

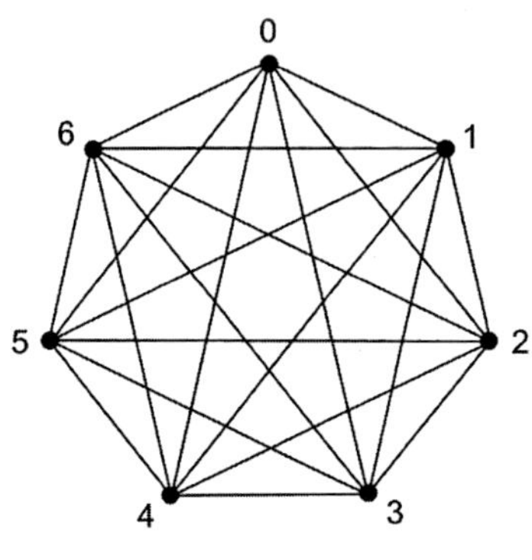

[그림 9.18] 완전그래프 K_7 위의 오일러 경로

완전그래프 K_7의 경우 도미노와 오일러 경로 사이에 흥미로운 관련이 있다[188,p.129]. K_7의 각 변을 도미노라고 생각한다; 예를 들어,

변 1-5는 [그림 9.18] 오른 쪽에 있는 도미노와 대응시킨다.

알겠지만, 위의 오일러 경로는 모든 도미노 두 짝 0-0, 1-1, ⋯, 6-6을 연속적인 수열로 배열한 것과 대응된다. 일단 기본 수열을 찾고, 적절한 자리에 두 짝을 채워 넣으면 된다. 이런 방법으로 도미노와 완전히 같다는 것을 보일 수 있다. [그림 9.19]는 위의 오일러 경로에 대응하는 도미노의 고리를 보인 것이다.

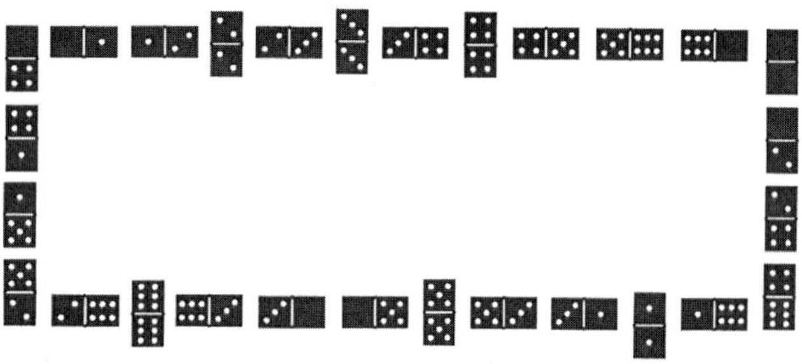

[그림 9.19] 오일러 경로에 대응하는 도미노 고리

프랑스의 수학자 가스통 타리는 더 일반적인 경우를 생각했다[150, pp.249-253]. 그는 완전그래프 K_n (n이 홀수)과 2 짝에서 $(n-1)$짝까지 도미노의 집합과 연관 짓고, 이 도미노들을 배열하는 방법의 수를 결정하였다. 예를 들어, $n=7$일 때, 28개 도미노를 (0-0에서 6-6까지) 한 줄로 배열할 수 있는 방법의 수를 구하고 $7{,}959{,}229{,}931{,}520$이라고 했다.

문제 9.14* 완전그래프 K_n을 생각하자. 이 그래프의 점들을 연결하는 직선으로 생기는 영역의 최대 수는 얼마인가?

푸아송(1781–1840)(→ 369쪽)

• 우유 퍼즐

유체 계량 퍼즐이란 주어진 정확한 용량의 용기만을 사용하여 어떤 유체의 양을 측정하는 문제다. 프랑스의 위대한 수학자 푸아송Siméon Poisson은 어렸을 적에 유체 계량 퍼즐에 속하는 다음 문제에 맞부딪쳤다.

문제 9.15 12리터들이 우유 통을 하나 가지고 있는 우유 배달원이 8리터들이 통과 5리터들이 통을 가진 고객에게 우유 6리터를 배달해야 한다. 배달원은 어떻게 해야 그의 통에서 정확히 6리터를 고객의 큰 통에 부어 주고, 자신의 통에 6리터를 남길 수 있겠는가? 배달원은, 세 통을 모두 사용할 수 있다.

어린 푸아송은 이 문제에 무척 즐거워한 나머지 수학을 평생 직업으로 결정하였다고 한다[5]. 실제로 유명한 수학자 리브리Guglielmo Libri는 푸아송에 대하여 수학이 그의 열정의 전부였다고 말했다. 푸아송 자신도 이렇게 말했다: "인생은 오직 두 가지 일에 좋은데, 수학을 발견하는 일과 수학을 가르치는 일이다."

최소의 횟수로 우유 옮겨 붓기의 해답이 [표 9.2]에 있다.

$12l$	12	4	4	9	9	1	1	6
$8l$	0	8	3	3	0	8	6	6
$5l$	0	0	5	0	3	3	5	0

[표 9.2] 푸아송의 우유 퍼즐 풀이

5) 이 문제는 1484년에 출판된 쉬케Nicolas Chuquet의 저서 『Triparty en la science des nomvres』에 처음 나온다. 쉬케(1487년 사망)는 프랑스의 의사인데, 그 시대에 가장 우수한 수학자이기도 하였다.

이 문제는 오레가 [135]에서 설명한 것처럼 그래프를 사용하여도 효율적으로 해결할 수 있다. 푸아송의 우유 퍼즐과 매우 유사한 다음 문제에서 그와 같은 방법의 예를 보자.

문제 9.16 3갤런들이 통 A와 5갤런들이 통 B가 있다. 이 두 통만을 사용하여 어떻게 하면 정확히 물 4갤런을 큰 통에 담을 수 있겠는가?

풀이 통 A와 통 B에 있는 물의 양을 각각 a와 b라고 하자. 이렇게 하면 여러 가지 가능한 물의 양을 순서쌍 (a,b)로 나타낼 수 있다. 시작할 때 $a=b=0$인데, 이것은 $(0,0)$으로 시작하는 것을 의미한다. 마지막 상태는 $(a,4)$인데, 여기서 $a \in \{0,3\}$는 측정이 끝났을 때 작은 통에 있는 물의 양이다.

그래프의 꼭짓점으로 나타낼 수 있는 가능한 상태가 $6 \times 4 = 24$가지이다. 이 그래프를 [그림 9.20]과 같이 2차원 좌표계로 그리면 편리하다. 정수의 순서쌍 (a,b)를 모두 변으로 연결한다. 물을 한 통에서 다른 통으로 붓거나 다른 곳에서 퍼오거나 한 꼭짓점에서 다른 꼭짓점으로 연결이 가능할 때마다 서로 연결한다. 예를 들어, 첫 단계에 $(0,0)$에서 $(0,5)$, 또는 $(3,0)$으로 이동이 가능하다.

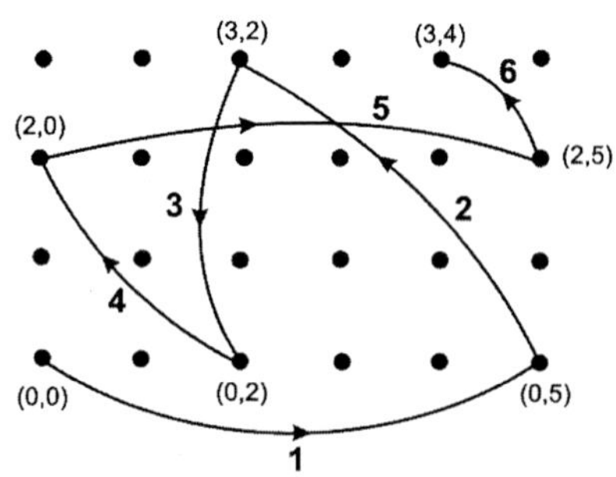

[그림 9.20] 물 붓기 문제의 그래프 해법

(a,b)에서 $(a,0)$으로 옮긴 것은 큰 통 B를 비웠다는 의미다. 이런 식으로 계속하면 6단계에 목표상태 $(3,4)$에 도달할 수 있다. 모든 움직임이 [그림 9.20]에 변으로 나타나 있다. 풀이에 들어 있는 꼭짓점과 변만 표시하였다. 그래프의 변을 따라가면 풀이를 아래 표와 같이 나타낼 수 있다.

A 3g	0	0	3	0	2	2	3
B 5g	0	5	2	2	0	5	4

[표 9.3]

리스팅(1808–1882)(→ 370쪽)

• 리스팅의 다이어그램 – 추적 퍼즐

수학, 측지학, 지자기, 기상학 등 여러 분야에서 재능을 발휘했던 독일의 과학자 리스팅J.B.Listing은 1847년에 〈Vorstudien zur Topologie〉(위상수학 개요 연구)라는 중요한 논문을 썼다. 이 연구는 흔히 수학의 새 분야인 위상수학을 도입한 것으로 인정된다. 이 책에는 여러 기본적인 주제 가운데 다이어그램-추적 퍼즐에 대한 논의가 들어 있다. 리스팅은 [그림 9.21]에 있는 다이어그램을, 한 끝에서 시작해서 다른 끝에서 끝날 때까지 변들을 꼭 한 번씩만 지나면서 연필을 종이에서 떼지 않고 그릴 수 있다고 했다. 오일러의 경로는 홀수점에 해당하는 두 점만 있기 때문에 존재한다. 그러나 이런 거대한 네트워크와 마주치면 인내심과 정신력이 필요하다.

문제 9.17* 모든 변을 단 한 번씩만 지나면서 하나의 연속된 직선으로 [그림 9.21]에 있는 도형을 그릴 수 있겠는가?

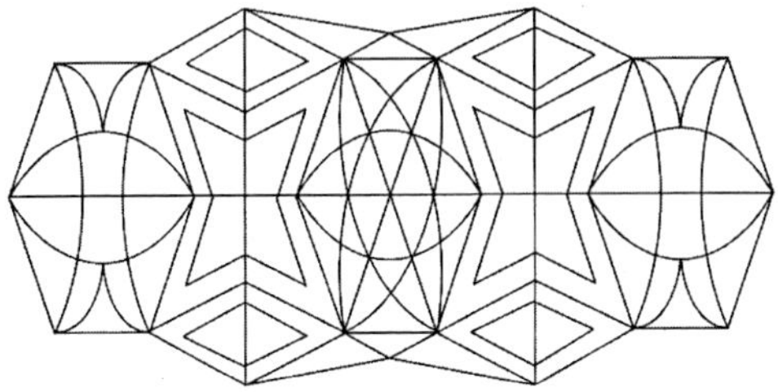

[그림 9.21] 리스팅의 다이어그램-추적 퍼즐

9장 문제 풀이

9.2 섬 (A, B, C, D)과 강변 (E, F)을 나타내는 대문자를 그래프의 꼭짓점으로 하고, 다리를 나타내는 소문자를 그래프의 변으로 생각 한다. [그림 9.22]를 보면 그래프의 꼭짓점이 모두 짝수 개다. 오일러 정리에 의하면 어느 점에서나 출발하여 15개의 다리를 지나 출발했던 점으로 돌아오는 산책로가 존재한다. 이를테면

$$E\ a\ F\ b\ B\ c\ F\ d\ A\ e\ F\ f\ C\ g\ A\ h\ C\ I$$
$$D\ k\ A\ m\ E\ n\ A\ p\ B\ q\ E\ l\ D\ j\ E$$

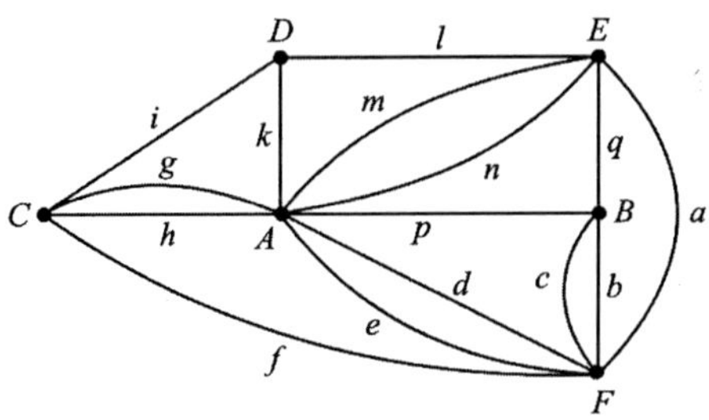

[그림 9.22]

9.3 오일러 경로는 [그림 9.23]에 표시한 마디점의 수열 $\{1,2,\cdots,22\}$이다.

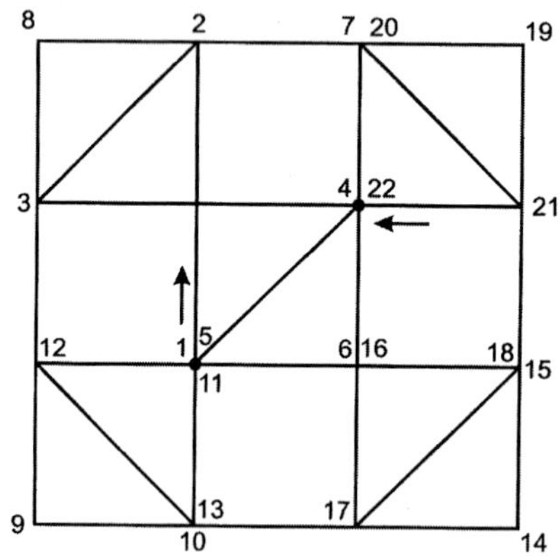

[그림 9.23] 테이트의 네트 경로

9.5 가능한 해밀턴 회로는 꼭 2 가지 있다:

N-M-F-G-H —
L-K-J-I-S-T-A-E-D-C-B-R-Q-P-O

N-M-F-G-H —
L-K-O-P-C-B-R-Q-J-I-S-T-A-E-D

9.6 가능하다. 정12면체와 3-정6면체에서 이미 해밀턴 회로를 보았고, 남은 세 회로는 [그림 9.24]에 있다([69]를 보라). 언급한 두 정다면체의 경우처럼, 입체사영-정4면체, 정8면체, 정20면체의 뼈대그림-을 생각한다.

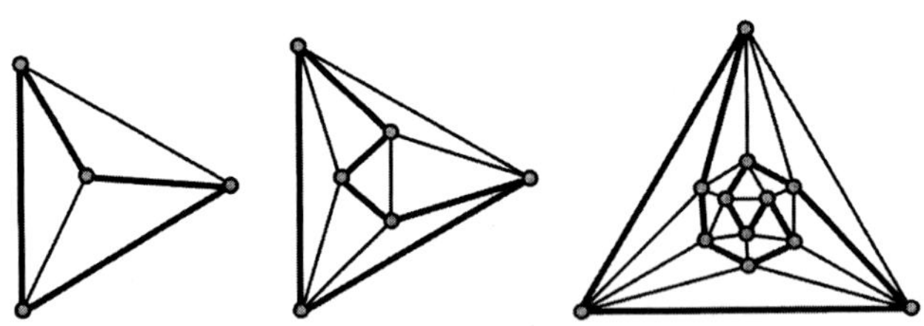

[그림 9.24] 정4면체, 정8면체, 정20면체 위의 해밀턴 회로

9.7 정12면체의 12개 면을 [그림 9.25]와 같이 그래프의 꼭짓점으로 나타내자. 번호는 대칭과 관계없이 붙이지만, 연결하는 직선은 정확히 그려야 한다.

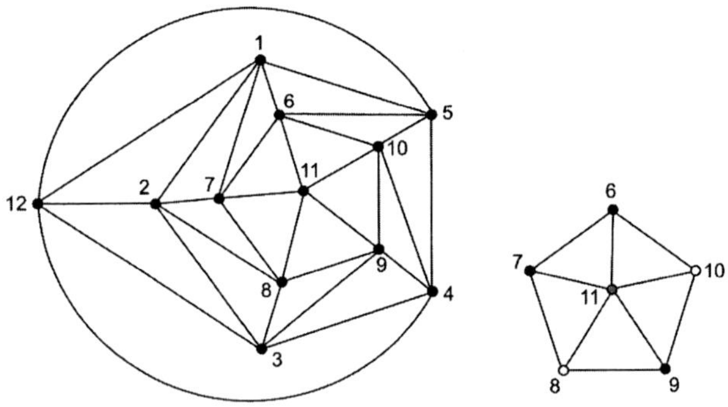

[그림 9.25] 정12면체의 면에 색칠하기

[그림 9.25]의 오른쪽에 있는 분리된 부분그래프만 생각해도 된다. 중앙의 꼭짓점 11에 한 색깔이 칠해졌다고 하자. (바깥쪽으로) 둘러싸는 꼭짓점 6, 7, 8, 9, 10에 다른 두 가지 색을 번갈아 칠해야 한다. 그러나 외곽 꼭짓점의 수가 홀수이므로 불가능하다. 그러므로 3가지 색으로 이웃하는 두 면의 색이 다르게 정12면체의 면을 칠할 수 없다.

9.11 11번 이상 건너야 한다. 시행착오로 최적의 답을 구할 수도 있지만, 유향그래프를 이용하면 멋지게 구할 수 있다. 이미 그래프를 이용하여 강 건너기 퍼즐을 풀어 보았으므로, 줄거리만 제시한다. 자세한 것은 [66]과 [80]에 있다.

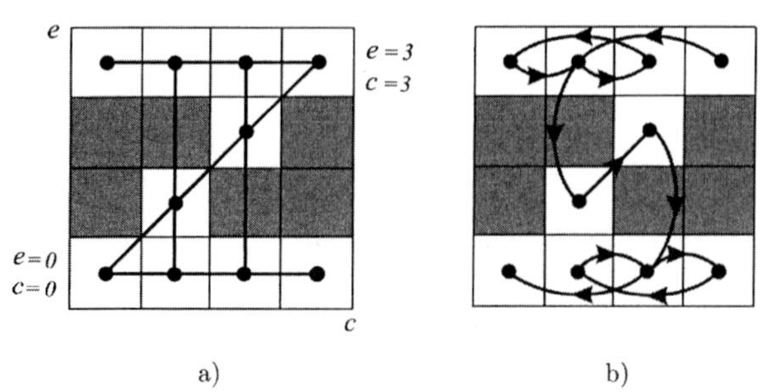

[그림 9.26] 탐험가와 식인종 퍼즐의 그래프 해

탐험가 수와 식인종 수를 각각 e와 c로 나타내자. 앞의 그래프 해에서와 같이, 출발하는 강둑에서 가능한 모든 상태를 생각한다. $e, c \in \{0, 1, 2, 3\}$이므로, 16가지 상태를 행렬로 나타낸다, [그림 9.26(a)]. 색칠해진 칸이 식인종이 탐험가 보다 많은 금지된 상태이다. 남은 10 가지 가능한 상태를 점으로 표시하고 선으로 연결하면 가능한 운반 방법이 나온다. 문제를 풀기 위해서는 이 가운데 다음을 만족하는 선을 택하면 된다: 1) 보트에는 최대 두 사람까지 탈 수 있다; 2) 양쪽 강둑에서 탐험가는 안전해야 한다; 3) 출발 상태 ($e=3$, $c=3$)에서 시작해서 종료 상태 ($e=0$, $c=0$)로 끝난다; 4) 운반 횟수가 최소이다.
11번 운반하는 해 4가지 중 하나가 [그림 9.26(b)]이다. →(,)와 ←(,)를 보트의 방향과 보트 승선자를 나타낸다고 하고, [그림 9.26(b)]에 따라 다음 해를 얻는다:

1. →(c,c) 2. ←(c) 3. →(c,c) 4. ←(c) 5. →(e,e) 6. ←(c,e)
7. →(e,e) 8. ←(c) 9. →(c,c) 10. ←(c) 11. →(c,c).

탐험가-식인종 퍼즐의 변형 문제로, 보트를 저을 수 있는 사람이 한 탐험가(E로 구분하여 표시하자)와 한 식인종(C) 뿐일 때에는 13번 건너면 된다.

1. →(C,c) 2. ←(C) 3. →(C,c) 4. ←(C) 5. →(E,e) 6. ←(c,E)
7. →(C,E) 8. ←(c,E) 9. →(E,e) 10. ←(C) 11. →(C,c) 12. ←(C)
13. →(C,c).

이 해 뿐일까?

9.14 영역 R_n의 최대 숫자는

$$R_n = \binom{n}{4} + \binom{n-1}{2} = \frac{n^4 - 6n^3 + 23n^{2_{43n}} + 24}{24}.$$

이 결과는 여러 가지 방법을 사용하여 얻을 수 있다. 그 중 하나는 레오 모세르Leo Moser(가드너[82, p.559])가 제안한 다음 문제에서 곧바로 나온다: 원둘레에 n개의 점이 있을 때 두 점끼리 모두 직선으로 연결하면 원은 여러 영역으로 나누어진다($n=5$인 경우의 그림 9.27). 영역의 최대 수는 얼마일까?

$$M_n = n + \binom{n}{4} + \binom{n-1}{2}$$

이 답이다. 이것은 피자를 칼로 n번 자를 때 생기는 조각의 최대 수가 되므로 실생활 공식이다.

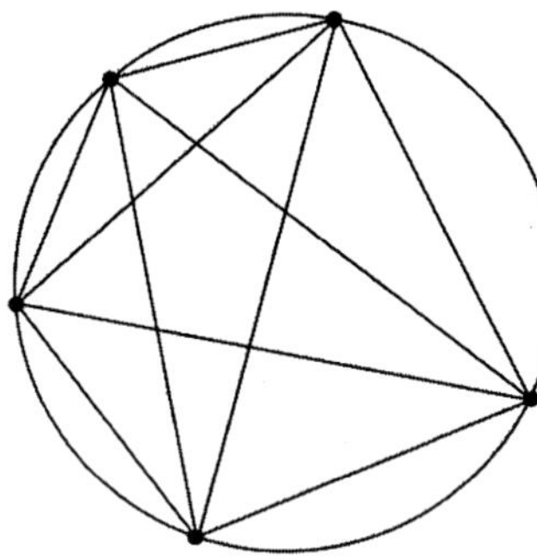

[그림 9.27] $n=5$인 경우의 모세르의 점 문제

[그림 9.27]에서 둘레를 제거하면 완전그래프 K_n이 되는 것을 알 수 있다. 이 그림에서 다음 공식이 나온다.

$$R_n = M_n - n = \binom{n}{4} + \binom{n-1}{2}$$

9.17 여러 가지 해 가운데 하나가 [그림 9.28]이다. 분명히 하려고 "의심스런 교차로'는 작고 검은 동그라미로 표시하였다. 대칭이기 때문에 일부만 나타냈으므로, 이 경로는, 점 41(흰 동그라미)에서 거슬러 시작점 S에 이르는 경로를 참고하여, 점 73부터 끝점 E까지를 대칭으로 계속 연결하면 된다.

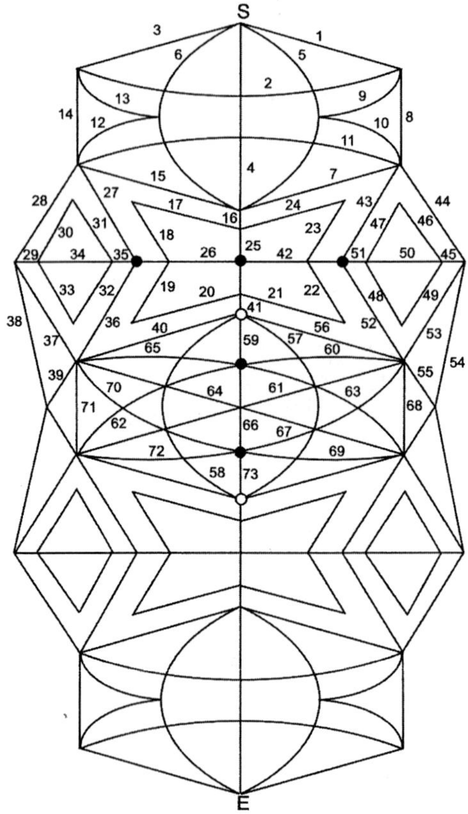

[그림 9.28] 리스팅의 다이어그램 추적하기

제 10 장

체스 문제

많은 경우, 수학은 체스 못지않게 현실로부터 도피다. Stnislaw Ulam

체스는 정신의 체육관이다. Blaise Pascal

체스판은 세계다, 말은 우주의 현상이고, 게임의 규칙은 우리가 자연의 법칙이라 부르는 것이다. Thomas Huxley

(다양한 크기와 여러 형태의) 체스판과 체스 말에 관한 퍼즐은 항상 수학적 레크리에이션의 소재가 되었다. 지난 5세기 동안 이런 종류의 문제들이 무척 많이 나왔다. 체스판에서 모든 정사각형을 한 번씩만 지나 처음 출발한 정사각형에 돌아오는 나이트의 이동 경로를 찾아라. 퀸 8개가 어느 한 퀸도 다른 말의 공격을 받지 않도록 하려면 8×8 체스판 위에 어떻게 놓으면 될까? 여러 해 동안 나는 이런 타입의 체스-수학 문제에 관심을 가지고 있었고, 1997년에는 그런 문제들을 모아서 『수학과 체스』(도버 출판사)[138]라는 제목으로 책을 냈다.

과학의 여왕인 수학과 게임의 여왕인 체스는 둘 다 공리적 접근과 추상적인 추론 방법으로 문제를 해결한다. 경기 규칙의 논리, 체스판 기하학, 그리고 "맞다"와 "틀리다"란 개념이 수학을 연상시킨다. 어떤 수학 문제는 체스의 요소를 이용하면 멋지게 해결할 수 있다. 체스 문제와 체스-수학 퍼즐로 분석적 추론과 문제 해결 기법을 본질적으로 개선할 수 있다.

체스는 게임의 구조 자체뿐 아니라 본성에 있어서도 수학의 여러 분야와 닮았다. 체스판의 여러 문제와 퍼즐의 풀이는 그래프 이론, 위상수학, 수론, 산술, 조합론적 해석, 기하, 행렬 이론, 그 외 다른 주제들의 수학적 사실과 관련되고 근거도 두고 있다. 1913년, 제르멜로Ernst Zermelo는 이러한 연관성을 그의 게임전략 이론 개발의 기초로 이용하였는데, 게임 이론의 선구적 연구의 하나로 인정되고 있다.

체스의 가장 중요한 수학적 도전은 체스 경기를 하는 알고리즘을 개발하는 것이다. 오늘날, 컴퓨터 공학자, 프로그래머, 그리고 체스 광팬들은 세계 최고 체스 선수를 이길 체스-경기 머신과 프로그램을 설계한다. 1997년에 IBM 컴퓨터 딥 블루가 당시 세계 챔피언 게리 카스파로프Garry Kasparov를 이긴 적이 있다.

많은 위대한 수학자들이 체스 문제에 관심이 있었다. 오일러, 가우스, 반데몬드, 드 무아브르, 르장드르. 한편, 몇몇 세계적인 체스 선수가, 누구보다도 라스커Emanuel Lasker가 수학에 공헌 했다. 당시 영국의 최고 그랜드마스터의 한 사람이며 체스 문제 해결에서 두 번이나 세계 챔피언을 한 넌John Nunn은 스물세 살 때 옥스퍼드 대학교에서 수학으로 박사학위를 받았다.

이 장에서는 수학과 체스의 성질을 모두 가진 재미있는 퍼즐과 문제를 제시하려고 한다. 위대한 수학자들이 제시하고 해결했던 문제에 주로 초점을 두었다. 독자는 오일러, 드 무아브르, 반데몬드가 찾아낸 나이트의 돌아오는 경로(또는 "나이트의 회로")에 대한 몇 가지 예를 보게 될 것이다. 뛰어난 컴퓨터 학자 크누트가 컴퓨터 프로그램을 사용하여 해결한 나이트의 (교차하지 않는) 체스판 경로 문제도 제시한다. 가우스의 흥미를 끌었던 유명한 8퀸 문제도 살펴본다. 공격하지 않는 루크에 관한 재미있는 체스판 문제는 오일러가 해결하였다.

고등학교 수준을 넘는 문제나 퍼즐은 없다; 고급수학은 제외하였다. 덧붙여, 독자는 체스 규칙에 익숙하다고 가정한다.

드 무아브르(1667–1754)(→ 367쪽)

몽모르(1678–1733) (→ 367쪽)

반데몬드(1735–1796) (→ 369쪽)

오일러(1707–1783) (→ 368쪽)

• 나이트가 돌아오는 길

체스판에서 돌아오는 모든 경로 가운데, 나이트의 길이 가장 흥미롭고 익숙하다.

문제 10.1 표준 8×8 체스판에서 나이트가 연속적으로 모든 정사각형을 단 한 번씩 이동하여 시작했던 정사각형으로 되돌아오는 경로를 찾아라.

나이트의 닫힌 경로는 “나이트의 회로”라고도 한다. 놀랍고 매우 대중적인 이 문제는 6세기에 인도에서 만들어졌다[181]. 9세기에는 아랍어로 된 『만수바스』1)에 나와 있다. 하미드 1세 만수바스(이스탄불 도서관)와 알-하킴 만수바스(라이랜드 도서관, 맨체스터)에 잘 알려진 나이트의 회로의 예가 있다. 이 문제는 수세기 동안 사람들을 즐겁게 했는데 오늘날까지 계속되고 있다. 와트킨즈는 멋진 저서 『체스판을 가로질러: 체스문제의 수학』[181]에서 유명한 손놀림 기술사 리키 제이Ricky Jay가 브로드웨이 무대에서 눈을 가리고 나이트의 경로를 수행하는 것을 보았던 잊지 못할 경험을 이야기했다.

나이트의 회로는 오일러, 반데몬드, 르장드르, 드 무아브르, 드 몽모르, 그리고 그 외 위대한 수학자들의 관심을 끌었다. 드 몽모르와 드 무아브르는 18세기 초에 가장 먼저 해를 제시하였다. 그들의 방법은 표준 8×8 체스판을 바깥쪽 두 줄 칸의 고리로 둘러싸인 16개 칸으로 구성된 내부 정사각형으로 나누어 적용하는 것이다. 기사가 바깥 고리에 있는 칸에서 출발하면, 언제나 이 고리를 따라서 고리를 다 채울 때까지 이동하고 꼭 필요할 때만 안쪽 고리 칸으로 들어가 계속한다. [그림 10.1]에 있는 나이트의 경로는 드 무아브르가 구성한 것이다(그는 이것을 테일러Brook Taylor에게 보냈다). 놀랍게도, 처음 23번 이동은 바깥 두 줄 안에서 이루어졌다. 이 경로는 64개 칸 모두 지나가지만, 돌아오는 길은 아니다.

---

1) 만수바스Mansubas는 게임과 유명한 체스 선수들의 놀랍고 흥미로운 묘수 등을 모으고 기록한 책의 형식.

[그림 10.1] 나이트의 경로–드 무아브르의 풀이

1759년의 『Mémoires de Berlin』에 의하면, 제네바의 버트란드 L.Bertrand가 이 문제의 분석을 시작했지만, 오일러가 제일 먼저 진지하게 수학적 분석을 했다. 그는 수학자 골드바흐에게 보낸 편지에서 (1757년 4월 26일), [그림 10.2]와 같은 나이트의 돌아오는 경로에 대한 풀이를 제시 했다.

[그림 10.2] 오일러의 나이트 회로 풀이

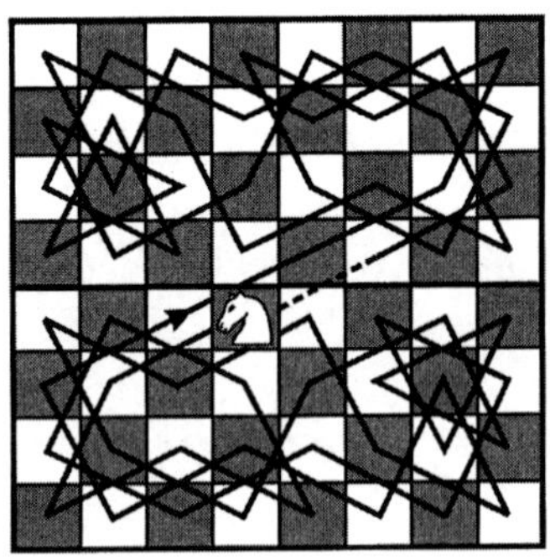

[그림 10.3] 오일러의 반쪽판 풀이

오일러의 방법은 안 지나가는 칸의 수가 가능한 최소가 되도록 하면서 체스판 위에서 나이트를 가능할 때까지 무작위로 이동하는 것이다. 다음 단계는 되돌아오는 길이 되도록 안 지나간 칸들을 회로의 여러 부분에 삽입한다. 이 방법의 자세한 내용은 루즈 볼과 콕세터의 『수학 레크리에이션과 논문』[150], 와트킨즈의 『체스판을 가로질러』[181], 그리고 유명한 러시아의 수학 대중화 작가인 이그나테프의 『In the Czardom of Puzzles』(러시아어)[107]와 같은 책에서 볼 수 있다. [그림 10.3]은 처음 32번 이동은 아래 반쪽 판에서 하고, 위 반쪽 판에서 같은 경로를 대칭적으로 반복하는 오일러의 수정된 방법이다.

반데몬드는 지나가는 칸의 좌표를 x와 y로 하고, 분수 x/y를 사용하여 나이트의 돌아오는 길을 해결하려고 하였다[2]. 예를 들어, 1/1은 아래 좌측 코너 정사각형 (a1)이고 8/8은 위 우측 코너 정사각형 (h8)이다.x와 y의 값은 체스판의 크기와 나이트의 이동 규칙에 따라 제한된다. 반데몬드의 기본적 아이디어는 무작위로 택한 둘 이상의 독립적인 경로로 체스판을 덮는 것이다. 그 다음 이 경로들을 연결한다. 반데몬드는 아래 분수(좌표)로 돌아오는 길을 제시하였다:

5/5, 4/3, 2/4, 4/5, 5/3, 7/4, 8/2, 6/1, 7/3, 8/1, 6/2, 8/3, 7/1, 5/2, 6/4, 8/5, 7/7, 5/8, 6/6, 5/4, 4/6, 2/5, 1/7, 3/8, 2/6, 1/8, 3/7, 1/6, 2/8, 4/7, 3/5, 1/4, 2/2, 4/1, 3/3, 1/2, 3/1, 2/3, 1/1, 3/2, 1/3, 2/1, 4/2, 3/4, 1/5, 2/7, 4/8, 3/6, 4/4, 5/6, 7/5, 8/7, 6/8, 7/6, 8/8, 6/7, 8/6, 7/8, 5/7, 6/5, 8/4, 7/2, 5/1, 6/3.

위 분수 표시에 해당하는 보통의 체스 표시는 e5, d3, b4, d5, e3, …등 이다.

나이트의 돌아오는 길에 관하여 많은 문헌이 있다. 1823년, 바른스도르프H.C. Warnsdorff는 가장 멋진 풀이 하나를 제시 했다. 그의 방법은 표준 체스판뿐 아니라 일반적인 $n \times n$ 체스판에도 적용하는 매우 효율적인 것이다.

문제 9.4를 기억하면 나이트의 회로는 사실 해밀턴 회로인 것을 알 수 있다. 2000년에 웨게너가 계산한 닫힌 나이트 경로는

2) 1771년의 『L'Historie de l'Académie des Sciences』, 파리 1774, 566-574쪽.

13,267,364,410,532개 있다[183]. 같은 수를 1997년에 맥케이 Brendan McKay가 그보다 앞서 주장하였다[3]. 나이트의 경로를 찾는 한 가지 방법은 **역추적**backtracking 알고리즘을 적용하는 것이지만[4], 이런 식으로 찾는 것은 매우 느려서 매우 강력한 컴퓨터라도 많은 시간이 걸린다. 콘래드 등[40]이 개발한 또 다른 프로그램은 훨씬 빨라 $n \times n$, $n \geq 5$, 체스판 위에서 나이트의 돌아오는 길을 찾는다.

일반적인 $m \times n$ 체스판 위에서 나이트의 돌아오는 길의 가능성에 대한 많은 연구들이 [181]에 있다. 쉬벤크Allen Schwenk가 1991년에 최종적인 풀이를 다음 정리로 요약하여 제시하였다.

정리 10.1 (쉬벤크)

$m \times n$ 체스판 $(m \leq n)$은 다음 세 가지 조건 중 하나 이상을 만족하지 않으면 나이트의 경로를 갖는다.
(i) m과 n이 모두 홀수;
(ii) $m = 1,2$ 또는 4 ; 또는
(iii) $m = 3$ 이고 $n = 4, 6,$ 또는 8

한 마디 더. 나이트의 닫힌 경로가 존재한다면, 체스판 위의 어떤 정사각형이라고 출발점이 될 수 있다는 것은 분명하다.

독자가 서둘러 다음 문제의 해를 구할 때가 되었다.

문제 10.2* $4 \times n$ 체스판에서는 나이트의 경로가 불가능함을 증명하여라.

---

3) 초당 1백만 개 속도로 경로를 찾는 강력한 컴퓨터를 153일 이상 밤낮으로 가동하면 멕케이와 웨게너가 발표한 경로수를 얻을 수 있다.

4) 역추적 알고리즘은 해에 대한 부분적 후보를 단계적으로 찾고 알고리즘이 교착상태에 이르는 후보를 제거한 다음 몇 단계를 백업하여 다른 부분 후보로 시도하는 것이다. 나이트 경로는 이것의 특수한 경우다.

위 문제는 4×4 체스판에서는 나이트의 경로가 불가능하다는 것을 말한다. 수평인 4×4 체스판 네 개가 위로 쌓인 3-차원 4×4×4 체스판에 대하여 그런 경로의 존재 문제는 독자에게 남긴다.

문제 10.3* 3-차원 4×4×4 체스판 위에서 나이트의 돌아오는 길을 찾아라.

나이트의 회로를 제작하는 많은 사람들이 다양하게 비상하고 흥미로우면서 미적 요소와 다른 특성도 결합된 형태의 돌아오는 길을 구성하였다. 그 중, 나이트의 회로(닫히지 않아도 된다)를 이용하는 마방진이 가장 주의를 끌었다. 와트킨즈는 그러한 마방진의 탐구를 성배Holy Grail라고 부른다. 러시아의 체스 명인이며 장교인 드 야니쉬de Jaenisch (1813-1872)는 나이트의 회로에 관한 주목할 만한 문제를 많이 만들었다. 다음은 그 중 하나인데, 바로 마방진과 관련된 것이다 [138, 문제 3.5].

문제 10.4 나이트의 돌아오는 길이 되도록 잇달아 있는 정사각형이 1부터 64까지 연이어 숫자로 표시되어 있다. 1은 출발하는 정사각형이고 64는 그곳에서 나이트가 한 번 이동하면 64와 1이 연결되는 정사각형이라고 하자. 각 행과 각 열의 숫자의 합이 260이 되도록 하는 나이트의 회로를 찾을 수 있을까?

독자의 첫 질문은 이것일 것이다: 그 합이 꼭 260이어야 할까? 답은 간단하다. 체스판에서 지나가는 모든 정사각형의 총합은

$$1+2+\cdots+64=\frac{64\cdot 65}{2}=2{,}080$$

이고 2,080을 8로 나누면 260이다. 마방진 또는 "반마방진"(대각선의

합은 고려하지 않았기에 반-을 붙였다)을 찾는 것은 어렵기에, 이 문제에 정통한 독자에게만 문제 10.4를 권한다. 한 마디 더. 드 야니쉬가 반마방진을 처음 구성한 사람은 아니었다. [그림 10.4]에 있는 반마방진 나이트 경로는 영국의 풍경화가이며 극적 효과 디자이너인 베벌리William Beverley가 1848년에 처음 제작하였다.

(꼭 닫힌 것은 아니어도) 280개의 서로 다른 반마방진이 있다. 이들 반마방진 경로를 회전과 반사의 8가지 다른 방법으로 방향을 줄 수 있음을 감안하면, 반마방진이 수는 모두 2,240($=280\times8$) 가지다.

나이트의 돌아오는 길 가운데 몇 개만이 구하는 "마방진"이 된다. 그 중 하나가 드 야니쉬가 구성한 [그림 10.5]에 있는 것이다.

1	30	47	52	5	28	43	54
48	51	2	29	44	53	6	27
31	46	49	4	25	8	55	42
50	3	32	45	56	41	26	7
33	62	15	20	9	24	39	58
16	19	34	61	40	57	10	23
63	14	17	36	21	12	59	38
18	35	64	13	60	37	22	11

[그림 10.4] 베벌리의 경로

63	22	15	40	1	42	59	18
14	39	64	21	60	17	2	43
37	62	23	16	41	4	19	58
24	13	38	61	20	57	44	3
11	36	25	52	29	46	5	56
26	51	12	33	8	55	30	45
35	10	49	28	53	32	47	6
50	27	34	9	48	7	54	31

[그림 10.5] 드 야니취의 경로

표준 8×8체스판 위에서 진마방진(주대각선 위의 합도 260이 되는)의 존재 문제는 여러 해 동안 해결되지 않고 있었다. 어쨌든, 2003년 8월, 스테르텐브린크Guenter Stertenbrink가 컴퓨터 프로그램을 사용하여 모든 가능성을 철저히 조사하고 그러한 나이트의 경로는 존재하지 않는다는 결론에 도달했다고 발표했다(와트킨즈[181]를 보라).

어떤 $n\times n$ 체스판 위에 마방진 나이트의 경로가 존재할 것인가라는 당연한 의문에 대하여 얘기하지 않는다면 지금까지 논의는 완결되지 않은 것이다. 마방진이 있는 곳에 희망이 있다. 실제로, 최근에 크기가 16×16, 20×20, 24×24, 32×32, 48×48, 그리고 64×64인 체스판에 그러한 마방진 경로가 존재하는 것으로 증명되었다([181]을 보라).

다음 문제는 닫힌 나이트의 경로에 관한 것인데, 의미가 다르다. 다시 말해, **닫힌 나이트의 경로**에 대한 정의는 나이트의 이동으로 구성되는 닫힌 경로로서 서로 교차하지 않으며 모든 정사각형을 지날 필요도 없다. 예를 들어, [그림 10.13]이 그러한 닫힌 경로다.

문제 10.5* 닫힌 나이트의 경로에 둘러싸인 넓이는 $n\times n(n\geq 4)$ 체스판의 한 정사각형 넓이의 정수배임을 증명하여라.

힌트 잘 알려진 픽의 정리Pick's theorem를 활용하라: 격자점을 꼭짓점으로 하고 자신끼리 교차하지 않는 다각형 P의 넓이를 A라고 하자. 격자는 넓이가 S인 기본 평행사변형으로 구성되었다고 가정한다. 다각형의 변 위에 있는 격자점의 수를 B라고 하고 P 내부에 있는 격자점의 수를 I라고 하면

$$A=\left(I+\frac{1}{2}B-1\right)S \tag{10.1}$$

이다.

나이트의 경로 문제에 대하여 체스판의 크기와 모양을 바꾸거나 나이트의 표준 이동규칙을 수정한 많은 일반화가 제안되었다; 크레이치크[118]를 보라. (2,1)로 기록하는 나이트 이동의 수직 성분 2와 1을 사용하는 대신, 크레이치크는 (m, n)-이동을 생각했다.

포브스Duncan Forbes의 『체스의 역사 History of Chess』(런던, 1880)에서 번역본을 볼 수 있는 페르시아 필사본에는 14세기 페르시아 체스의 규칙에 대한 설명이 잘 되어 있다. 페르시아 체스에서 사용되고 솔로몬 골롬Solomon Golomb이 "요리"라고 이름 붙인 "낙타"라고 부르는 말

은 실제로 줄을 따라 정사각형 두 개 대신 세 개, 그 다음 직각으로 정사각형 한 개를 이동하는, 그래서 (3.1)로 기록할 수 있는 수정된 나이트다. 분명히, 이 말은 표준 8×8체스판의 32개 검은 정사각형 위를 검은 정사각형을 떠나지 않고 이동할 수 있다. 다음 문제는 골롬이 제시했다.

문제 10.6* 체스판의 32개 검은 정사각형을 모두 한 번씩만 지나는 낙타의 경로가 있는가?

오일러(1707–1783) (→ 368쪽)

- **공격하지 않는 루크**

앞에서 살펴본, 체스판에서 나이트의 돌아오는 경로와 별도로 또 다른 재미있는 체스판 문제가 오일러의 관심을 사로잡았다.

문제 10.7 다른 말을 공격하는 루크도 없고 주대각선 정사각형에 놓이는 루크도 없도록 루크 n개를 $n \times n$체스판에 배열하는 방법의 수를 Q_n $(n \geq 2)$이라고 하자. 주대각선은 아래 왼쪽 코너 정사각형 (1,1)에서 위 오른쪽 코너 정사각형 (n,n)까지라고 한다.. 임의의 n에 대하여 Q_n을 구하라.

예를 들어, [그림 10.6]에 $n=2$와 $n=3$에 대하여 구하는 루크의 위치가 있고, $Q_2 = 1$이고 $Q_3 = 2$임을 알 수 있다.

$n=2,\ Q_2=1$ $n=3,\ Q_3=2$

[그림 10.6] 주대각선 밖에 있는 공격하지 않는 루크

위에서 말한 문제는 본질적으로 222쪽에 나온 베르누이-오일러의 **주소 틀린 편지 문제**와 동일하다. 당연히, 두 문제 모두 동일한 공식으로 풀 수 있다. 문제가 체스판 위에 루크를 배치하는 것이므로 **공격하지 않는 루크 문제**의 풀이를 체스판에 나타내기로 한다.

문제의 조건에 의하면, 모든 행과 열에 루크 하나만 있어야 한다. i번째 행과 j번째 열에 속하는 임의의 정사각형 (i, j)와 정사각형 (j, i)는 주대각선에 대하여 대칭이다.

첫째 열에서 루크는 $n-1$개 정사각형을 차지한다(주대각선에 속하는 정사각형은 모두 제외하므로). 첫째 열에서 루크가 배치된 정사각형을 $(r, 1)$, $r\in\{2, \cdots, n\}$이라고 하자. 남은 $n-1$열에 루크를 배치하는 것에 의존하여, 공격하지 않는 루크의 배치를 두 그룹으로 구별할 수 있다: (정사각형 $(r, 1)$에 대하여) 대칭인 정사각형 $(1, r)$에 루크를 놓지 않으면 이 위치를 제1종이라고 하고, 그렇지 않으면 제2종이라고 한다. 예를 들어, [그림 10.7]의 왼쪽그림($n=4$이고 $r=2$)의 배치는 제1종이고, 오른쪽 그림의 배치는 제2종이다.

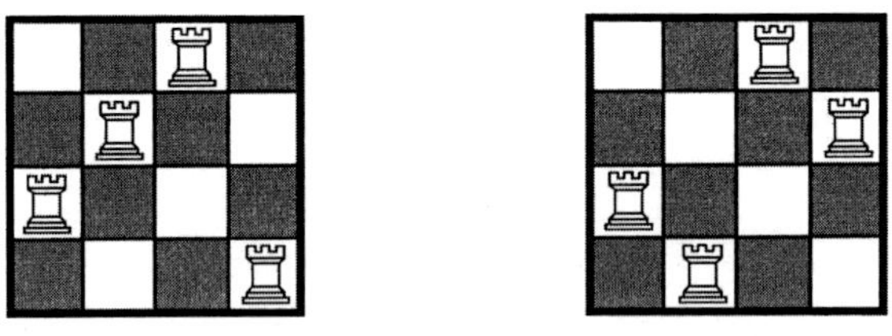

[그림 10.7] 제1종 배치(왼쪽)과 제2종 배치(오른쪽)

이제 제1종 배치 수를 결정하자. 체스판에서 r번째 행을 제거하고 거기에 첫째 행을 대치한 다음 첫째 열을 제거하면 새로이 $(n-1)\times(n-1)$ 체스판을 얻는다. 새 체스판 위의 루크 배열은 문제의 조건을 만족한다. 반대 주장도 유효하다: 새 체스판 위 루크의 배열이 문제의 조건을 만족하므로, 단 하나의 제1종 배치를 구할 수 있다. 그러므로, 제1종 배치 수는 정확히 Q_{n-1}이다.

제2종 배치 수를 결정하기 위하여 (제2종 배치만이라고 생각하는) $n\times n$체스판에서 첫째 열과 r번째 행을 제거하고, r번째 열과 첫째 행도 제거한다. 남은 행과 열을 순서를 바꾸지 않고 결합하면 새로운 $(n-2)\times(n-2)$ 체스판이 생긴다. 이 $(n-2)\times(n-2)$ 체스판 위에서 루크의 배열은 제시한 문제의 조건을 만족한다. 그러므로 제2종 배치 수는 Q_{n-2}이다.

위에서 살펴본 바에 따라 $n\times n$체스판 위에는, 문제의 조건을 만족하고 첫째 행에 고정된 루크의 위치-정사각형 $(r, 1)$-에 대응하는, $Q_{n-1}+Q_{n-2}$가지 공격하지 않는 루크의 배치가 있다. r이 $n-1$가지 값$(=2, 3, \cdots, n)$을 가지므로

$$Q_n=(n-1)(Q_{n-1}+Q_{n-2}) \tag{10.2}$$

이다.

오일러가 유도한 위 점화관계는 제2계 차분방정식이다. 이것은 다음과 같은 방법으로 제1계 차분방정식으로 만들 수 있다. (10.2)에서 시작하면

$$\begin{aligned}Q_n-nQ_{n-1}&=(n-1)(Q_{n-1}+Q)n-2)-nQ_{n-1}\\&=-(Q_{n-1}-(n-1)Q_{n-2})\end{aligned}$$

마지막 식을 차례로 사용하면

$$
\begin{aligned}
Q_n - nQ_{n-1} &= -(Q_{n-1} - (n-1)Q_{n-2}) \\
&= (-1)^2(Q_{n-2} - (n-2)Q_{n-3}) \\
&\;\;\vdots \\
&= (-1)^{n-3}(Q_3 - 3Q_2).
\end{aligned}
$$

$Q_2 = 1$이고 $Q_3 = 2$이므로 ([그림 10.6]을 보라), 제1계 차분방정식

$$Q_n - nQ_{n-1} = (-1)^n \tag{10.3}$$

을 얻는다. Q_n에 대한 일반 공식을 구하기 위해, (10.3)을 적용하면

$$
\begin{aligned}
Q_n &= nQ_{n-1} + (-1)^n \\
&= n((n-1)Q_{n-2} + (-1)^{n-1}) + (-1)^n \\
&= n(n-1)Q_{n-2} + n(-1)^{n-1} + (-1)^n \\
&= n(n-1)((n-2)Q_{n-3} + n(-1)^{n-2}) \\
&\qquad + n(-1)^{n-1+}(-1)^n \\
&= n(n-1)((n-2)Q_{n-3} + n(n-1)(-1)^{n-2} \\
&\qquad + n(-1)^{n-1} + (-1)^n \\
&\;\;\vdots \\
&= n(n-1)(n-2)\cdots 3 \cdot Q_2 + n(n-1)\cdots 4 \cdot \\
&\quad (-1)^3 + \cdots + n(-1)^{n-1} + (-1)^n \\
&= n!\left(\frac{1}{2!} - \frac{1}{3!} + \cdots + \frac{(-1)^n}{n!}\right),
\end{aligned}
$$

즉,

$$Q_n = n!\sum_{k=2}^{n}\frac{(-1)^k}{k!} \qquad (n \geq 2).$$

마지막 공식을 이용하면

$$Q_2 = 1, \quad Q_3 = 2, \quad Q_4 = 9, \quad Q_5 = 44, \quad Q_6 = 265, \quad \cdots$$

가우스(1777–1855) (→ 369쪽)

가우스Carl Friedrich Gauss는 논란의 여지없이 아르키메데스나 뉴턴 같은 뛰어난 수학자의 자리에 있다. 때로는 "수학의 왕자"라고 알려진 가우스는 역사상 가장 영향력 있는 수학자 가운데 한 사람으로 인정된다. 그는 수학과 과학의 많은 분야에 뛰어난 공헌을 하였다.

10살 학생일 때, 다음 이야기가 말해주듯이 가우스는 이미 놀라운 수학적 재능을 나타냈다. 하루는 어려운 문제를 내는 것으로 소문난 가우스의 선생인 뷔트너Büttner가 학생들에게 등차급수의 합 $1+2+\cdots+100$을 구하는 문제를 냈다[5]. 게으른 선생은 학생들이 등차급수와 합의 공식에 대하여 전혀 알지 못하기 때문에 이 문제가 수업시간을 전부 보낼 것으로 생각했다. 그러나 어린 영재 가우스는 곧바로 석판을 책상에 내려놓았다. 선생이 계산도 없는 정답 5,050을 확인한 후 놀라움을 금치못했다. 열 살 난 소년은 암산으로 (1+100), (2+99), $\cdots$, $(50+51)$의 50개 묶음으로 정리하고 각각 합 101이므로 50을 곱하여 $101 \cdot 50 = 5{,}050$을 구한 것이다. 어린 학생에게 감동한 뷔트너는 후에 러시아에서 수학교수가 된 그의 조교 바르텔스Matin Bartels(1769–1836)에게 가우스를 개인지도 하도록 해주었다.

뉴턴과 마찬가지로 가우스는 다작하는 저자가 아니었다. 열정적인 완벽주의자로 그가 완전하다고 생각지 않는 연구를 출판하는 것을 거부했다. 비평과 논란을 두려워해서였을 것이다. 그가 출판을 지연한 것이, 뉴턴이 늦어진 것처럼, 많은 논란과 분쟁을 일으켰다.

가우스가 죽은 후 유명한 독일의 수학자 클라인Felix Klein에 의해 1901년 출판된 단지 19쪽짜리 가우스의 일기는 역사상 가장 값진 수

5) 일부 저자는 차가 198인 등차급수 $81{,}297+81{,}495+\cdots+100{,}899$를 구하는 문제라고 주장한다.

학 기록물의 하나로 평가되고 있다. 거기에는 과정이나 증명 없이 매우 간결한 형식으로 그가 발견한 146개의 이론이 들어 있다. 예를 들어, 모든 양의 정수는 기껏해야 세 삼각수의 합으로 나타낼 수 있다는 발견을 암호처럼 “유레카! $num = \triangle + \triangle + \triangle$”라고 적어 놓았다.

가우스의 업적과 생애에 관하여 자세한 사항은 더닝턴의 저서, 『칼 프리드리히 가우스, 과학의 거인Titan of Science』[58]에서 볼 수 있다. 여기에 가우스의 이름이 붙은 기념물과 업적에 대한 간단한 목록을 제시한다.

- 자기유도에 사용하는 CGS 단위는 그를 기념하는 **가우스**임,
- 아스테로이드 1001 **가우시아**,
- 달의 **가우스** 분화구,
- 탐험선 **가우스**, 가우스 남극 원정대가 사용함,
- **가우스베르그**, 남극에 있는 사화산,
- **가우스** 타워, 독일 드란스펠트에 있는 전망탑,
- **디가우싱**Degaussing(자기소거)은 불요 자기장을 줄이거나 제거하는 과정(예로, TV 스크린이나 컴퓨터 모니터에서).

• 8퀸 문제

체스판과 체스 말에 관련된 가장 유명한 문제 가운데 하나는 말할 것도 없이 **8퀸 문제**다. 이 문제가 더 일찍 알려졌다는 주장이 있지만, 1848년에 베젤MaxBezzel이 베를린의 체스 저널 〈Deutsche Schachzeitung〉에 이 문제를 게재했다:

문제 10.8 어떻게 하면 다른 말의 공격을 받는 퀸이 하나도 없도록 8×8 체스판에 퀸 8개를, 또는 일반적으로 $n \times n$체스판에 퀸 n개를 배치할 수 있겠는가? 덧붙여, 그러한 배치의 수를 정하여라.

이 문제를 생각하기 전에, 공격하지 않는 퀸을 포함하는 퍼즐이나 유사한 체스-말 퍼즐은 그 자체로도 흥미롭지만, 더 중요하게, 산업수학; 그래프 이론에서 최대 클리크, 정수 프로그래밍에 응용된다는 것을 주목하자([65]를 보라).

8퀸 문제는 나우크Franz Nauck가 독자가 더 많은 라이프치히의 〈Illustrirte Zeitung〉 1850년 6월 1일호에 게재하였다. 나우크는 4주 뒤에 60가지 해를 제시했다. 9월호에서 그는 수정하여 92가지 해를 제시했지만 더 이상 없다는 증명은 하지 않았다. 1910년에 베네트[6]는 퀸의 문제에 대하여 서로 다른 해, 즉 90°, 180°, 270°회전과 거울 이미지에 의해서 얻을 수 없는 해가 단지 12개 있다는 결론을 내렸고; 1914년에 고세트가 이것을 증명하였다.[7]

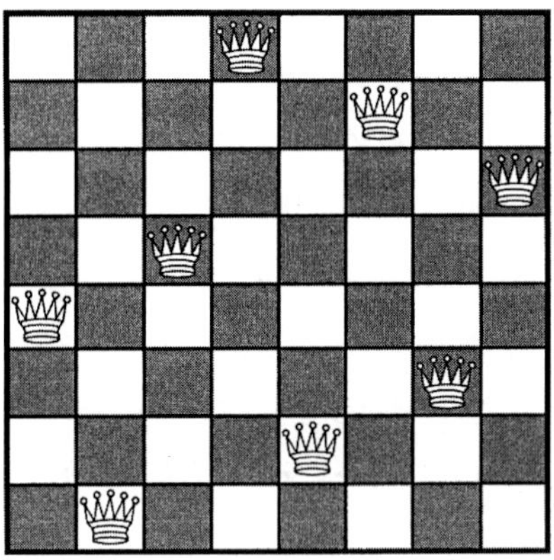

[그림 10.8] 8-퀸 문제; 한 기본해 41582736

6) G. Bennett, 『8퀸 문제』, Messenger of Mathematics, 39 (1910), 19.

7) T. Gosset, 『8퀸 문제』, Messenger of Mathematics, 44 (1914),48.

8×8 체스판에서 공격하지 않는 퀸의 배치는 8개 숫자의 배열 $k_1k_2 \cdots k_8$으로 표시할 수 있다. 해 $k_1k_2 \cdots k_8$는 퀸이 첫째 열의 k_1번째 정사각형에 하나 있고, 둘째 열의 k_2번째 정사각형에 하나 있고, 등을 의미한다. 그러므로, 12개의 기본해는 다음과 같이 나타낼 수 있다.

41582736	41586372	42586137
42736815	42736851	42751863
42857136	42861357	46152837
46827135	47526138	48157263

12가지 기본해 각각을 회전하거나 반사시키면 7가지 다른 패턴이 나온다(대칭성 때문에 3가지 패턴만 나오는 해 10을 제외하고). 그러므로, 반사와 회전을 다른 것으로 생각하면, 모두 92개의 해가 있다. [그림 10.8]은 41582736으로 주어진 한 기본해를 나타낸 것이다.

가우스 자신도 〈Illustrirte Zeitung〉을 읽으면서 8 퀸 문제에 대단한 흥미를 느꼈다. 1850년 9월 그는 70가지 해가 있다는 결론을 얻었다. 일주일 뒤에, 가우스는 천문학자인 친구 슈마허H.C.Schumacher에게 편지로 그의 76개 해 중 4개가 틀리고 나머지 72개가 옳다고 했다. 덧붙여, 가우스는 나우크가 정확히 92개의 해가 있다는 그의 주장을 증명하지 않은 것을 기억하고 더 있을 수 있다는 데 주목했다. 가우스가 처음 시도에서 모든 해를 구하지 않은 것은 아마도 그 당시 이런 종류의 문제를 푸는데 필요한 체계적이고 강력한 방법을 알지 못했기 때문이라고 상상할 수 있다. 가우스와 8퀸 문제에 관한 자세한 사항은 [34]와 [65]에서 볼 수 있다.

8퀸 문제를 시행착오로 푸는 방법은 매력이 없다고 생각하고, 가우스는 이 문제를 산술 문제로 바꾸었다; [34]와 [86]을 보라. 우리는 해를 1부터 8까지 수의 순열로 나타낼 수 있음을 보았다. 그러한 표현은 자동적으로 각 행과 각 열에 단 하나의 퀸이 있다는 것을 확인해 준다. 두 퀸이 같은 대각선을 차지하는지를 쉬운 방법으로 체크할 필요가 있고 가우스는 그런 방법을 고안했다. [그림 10.8]에 있는 8 퀸의 해를 나타내는 순열 41582736으로 그의 방법을 설명해 보자.

다음 합을 구한다.

	4	1	5	8	2	7	3	6
	1	2	3	4	5	6	7	8
	-	-	-	-	-	-	-	-
$\sum$	5	3	8	12	7	13	10	14

과

	4	1	5	8	2	7	3	6
	8	7	6	5	4	3	2	1
	-	-	-	-	-	-	-	-
$\sum$	12	8	11	13	6	10	5	7

두 경우 모두 8개 합이 서로 다른 자연수로서, 이것은 같은 음의 대각선 \(위의 합)과 같은 양의 대각선 / (아래 합) 위에 두 퀸이 없다는 것을 의미한다. 이 결과에 따라, 가우스는 순열 41582736으로 나타낸 퀸의 배치가 공격하지 않는 배치라는 결론을 내렸다.

1874년에 글레이셔[8)]는 8퀸 문제를 n퀸 문제로, 즉 퀸 퍼즐을 일반적인 $n\times n$체스판으로 확장하는 문제를 제시했다. 그는 행렬식을 사용하여 풀려고 했다. $n\times n$체스판에 공격하지 않는 퀸을 정확히 n개 배치할 수 있는지에 대하여 의문이 있었는데, 1901년에 아렌스[2]가 긍정적인 답을 제시했다. 그 외 흥미로운 증명들을 [104], [181], 193] 에서 볼 수 있다. 호프만, 로시, 그리고 무어는 그들의 논문[104]에서

8) J. W. Glaisher, *On the problem of eight queens*, Philosophical Magazine, Sec. 4, 48(1874), 457

n-킨 문제를, 꼭짓점이 $n \times n$ 행렬의 n^2 정사각형 요소에 대응하는 대칭 그래프의 최대 내적 안정 집합을 구하는 문제로 축소했다.

더 일반적인 $n \times n$체스판에서 문제를 생각할 때, 먼저 $n < 4$이면 (1×1 정사각형에 퀸 하나 있는 자명한 경우는 제외하고) 해가 없음을 확인한다. $4 \le n \le 7$에 대한 기본 해는:

$n = 4$: 3142,

$n = 5$: 14253, 25314,

$n = 6$: 246135,

$n = 7$: 1357246, 3572461, 5724613, 4613572, 3162574, 2574136.

$n = 1, \cdots, 12$에 대한 기본해의 수 $F(n)$와, 회전과 반사로 얻는 해를 포함하는 모든 해의 수 $S(n)$를 아래 제시 하였다. 임의의 n에 대하여 $S(n)$를 구하는 일반적인 공식은 아직 발견되지 않았다.

n	1	2	3	4	5	6	7	8	9	10	11	12
$F(n)$	1	-	-	1	2	1	6	12	46	92	341	1,784
$S(n)$	1	-	-	2	10	4	40	92	342	724	2,680	14,200

[표 10.1] $n \times n$ 퀸 문제 해의 수

마방진과 n 퀸 문제 사이의 흥미로운 관계에 대하여 데미뢰르스, 라프라프, 타니크가 연구하였다[48]. 그들은 2와 3으로 나누어지지 않는 차수 n에 대한 마방진에서 시작하여 공격하지 않는 n 퀸 배열을 얻는 과정을 도입했다.

아래 두 문제는 좀 더 복잡하게 현대적으로 변형된 8 퀸 문제인데 독자에게 남긴다. 이 문제를 풀 때 컴퓨터 프로그램을 사용하길 권한다.

가드너는 그의 칼럼 『수학적 게임』에서 제한조건이 있는 n-퀸 문제를 제시하였다[79]. 이 문제에서는 퀸이 다른 퀸을 직접 공격하거나 (보통 체스 게임에서와 같이) 첫째 혹은 가상의 $(n+1)$번 째 수평선에서 반사하여 공격할 수 있다. 독자가 편하도록 $n=8$인 특별한 경우를 제시한다.

문제 10.9* 반사지역이 있는 8×8 체스판 위에 어느 두 퀸도 직접 또는 반사에 의하여 서로 공격하지 않도록 8 퀸을 배치하여라.

("아마존"이라고도 알려진) 슈퍼퀸은 퀸처럼 이동하고 또 나이트처럼 이동하는 말이다. 대단히 강력한 이 체스 말은 중세에 일부 변형된 체스에서 알려졌다. 당연히, n 슈퍼퀸 문제는 새로운 제한조건을 감안해야 하는 n 퀸 문제의 확장이다. 그래서 n 슈퍼퀸 문제가 $n<10$에 대하여 해를 갖지 않는다는 것이 낯설지 않다.

문제 10.10* 10×10 체스판에서 어느 슈퍼퀸도 서로 공격하지 않도록 10 슈퍼퀸을 배치하여라.

$n=10$인 경우 기본해가 단 하나 있다. 이 해를 구할 수 있겠는가?

언급할 만한 가치가 있는 체스의 변형으로 게임을 원통형 판에서 하는 것이 있다. 소위 원통형 체스에서 말은 보통 체스판에서와 같이 배열하고 동일한 규칙으로 이동한다. 그러나 수직선 a와 h가 나란하도록 세로 변이 결합되었기 때문에 판이 원통형이다("수직원통형 체스"). 또한, 첫째 수평선과 8번째 수평선이 연결되도록 판의 수평변을 결합할 수도 있다("수평 원통형 체스").

우리는 이미 표준 8×8 체스판에서 8 퀸 문제가 해를 92개 갖는다는 것을 알고 있다. 아래 원통형 체스판 위의 문제는 뛰어난 체스 기자이며 체스 명인인 기크Edvard Gik가 연구한 것이다[84].

문제 10.11* 8×8 체스판으로 만든 원통형 체스판 위에서 공격하지 않는 퀸 문제를 풀어라.

크누트(1938-) (→ 376쪽)

• 가장 긴 횡단하지 않는 나이트 경로

앞서 311-315쪽에서 체스판 위 64개 정사각형을 꼭 한번 씩만 지나는 나이트의 경로에 대하여 알아보았다. 아래 제시한 어려운 문제에는 나이트의 경로에 제한조건이 있다:

문제 10.12 체스판 위에서 횡단하지 않는 가장 큰 나이트의 경로를 찾아라.

도슨T.R.Dawson이 이 문제를 제시한 적이 있다고 하지만, 야드브로L.D. Yardbrough가 1968년 7월에 『Journal of Recreational Mathematics』에 동일한 문제를 다시 출판했다.

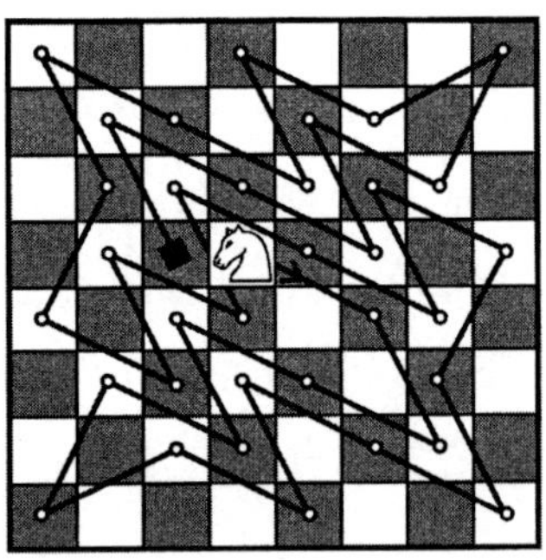

[그림 10.9] 가장 긴 나이트의 경로에 대한 크누쓰의 풀이

크누트Donald E. Knuth는 나이트 경로에 대한 기본해 4개를 구하기 위해 "백트랙"컴퓨터 프로그램을 작성했다. 이 경로를 구하기 위해, 컴퓨터로 3,137,317,289 가지 경우를 조사했다. [그림 10.9]가 이 중 한 해다([138, 61쪽]을 보라).

• **구아리니의 나이트-위치 교환 문제**

제1장에서 언급했던 1512년 구아리니의 전형적인 나이트 위치 바꾸기 문제를 끝으로 이 장을 마치려고 한다. 몇 몇 수학자들이 이런 타입의 문제를 연구하였고, 현대에는 대부분 평면 그래프와 관련 되었다. 뜻밖이라고 할 수도 있으나, 체스에 대한 연구를 하면서 3×3 체스판에서 나이트의 이동망에 해당하는 간단한 회로를 생각한 알-아들리al-Adli (840 A.D.경)는 일종의 "그래프 접근"방법을 알고 있었다.

문제 10.13 3×3 체스판의 위 코너 정사각형에 있는 두 백 나이트와 아래 코너 정사각형에 있는 흑 나이트를 교환하는 문제다. 최소의 이동으로 백 나이트를 흑 나이트가 있던 자리로 이동하고 반대로 흑 나이트는 백 나이트가 있던 자리로 이동해야 한다. 나이트는 색깔에 관계없이 어떤 순서로나 움직일 수 있다. 물론, 두 나이트가 동일한 정사각형에 같이 있을 수는 없다.

풀이 이 퍼즐은 평면 그래프 이론을 사용하면 멋있게 풀 수 있는 전형적인 문제에 속한다. 이 문제가 그래프에 관한 제9장에 있을 수도 있지만, 그건 중요한 문제라고 생각하지 않는다.
체스판의 정사각형은 그래프의 **마디점**을 나타내고, 대응되는 정사각형(그래프의 마디점) 사이에서 가능한 말의 이동은 그래프의 **연결선**이다. [그림 10.10(a)]는 체스판에 대응하는 그래프와 나이트의 초기 위치다.

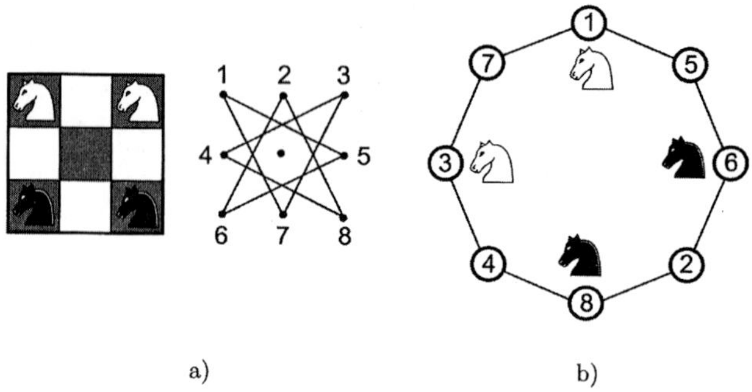

[그림 10.10] (a) 구아리니 문제의 그래프 (b) 단순화한 그래프

나이트의 초기 위치를 나타내고 정사각형(그래프의 마디점) 사이의 이동은 선으로 표시했다. 유명한 두데니의 "그래프 풀기법[9]"을 사용하면, 어느 마디점에서 출발하여도, 그래프10.10(a)는 펼치면 동치인 그래프 10.10(b)가 되는데, 분석하기에 훨씬 선명하고 편리하다. 분명히, 위상적 구조와 연결성은 보존된다. 해를 구하려면 이동을 기록해야 하는데(그리고 그것을 3×3 체스판에 대응시켜 재생한다), 그래프의 둘레를 따라 위치를 교환할 때까지 나이트를 이동한다. (그래프를 따라 나이트를 이동하는 것이 유일하지 않으므로) 해가 유일하지는 않지만 최소 이동 수는 16이다. 한 가지 해는:

1-5 6-2 3-7 8-4 5-6 2-8 7-1 4-3

1-5 8-4 6-2 3-7 5-6 7-1 2-8 4-3.

두 백 나이트와 두 흑 나이트를 포함하고 최소의 이동으로 자리를 바꾸는 비슷한 문제가 또 있다.

9) 이 "방법"은 E.Gik가 저널 *Nauka i Zhizn* 12(1976)에 자세히 설명해 놓았다; 가드너의 *Mathematical Puzzles and Diversions* (뉴욕:펜귄, 1965)도 보라.

문제 10.14* [그림 10.11]과 같이 보통과 다른 모양의 체스판 위에 두 백 나이트와 두 흑 나이트가 놓여 있다. 최소의 이동으로 백 나이트와 흑 나이트의 위치를 교환하여라.

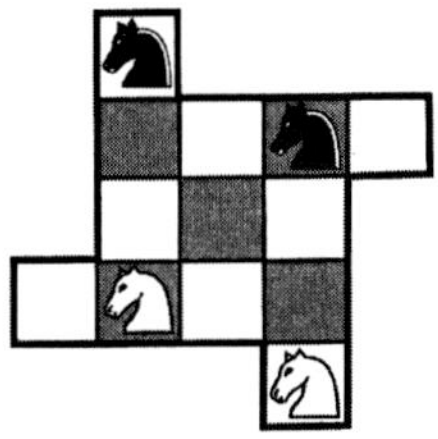

그림 10.11. 나이트 교환 문제

10장 문제 풀이

10.2 답이 되는 나이트의 돌아오는 경로가 있다고 가정하자. 체스판이 흰색과 검은색이 교대로(체스 순서로) 칠해져 있다고 하고, 위와 아래 행을 외부선 (O), 남은 두 행을 중앙선(M)이라고 하자. 외부 정사각형에서 출발한 나이트는 중앙 정사각형으로만 이동할 수 있기 때문에 경로를 이루는 $4n$번 이동 가운데 $2n$번 이동은 외부에서 중앙 정사각형으로 해야 한다. 그러므로 중앙에서 외부 정사각형으로 해야 할 이동이 정확히 $2n$번 남게 된다.

닫힌 나이트의 경로에 있는 어떤 정사각형이라도 출발 정사각형이 될 수 있으므로, 일반성을 잃지 않고, "중앙" 정사각형에서 출발한다고 가정하자. 경로는 출발 정사각형에서 끝나는 교대 수열

$$M(\text{출발}) \text{ - } O \text{ - } M \text{ - } O \text{ - } \cdots \text{ - } M \text{ - } O \text{ - } M(\text{끝}) \qquad (10.4)$$

이다. 나이트는 아래 이유로 경로를 따라 어느 곳에 있는 행이나 두 중앙 정사각형으로 이동할 수 없다. 이중 이동 $M-M$으로 출발했다고 가정하면(이동이 회로에 속하므로 항상 가능하다),

$$M-M-(2n-1)\times(O-M)$$

일 것이다. 이 경우 M으로 $2n+1$번 이동하고 O로 $2n-1$번 이동하므로, 둘 다 $2n$과 다르다. 더구나 마지막 수열 괄호 안의 이중 이동 $O-O$은 나이트가 외부선에서 외부선으로 점프할 수 없기 때문에 불가능하다.

한편, 동일한 나이트의 경로가 흰 정사각형과 검은 정사각형 사이를 교대로, 다시 말해

검은색 - 흰색 - 검은색 - 흰색 - ⋯ - 검은색 - 흰색 - 검은색 (10.5)

으로 이동한다(또는 반대로). 수열 (10.4)와 (10.5)를 비교해 보면 외부선의 모든 정사각형이 한 가지 색이고 중앙선의 모든 정사각형이 다른 색인 것을 알 수 있다. 그러나 이것은 체스판이 교대로 색칠해졌기 때문에 모순이다. 그러므로 답이 되는 경로는 불가능하다.

10.3 [그림 10.2]에 한 해를 제시 했다. 3-차원 4×4×4 체스판은, 위로 겹쳐 놓은 네 개의 수평 4×4 체스판으로 나타낼 수 있다; I 이 맨 아래 판, IV가 맨 위 판이다. 나이트의 이동을 1(출발하는 정사각형)에 64(끝나는 정사각형)까지 숫자로 나타냈다. 정사각형 64와 1을 나이트의 이동으로 연결하면 나이트의 돌아오는 경로가 된다.

57	30	47	36
48	33	58	31
29	60	35	46
34	45	32	59

I

42	37	56	51
55	52	43	40
38	41	50	53
49	54	39	44

II

27	62	15	2
14		26	63
61	28	3	16
4	13	64	25

III

10	7	22	17
21	18	9	6
8	11	20	23
19	24	5	12

IV

[그림 10.12] 4×4×4 체스판 위에서 나이트의 돌아오는 경로

10.5 $n\times n$체스판의 한 정사각형 넓이를 S라고 하자. 피크 정리의 공식 (10.1)을 생각하면, 경계점의 수 B가 짝수임을 증명하면 충분하다. 나이트의 경로가 흰 정사각형(w)과 검은 정사각형(b)이 교대로 되므로, 닫힌 경로의 경우(출발정사각형과 끝나는 정사각형이 일치하는), 지나가는 정사각형의 수가 짝수여야 함을 알 수 있다. 실제로, 닫힌 나이트의 경로에 연관된 수열 b(출발)$-w-b-w-\cdots-b-w-b$(완료)

은 항상 짝수의 이동을 한다. [그림 10.13]을 보라. 구하는 닫힌 나이트의 경로에 속하는 정사각형의 수는 경계점의 수 B와 같기 때문에, 증명 되었다.

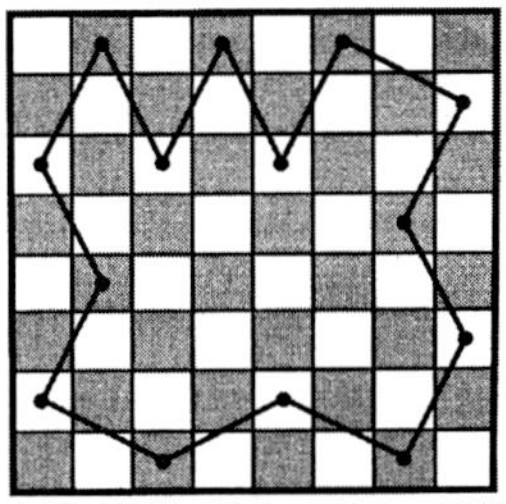

[그림 10.13] 닫힌 단순 격자 다각형의 넓이

10.6 가드너가 『사이언티픽 아메리칸 7』(1967)에서 언급했듯이, 골롬이 그의 동료 웰치가 제안한 체스판의 변형을 이용하여 낙타의 경로 문제를 풀었는데 [그림 10.14]에 있다: 체스판을 32개 방으로 구성된 삐죽삐죽한 체스판으로 덮었는데, 이들은 검은 정사각형에 해당한다. 낙타가 체스판에서 검은 정사각형으로 이동하는 것이 삐죽삐죽한 체스판 위에서 가능하고 그 위에서 나이트의 이동으로 바꿀 수 있다. 그러므로, 체스판에서 낙타의 경로는 삐죽삐죽한 체스판에서 나이드의 경로와 동등하다. 한 가지 간단한 해는

1-14-2-5-10-23-17-29-26-32-20-8-19-22-9-21-18-
30-27-15-3-6-11-24-12-7-4-16-28-31-25-13.

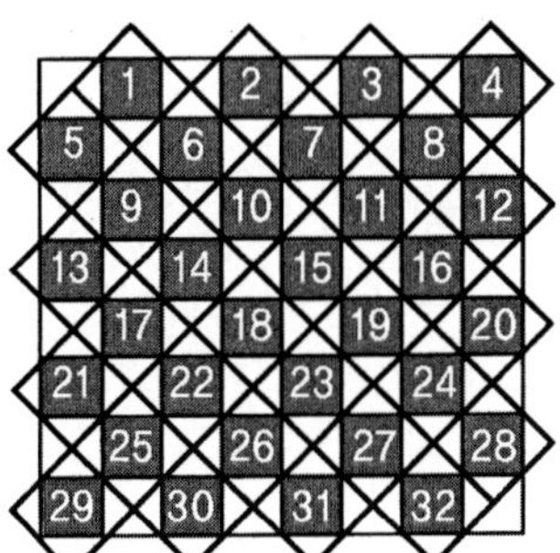

[그림 10.14] 변형에 의한 낙타 경로의 해

10.9 주어진 문제를 풀지 못했다면 쿠사카[120]가 구한 다음 풀이를 보라. 그는 컴퓨터 프로그램과 역추적 알고리즘을 사용하여 제한조건이 있는 이 8 퀸 문제의 해가 10개만 있다고 인정했다.

25741863	27581463	36418572	36814752	36824175
37286415	42736815	51468273	51863724	57142863

10.10 저자는 저서 『수학과 체스』[138]에 모든 해, 기본해와 체스판을 회전하거나 거울에 반사한 유사해를 구할 수 있는 C 언어로 된 컴퓨터 프로그램을 제시하였다. 이 프로그램은 임의의 n에 대하여 수행할 수 있고 표준 n-퀸 문제 뿐 아니라 n-슈퍼퀸 문제도 해결한다. n이 증가하면 가동 시간이 매우 빠르게 증가함을 강조해 둔다. [그림 10.15]에 기본해가 있는데, 이것은 순열 (3,6,9,1,4,7,10,2,5,8)로 표시할 수 있다. 앞에서처럼 이 표시는 슈퍼퀸이 첫째 열 세 번째 정사각형에 하나 있고, 두 번째 열 여섯 번째 정사각형에 하나 있고, 등을 나타낸다.

[그림 1015] $n=10$**일 때 슈퍼퀸 문제의 기본해**

기본해에서 나오는 (컴퓨터로 구한) 나머지 해 3개는 다음과 같다:
(7,3,10,6,2,9,5,1,8,4) (4,8,1,5,9,2,6,10,3,7) (8,5,2,10,7,4,1,9,6,3)

10.11 위수 8의 원통형 체스판 위에서는 8 퀸 문제의 해가 없다. 기크가 해낸 기발한 증명을 알아보자[84].

보통의 체스판에서 가장 자리를 세로로 결합하였다고 생각하자 (‘세로 원통형 체스“). 정사각형 마다 (각각) 지나가는 정사각형의 열, 행, 대각선을 나타내는 세 숫자 (i, j, k), $i, j, k \in \{1, \cdots, 2\}$,를 적어 넣는다[그림 10.16]. 공격하지 않는 8 퀸이 배치되었다고 하고 (i_1, j_1, k_1), $\cdots$, (i_8, j_8, k_8)를 이 배치를 나타내는 순서있는 세짝이라고 하자. 그러면 $i_1, \cdots, i_8$은 집합 $\{1, \cdots, 8\}$에 속하는 서로 다른 숫자이므로 $\sum i_m = 1 + \cdots 8 = 36$이다. 집합 $\{j_1, \cdots, j_8\}$과 $\{k_1, \cdots, k_8\}$의 숫자들에 대해서도 마찬가지다.

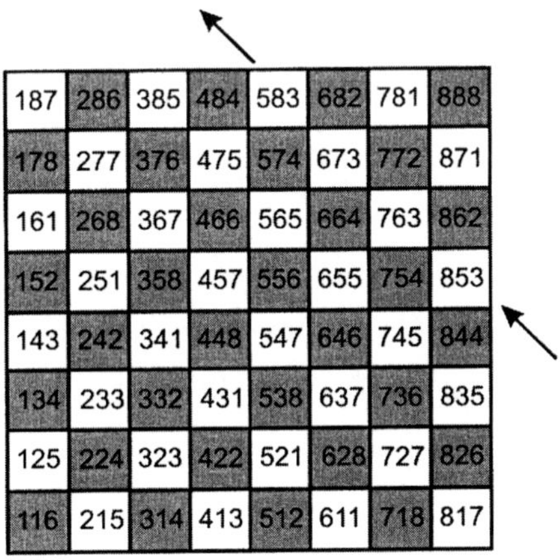

[그림 10.16] 기크의 해

퀸이 차지한 정사각형에 적힌 24개 숫자 모두의 합 $(i_1 + \cdots i_8) + (j_1 + \cdots + j_8) + (k_1 + \cdots + k_8)$은 $(1 + \cdots + 8) \times 3 = 108$이다. 각 정사각형에 적힌 숫자의 합 $i_\nu + j_\nu + k_\nu$은 8로 나누어지므로[그림 10.16], 24개 숫자의 합도 8로 나누어져야 한다. 그러나 108은 8로 나누어지지 않으므로 모순이고 증명은 성공적으로 끝났다.

10.14 체스판이 보통과 다르더라도, 나이트 교환 문제를 구아리니 문제 10.13의 경우와 마찬가지로 그래프를 사용하면 효율적으로 해결할

수 있다. [그림 10.17(a)"에 체스판과 대응하는 그래프와 나이트의 이동을 나타냈는데, 동치인 (훨씬 간단한) 그래프 10.17(b)로 줄일 수 있다.

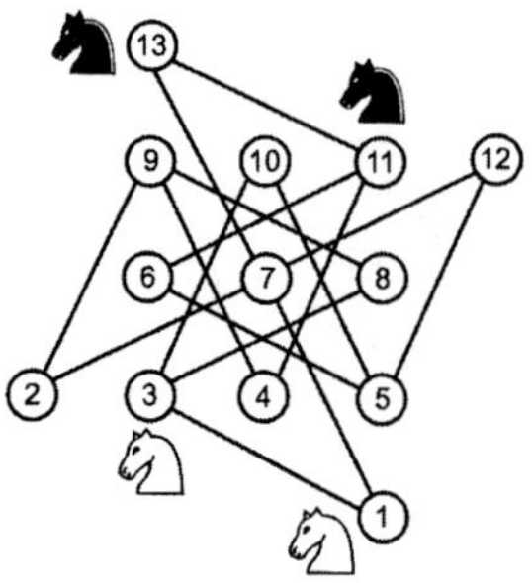

a)

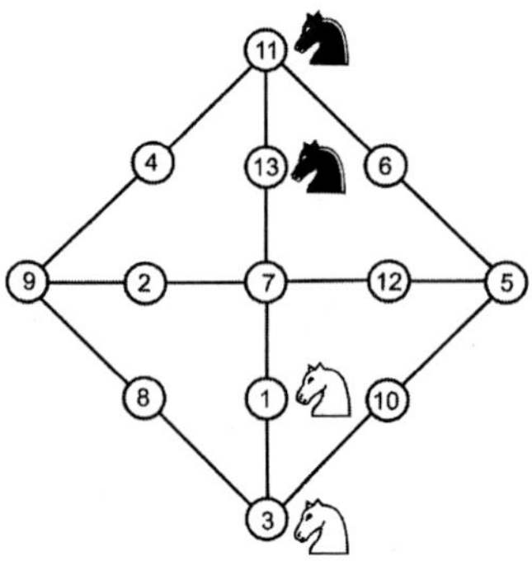

b)

[그림 10.17] 이동을 나타낸 그래프와 간단히 나타낸 그래프

간단히 나타낸 그래프를 대칭으로 하거나 그래프를 따라 나이트의 경로를 교환하면 서로 다른 해가 여럿 나오지만, 최소 이동 수 14는 줄어들지 않는다. 해 하나를 제시하면:

13-7-2 11-4-9-8 1-7-13-11 3-1-7-13 8-3 2-7-1

제 11 장

추가 문제

이 장에서는 요크의 앨퀸, 아부르-와파, 피보나치, 바셰, 호이겐스, 뉴턴, 그리고 오일러의 몇 가지 흥미로운 문제와 퍼즐을 만나보게 된다. 이 문제들은 주로 두 가지 이유로, 제시한 문제와 비슷하거나 앞 장에서 다룬 주제에 명확하게 소속되지 않기에, 앞에 나온 장으로 분류하여 넣지 않았다. 풀이는 독자가 구해 보기 바란다.

요크의 앨퀸 문제[1)]

문제 11.1* 세 아들이 30개의 병과 그 내용물을 똑 같이 나누려고 한다. 그런데 병 10개에는 가득 들어 있고, 10개에는 절반이 들어 있으며, 10개는 비어있다. 어떻게 하면 되겠는가?

문제 11.2* 150m 앞에서 출발한 토끼를 개가 쫓아간다. 토끼가 7m 뛰어갈 때 개는 9m 뛴다. 개가 몇 번 뛰면 토끼를 따라잡을 수 있는가?

문제 11.3* 죽음을 앞둔 사람이 출산을 앞둔 그의 아내에게 유언했다. 아들을 낳으면 재산의 1/4을 아내가 받고 그 아들이 나머지 3/4를 받는다. 그러나, 딸을 낳으면, 아내는 재산의 5/12를 받고, 딸은 7/12를 받는다. 그런데 아들과 딸이 같이 태어났다. 재산을 어떻게 분배하면 되겠는가?

---

1) 다양한 기원의 이 문제들은 앨퀸의 "정신의 활력quickening of the mind"을 위한 문제집에 들어있다.

아불-와파의 문제[2)]

문제 11.4* 주어진 정사각형 안에 정삼각형을 작도하는데, 정삼각형의 꼭짓점 하나는 정사각형의 한 코너에 있고 다른 두 꼭짓점은 정사각형의 맞은 변에 있도록 하여라.

문제 11.5* 크기가 다른 정육각형 두개를 일곱 조각으로 나누고 이들을 모아 더 큰 정육각형 하나를 만들어라.

문제 11.6* 선분 AB의 끝점 B에서 수선을 작도하되, A에서 선분을 연장하지 않고 직선 자와 각이 고정된 컴퍼스만 사용하여라.

문제 11.7* 주어진 선분을 직선자와 각이 고정된 컴퍼스만 사용하여 임의로 주어진 갯수만큼 같은 길이로 나누어라.

문제 11.8* 직선자와 주어진 원의 반지름으로 고정된 컴퍼스만 사용하여 이 원 위에서 꼭짓점을 갖는 정오각형을 작도하여라.

피보나치의 흥미로운 문제

피보나치의 『산반서』 제3절에 있는 많은 문제 가운데 여섯 문제를 [61, 제 8장]과 같은 형식으로 제시한다.

문제 11.9* 깊이가 50 미터인 구덩이에 빠진 사자 한 마리가 밖으로 올라오려고 한다. 사자는 낮에 $\frac{1}{7}$ 미터 올라가지만, 밤에는 $\frac{1}{9}$ 미터 아래로 미끌어진다. 사자가 구덩이 꼭대기까지 오르려면 며칠이 걸릴까?[3)]

---

2) 이 다섯문제의 풀이는 [186]에 있다.

문제 11.10* 두 사람이 각자 돈을 가지고 있다. 첫째 사람이 둘째 사람에게, "당신이 나에게 9 디나르를 주면, 우리 두 사람이 가진 돈은 서로 같아 집니다"고 말했다. 둘째 사람은 첫째 사람에게 "당신이 나에게 9 디나르를 주면 나는 당신의 열 배를 갖게 되오"라고 답했다. 두 사람은 돈을 얼마씩 가지고 있는가?

문제 11.11* 속도가 등차수열로 증가하는 사냥개가 마찬가지로 속도가 등차수열로 증가하는 토끼를 쫓아가고 있다. 사냥개가 토끼를 잡으려면 얼마나 달려가야 하는가?

문제 11.12* 자고새 한 마리에 동전 세 개, 비둘기 한 마리는 동전 세 개, 참새 두 마리는 동전 한 개다. 상인이 동전 30개로 새 30마리를 사려고 한다. 각각 몇 마리 씩 사야 하는가?

문제 11.13* 네 사람이 각자 돈을 가지고 있다. A, B, C 세 사람이 합해서 27디나르; B, C, D 세 사람이 합해서 31디나르, C, D, A 세 사람이 합해서 34디나르, D, A, B 세 사람이 합해서 37디나르를 가지고 있다. 각자 돈을 얼마씩 가지고 있는가?

문제 11.14* 어떤 사람이 장남에게 금화 1개와 그의 재산의 1/7을 유산으로 물려주고, 차남에게는 금화 2개와 남은 재산의 1/7을 물려주었다. 그 다음 셋째에게는 금화 3개와 남은 재산의 1/7을 물

---

3) 그런데, 피보나치는 틀린 답을 제시했다; [113, 308쪽]을 보라. 그는 7과 9로 나누어지는 63부터 시작해서 63일 동안 9미터를 올라가고 7미터 미끌어 지는 것을 생각하고, 사가가 매일 2미터씩 올라가므로, 비례식을 이용하여 구덩이 꼭대기까지 도달하려면 $(50:2)\times 63 = 1575$일 걸린다고 계산했다. 정답은 1572일이다. 실제로, 사자는 1571일의 마지막 날에 꼭대기에서 $\frac{8}{63}$미터만 남기게 되고 다음 날 꼭대기에 도달한다.

려주고, 그는 이와 같이 계속하여 형보다 1개씩 더 많은 금화와 형들에게 분배하고 남은 재산의 1/7을 그 아래 동생에게 물려주었다. 이렇게 하여 막내가 남은 재산을 다 물려 받으면 모든 아들의 몫이 서로 같게 된다. 이 사람의 아들은 모두 모두 몇 명이며 재산은 얼마인가?

바셰의 문제

문제 11.15* 시계 위에서 임의로 시간(숫자)을, 가령 m을 택하고 그것이 시계 위에서 또 다른 시간(숫자), 가령 n을 가리키도록 한다. 처음 임의로 택한 시간(숫자)에서 시작해서 시계반대방향으로 움직여서, 시계 위에서 연달아 숫자 m, $m+1$, 등으로 $n+12$가 될 때까지 헤아리면, 처음 임의로 택한 시간을 가리키게 된다. 이것을 증명하여라.

문제 11.16* 한 사람이 다른 사람 모르게 60 보다 작은 수 하나를 뽑고, 그 수를 3, 4, 5로 나눈 나머지가, 가령 a, b, c라고 말했다. 처음 뽑은 수가 $40a+45b+36c$를 60으로 나눈 나머지와 같음을 증명하여라.

호이겐스의 확률 문제

문제 11.17* A와 B가 주사위 두 개 던지기 게임을 한다; 7이 나오면 A가 이기고, 10이 나오면 B가 이긴다. 다른 수가 나오면 비긴다. A와 B가 이길 확률을 구하여라.

문제 11.18* 항아리에 흰 공이 4개 검은 공이 8개 모두 12개 공이 있다. A, B, C 세 사람이 눈가리개를 하고 맨 먼저 A, 그 다음 B, 그리고 C가 공을 꺼낸다. 제일 먼저 흰 공을 꺼낸 사람이 이기기로 한다. 꺼낸 공이 검은 공이면 다시 항아리에 넣는다고 할 때 세 사람의 이길 비율을 구하여라.

문제 11.19* 한 세트에 10장씩, 카드 40장으로 된 한 벌의 카드가 있다. A가 B에게 네 장의 카드를 뽑을 때 각 세트에서 1장씩 뽑겠다고 내기를 걸었다. 각자 얼마씩이면 공평한 내기가 될까?

뉴턴의 문제

문제 11.20* 어느 날 아침 택배사원 A와 B가 59km 떨어진 거리에서 서로 만나기 위해 출발하였다. A는 2시간에 7km를 가고, B는 3시간에 8km를 간다. 그러나 B는 A보다 1시간 늦게 출발하였다. A가 B를 만날 때까지 간 거리는 얼마인가?

문제 11.21* 8일 동안 15부를 복사하는 필경사가 있다. 9일 동안 405부를 복사하려면 같은 능력을 가진 필경사가 몇 명이나 필요할까?

문제 11.22* 세 사람이 있는데 A는 3주 걸려 주어진 일을 한 번 끝내고, B는 8주 걸려 그 일을 3번 끝내고, C는 12주 걸려 같은 일을 5번 끝낸다. 세 사람이 그 일을 함께 맡아 끝낸다면 얼마나 걸리겠는가?

문제 11.23* 주사위 몇 개를 동시에 던진다. 아래 사건 중 가장 확률이 높은 것은?

1) 주사위 6개를 던질 때 6이 적어도 하나 나온다.
2) 주사위 12개를 던질 때 6이 적어도 두 개 나온다.
3) 주사위 18개를 던질 때 6이 적어도 세 개 나온다.

오일러의 문제

문제 11.24* 남녀 20명이 식당에서 저녁을 먹는다. 식사비를 남자는 8크라운씩 부담하고, 여자는 7크라운씩 부담한다. 식사비는 모두 145크라운이다. 남자와 여자는 각각 몇 명인가?

문제 11.25* 말 상인이 말 한 마리를 사서 119 크라운에 다시 팔았다 이 금액에는 그의 이익이 포함되어 있는데, 이익은 말을 산 값의 1/100이다. 말을 얼마에 샀는가?

문제 11.26* 세 형제가 값이 100크라운인 포도밭을 사려고 한다. 막내가 말하기를 둘째형이 자기에게 둘째형이 가진 돈의 절반을 주면 자기 혼자 살 수 있다고 했다. 둘째는 큰형이 가진 돈의 1/3을 주면 자기 혼자 포도밭 값을 지불할 수 있다고 했다. 마지막으로, 큰형은 자신이 포도밭을 사도록 막내에게 가진 돈의 1/4만 달라고 했다. 각자 가진 돈을 구하여라.

문제 11.27* 노름꾼 세 사람이 도박을 한다. 첫 번 게임에서는 한 노름꾼이 다른 두 노름꾼에게 그 두 사람이 가진 돈의 합만큼 돈을 잃었다. 그 다음 게임에서는 두 번째 노름꾼이 다른 두 노름꾼 각자에게 그들이 이미 가지고 있었던 금액만큼 돈을 잃었다. 세 번째 게임에서 처음 노름꾼과 두 번째 노름꾼은 각자 세 번째 노름꾼한테서 그들이 전에 가졌던 만큼 돈을 땄다. 그 순간 그들은 각자 똑 같이 24크라운씩 가진 것을 알고 게임을 끝냈다. 게임을 시작할 때 노름꾼들은 돈을 얼마씩 가지고 있었는가?

부록

부록 A 펠 방정식을 풀기 위한 연분수법

이 책에서 위대한 수학자들이 연구했던 여러 문제에 펠 방정식이 나온다. 이들 과제에 대한 해를 분명히 제시하기 위해 부록으로 펠 방정식

$$x^2 - Ny^2 = 1$$

을 푸는 과정을 제시한다. 여기서 N은 완전제곱이 아닌 자연수이다. 더 자세한 것은, 이를 테면, 데이번포트의 저서[45]를 보라. 설명하려는 방법이 $\sqrt{N}$의 연분수가 수렴하는 것을 이용하므로 연분수 이론의 기본적 사실을 먼저 알아보자.

다음과 같은 식

$$a_0 + \cfrac{b_1}{a_1 + \cfrac{b_2}{a_2 + \cfrac{b_3}{a_3 + \cdots}}}$$

을 **연분수**라고 부르고 다음과 같이 간단히 쓸 수 있다.

$$\left[a_0; \frac{b_1}{a_1}, \frac{b_2}{a_2}, \frac{b_3}{a_3}, \cdots\right] \tag{A.1}$$

특히, $b_1 = b_2 = \cdots = b_n = \cdots = 1$이면 더 간단히

$$[a_0; a_1, a_2, a_3, \cdots]$$

으로 나타낸다.

(A.1)에서 유한개 항을 택하여 얻은 연분수열을 생각하여

$$c_k = \frac{P_k}{Q_k} = \left[a_0; \frac{b_1}{a_1}, \frac{b_2}{a_2}, \cdots, \frac{b_k}{a_k}\right]$$

라고 하자. 비 c_k를 k-**수렴분**이라고 하고 극한

$$c = \lim_{k \to \infty} c_k$$

이 존재하면 이것이 연분수 (A.1)의 값이다.

$$P_0 = a_0,\ \ Q_0 = 1,\ \ P_{-1} = 0,\ \ Q_{-1} = 0$$

라고 하고, 귀납법을 사용하면 P_k와 Q_k에 대한 다음 점화식을 증명할 수 있다:

$$\begin{aligned} P_k &= a_k P_{k-1} + b_k P_{k-2}\ , \\ Q_k &= a_k Q_{k-1} + b_k Q_{k-2}. \end{aligned} \tag{A.2}$$

이 식은 오일러의 공식이라고 알려져 있다. P_k와 Q_k는 차분방정식

$$y_k - a_k y_{k-1} - b_k y_{k-2} = 0 \tag{A.3}$$

의 두 해임을 주목하자.

수 n의 정수부분을 $\lfloor n \rfloor$로 나타내자.

q_0가 $\sqrt{N}$의 정수부분이면(즉, $q_0 = \lfloor \sqrt{n} \rfloor$), $\sqrt{N} + q_0$에 대한 연분수는 순주기적이고

$$\sqrt{N} + q_0 = [2q_0\,;\, q_1,\, q_2,\, \cdots,\, q_n,\, 1q_0,\, q_1,\, q_2,\, \cdots,\, 2q_0,\, \cdots]$$

의 형태임을 증명할 수 있다([45]를 보라).

그러므로 $\sqrt{N}$에 대한 연분수는

$$\sqrt{N} = [q_0\,;\, \overline{q_1,\, q_2,\, \cdots,\, q_n,\, 2q_0}]$$

형태이다. 여기서 위의 선분은 주기를 표시한 것이다. 주기는 첫 항 q_0 바로 다음부터 시작된다. 그리고

$$q_n = q_1,\ \ q_{n-1} = q_2,\ \ \cdots$$

도 성립하므로,

$$\sqrt{N} = [q_0\,;\, \overline{q_1,\, q_2,\, \cdots, q_2,\, q_1,\, 2q_0}].$$

대칭부분은 가운데 항이 있거나 없을 수 있다.

$\sqrt{N}$을 연분수로 전개하는 것은 다음 절차를 따라 하면 쉽다.

1° $k=0,\ A_k=\sqrt{N},\ q_k=\lfloor A_k \rfloor$;

2° $k:=k+1,\ A_k=1/(A_{k-1}-q_{k-1}),\ q_k=\lfloor A_k \rfloor$;

3° 만일 $q_k=2q_0$이면 STOP 하고, 아니면 단계 2°로 가라.

예를 들어, 위 절차를 사용하면, 가운데 항인 3인

$$\sqrt{19}=[4\,;\overline{2,1,3,1,2,8}]$$

과, 가운데 항이 없는

$$\sqrt{29}=[5\,;\overline{2,1,1,2,10}]$$

을 구할 수 있다.

이제 펠 방정식 해법 하나를 제시한다. A_n/B_n을 $\sqrt{N}$에 대한 연분수에서 항 $2q_0$ 앞에 나오는 수렴분, 즉

$$\frac{A_n}{B_n}=[q_0\,;q_1,q_2,\cdots,q_n]$$

이라고 하자. A_n과 B_n이 식

$$A_n^2-NB_n^2=(-1)^{n-1}$$

을 만족함을 어렵지 않게 증명할 수 있다. 그러므로 n이 홀수이면 $x=A_n$과 $y=B_n$은 펠 방정식의 해이다. n이 짝수이면 다음 주기의 끝 A_{2n+1}/B_{2n+1}까지 계속하여 수렴분

$$\frac{A_{2n+1}}{B_{2n+1}}=[q_0\,;q_1,q_2,\cdots,q_n,2q_0,q_1,q_2,\cdots,q_n]$$

을 찾는다. 이 경우

$$A_{2n+1}^2-NB_{2n+1}^2=(-1)^{2n}=1$$

이고 펠 방정식의 해를 $x=A_{2n+1}$과 $y=B_{2n+1}$으로 한다.

수렴분 A_n/B_n와 A_{2n+1}/B_{2n+1}의 분자와 분모는 $A_0=q_0,\ B_0=1,\ A_{-1}=0,$

$B_{-1}=0$으로 시작하는 오일러의 점화식

$$A_m = q_m A_{m-1} + A_{m-2}$$
$$B_m = q_m B_{m-1} + B_{m-2} \qquad (m=1, 2, \cdots)$$

을 사용하여 구할 수 있다((A.2)를 보라). 아래에 펠 방정식 $x^2-ny^2=1$의 최소해를 구하는 Mathematica 프로그램을 제시한다; n은 완전제곱이 아닌 임의의 자연수(홀수나 짝수)다.

```
Pel[n ] :=
Module[{k = 1, A = Sqrt[n], a, vek, ok, kk, m, i, a1, b1, a2, b2, a3, b3},
a = IntegerPart[A]; vek[k] = a; ok = True;
While[ok, k++; A = 1/(A - a); a = IntegerPart[A]; vek[k] = a; ok = vek[k] 『 2
vek[1] ];
kk = k -1; m = k - 2 IntegerPart[k/2];
If[m 『 1, Do [vek[k + i]= vek[1 + i], i, k - 2 ] ];
kk = (k - 1)(2 - m ); a1 = vek[1]; b1 = 1;
a2 = a1 vek[2] + 1; b2 = vek[2] ;
Do[a3 = vek[i]*a2 +a1; b3 = vek[i]*b2 +b1; a1 = a2; b1 = b2; a2 = a3; b2 = b3,
{i, 3, kk} ]; {a2, b2} ]
```

펠 방정식 $x^2-ny^2=1$의 풀이는 특정한 값 n에 대하여 Pel[n]을 명령하면 실행된다.

펠 방정식 $x^2-Dy^2=\pm 1$의 한 해로부터 무한히 많은 해를 얻을 수도 있다. p와 q가 방정식 $x^2-Dy^2=1$을 만족하는 최솟값이라면,

$$x^2-Dy^2=(p^2-Dq^2)^n=1$$

이고 인수분해하면

$$(x+y\sqrt{D})(x-y\sqrt{D})=(p+q\sqrt{D})^n(p-q\sqrt{D})^n.$$

이로부터

$$x+y\sqrt{D}=(p+q\sqrt{D})^n,$$
$$x-y\sqrt{D}=(p-q\sqrt{D})^n.$$

x와 y에 대하여 풀면

$$x=\frac{(p+q\sqrt{D})^n+(p-q\sqrt{D})^n}{2}, \tag{A.4}$$

$$x=\frac{(p+q\sqrt{D})^n-(p-q\sqrt{D})^n}{2\sqrt{D}}. \tag{A.5}$$

$n=1,2,3,\cdots$이라고 하면 무한히 많은 해를 얻는다.

차분방정식 이론의 기본적 사실로부터(부록 D를 보라) 공식 (A.4)와 (A.5)로 차분방정식의 (서로 다른 초기 조건을 갖는)일반해를 얻고, 특성방정식의 근은

$$r_1=p+q\sqrt{D}, \quad r_2=p-q\sqrt{D}$$

이다. 그러므로 이 방정식은 $(r-r_1)(r-r_2)=0$, 즉

$$r^2-2pr+p^2-q^2D=0$$

이므로, 펠 방정식 $x^2-Dy^2=1$과 관련된 차분방정식은

$$y_{n+2}-2py_{n+1}+(p^2-q^2D)y_n=0. \tag{A.6}$$

초기값을 $y_0=1$, $y_1=p$로 하면 공식 (A.4)를 얻고, 초기값을 $y_0=0$, $y_1=q$로 하면 공식 (A.5)를 얻는다.

반전

아르벨로스 문제(83쪽)를 풀 때 필요한 반전의 기본 성질을 요약한다. 자세한 것은 이를 테면, 콕세터의 『기하학 개론』[43, 제6장]을 보라.

중심이 I이고, 반지름이 ρ인 원을 하나 택하자[그림 B.1(a)]. 임의의 점 A(I와 다른)에 대하여

$$|IA| \cdot |IA'| = \rho^2$$

을 만족하는 직선 IA 위의 점 A'을 A의 **반전점**inverse이라고 한다.

이 때 중심 I를 **반전의 중심**center of inversion이라고 하고, 원은 **반전원**circle of inversion이라고 한다.

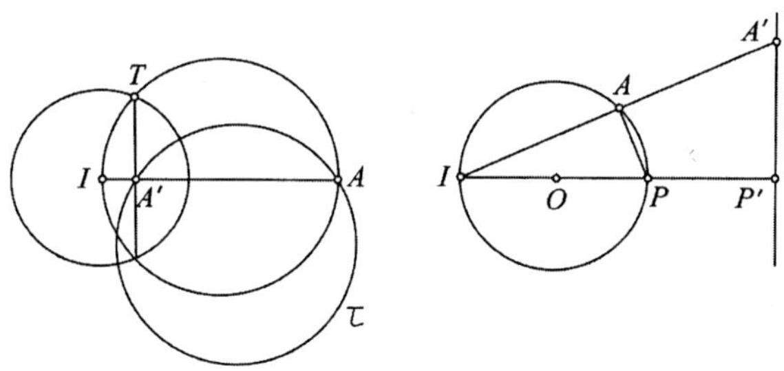

[그림 B.1] 반전 원과 직선

반전 원의 주어진 한 외부점에 대한 반전점은, IA를 지름으로 반원을 그린 다음, 이 반원과 반전원의 교점을 T라고 하면, T에서 IA에 내린 수선의 발이 구하는 반전점 A'이다[그림 B.1 (a)]. 실제로, 두 직각삼각형 $\triangle ITA$와 $\triangle IA'T$는 닮은 삼각형이고 $|IT| = |\rho|$이므로,

$$\frac{|IA'|}{|IT|} = \frac{|IT|}{|IA|},$$

그러므로

$$|IA'| \cdot |IA| = |IT|^2 = \rho^2.$$

정의로부터 A'에 대한 반전점은 A 자신임을 알 수 있다.

반전의 정의로부터 다음 성질이 나온다.

(1) A와 A'을 지나는 직선(원)은 자신으로 반전되고, 한 고정된 반전 직선(원)을 나타낸다(예를 들어, [그림 B.1(a)]에서 직선 IA와 원 τ).

(2) 반전원에 직교하는 원은 자신으로 반전된다.

(3) 반전원에 속하는 모든 점은 자신으로 고정되고, 불변이다. 따라서 반전원은 자신으로 반전된다.

(4) 반전원의 중심 I를 지나지 않는 직선은 I를 지나는 원으로 반전되고, 역으로 I를 지나는 원은 I를 지나지 않는 직선으로 반전된다. 예를 들면, 중심이 O이고 반전원의 중심 I를 지나는 원은 [그림 B.1(b)]와 같이 직선 $A'P'$으로 반전된다.

(5) 반전원의 중심 I를 지나지 않는 원은 I를 지나지 않는 또 다른 원으로 반전된다.

(6) 반전 변환은 각의 방향을 바꾸지만, 곡선 사이의 각을 보존하고, 따라서 곡선의 접선을 보존한다.

그래프 이론의 기초

그래프 이론에서 그래프는 점과, 일부 점들이 연결된 선들의 집합이다. 점을 그래프의 꼭짓점 또는 **마디점**이라고 하고 (예를 들어, 그림 C 」1(a)에서 점 A, B, C, D, E), 선을 **변**이라고 한다. 인접한 두 꼭짓점을 연결하는 선을 두 꼭짓점의 **인시덴털**이다. 고리(한 꼭짓점과 그 자신을 잇는 변, 예를 들면, [그림 C.1(b)]와 C.1(b)에서 λ와 τ)를 갖지 않고 같은 점을 연결하는 둘 이상의 변이 있는 다중변을 갖지 않는 그래프를 **단순그래프**simple graph라고 하고, 그렇지 않을 때 **다중그래프**라고 한다 [그림 C.1(b)].

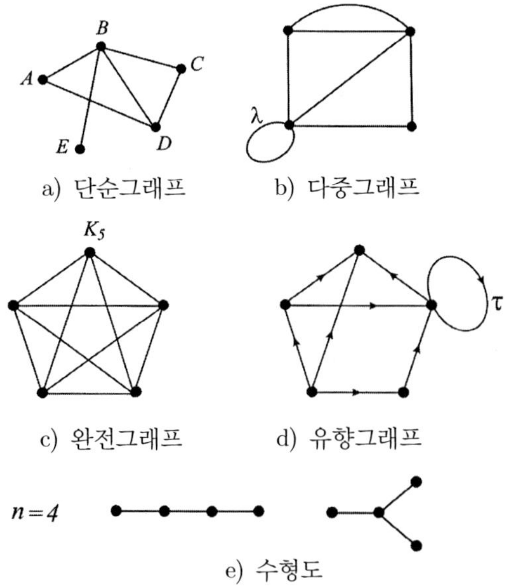

[그림 C.1] 여러 형태의 그래프

꼭짓점에 연결된 변의 수를 그 꼭짓점의 **차수**라고 한다. 꼭짓점의 차수에는 고리와 평행선이 포함된다. 꼭짓점 a의 차수를 $\deg(a)$로 나타낸다. 예를 들어, [그림 C.1(a)]에서 $\deg(A)=2$, $\deg(B)=4\deg(C)=2$, $\deg(D)=3$, $\deg(E)=1$이다. 모든 꼭짓점의 차수가 같은 그래프를 **정규그래프**라고 한다[그림 C.1(c)]. 차수가 홀수인 꼭짓점을 **홀수점**, 짝수인 꼭짓점을 **짝수점**이라고 한다. 홀수는 짝수 번 더해야 그리고 그 때만 짝수가 되므로, 그래프에서 홀수점의 수는 짝수라야 한다.

그래프의 임의의 두 꼭짓점이 경로(인접하는 변의 열)로 연결되어 있을 때, 그 그래프는 **연결되어 있다**고 한다. 출발점과 끝점이 일치하는 닫힌 경로를 **회로**라고 한다. 꼭짓점이 n개인 그래프가 각 꼭짓점이 나머지 $n-1$개 꼭짓점과 연결되어 있으면, 즉 임의의 두 꼭짓점이 인접하였으면 **완전그래프**라고 한다(K_n이라고 나타낸다). [그림 C.1(c)]는 완전그래프 K_5이다.

회로가 없는 연결그래프를 **수형도**라고 한다. 수형도에는 변이 $n-1$개 있다. [그림 C.1(e)]는 $n=4$인 두 수형도이다.

그래프의 모든 변에 화살표가 있으면, 꼭짓점을 연결하는 변의 방향을 결정하므로 그래프는 **유향그래프**가 된다. [그림 C.1(d)]는 유향그래프이다.

부록 D 계수가 상수인 선형 차분방정식

다음 점화식

$$a_0y_{n+k}+a_1y_{n+k-1\ldots}+a_ny_k=f(k),$$
$$(a_0 \neq 0\text{이고 } a_0, a_1, \cdots, a_n\text{은 실수}) \qquad \text{(D.1)}$$

을 **계수가 상수인 제n계 선형 차분방정식**이라고 한다. 만일 $f(k)=0$이면, **동차 선형 차분방정식**

$$a_0y_{n+k}+a_1y_{n+k-1\ldots}+a_ny_k=0 \qquad \text{(D.2)}$$

이 된다.

$y_k=r^k$가 (D.2)의 해라고 가정하고 이를 방정식에 대입하면,

$$a_0r^{n+k}+a_1r^{n+k-1\ldots}+a_nr^k=0$$
$$r^k(a_0r^n+a_1r^{n-1\ldots}+a_{n)}=0$$

이다. 그러므로 r이 방정식

$$a_0r^n+a_1r^{n-1\ldots}+a_n=0 \qquad \text{(D.3)}$$

의 해이면, r^k은 (D.2)의 해가 된다. 방정식 (D.3)을 **특성방정식**이라고 부른다. 이 방정식에는 n개의 근 $r_1, r_2, \cdots, r_n$이 있는데, 이들은 모두 서로 다를 수도 있고 다르지 않을 수도 있다. 또한, 이 근 가운데는 켤레 복소수도 있을 수 있다.

방정식 (D.3)의 근 $r_1, r_2, \cdots, r_n$이 모두 서로 다른 실수인 경우에 대해서만 생각하기로 하자. 그러면

$$y_k=c_1r_1^k+c_2r_2^k+\cdots+c_nr_n^k,$$

이 차분방정식 (D.2)의 일반해이다. 여기서 $c_1, c_2, \cdots, c_n$은 실수인 상수인데, 초기조건 $y_0=A_0,\ y_1=A_1,\ \cdots,\ y_{n-1}=A_{n-1}$을 알면 결정할 수 있다. 곧 (D.4)에 $k=0,1,\cdots,n-1$을 대입하면, 연립 일차방정식

$$c_1 + c_2 + \cdots + c_n = A_0$$
$$c_1 r_1 + c_2 r_2 + \cdots + c_n r_n = A_1$$
$$\vdots$$
$$c_1 r_1^{n-1} + c_2 r_2^{n-1} + \cdots + c_n r_n^{n-1} = A_{n-1}$$

을 얻고, 이 연립방정식의 해가 상수 $c_1, c_2, \cdots, c_n$이다.

예로서, 제2계 동차 선형 차분방정식

$$y_{n+2} - y_{n+1} - y_n = 0 \tag{D.5}$$

초기조건: $y_1 = 1$, $y_2 = 1$을 생각해 보자. 위 점화관계에서 수열 $y_3, y_4, y_5, \cdots$의 항들은 모두 앞 두 항의 합과 같다. (D.5)에 $y_k = r^k$를 대입하면

$$r^{n+2} - r^{n+1} - r^n = 0$$

이므로, r^n으로 나누어 차분방정식 (D.5)의 특성방정식

$$r^2 - r - 1 - 0$$

을 얻고, 두 실근

$$r_1 = \frac{1}{2}(1 + \sqrt{5}), \quad r_1 = \frac{1}{2}(1 - \sqrt{5})$$

을 얻는다. 그러면 (D.5)의 일반해는

$$y_k = Ar_1^k + Br_2^k = A\left(\frac{1+\sqrt{5}}{2}\right)^k + B\left(\frac{1-\sqrt{5}}{2}\right)^k$$

이다. 여기서 A와 B는 초기조건 $y_1 = 1$, $y_2 = 1$로 결정되는 상수이다. 이 초기조건으로 A와 B의 연립 일차방정식에서 해 $A = 1/\sqrt{5}$, $B = -1/\sqrt{5}$를 구하면, 수열 $\{y_k\}$의 일반항

$$y_k = \frac{1}{\sqrt{5}}\left[\left(\frac{1+\sqrt{5}}{2}\right)^k - \left(\frac{1-\sqrt{5}}{2}\right)^k\right] \tag{D.6}$$

을 얻는다. 차분방정식 (D.5)는 잘 알고 있는 피보나치 수열 1, 1, 2, 3, 5, 8, 13, $\cdots$을 정의한다는 것을 기억하자. 이 수열의 제k항은 공식 (D.6)로 곧바로 얻을 수 있다.

전기BIOGRAPHICS – 연대순

아르키메데스Archimedes. 약 B.C. 287년 시실리 시러큐스에서 출생, 약 B.C. 212년 시러큐스에서 사망. 역대 가장 위대한 수학자 중 하나로 인정되는 아르키메데스는 알렉산드리아에서 교육 받았다. 순수와 응용 수학, 물리학, 그리고 역학에서 괄목할 그의 업적에는 착출법(적분의 초기 형태)을 포함한 역학 3차 방정식의 기하학적 해법, 포물선 구적법, 그리고 그의 이름이 붙은 원리가 있다. 아르키메데스가 기하문제 풀이에 몰두하고 있을 때 로마 병사가 검으로 그를 공격했다는 전설이 있는데, 폭력과 무지가 지성과 정신의 고귀함을 이기는 전형적인 예로 인용된다.

헤론Heron of Alexandria. 약 A.D. 10년 알렉산드리아에서 출생, 약 A.D. 75년 사망. 그러나 일부 역사가는 약 A.D. 65-125년이 그의 생애와 더 일치한다고 한다. 헤론의 분수로 알려진 공기압축 장치와 삼각형 넓이 공식 $S=\sqrt{s(s-a)(s-b)(s-c)}$ 으로 유명한 헤론은, 간단한 증기기관을 발명하고 기력학, 곡광학, 역학, 기하학과 구적법에 대하여 저술했다. 그는 또한, 2000년 먼저 바빌로니아인이 이미 알았던 방법이지만, a의 제곱근 근사값을 구하는 점화식 $x_{n+1}=x_n+a/x_n$을 유도했다.

디오판토스Diophantus of Alexandria. 약 200년 출생, 약 284년 사망. 고대 그리스에서 가장 유명한 수학자 중 한 사람인 디오판토스는 개선된 대수 표기를 도입하고 방정식과 부정방정식의 수치 해를 연구했다. 가장 중요한 업적 『산학Arithmetica』에는 이 분야 문제가 대략 130문제 있다. 유리수 해를 구해야 하는 부정 대수방정식 문제는 '디오판토스 문제'라고 알려졌다.

브라마굽타Brahmagupta. 약 598년 출생, 약 670년 사망. 7세기 인도의 뛰어난 수학자인 브라마굽타는 628년에 천문학에 관한 주요 업적인 『개정된 브라마의 천문 체계Brahma-sphuta- sidd'hānta』를 저술했다. 이 책 21장 가운데 두 장이 수학을 다룬다. 브라마굽타는 몇 세기 후에 재발견된 방법을 사용하여 정수 일차 부정방정식 $ax+by=c$을 성공적으로 해결했다.

요크의 앨퀸 Alcuin of York. 프랑스 투르에서 약 735년 출생, 약 804년 사망. 앨퀸은 유럽에서 가장 중요한 교육 센터의 하나인 요크의 교장이었고 뒤에 투르의 수도원장이 되었다. 산술, 기하, 천문학에 관한 기본 교재를 저술했고, 역사가로도 알려진 앨퀸은 퍼즐과 수학 레크리에이션 문제도 수집하였다.

마하비라Mahāvira. 약 800년 인도 마이소르에서 출생, 약 870년 사망. 유일하게 알려진 저서 『Ganita Sara Sangraha』에서 7세기 인도 수학자 브라마굽타의 연구를 새롭게 보완하고 브라마굽타의 교재를 단순화도 하고 자세히 설명하기도 하였다. 마하비라는 제곱근을 구하거나 분수계산을 조사하고 일차부정방정식의 정수해를 논의하고, 처음으로 조합의 수를 계산하는 명시적인 알고리즘을 제시했다.

타비트 이븐 코라Tābit ibn Qorra. 826년 터키 하란에서 출생, 901년 바그다드에서 사망. 아라비아의 수학자, 천문학자. 의사, 철학자인 이븐 코라는 약 870년에 바그다드로 옮겨 가 그곳에서 유명한 학자가 되었다. 그는 유클리드의 『원론』을 아라비아어로 번역하고 이 유명한 저서에 주석을 달았다. 그는 대수방정식을 풀고 수론과 삼각법 문제를 연구하였다.

아부르-와파 Abu'l-Wafa. 940년 출생, 998년 사망. 페르시아의 유명한 천문학자, 대수학자, 삼각법학자로 달의 궤도를 조사하고, 『달 이론Theory of Moon』을 저술했다; 그리스의 마지막 고전의 하나인 디오판토스의 『산학Arithmetica』을 번역했다. 그러나 아부르-와파는 sec와 cosec를 도입했을 뿐 아니라 tan함수를 처음 사용한 것으로 잘 알려져 있다. 아부르-와파는 sin표를 계산하는 새 방법을 찾아냈는데 그의 삼각함수표는 소수 8자리까지 정확하다.

이븐 알 하이탐 Ibn al-Haytham. 965년 이라크 바스라에서 출생, 1039년 이집트 카이로에서 사망. 유럽에서는 알하젠Alhazen으로 알려진 알 하이탐은 바스라에서 태어났지만, 생애 대부분을 이집트에서 보냈다. 가장 뛰어난 회교 과학자의 한 사람이었던 그의 대작 『광학Kitaaz』은 7권이나 된다. 이 저서는 라틴어로 번역된 후 유럽 사상에 큰 영향을 주었다. 알하젠은 그리스의 초등기하와 고급기하를 사용하여 다양한 반사면에 관련된 많은 문제를 성공적으로 해결하였다.

바스카라Bhāskara. 1114년 출생, 1185년 사망. 12세기 인도의 유명한 수학자이자 천문학자인 바스카라는 생애 대부분을 우자인에 있는 천문 관측소에서 보내며 천문학의 주요 업적 『싯단타 쉬로마니Siddhântaśiromani』를 저술했다. 바스카라는 수학적 업적으로 산술에 관한 『릴라바티Lilāvati』와 대수에 관한 『비자가니타Vijagaita』도 저술했다. 이들 저서에는 일차 이차방정식, 일차 이차부정방정식, 등차수열, 등비수열, 피타고라스 삼중수를 다루는 문제와 그 밖에 문제들이 들어 있다.

피보나치Leonardo Pisano (Fibonacci). 1170년 이탈리아 피사(?)에서 출생, 1250년 사망. 레오 나르도 피사노 또는 피사의 레오나르도라고도 알려진 피보나치는 이탈리아에서 태어났지만, 북아프리카에서 교육을 받았다. 중세 가장 위대하고 생산적인 수학자인 그는 많은 여행을 한 후 1202년에 『산반서Liber Abci』를 저술하고, 산술과 기본대수 문제를 다루었다. 이 저서는 인도-아라비아 숫자와 십진법 체계를 유럽에 소개하는 데 중요한 역할을 하였다.

양휘楊輝. 약 1238년 출생, 약 1298년 사망. 남송 시대 살았던 양휘는 두 권의 저서 『상해구장산법詳解九章算法』(1261년)과 『양휘산법楊輝算法』(1275년)을 저술하였다. 그의 업적은 주로 서구의 파스칼의 삼각형에 대응하는 것으로 제곱근과 세제곱근 이상을 계산하는 방법을 제시한 11세기 북송 수학자 가헌賈憲의 연구에 대한 논의 및 주석이었다. 양휘는 수학교육 뿐 아니라 곱셈과 나눗셈의 다양한 방법에 대해서도 저술했다.

오렘Nicolas Oresme. 1323년 프랑스 노르망디에서 출생, 1382년 리지외에서 사망. 프랑스의 성직자, 학자, 그리고 14세기에 위대한 수학자 중 한 사람인 오렘은 파리 대학교 나바르 대학 교수(1355), 루앙 대성당 주임사제(1361), 리지외 대성당 주교(1377)를 지냈다. 그는 5권의 수학책을 저술하고 아리스토텔레스의 『De Coelo et Mundo』를 번역했다. 논문 〈Algorismus Proportionum〉에서 처음으로 분수지수를 사용하였다. 오렘의 'Tractatus de Uniformitate'는 점의 위치를 두 좌표를 사용하여 나타냈는데 이것이 데카르트의 좌표기하에 영향을 주었다.

뮐러Johann Müller. 1436년 6월 6일 쾨니히스베르크에서 출생, 1476년 7월 로마에서 사망. 출생지 쾨니히스베르크(왕의 산)의 라틴어 이름인 레기오몬타누스Regiomontanus로 더 잘 알려졌다. 영향력 있는 수학자로서 그의 대작 『모든 삼각형에 대하여Detriangulis Omnimodis』에는 평면과 구면 삼각법에 필요한 중요한 결과가 들어 있다. 레기오몬타누스는 1분 간격으로 방대한 사인표를 제작하였다. 그는 아폴로니우스, 헤론, 아르키메데스의 업적 뿐 아니라 톨레미의 『알마게스트』도 번역하였다. 그는 미스테리한 상황에서 사망한 것으로 전해진다.

타르탈리아Niccolo Fontana Tartaglia. 1500년 이탈리아 브레시아에서 출생, 1557년 12월 13일 베니스에서 사망. 이탈리아의 위대한 수학자 의 한사람으로, 어렸을 때 병사의 칼에 맞아 얼굴에 상처를 입었다. 이것이 영구적인 언어 장애를 가져와 이 때문에 그에겐 "타르탈리아" 또는 "말더

듬이"라는 별명이 생겼다. 타르탈리아는 그의 3차 방정식을 푸는 공식, 카르다노-타르탈리아 공식으로 가장 잘 기억된다. 그는 포병학에서 발사표를 포함하여 새로운 탄도법을 맨 처음 제시했고, 유클리드와 아르키메데스의 저서도 출판했다.

카르다노Gero;amo Cardano. 1501년 9월 24일 이탈리아 파비아에서 출생, 1576년 9월 24일 로마에서 사망. 대단히 다재다능했던 제롤라모 카르다노는 의사, 수학자, 물리학자, 점성가, 그리고 볼로냐 대학교 교수로 일했다. 그의 가장 중요한 수학적 업적 『위대한 술법 Ars Magna』(1545)은 그 시대 가장 영향력 있는 저서로서, 오늘날 카르다노-타르탈리아 공식이라고 알려진 3차 방정식의 해를 구하는 공식이 있다.

레코드Robert Recorde. 1510년 웨일스 텐비에서 출생, 1558년 런던에서 사망. 16세기 영국에서 가장 영향력 있는 교과서 저자인 레코드는 옥스퍼드와 케임브리지에서 의학을 공부하고 그 두 곳에서 수학을 개인교습하였다. 케임브리지를 떠난 뒤, 레코드는 에드워드 6세와 메리 여왕을 위하여 의사로 봉직했다. 그는 수학, 천문학, 의학에 관하여 적어도 5권의 책(그중 하나인 『기술의 기본Ground of Artes』는 28판 이상 출간되었다)을 저술하였다. 1577년에 출판된 그의 저서 『지혜의 숫돌The Whetstone of Whitte』는 영국에서 대수에 관한 처음 주요 문헌이었다.

비에트François Viète. 1540년 프랑스 퐁트네-르-콩트에서 출생, 1603년 12월 13일 파리에서 사망. 법률가로서 교육받은 비에트는 외교관으로 명성을 얻고, 의회 의원과 왕의 심복으로 일했다. 재능 있는 수학자이기도 한 비에트는 기하학, 산술, 대수, 삼각법에서 가치 있고 중요한 공헌을 했다. 그는 저서 『해석학 서설In Artem Analytican Isagoge』(1691)에서 +(플러스)와 −(마이너스)를 사용하고, 기지와 미지의 양을 나타내는 기호로 문자를 사용하여 처음으로 체계적인 대수표기를 도입하였다.

케플러Johannes Kepler. 1571년 12월 27일 독일 바일 데르 스타트에서 출생, 1639년 11월 15일 레겐스부르크에서 사망. 독일의 위대한 과학자 요하네스 케플러는 수학과 광학에 중요한 공헌을 하였지만, 주로 천문한 분야에 알려졌다. 케플러는 기하학과 천문학에서 무한소의 사용에 중요한 진전을 이루었고 다면체 연구에 중요한 업적을 남겼다(1619). 그는 공간을 정다면체와 구로 채우는 문제도 연구했다. 행성 운동의 3가지 수학적 법칙뿐 아니라 태양을 한 초점으로 하는 타원 궤도로 행성이 태양의 주위를 공전 한다는 기념비적인 그의 발견은 과학 사상을 엄청나게 진보하게 했다.

바셰Claude-Gasper Bachet, Sieur de Méziriac. 1581년 10월 9일 프랑스 부르앙브레스에서 출생, 1638년 2월 26일 사망. 수학자, 철학자, 신학자이며 시인인 바셰는 페르마보다 먼저 수론에 대한 연구를 시작했다. 레크리에이션 수학에 관하여 『Problèms Plaisants et Délectables』 (1612,1624)와 같은 고전을 저술했다. 그는 또 디오판토스의 그리스어 교재 『산학』을 라틴어로 번역한 것으로 유명하다(1621).

데카르트René Descartes. 1596년 3월 31일 프랑스 라에이에서 출생, 1650년 2월 11일 스웨덴 스톡홀름에서 사망. 통찰력 있는 철학자이기도 하지만, 수학에서 특히, 대수학과 기하학을 통합한 명저 『기하학La Géométrie』의 업적으로 역사적 위치를 확고히 했다. 그렇게 수학과 자연과학의 비약적 발전을 위한 전환점이자 출발점이 된 새로운 수학인 해석기하를 창조했다. 데카르트 곱, 데카르트 좌표, 데카르트 좌표 평면 등 많은 수학 용어가 그의 영향력에 대한 증거다.

카발리에리Bonaventura Cavalieri. 1598년 이탈리아 밀라노에서 출생, 1647년 11월 30일 볼로냐에서 사망. 17세기 영향력 있는 수학자인 카발리에리는 갈릴레오의 제자로 1629년부터 사망할 때까지 볼로냐 대학교 수학교수를 지냈다. 그는 이탈리아에 계산도구로 로그를 소개하여 크게 인정받았다. 카발리에리는 수학, 광학, 천문학, 그리고 점성학에 관하여 저술했지만, 미적분학의 준비작업도 하였다. 저서 『Geometrica indivisibles continuorum nova』 (1635)에서 카발리에리는 미적분의 초기 형식인 그의 『분가분량의 원리』를 정교하게 다듬고 그것을 사용하여 넓이와 부피를 계산하였다.

페르마Pierre de Fermat. 1601년 8월 17일 프랑스 보몽 드 로망에서 출생, 1665년 1월 12일 카스트르에서 사망. 변호사로서 교육받고 직업이 변호사였던 파르마는 수학에 큰 업적을 남겼다; 그는 미적분학, 수론, 그리고 파스칼과 함께 확률론 발전의 선구자였다. 함수의 극값을 구하는 방법은 그의 가장 중요한 업적을 나타낸다. n이 2보다 큰 정수이면 방정식 $x^n + y^n = z^n$을 만족하는 자연수 x, y, z는 존재하지 않는다는 페르마의 정리는 아마 수학사상 가장 잘 알려진 문제일 것이다.

토리첼리Evangelista Torricelli. 1608년 10월 15일 이탈리아 파엔차에서 출생, 1647년 10월 25일 아탈리아 플로렌스에서 사망. 토리첼리는 갈릴레오와 같이 연구하고 투스카니 대공의 궁정 수학자로 그의 후계자가 되었다. 기압계 발명, 중력가속도, 유체 운동, 발사체론 등 물리학에서의 발견으로 유명한 토리첼리는 수학에도 대단한 흥미를 가졌다. 일찍이 무한소법(접선법)을 사용하여 사이클로이드 넓이를 계산하고 로그나선 호의 길이를 구했다.

파스칼Blaise Pascal. 1623년 6월 19일 프랑스 클레르몽페랑에서 출생, 1662년 8월 19일 파리에서 사망. 파스칼은 젊었을 때 사영기하학의 중요한 정리를 만들었고 22살 때 처음으로 계산기를 발명했다. 파스칼은 페르마와 주고받은 편지에서 확률론의 기초를 세웠다. 기압에 따른 유체활동에 대한 연구로 자신은 물리학자로서 명성을 얻었다. 파스칼은 또한 이항 전개식 계수의 삼각형 배열도 연구했다(파스칼 삼각형). 그는 역사상 가장 재능 있는 수학자였지만, 25세 때 인생을 철학과 종교 연구에 헌신하기 위해 돌연히 과학 연구를 포기했다.

호이겐스Christiaan Huygens. 1629년 4월 14일 네덜란드 헤이그에서 출생, 1695년 7월 8일 헤이그에서 사망. 진자시계 발명자, 낙체의 법칙, 그리고 빛의 파동설로 주로 알려진 호이겐스는 세계적으로 가장 위대한 물리학자중 한 사람이다. 1655년에는 토성의 첫째 위성을 발견하여 역학과 천문학에서도 국제적인 명성을 얻었다. 수학에서는 축폐선과 신개선의 개념을 도입하고, 로그 곡선과 확률론에 대하여 논문을 쓰고, 사이클로이드가 등시곡선임을 증명하고, 수학의 물리학 적용에 중요한 공헌을 하였다. 호이겐스는 런던 왕립학회 회원이 되었다.

세키 코와關孝和. 1642년 일본 후지오카에서 출생, 1708년 10월 24일 사망. 세키 코와는 17세기뿐 아니라 역사상 가장 위대한 일본의 수학자 중 한 사람으로 유명하다. 그는 이미 알려진 고차 방정식을 푸는 중국인의 해법과 연립방정식을 푸는데 중국인이 사용했던 행렬식을 체계화하고 개량하여 라이프니츠의 발견을 예견하였다. 세키 코와는 위대한 교사로 평판을 얻고 많은 제자를 두었다. 수학 외에도 세키 코와는 역학에 예민하고 기발한 능력을 발휘했다. 인생의 여러 문제에 뛰어난 그는 쇼군 코슈의 사회자로서 쇼군 사무라이가 되었다.

뉴턴Isaac Newton. 1643년 1월 4일 영국 울소프에서 출생, 1727년 3월 31일 런던에서 사망. 뉴턴이 역사상 가장 위대한 과학자라고 생각하는 사람도 있다. 그는 수학, 물리학, 역학, 광학, 그리고 천문학에서 혁명적인 진보를 이루어내었다. 그가 운동의 법칙과 중력의 법칙을 언급한 1687년에 출판된 『자연철학의 수학적 원리Philosophiae Naturalis Principia Mathematica』는 과학사 전체에서 가장 기념비적인 업적일 것이다. 뉴턴은 라이프니츠가 독자적으로 미적분을 발견한 것 보다 수년 먼저 미적분을 생각했다. 1703년부터 사망할 때까지 런던 왕립협회 회장을 역임했다.

그레고리David Gregory. 1659년 6월 3일 스코틀랜드 애버딘에서 출생, 1708년 10월 10일 영국 메이든헤드에서 사망. 저명한 수학자 제임스 그레고리의 조카인 데이비드 그레고리는 12살 때부터 애버딘 대학교에서 연구를 시작했다. 24살에 에든버러 대학교 교수로 임명되어 수학, 역학, 유체 정역학을 강의했다. 그곳에서 그는 현대 뉴턴 이론을 처음 가르친 사람이었다. 뉴턴의 지지를 받아 1681년에 옥스퍼드에서 교수로 선출되고 같은 해 왕립학회 회원이 되었다. 그는 망원경 실험과 급수와 광학에 관한 연구로 잘 알려졌다.

드 무아브르 Abraham de Moivre. 1667년 5월 26일 프랑스 비트리 르 프랑수아에서 출생, 1754년 11월 27일 런던에서 사망. 드 무아브르는 생애 대부분 영국에서 살면서 그곳에서 삼각법, 확률론, 해석기하, 연금보험에 관하여 연구하였다. 잘 알려진 복소수의 관계식 $(\cos x+i\sin x)^n=\cos nx+i\sin nx$에 그의 이름이 있다. 과학계에서 명성을 얻었지만 외국인 출신이란 불리함 때문에 수학과장을 역임하지 못했다. 그러나 런던 왕립학회 회원으로 인정받았고 파리와 베를린 학술원 회원이 되었다.

드 몽모르 Pierre-Rémond de Montmort. 1678년 10월 27일 파리에서 출생, 1719년 10월 7일 파리에서 사망. 몽모르는 생애 대부분을 그의 소유인 드 몽모르 성에서 살면서, 그곳으로 유럽의 저명한 수학자들을 초대했다. 그는 확률론, 조합론 문제, 무한급수에 대하여 저술했다. 1708년 드 몽모르는 확률론에 관한 중요한 논문 『Essay d'analyse sur les juex de hazard』를 출판했다. 그는 수많은 유명한 수학자들과 널리 교제했다. 드 몽모르는 런던 왕립학회와 파리 학술원 회원이었다.

니콜라스 2세 베르누이 Nicolas II Bernoulli. 1687년 스위스 바젤에서 출생, 1759년 바젤에서 사망. 야곱과 요한 베르누이의 조카인 니콜라스는 1717년부터 1722년까지 갈릴레오의 파두아 교수직에 있으면서 기하학과 미분방정식을 연구했다. 파두아에서 가르친 후에 니콜라스 2세는 바젤 대학교에서 논리학 교수로 있다가 법률 교수가 되었다. 그는 직교절선, 미분방정식, 미적분학, 그리고 확률론의 연구에 중요한 공헌을 하였다. 야곱 베르누이의 논문을 편집하는 한편, 1713년 베를린 학술원, 1714년 런던 왕립학회, 1724년 볼로냐 학술원 회원으로 선출되었다.

니콜라스 3세 베르누이 Nicolas III Bernoulli. 1695년 2월 6일 바젤에서 출생, 1726년 7월 31일 성 페테르부르크에서 사망. 뛰어난 수학자 요한 베르누이의 세 아들 가운데 큰 아들인 하나인 니콜라스 3세는 법률을 공부하고 베를린에서 법률 교수가 되었다. 1725년 그와 그의 동생 다니엘은 수학교수 제의를 받고 성 페테르부르크로 갔다. 니콜라스는 곡선기하학, 미분방정식, 역학과 확률론에 대하여 연구했지만, 31살에 사망함으로써 촉망된 장래가 좌절되었다.

다니엘 베르누이 Daniel Bernoulli. 1700년 2월 8일 네덜란드 흐로닝언 출생, 1782년 3월 17일 스위스 바젤에서 사망. 다니엘의 부친인 유명한 수학자 요한 베르누이는 바젤 대학교 수학 교수직에 있었다. 다니엘 자신은 명망 있는 성 페테르부르크 과학 학술원의 교수였고 뒤에 바젤의 교수가 되었다. 또한 런던 왕립학회, 페테르부르크 학술원, 베를린과 파리 학술원의 회원이었다. 다니엘 베르누이는 수리물리학의 창시자로 간주된다. 그는 유체역학(베르누이 원리), 진동체계, 기체 분자 운동론, 자력 등에 중요한 공헌을 하였다. 수학에서는 미분방정식, 확률론, 급수 등을 연구하였다. 다니엘 베르누이는 천문학과 항해학에 관한 주제로 파리 과학학술원에서 그랑프리를 10번 받았다.

크래머Gabriel Cramer. 1704년 7월 31일 제네바에서 출생, 1752년 1월 4일 프랑스 바뇰 쉬르 세즈에서 사망. 제네바에서 수학과 물리학 교수인 크래머는 기하학, 대수곡선, 해석학과 수학사에 대하여 연구했다. 크래머는 행렬식과 이를 이용한 연립일차방정식 해법(크래머 법칙)에 대한 연구로 잘 알려져 있다.

오일러Leonhard Euler. 1707년 4월 15일 스위스 바젤에서 출생, 1783년 9월 18일 성 페테르부르크에서 사망. 역사상 가장 뛰어난 수학자 중 하나인 오일러는 대수학, 미분방정식, 멱급수, 특수함수, 미분기하학, 수론, 역학, 변분론, 음악, 광학, 유체역학, 그리고 천문학에 관하여 900편에 가까운 논문을 저술했다. 그는 그의 업적 절반 가까이를 시력을 상실한 후에 써냈다. 오일러는 페테르부르크 과학학술원과 베를린 과학학술원의 회원이었고, 그의 업적의 증거로서 그의 이름이 붙은 대수 공식이 많이 있다.

반데몬드Alexandre Thé ophile Vandermonde. 1735년 2월 28일 파리에서 출생, 1796년 1월 1일 파리에서 사망. 프랑스의 수학자 반데몬드가 처음 좋아한 것은 음악이었고 35세가 될 때까지 수학에 대한 연구는 하지 않았다. 그는 방정식론과 행렬식에 대한 일반론에 공헌하였다. 반데몬드는 나이트의 경로 문제의 수학적 해법에도 시간 들여 연구했으며, 파리 과학 학술원 회원이었다.

가우스Carl Friedrich Gauss. 1777년 4월 30일 독일 브룬스빅에서 출생, 1855년

2월 23일 독일 괴팅겐에서 사망. 가우스는 아르키메데스, 뉴턴과 함께 역사상 가장 위대한 수학자의 한 사람이다. 가우스는 거의 40년 동안 괴팅겐 천문대 대장으로 지냈다. 가우스는 천문학, 측지학, 전기, 천체역학, 그리고 수론, 복소수, 곡면론, 합동식, 최소제곱, 쌍곡기하 등 수학의 중요한 주제 거의 전반에 대하여 연구했다. 그는 처음으로 비유클리드 기하에 대하여 생각한 사람 중 하나였다.

푸앵소Louis Poinsot. 1777년 1월 3일 프랑스 파리에서 출생, 1859년 12월 5일 파리에서 사망. 프랑스 수학자이며 기계기사인 몽주와 함께 푸앵소는 18세기 기하학 분야에서 프랑스의 주도적인 수학자였다. 그는 강체에 작용하는 힘 체계를 연구하는 기하학 기계를 발명했다. 푸앵소는 또한 통계학, 동역학, 수론(디오판토스 방정식), 그리고 다면체 이론에 중요한 공헌을 하였다. 1816년 39세 때 과학학술원에 선출되었다.

푸아송Siméon Poisson. 1781년 6월 27일 프랑스 피티비에에서 출생, 1840년 4월 25일 소(파리 근처)에서 사망. 푸아송은 전기, 탄성, 자기에서 천문학에 이르기까지 다양한 영역에 적용되는 300편이 넘는 논문을 출판했다. 가장 중요한 논문은 정적분과 퓨리에 급수에 관한 자신의 이론을 다룬 것이다. 푸아송은 확률론(푸아송 분포), 미분방정식, 곡면론, 변분법, 대수 방정식에도 기여하였다. 그의 이름은 탄성(푸아송 비), 포텐셜론(푸아송 방정식), 전기(푸아송 상수), 수학(푸아송 적분)과 같이 과학의 여러 분야에 광범위하게 관련 되어 있다.

슈타이너Jakob Steiner. 1796년 3월 18일 스위스 우첸스토르프에서 출생, 1863년 4월 1일 베른에서 사망. 스위스의 수학자 슈타이너는 14세가 되도록 읽기 쓰기를 배우지 못했지만, 후에 1834년에는 베를린 대학교 수학 교수가 되어 죽을 때까지 교수직을 유지했다. 슈타이너는 현대의 가장 위대한 기하학자로 평가되며 사영기하와 곡선 및 곡면론에 관하여 유명한 논문들을 저술했다.

해밀턴William Rowan Hamilton. 1805년 8월 4일 아일랜드 더블린에서 출생, 1865년 9월 2일 더블린에서 사망. 13세 때 13개 외국어를 알았던 천재였던 해밀턴은 1843년 복소수를 3차원으로 확장한 4원수를 도입하여 새로운 대수를 창조했다. 그는 22년 동안 사원수를 연구하고, 나아가 광학, 역학, 변분법, 기하학, 대수학, 미분방정식에서 주목할 만한 결과를 얻었다. 수학과 역학에서 여러 개념에 그의 이름이 있다. 해밀턴은 여러 과학학술원과 과학학회 회원이었다.

커크만Thomas Kirkman. 1806년 3월 31 영국 볼턴에서 출생, 1895년 2월 4일

보던에서 사망. 커크만은 랭커셔 사우스워스 교구 목사로 52년 동안 봉직하면서 수학에도 많은 노력을 기울였다. 그는 40세까지 수학을 배우지 않았지만, 군론과 조합론의 전문가가 되었고 매듭을 연구하였다. 커크만은 슈타이너 체계와 관련된 주제, 15 여학생 문제에 대한 연구로 인정받았다. 다면체 목록에 관한 연구 결과로 1857년에 왕립학회 회원에 지명되었다.

리스팅Johann Benedict Listing. 1808년 7월 25일 독일 프랑크푸르트 암 마인에서 출생, 1882년 12월 24일 괴팅겐에서 사망. 수학의 새로운 분야인 위상수학 창립에 일조한 독일의 수학자이자 물리학자. 그는 또한 뫼비우스와 동시에 뫼비우스 띠의 성질을 독자적으로 발견했다. 리스팅은 기상학, 지자기, 측지학, 분광학에서 중요한 의견을 제시했다. 그는 위상수학, 엔트로피 현상, 마디점, 미크론 같은 새로운 용어를 도입했다. 리스팅은 괴팅겐 학술원과 에든버러 왕립학회 회원이었다.

실베스터James Joseph Sylvester. 1814년 9월 3일 런던에서 출생, 1897년 3월 15일 런던에서 사망. 해밀턴, 케일리와 함께 실베스터는 19세기 영국에서 가장 유명한 수학자였다. 그는 1877년부터 1883년까지 메릴랜드 볼티모어의 존스홉킨스 대학교에서 교수를 하였고, 1883년부터 1893년까지 옥스퍼드에서 교수를 했다. 실베스터는 1878년 『American Journal of Mathematics』를 창간하여 미국 수학의 발전을 도왔다. 그는 행렬이론, 불변론, 이론과 응용 영화 예술, 수리 물리학과 고등 대수에 중요한 연구를 하였다. 실베스터는 (드 모르간 뒤를 이어) 제2대 런던 수학회 회장을 역임했다.

캐일리Arther Cayley. 1821년 8월 16일 영국 서리 리치몬드에서 출생, 1895년 1월 26일 케임브리지에서 사망. 케일리는 1863년 케임브리지에서 교수로 임명될 때까지 14년 동안 변호사를 하면서 여가 시간에 수학을 하였다. 그는 현대 수학의 거의 모든 영역에 이르는 900편이 넘는 논문을 출판하였다. 케일리는 대수적 불변론을 개발하고 타원함수와 비유클리드 기하학 문제를 연구하였다. 그가 개발한 n-차원 기하학은 물리학에서 시공 연속체 연구에 적용되었고 행렬에 관한 연구는 양자역학의 기초가 되었다.

루카스Edouard Lucas. 1842년 4월 4일 프랑스 아미앵에서 출생, 1891년 10월 3일 파리에서 사망. 그는 파리 천문대에서 일하면서 수학교수로서 파리에서 연구했다. 그는 수론에서 특히 피보나치 수열과 그와 관련되어 그의 이름이 붙은 루카스 수열을 연구한 것으로 잘 알려졌다. 루카스는 오늘날에도 기본적으로 사용되는 소수 판정법도 고안하였다. 레크리에이션 수학에 관한 4권의 그의 저서 『Recréations Mathématiques』(1882-94)는 이 분야에서 고전이 되었다. 연회 중 루카스는 바닥에 떨어진 유리접시 조각에 뺨을 찔렸다. 이 기이한 사고로 그는 며칠 후 단독증으로 사망했다.

프로베니우스Ferdinand Georg Frobenius. 1849년 10월 26일 독일 베를린 교외 샬로텐부르크에서 출생, 1917년 8월 3일 베를린에서 사망. 그는 1870년 베를린 대학교에서 바이엘슈트라스의 지도로 박사학위를 받았다. 프로베니우스는 1875년부터 1892년까지 스위스취리히연방공과대학(현재 ETH)에서 교수를 한 다음 베를린 대학교에서 교수로 임명 받았다. 그는, 미분방정식, 군론(특히 군표현론에서), 수론과 양과 음이 아닌 행렬 이론(페론-프로베니우스 정리)에서 뛰어난 공헌을 하였다. 프로베니우스는 유명한 케일리-해밀턴 정리를 맨 처음 일반적으로 증명하였다(1878). 그는 1892년 프로이센 과학학술원에 선출되었다.

소디Frederick Soddy. 1877년 9월 2일 영국 이스트본에서 출생, 1956년 9월 22일 브라이튼에서 사망. 영국의 물리학자이며 화학자로 애버딘과 옥스퍼드 대학교 교수였다. 1921년 그가 발견한 동위원소로 노벨 화학상을 수상했다. 소디-파얀스-러셀 법칙에는 방사성 붕괴에 대한 그의 연구를 인정하는 이름이 붙어 있다. 소디는 수학과 시로 여가시간을 보냈다.

리틀우드John E. Littlewood. 1885년 6월 9일 영국 로체스터에서 출생, 1977년 9월 6일 케임브리지에서 사망. 영국의 수학자 리틀우드는 케임브리지 트리니티 칼리지의 수학 교수로 왕립학회 회원이었다. 그는 함수론, 비선형 미분방정식, 급수론, 부등식, 리만 제타 함수, 합 가능성, 수론, 타우베리안 이론 등에 뛰어난 공헌을 하였다. 그는 또 다른 유명한 영국 수학자 하디와 공동연구로 명성을 얻었다.

폴리아George Pólya. 1887년 12월 13일 부다페스트에서 출생, 1985년 9월 7일 캘리포니아 팔로 알토에서 사망. 폴리아는 1912년 부다페스트 대학교에서 수학으로 박사학위를 받고 1914년부터 1940년 미국으로 떠날 때까지 취리히 대학교에서 연구했다. 브라운 대학교에서 2년간 있은 뒤 은퇴할 때까지 스탠포드에서 연구했다. 폴리아는 확률론(확률보행 정리), 해석학, 수론, 기하학, 천문학, 조합론(계산 정리), 수리 물리 등에 대하여 연구했다. 1934년에 하디, 리틀우드와 공동으로 유명한 논문집 〈부등식Inequalities〉를 출판했다. 1945년에 제1판을 출판했던 그의 저서 『How to Solve It』은 백만 부가 넘게 팔렸다.

라마누잔Srinivasa Ramanujan. 1887년 12월 22일 인도 타밀 나두 주 에로데에서 출생, 1920년 4월 26일 쿰바코남에서 사망. 무척 젊은 나이에 숨진 이 인도 수학자의 이야기는 많은 사람들에게 감동을 주고 있다. 독학한 수학 천재였던 라마누잔은 불가사의하고 놀라운 직관적 추론 능력을 보이며 매력적인 수식을 진술했다. 영국의 유명한 수론학자 하디가 그의 연구를 보고 영국으로 데려와 케임브리지 대학교에서 연구하도록 했다. 하디와 라마누잔은 공저로 7편의 뛰어난 논문을 발표했다. 라마누잔은 해석적 수론, 타원 적분, 초기하급수, 연분수, 무한급수에 중요한 공헌을 하였다. 그는 1918년 왕립학회 회원으로 선출되었다.

베시코비치Abram Besicovitch. 1891년 1월 24일 러시아 베르단스크에서 출생, 1970년 11월 2일 영국 케임브리지에서 사망. 그는 1920년대 중반 러시아에서 탈출하여 코펜하겐에서 자리 잡을 때까지 성 페테르부르크에서 공부하고 연구했다. 뒤에 케임브리지 트리니티 칼리지에서 연구하고 그곳에서 40년 이상을 지냈다. 그는 주기함수, 실함수 고전적 이론, 프랙탈 기하, 측도론 등에 중요한 공헌을 하였다. 1934년 베시코비치는 왕립학회 회원으로 선출되었다.

바나흐Stephen Banach. 1892년 폴란드 크라쿠프에서 출생, 1945년 8월 31일 우크라이나 리보프에서 사망. 폴란드 수학자 바나흐는 크라쿠프에서 학교에 들어갔지만, 박사학위는 우크라이나 도시 리보프에서 받았고 그곳의 공과대학과 리보프 대학교에서 강의했다. 바나흐는 현대 함수해석학의 기초를 세우고 위상벡터공간론, 측도론, 적분론, 그리고 직교 급수에 중요한 공헌을 하였다. 바나흐는 바나흐 공간, 바나흐 대수, 한-바나흐 정리, 바나흐-슈타인하우스 정리, 바나흐 부동점 정리, 바나흐-타르스키 역설과 같이 수학 정리와 개념에 그의 이름을 남겼다. 바나흐의 가장 중요한 저서는 『Théorie des Opérations Linéaires』(1932)이다.

디락Paul Dirac. 1902년 8월 8일 영국 브리스틀에서 출생, 1984년 10월 20일 플로리다 탤러해시에서 사망. 영국의 물리학자이자 수학자인 디락은 양자역학과 양자 전기 역학 창설에 지대한 역할을 하였다. 실번 슈위버에 의하면 그는 "양자장이론의 주 설계자 한 사람"이었다. 디락은 1932년 케임브리지 대학교 수학과 루카스 교수직에 임명되어 37년 동안 유지했다. 그는 1925년 양자장이론 연구를 시작하여 5년 뒤에 『The principles of quantum mechanics』를 출판하고, 그것으로 1933년 노벨 물리학상을 수상했다. 그는 1930년에 왕립학회 회원이 되었다.

폰 노이만 John von Neumann. 1903년 12월 28일 헝가리 부다페스트에서 출생, 1957년 2월 8일 워싱턴에서 사망. 20세기에 가장 저명한 수학자의 하나로 평가되는 폰 노이만은 부다페스트에서 연구를 시작하여 베를린과 함부르크로 옮겼다가 1930년부터 미국에서 연구를 계속 했다. 그는 주로 집합론, 양자물리, 함수해석학, 작용소론, 논리학, 기상학, 확률론에 많은 공헌을 하였다. 그는 수학적 게임 이론의 기초를 세우고 그것을 경제학에 응용하였다. 폰 노이만은 고속 전자계산기 개발에도 큰 역할을 하였다.

라도Richard Rado. 1906년 4월 28일 베를린에서 출생, 1989년 12월 23일 영국 헨리온템스에서 사망. 라도는 베를린 대학교에서 공부하고 1933년 그곳에서 박사논문을 마쳤다. 1933년에 나치스가 집권하자 유태인인 라도는 교수직을 보장할 수 없어 가족과 함께 독일을 떠나 영국으로 갔다. 라도는 셰필드, 케임브리지, 런던, 리딩에서 교수로 임명되었다. 그는 조합론, 수열과 급수 수렴에 대하여 중요한 연구를 수행했다. 게다가, 부등식, 기하, 측도론을 연구하고 그래프 이론 분야에서는 무한 그래프와 하이퍼그래프를 연구했다.

콕세터Harold Scott MacDonald Coxeter. 1907년 2월 9일 영국 런던에서 출생, 2003년 3월 31일 토론토에서 사망. 항상 세 번째 이름 MacDonald의 도널드라고 알려졌다. 그는 케임브리지 대학교에서 학사 졸업과 박사 학위를 받았다(1931). 콕세터는 토론토 대학교 수학교수가 되어(1936), 죽을 때까지 그 직에 있었다. 그는 기하학의 연구로 가장 잘 알려졌으며, 다면체 이론, 비유클리드 기하, 조합론과 군론(콕세터 군)에서 중요한 공헌을 하였다. 콕세터는 영향력 있는 책들을 저술했고 라우스 볼의 『Mathematical Recreations and Essays』를 개정보완 하였다(1938). 그는 9개의 명예박사학위를 받았고 런던 왕립학회와 캐나다 왕립학회 회원이었다.

에르되스Paul Erdös. 1913년 3월 26일 부다페스트에서 출생, 1996년 9월 20일 폴란드 바르샤바에서 사망. 헝가리 수학자 폴 에르되스는 부다페스트 대학교에서 공부하고 1934년 그곳에서 박사학위를 받았다. 그는 영국, 미국, 이스라엘에서 연구를 하였다. 20세기 수학자 중 거인인 에르되스는 수론, 조합론적 해석학, 이산수학에 중요한 공헌을 하였다. 그는 아름답고, 이해하기 쉽지만, 풀기는 매우 어려운 문제를 제시하고 해결하기를 좋아 했다. 에르되스는 1475편에 이르는 많은 논문을 저술하고 발표하였다.

펜로즈Roger Penrose. 1931년 8월 8일 영국 에섹스 콜체스터 출생. 수리물리학자, 우주론자이며 철학자인 로저 펜로즈는 영국에서 가장 유명한 과학자 중 한 사람이다. 그는 1957년 케임브리지 대학교에서 수학으로 박사학위를 받았다. 1973년 옥스퍼드 대학교에서 라우스 볼 수학 교수직에 임명되어 25년 동안 재직 했다. 그는 상대성이론과 양자이론을 통합하려고 1967년에 트위스터 이론을 창안했다. 펜로즈는 일반 상대성이론, 양자역학과 우주론에 대한 연구 뿐 아니라, 과학에 대한 대중적 저서도 잘 알려져 있다. 펜로즈는 과학에의 공헌으로 유명한 대학에서 명예박사 학위도 받고 상도 받았다. 그는 런던 왕립학회 회원으로 선출되고(1972) 미국과학아카데미의 외국회원으로 선출되었다(1998). 1994년에는 과학에 대한 공로로 기사작위를 받았다.

콘웨이John Horton Conway. 1937년 12월 26일 영국 리버풀 출생. 콘웨이는 1964년 케임브리지 대학교에서 박사학위를 받았다. 1986년 프린스턴에서 폰 노이만 수학 학과장으로 임명될 때까지 케임브리지에서 수학 교수를 했다. 콘웨이는 유한군론(콘웨이 군), 매듭 이론, 수론(그는 모든 자연수를 37개 5제곱수의 합으로 나타낼 수 있다는 워어링 추측을 증명했다), 조합론적 게임 이론, 이차형식, 부호이론, 기하학(결정격자의 대칭성 연구)에 괄목할 만한 공헌을 하였다. 1981년 3월 콘웨이는 런던 왕립학회 회원으로 선출되었다. 콘웨이는 레크리에이션 수학에 대한 공헌과 발명, 주로 생명 게임이라고 부르는 세포자동자의 발견으로 널리 알려 졌다.

크누트Donald Knuth. 1938년 1월 10일 위스콘신 밀워키 출생. 스탠포드 대학교 교수인 크누트는 믿기 힘든 컴퓨터 과학자로 국제적 명성을 얻었다. 그는 소프트웨어, 컴파일러, 프로그래밍 언어, 알고리즘의 구성과 분석, 수학적 모델링, 조합론적 기하학, 그 외 많은 주제에 대하여 150편 이상의 논문을 저술하였다. 그는 세 권의 기념비적 연구 『The Art of Computer Programming』(1968-1973)을 저술하고 혁명적인 조판 프로그램인 TEX를 발명했다. 크누트 교수는 최고의 컴퓨터 과학자에게 주는 튜링상을 1974년에 수상하였고, 전 세계 유명한 대학교로부터 30개 이상의 명예박사학위를 받았다.

참고문헌

[1] S. N. Afriat, *The Ring of Linked Rings*, Gerald Duckworth and Co., London, 1982.

[2] W. Ahrens, *Mathematische Unterhaltungen und Spiele*, B. G. Teubner, Leipzig, 1901.

[3] M. Aigner, G. M. Ziegler, *Proofs from THE BOOK*, Springer-Verlag, Berlin-Heidelberg New York, 1998.

[4] T. Andreescu, D. Andrica, *An Introduction to Diophantine Equations*, Gil Publishing House, Zalau, 2002.

[5] J. Arkin, E. G. Straus, *Euler 36 officers problem in three dimensions-solved*. Journal of Recreational Mathematics 15 (1982/83), 81-84

[6] B. Averbach, O. Chein, *Problem Solving Through Recreational Mathematics*, W. H. Freeman and Company, San Francisco, 1980.

[7] P. Avery, *Mathematics in sport*, The Mathematical Gazette 73 (1989), 1-2

[8] L. Bankoff, *The golden arbelos*, Scripta Mathematica 21 (1955), 70-76

[9] L. Bankoff, *Are the twin circles of Archimedes really twins?*, Mathematics Magazine 47 (1974), 214-218

[10] L. Bankoff, *How did Pappus do it?, In: The Mathematical Gardner* (Ed. D. Klarner), Prindle, Weber and Schmidt, Boston, 1981, pp. 112-118

[11] A. Beck, M. N. Bleicher, D. W. Crowe, *Excursion into Mathematics*, A. K. Peters, Natick, Massachusetts, 2000.

[12] M. Beck, S. Zacks, *Refined upper bounds for the linear Diophantine problem of Frobenius*, Advances in Applied Mathematics 32 (2004), 454-467.

[13] E. Behrends, *Five-Minute Mathematics*, American Mathematical Society, 2008.

[14] A. H. Beiler, *Recreations in the Theory of Numbers*, Dover Publications, New York, 1964.

[15] E. T. Bell, *Men fo Mathematics*, Schuster, New York, 1937.

[16] P. J. Bentley, *The Book of Numbers*, Cassell illustrated, London, 2008.

[17] E. R. Berlekamp, J. H. Conway, R. K. Guy, *Winning Ways for Your Mathematical Plays*, Vols. 1-2, Academic Press, London-New York, 1982.

[18] G. Berman, K. D. Fryer, *Introduction to Combinatorics*, Academic Press, New York London, 1972.

[19] D. T. Bernard, *The Towers of Hanoi: An exercise in non-recursive algorithm development*, Queen's University, Computer and Information Science Technical Report 80-103, 1980.

[20] W. Blaschke, *Kreis and Kugel*, Leipzig, 1916 (reprinted by Auflage, DeGruyter, Berlin, 1956).

[21] H. P. Boas, *Reflections on the arbelos*, The American Mathematical Monthly 113 (2006), 236-249.

[22] W. Borho, *On Thabit ibn Kurrat's formula for amicable numbers*, Mathematics of Computation 26 (1972), 571-578.

[23] R. C. Bose, S. S. Shrikhande, *On the falsity of Euler's conjecture about the non-existence of two orthogonal Latin squares of order* $4t+2$, Proceedings of the National Academy of Sciecce 45 (1959), 734-737.

[24] R. C. Bose, S. S. Shrikhande, *On the construction of sets of mutually orthogonal Latin squares and the falsity of a conjecture of Euler*, Transections of the American Mathematical Society 95 (1960), 191-209.

[25] R. C. Bose, S. S. Shrikhande, E. T. Parker, *Further results on the construction of mutually orthogonal Latin squates and the falsity of Euler's conjecture*, Canadian Journal of Mathematics 12 (1960), 189-203.

[26] C. B. Boyer, *A History of Mathematics*, Princeton University Press, Princeton, 1968.

[27] N. L. Briggs, E. K. Lloyd, R. J. Wilson, *Graph Theory 1736-1936*, Clarendon Press, Oxford, 1976.

[28] Br. A. Brousseau, *Tower of Hanoi with more pegs*, Journal of Recreational Mathematics 8 (1976), 169-176.

[29] P. Buneman, L. Levy, *The Towers of Hanoi problem*, Information Processing Letters, 10 (1980), 243-244.

[30] S. A. Burr, B. Grünbaum, N. J. A. Sloan, *The orchard problem*, Geometriae Dedicata 2 (1974), 397-424.

[31] J. N. Cadwell, *Topics in Recreational Mathematics*, Cambridge University press, New York, 1966.

[32] F. Cajori, *A History of Mathematics*, 5th ed., AMS Chelsea Publishing, Providence, Rhode Island, 2000.

[33] É. Callandreau, *Célèbres Problèmes Mathématiques*, Éditions Albin Michel, Paris, 1949.

[34] P. J. Campbell, *Gauss and the eight queens problem: A study in miniature of the propagation of historical error*, Historia Mathematica 4 (1977), 397-404.

[35] R. D. Carmichael, *The Theory of Numbers and Diophantine Analysis*, Dover Publications, New York, 1952.

[36] M. Clagett, *The Science of Mechanics in the Middle Ages*, Wis. University of Wisconsin Press, Madison, 1959.

[37] M. R. Cohen, I. E. Drabkin, *Source Book in Greek Science*, McGraw-Hill, New York, 1948.

[38] J. H. E. Cohen, *On square Fibonacci numbers*, Journal of the London Mathematical Society 39 (1965), 537-541.

[39] L. Comter, *Advanced Combinatorics*, Reidel, Boston, 1974.

[40] A. Conrad, T. Hindrichs, H. Morsy, I. Wegener, *Solution of the knight's Hamiltonian path problem on chessboards*, Discrete Applied Mathematics 50 (1994), 125-134.

[41] J. H. Conway, N. J. A. Sloane, *Sphere Packings, Lattices and Groups*, 2nd ed., Springer Verlag, New York, 1993.

[42] K. L. Cooke, R. E. Bellman, J. A. Lockett, *Algorithms, Graphs and Computers*, Academic Press, 1970.

[43] H. S. M. Coxeter, *Introduction to Geometry*, John Wiley and Sons, New York-London, 1961.

[44] H. T. Croft, K. J. Falconer, R. K. Guy, *Unsolved Problems in Geometry*, Springer Verlag, New York, 1991.

[45] H. Davenport, *The Higher Arithmetic: An Introduction to the Theory of Numbers*, Dover Publications, New York, 1983.

[46] J. L. Davison, *On the linear Diophantine problem of Frobenius*, Journal of Number Theory 48 (1994), 353-363.

[47] P. Delsarte, *Bounds for unrestricted codes, by linear programming*, Philips Research Reports 27 (1972), 272-289.

[48] O. Demirörs, N. Rafraf, M. Tanik, *Obtaining n-queens solutions from magic squares and constructing magic squates from n-queens solutions*, Journal of Recreational Mathematics 34 (1992), 272-280.

[49] K. Devlin, *Mathematics: The Science of Patterns*, Scientific American Library, New York, 1977.

[50] A. K. Dewdney, *Computer recreations: Yin and yang, recursion and iteration, the Tower of Hanoi and the Chinese rings*, Scientific American 11 (1984), 18-28.

[51] L. E. Dickson, *History of the Theory of Numbers: Divisibility and Primality*, Vol. 1, Dover Publications, New York, 2005.

[52] E. J. Dijksterhuis, *Archimedes*, Princeton University Press, Princeton, 1987.

[53] C. W. Dodge, T. Schoch, p. Y. Woo, P. Yiu, *Those ubiquitous Archimedean circles*, Mathematics Magazine 72 (1999), 202-213.

[54] H. Dörrie, *100 Great Prlblems of Elementary Mathematics*, Dover Publications, New York, 1965.

[55] H. Dudeney, *The Canterbury Puzzles*, Nelson, London 1907 (reprinted by Dover Publications, New York, 1958).

[56] H. Dudeney, *Amusements in Mathematics*, London 1917 (reprinted by Dover Publicetions, New York, 1958).

[57] A. J. W. Duijvestijn, *A simple perfect square of lowest order*, The Journal of Combinetorial Theory, Series B 25 (1978), 240-243.

[58] G. W. Dunnington, *Carl Friedrich Gauss: Titan of Science*, Exposition Press, New York, 1955 (reprinted by Mathematical Association of America, 2004).

[59] J. Dutka, *On the problème des ménages*, The Mathematical Intelligencer 8 (1986), 19-25.

[60] M. C. Er, *A general algorithm for finding a shortest path between two n-configurations*, Information Sciences 42 (1987), 137-141.
[61] H. Eves, *An Introduction to the History of Mathematics*, Holt, Rinehart and Winston (3rd edition), New York, 1969.
[62] H. Eves, *Mathematical Circles: Mathematical Circles Adieu, Return to Mathematical Circles*, Vol. Ⅲ, Mathematical Association of America, 2003.
[63] L. Fejes Tóth, *Lageerrungen in der Ebene der Kugel und in Raum*, Springer Verlag, Berlin, 1953.
[64] S. Fisk, *The secretary's packet problem*, Mathematics Magazine 61 (1988), 103-105.
[65] L. R. Foulds, D. G. Johnston, *An application of graph theory and integer programming; chessboard non-attacking puzzles*, Mathematics Magazine 57 (1984), 95-104.
[66] R. Freley, K. L. Cook, P. Detrick, *Graphical solution of difficult crossing puzzles*, Mathematics Magazine 39 (1966), 151-157.
[67] D. Fuchs, S. Tabachnikov, *Mathematical Omnibus*, American Mathematical Society, 2007.
[68] H. Fukagawa, D. Pedoe, *Japanese Temple Geometry Problems*, Winnipeg, Canada, 1989.
[69] M. Gardner, *Mathematical Games: About the remarkable similarity between the Icosian game and the Tower of Hanoi*, Scientific American 196 (1957), 150-156.
[70] M. Gardner, *The Scientific American Book of Mathematical Puzzles and Diversions*, Simon and Schuster, New York, 1959.
[71] M. Gardner, *More Mathematical Puzzles and Diversions*, Penguin Books, 1961.
[72] M. Gardner, *The Second Scientific American Book of Puzzles and Diversions: A New Selection*, Simon and Schuster, New York, 1961.
[73] M. Gardner, *Mathematical Games: The problem of Mrs. Perkins's quilt, and answers to last month's puzzles*, Scientific American 215 (1966), 264-272.
[74] M. Gardner, *Martin Gardner's New Mathematical Diversions from Scientific American*, George Allen and Unwin Ltd, London, 1969.

[75] M. Gardner, *Mathematical Games: Plotting the crossing number of graphs, and answers to last month's miscellany*, Scientific American 228 (1973), 106-111.

[76] M. Gardner, *Mathematical Games: Some elegant brick-packing problems, and a new order-7 perfect magic cube*, Scientific American 234 (1976), 122-127.

[77] M. Gardner, *Mathematical Games: The symmetrical arrangement of the stars on the American flag and related matters*, Scientific American 235 (1976), 102-109.

[78] M. Gardner, *Mathematical Games: The diverse pleasures of circles that are tangent to one another*, Scientific American 240 (1979), 18-28.

[79] M. Gardner, *Mathematical Games: Chess problems an a higher plane, including mirror images, rotations and the superqueen*, Scientific American 240 (1979), 18-22.

[80] M. Gardner, *Mathematical Games: Graphs that can help cannibals, missionaries, wolves, goats and cabbages get there from here*, Scientific American 242 (1980), 24-30.

[81] M. Gardner, *Knotted Doughnuts and Other Mathematical Entertainment*, W. H. Freeman, New York, 1986, pp.15-17.

[82] M. Gardner, *The Colossal Book of Mathematics*, W. W. Norton and Company, New York-London, 2001.

[83] M. Gardner, *The Colossal Book of Short Puzzles and Problems*, W. W. Norton and Company, New York-London, 2006.

[84] E. Gik, *Mathematics on a Chessboard* (in Russian), Nauka, Moscow, 1976.

[85] E. N. Gilbert, *Knots and classes of mênage permutations*, Scripta Mathematica 32 (1956), 228-233.

[86] J. Ginsburg, *Gauss's arithmetization of the problem of 8 queens*, Scripta Mathematica 5 (1939) 63-66.

[87] S. W. Golmb, *Polyominoes*, Scribners, New York, 1965.

[88] R. L. Graham, D. E. Knuth, O. Patashnik, *Concrete Mathematics*, Addison-Wesley, 1994.

[89] H. Greenberg, *Solution to a linear Diophantine equation for nonnegative integer*, Journal of Algorithms 9 (1988), 343-353.

[90] B. Grünbaum, G. C. Shephard, *Tilings and Patterns*, W. H. Freeman and Co, New York, 1987.

[91] R. K. Guy, *Unsolved Problems in Number Theory*, Springer Verlag, New York, 1994, pp.113-114.

[92 A. Hald, *A History of Probability and Statistics and Their Applications before 1750*, John Wiley and Sons, New York, 1990

[93] T. C. Hales, *The status of the Kepler conjecture*, The Mathematical Intelligencer 16 (1994), 47-58

[94] T. C. Hales, *Cannonballs and Honeycombs*, Notice of the American Mathematical So- ciety 47(2000), 440-449

[95] T. C. Hales, *A proof of the Kepler conjecture* (abridged), Annals of Mathematics, 162(2005), 1065-1185

[96] T. C. Hales, *A proof of the Kepler conjecture* (unabridged), Discrete and Computational Geometry 36(2006), 1-265

[97] T. C. Hales, *Formal proof*, Notices if the American Mathematical Society 55(2008), 1370-1380

[98] P. R. Halmos, *The legend of John von Neumann*, The American Mathematical Monthly 80 (1973), 382-394.

[99] P. J. Hayes, *A note on the Towers of Hanoi problem*, The Computer Journal 20 (1977), 282-285

[100] T. Heath, *The Works of Archimedes*, Dover Publications, New York, 1953.

[101] F.v. Henle, *Squaring the plane*, The American Mathematical Monthly 115 (2008), 3-12.

[102] S. Hildebramdt, *Variationsrechung heute*, Rheinisch-Westfalische Acadmie der Wis-senschaften, 1986.

[103] A. M. Hinz, *The tower of Hanoi*, L'Ensagnement Mathématique 35 (1989), 289-321.

[104] E. J. Hoffman, J. C. Loessi, R. C. Moore, *Construction for the n-queens problem*, Mathematics Magazine 42 (1969), 66-72.

[105] P. Hoffman, *The Man Who Loved Only Numbers*, Hyperion, New York, 2000.

[106] R. Honsberger, *Mathematical Gems II*, Mathematical Association of America, 1976.

[107] E. I. Ignjat'ev, *V carstve smekalki* (In Russian), Nauka, Moscow, 1986.

[108] D. S. Jones, P. G. Moore, *Circular seating arranfements*, Journal of the Institute of Actuaries 108 (1981), 405-411.

[109] R. Kanigel, *The Man Who Knew Infinity*, Scribner, 1991.

[110] I. Kaplansky, *Solution of the 'probléme des ménages'*, Bulletin of the American Math-ematical Society 49 (1943), 784-785.

[111] I. Kaplansky, J. Riordan, *The probléme des ménages*, Scripta Mathematica 12 (1946), 113-124.

[112] V. Karapetoff, *Problem* 4202, The American Mathematical Monthly 54 (1947), 488-489.

[113] V. J. Katz, *A History of Mathematics*, Addison-Wesley, Reading, 1998.

[114] D. Klarner, *The Mathematical Gardner* (ed.), Prindle, Weber and Schmidt, Boston, 1981.

[115] D. E. Lnuth, *The Art of Computer Programming*, Vol. I, Addison-Wesley, Reading, 1997.

[116] M. Kobayashi, P. Pollack, C. Pomerance, *On the distribution of sociable numbers*, Journal of Number Theory, to appear.

[117] B. Kordemski, *Moscow Puzzles*, Dover Publications, New York, 1992.

[118] M. Kraitchik, *Mathematical Recreations*, Dover Publications, New York, 1953

[119] S. G. Kranz, *Techniques of Problem Solving*, American Mathematical Society, 1997.

[120] Y. Kusaka, *On the problem of reflecting queens*, journal of Recreational Mathematics 12 (1979-80), 179-181.

[121] L. H. Lange, *Constructing an old extreme viewpoint*, Mathematics magazine 60(1987), 301-304.

[122] J. Leech, *The problem of the thirteen spheres*, The Mathematical Gazette 40 (331), 1956, 22-23.

[123] H. W. Lenstra Jr., *Solving the Pell equation*, Notices of the Ametican Mathematical Society 49 (2002), 182-192.

[124] K. E. Littlewood, *A Mathematician's Miscellany*, Methuen, London, 1953(reprinted in 1957).

[125] E. Lucas, *Récréations Mathematiques*, Gauthier-Villars 1882-94 (reprinted by Blan-chard, Paris 1960).

[126] P. A. MacMahon, *Combinatory Analysis*, Camvridge 1915 (reprinted by New York, 1960).

[127] J. S. Madachy, *Madachy's Mathematical Recreational*, Dover Publications, New York, 1979.

[128] S. Mendelson, *Races with ties*, Mathematics Magazine 55 (1982), 170-175.

[129] D. J. Muder, *A new bound on the local density of sphere parkings*, Discrete and Com-putational Geiometry 10 (1993), 351-375.

[130] T. Nagell, *Selected mathematical Papers of Axel Thue* (ed.), Universitetsforlaget Oslo, 1977.

[131] J. Needham, *Science and civilization in china: Mathematics and Sciences of the Heaven and the Earth*, Vol. 3, Cambridge University Press, 1959.

[132] H. L. Nelson, *A solution to Archimedes' cattle problem*, Journal of Recreational Mathematics 13 (1980-81), 162-176.

[133] (J. Newman, ed.), *The World of Mathematics*, Vol. 4, Simon and Schuster, 1956.

[134] I. Niven, *Maxima and minima without calculus*, Dolciani Mathematical Expositions, no. 6, Mathematical Association of America, 1981, pp.71-73.

[135] O. Ore, *Graphs and Their Uses*, Mathematical Association of America, New Math Library, 1990.

[136] E. T. Parker, *Orthogonal Latin squares*, Proc. of the National Academy of Sciences 45 (1959), 859-862.

[137] I. Peterson, *Islands of Truth: a Mathematical Mystery Cruise*, W. H. Freeman and Company, New York, 1990.

[138] M. Petković, *Mathematics and Chess*, Dover Publications, New York, 1997.

[139] F. Pfender, G. M. Ziegler, *Kissing numbers, sphere packing and some unexpected proofs*, Notices of the American Mathematical Society 51 (2004), 873-883.

[140] C. Pomerance, *On the distribution of amicable numbers, II*, Journal für die reine und angewandte Mathematik 325 (1981), 182-188.

[141] G. Pólya, *Mathematics and Plausible Reasoning*, Vols. 1-2, Princeton University Press, Princeton, 1954.

[142] G. Pólya, *Mathematical Discovery*, Vol. I, John Wiley and Sons, New York-London, 1962.

[143] C. Radin, *The pinwheel tilings of the plane*, Annals of Mathematics 139 (1994), 661-702.

[144] P. Rado, R. Rado, *More about lions and other animals*, Mathematical Spectrum 7 (1974/75), 89-93.

[145] R. Rado, *How the lion tamer was saved*, Mathematical Spectrum 6 (1973/74), 89-93.

[146] J. Riordan, *Three-line Latin rectangles*, The American Mathematical Monthly 51 (1944), 450-452.

[147] J. Riordan, *An Introduction to Combinatorial Analysis*, John Wiley and Sons, New York, 1958.

[148] C. A. Rogers, *Packing and Covering*, Cambridge University Press, Cambridge, 1964.

[149] T. Roth, *The Tower of Brahma revisited*, Journal of Recreational Mathematics 7 (1974), 116-119.

[150] W. W. Rouse Ball, H. S. M. Coxeter, *Mathematical Recreations and Essays*, Dover Publications, New York, 2987.

[151] Ö. J. Rödseth, *On a linear Diophantine problem of Frobenius*, Journal für die reine und angewandte Mathematik 301 (1978), 171-178.

[152] S. J. Ruberg, *The three planting problem on a sphere*, Mathematics Magazine 53 (1980), 235-237.

[153] V. Sanford, *The History and Significance of Certain Standard Problems in Algebra* (Ch. 6-Recreations), Teachers College, Columbia University, New York, 1927.

[154] P. Schreiber, *A note on the cattle problem of Archimedes*, Historia Mathematica 20 (1993), 304-306.

[155] K. Schütte, B. L. van der Waerden, *Das Problem der dreizehn Kugeln*, Mathematische Annalen 125 (1953), 325-334.

[156] A. J. Schwenk, *Which rectangular chessboards have a knight's tour?*, Mathematics Magazine 64 (1991), 325-332.

[157] R. S. Scorer, P. M. Grundy, C. A. B. Smith, *Some binary games*, The Mathematical Gazette 28 (1944), 96-103.

[158] E. S. Seimer, *The linear Diophantine problem of Frobenius*, Journal für die reine und angewandte Mathematik 293/294 (1977), 1-17.

[159] E. S. Seimer, Ö. Beyer, *On the linear Diophantine problem of Frobenius in three variables*, Journal für die reine und angewandte Mathematik 301 (1978), 161-170.

[160] D. W. Sharpe, *Four theorems for a desert island*, Mathematical Spectrum 12 (1979/80), 70-75.

[161] K. Sigmund, *Kepler in Eferding*, The Mathematical Intelligencer 23 (2001), 47-51.

[162] F. Sigrist, *Sphere packing*, The Mathematical Intellgencer 5 (1983), 35-38.

[163] D. Singmaster, *Sources in Recreational Mathematics*, An Annoted Bibliography, London: Department of Computing and Mathematics, South Bank Polytechnic, 1989.

[164] S. Skiena, *Implementing Discrete Mathematics, Combinatoring and Graph Theory with Mathematica*, Addison-Wesley, Reading, 1990.

[165] W. M. Smart, *Textbook on Spherical Astronomy*, Cambridge University Press, 1977.

[166] F. Smetz, *The evolution of mathematics in ancient China*, Mathematics Magazine 52 (1979), 10-19.

[167] D. E. Smith, *History of Mathematics*, Vols. 1-2, Ginn and Company, Boston, 1923-25.

[168] D. E. Smith, Y. Mikami, *History of Japanese Mathematics*, The Open Court Publishing Company, Chicago, 1914.

[169] S. Stein, *Archimedes: What Did He Do Besides Cry Eureka?*, Mathematical Association of America, 1999.

[170] H. Steinhaus, *Mathematical Snapshots*, Oxford University Press (USA editio), 1983.

[171] I. Stewart, *Four encounters with Sierpiński's gasket*, The Mathematical Intelligencer 17 (1995), 52-64.

[172] G. G. Szpiro, *Kepler's Conjecture*, Wiley, New Jersey, 2003.

[173] V. Thébault, *Recreational geometry*, Scripta Mathematica 14 (1949), 82-88.

[174] D. E. Thomas, *Note*, Journal of the Institute of Actuaries 110 (1983), 396-398.

[175] L. C. Tien, *Constantsum figures*, The Mathematical Intelligencer 23 (2001), 15-16.

[176] V. M. Tikhomirov, *Stories about Maxima and Minima*, American Mathematical Society and Mathematical Association of America, 1991.

[177] J. Touchard, *Sur un probléme des permutations*, Comptes Rendus de L'Académie des Sciences, T. 198 (1934), 631-633.

[178] J. Touchard, *Permutations discordant with two given permutations*, Scripta Mathematica 19 (1953), 109-119.

[179] P. D. Warrington, *Graeco-Latin Cubes*, Journal of Recreational Mathematics 6 (1973), 42-53

[180] W. C. Waterhouse, *On the cattle problem of Archimedes*, Historia Mathematica 22 (1995), 186-187.

[181] J. J. Watkins, *Across the Board: The Mathematics of Chessboard Problems*, Princeton University Press, Princeton and Oxford, 2004.

[182] R. J. Webster, *The legend of Leonardo of Pisa*, Mathematical Spectrum 2 (1972), 51-55.

[183] I. Wegener, *Branching Programs and Binary Decision Diagrams*, SIAM, Philadelphia, 2000.

[184] P. Weidlinger, *A Ramanujan puzzle*, The Mathematical Intelligencer 17 (1995), p.3.

[185] E. W. Weisstein, *CRC Concise Encyclopedia of Mathematics*, Chapman and Hall/CRC Boca Raton-London-New York-Washington, D. C., 1999.

[186] D. G. Wells, *The Penguin Book of Curious and Interesting Puzzles*, Penguin Books, London, 1992.

[187] H. C. Williams, R. A. German, C. R. Zarnke, *Solution of the cattle problem of Archimedes*, Mathematics of Computations 10 (1965), 671-674.

[188] R. J. Wilson, J. J. Watkins, *Graphs: An Introductory Approach*, John Wiley and Sons, New York, 1990.

[189] D. Wood, *The Towers of Brahma and Hanoi revisited*, Journal of Recreational Mathematics 14 (1981-82), 17-24.

[190] G. Worsnup, *An aid to conversations in rugby*, The Mathematical Gazette 73 (1989), 225-226.

[191] M. Wyman, L. Moser, *On the problème des ménages*, Canadian Journal of Mathematics 10 (1958), 468-480.

[192] Lu Xuemiao, *Towers of Hanoi graphs*, International Jonrnal of Computer Mathematics 19 (1986), 23-38.

[193] A. M. Yaglom, I. M. Yaglom, *Challenging Mathematical Problem with Elementary Solutions: Combinatorial Analtsis and Probability Theory*, Vol. 1, Holden- Day, San Francisco

[194] C. Zong, *Sphere Packing*, Shringer-Verlag, New York, 1999.

찾아보기

수학사에서 유명한 수학자의 퍼즐

FAMOUS PUZZLES of Great Mathematicians

초판발행 2013년 9월 10일
초판3쇄발행 2023년 1월 10일

지은이 김인수 **펴낸이** 오판근
펴낸곳 (주) 교우
주 소 서울시 동대문구 약령시로 8 교우빌딩 2층 (주)교우
전 화 02-925-2861 / **팩 스** 02-925-2860. **편집부** 02-925-2825
홈페이지&북스토어 www.kyowoo.co.kr / **이메일** kyowoo@kyowoo.co.kr

등 록 1994년 3월 24일 제1994-000013호
ISBN 978-89-8172-992-9 (03410)

Published by Kyowoo Co., Ltd. Printed in Korea

(주) 교우는 보다 혁신적이고 참신한 도서를 다양하게 기획하고 있습니다.
책으로 펴내고자 하는 아이디어나 원고는 메일로 보내주세요.
(주) 교우는 전과정을 책임지고 최선을 다하겠습니다.

값 28,000원

교우미디어는 (주) 교우의 Imprint 사입니다.
수학정원·과학정원은 (주) 교우의 새로운 브랜드명입니다.

잘못된 책은 구입하신 서점에서 교환해 드립니다.